普通高等教育网络空间安全系列教材

信息安全导论
（第二版）

翟健宏　李　琼　何　慧　编著
张宏莉　主审

科学出版社
北　京

内 容 简 介

本书围绕信息安全层次结构展开，涵盖网络空间主权、信息安全知识体系、密码学基础、物理安全、身份认证、访问控制、网络威胁、网络防御、网络安全协议、内容安全、信息安全管理等内容。本书力求对信息安全各个层面的概念和内涵进行准确、通俗的描述，重点部分做到理论与案例相匹配，以便读者深入理解。

本书可作为网络空间安全、信息安全、计算机科学与技术及其他相近专业的本科生教材，也可作为电子科学与技术、信息与通信工程、管理科学与工程等相关学科的研究生普及型课程的教材，还可供从事信息安全方向的教学、管理、开发、服务等工作的人员参考。

图书在版编目（CIP）数据

信息安全导论 / 翟健宏，李琼，何慧编著. -- 2版. 北京：科学出版社，2025.3. -- （普通高等教育网络空间安全系列教材）. -- ISBN 978-7-03-080794-6

Ⅰ. TP309

中国国家版本馆 CIP 数据核字第 2024Z0N227 号

责任编辑：潘斯斯 / 责任校对：王 瑞
责任印制：师艳茹 / 封面设计：马晓敏

科学出版社 出版
北京东黄城根北街16号
邮政编码：100717
http://www.sciencep.com

三河市骏杰印刷有限公司印刷
科学出版社发行 各地新华书店经销

*

2011年7月第 一 版　开本：787×1092　1/16
2025年3月第 二 版　印张：17 3/4
2025年3月第十四次印刷　字数：410 000
定价：69.00元
（如有印装质量问题，我社负责调换）

前　言

当今社会已全面进入信息时代，人们在享受信息资源共享红利的同时，各种信息安全事件层出不穷，给全球安全态势带来了极大的不确定性。党的二十大报告指出："坚持把发展经济的着力点放在实体经济上，推进新型工业化，加快建设制造强国、质量强国、航天强国、交通强国、网络强国、数字中国。"信息安全作为网络强国、数字中国的安全基石，是我国现代化产业体系中不可或缺的部分，既关乎国家安全、社会安全、城市安全、基础设施安全，也和每个人的生活密不可分。保护信息安全不是少数技术人员的事情，需要全社会共同面对，每一个信息社会的成员都应该以维护信息安全为己任。

本书第一版于2011年7月出版，至今已逾十年，信息安全领域涌现出很多新兴技术，并逐渐成熟。第一版中部分章节内容已显陈旧，经过多年的学习及教学实践，我们对相关内容有了新的认识，希望在第二版中具体体现，供大家学习参考。

本书第二版继承了第一版中的精华和编写风格，对过时的内容进行了删减，增加了信息安全领域的新知识、新技术。本书力求在引导学生较全面地了解信息安全领域内涵、建立完整体系概念、了解安全技术的同时，增加当今信息安全领域的实用技术、新技术的介绍，助力低年级学生的科技创新活动。

本书的编写脉络延续了第一版中的面向应用的信息安全层次型结构主线，围绕着信息安全基础、系统安全、网络安全、内容安全和信息安全管理五部分展开，全书共10章。第1章在介绍信息安全现状及信息安全体系结构等内容的基础上，增加网络空间主权与网络空间命运共同体的理念，帮助学生树立正确的网络安全观；第2章除了介绍密码学基础知识之外，增加中国商用密码算法、同态加密及量子密码等内容；第3~5章主要介绍物理安全、身份认证、访问控制等内容，补充介绍零知识证明、Linux系统的安全管理等内容，更加全面地从物理安全和运行安全两个层次描述系统安全的内涵；第6~8章主要介绍网络安全的内容，从网络威胁、网络防御和网络安全协议三个方面描述网络安全的攻击与防范，这部分增加了勒索病毒、Web安全及区块链技术相关的热点内容；第9章从内容保护和内容监管两个方面讨论内容安全问题，同时增加了隐私保护技术和网络舆情管理技术方面的知识介绍；第10章介绍信息安全管理的体系概念，包括信息安全风险管理、信息安全标准、信息安全法律法规及道德规范等内容，增加了国家网络空间安全战略、等保2.0及网络安全法等内容，让学生了解我国信息安全领域的发展规划战略。

在完稿之际，首先要感谢张宏莉教授，她对本书的编写给予了很多建设性意见，并认真地审阅了全部内容；还要感谢哈尔滨工业大学计算学部信息安全教研室的教师们无私的帮助。此外，对本书涉及的参考文献的作者表示由衷的感谢。

由于时间和作者水平有限,本书内容难免存在不足之处,恳请读者批评指正,作者的邮箱为 zhaijh@hit.edu.cn。

作　者

2024 年 10 月于哈尔滨工业大学

目 录

第1章 信息安全概述 1
- 1.1 信息安全的理解 1
  - 1.1.1 信息安全与网络空间安全 1
  - 1.1.2 信息安全的发展 2
- 1.2 信息安全威胁 4
  - 1.2.1 信息安全威胁的基本类型 4
  - 1.2.2 信息安全威胁的主要表现形式 5
- 1.3 互联网的安全性 7
  - 1.3.1 互联网的发展现状 7
  - 1.3.2 互联网的安全现状 8
  - 1.3.3 互联网的安全性分析 11
- 1.4 网络空间主权与网络空间命运共同体 13
  - 1.4.1 国家主权 13
  - 1.4.2 网络空间主权 14
  - 1.4.3 网络空间命运共同体 15
- 1.5 信息安全体系结构 17
  - 1.5.1 面向目标的知识体系结构 17
  - 1.5.2 面向应用的层次型技术体系架构 18
  - 1.5.3 面向过程的信息安全保障体系 20
  - 1.5.4 OSI安全体系结构 21
  - 1.5.5 CSEC 2017 23
- 习题一 25

第2章 密码学基础 26
- 2.1 密码学基础知识 26
  - 2.1.1 引言 26
  - 2.1.2 密码体制 27
  - 2.1.3 密码的分类 27
- 2.2 古典替换密码 29
  - 2.2.1 简单代替密码 29
  - 2.2.2 多表代替密码 33
  - 2.2.3 复杂多表代替密码 33
- 2.3 对称密钥密码 35
  - 2.3.1 对称密钥密码加密模式 35

		2.3.2	DES ··	36
		2.3.3	分组密码的工作模式 ···	41
		2.3.4	其他对称密码简介 ··	44
	2.4	公开密钥密码 ···		46
		2.4.1	公开密钥理论基础 ··	46
		2.4.2	Diffie-Hellman 密钥交换算法 ···	48
		2.4.3	RSA 公开密钥算法 ···	49
		2.4.4	其他公开密钥密码简介 ···	51
	2.5	消息认证 ··		52
		2.5.1	概述 ··	52
		2.5.2	认证函数 ···	53
		2.5.3	散列函数 ···	55
		2.5.4	数字签名 ···	60
	2.6	密码学新进展 ···		61
		2.6.1	SM 系列密码 ···	62
		2.6.2	同态加密 ···	64
		2.6.3	量子密码 ···	65
	习题二 ···			68
第 3 章	物理安全 ··			69
	3.1	概述 ···		69
	3.2	设备安全防护 ···		70
		3.2.1	防盗 ··	70
		3.2.2	防火 ··	70
		3.2.3	防静电 ···	71
		3.2.4	防雷击 ···	72
	3.3	防信息泄露 ···		72
		3.3.1	防电磁泄漏 ··	72
		3.3.2	防窃听 ···	74
	3.4	物理隔离 ··		74
		3.4.1	物理隔离的理解 ··	74
		3.4.2	物理隔离与逻辑隔离 ···	75
		3.4.3	网络和终端隔离产品的基本结构 ··	76
	3.5	容错与容灾 ···		76
		3.5.1	容错 ··	76
		3.5.2	容灾 ··	77
	习题三 ···			78
第 4 章	身份认证 ··			79
	4.1	概述 ···		79

4.2 认证协议 ... 80
4.2.1 基于对称密钥的认证协议 ... 80
4.2.2 基于公开密钥的认证协议 ... 84
4.3 公钥基础设施 ... 86
4.3.1 PKI 体系结构 ... 86
4.3.2 基于 X.509 的 PKI 系统 ... 87
4.4 零知识证明 ... 89
4.4.1 零知识证明概述 ... 89
4.4.2 非交互式的零知识证明协议 ... 91
习题四 ... 92

第 5 章 访问控制 ... 94
5.1 概述 ... 94
5.2 访问控制模型 ... 95
5.2.1 自主访问控制模型 ... 95
5.2.2 强制访问控制模型 ... 97
5.2.3 基于角色的访问控制模型 ... 98
5.3 Windows 系统的安全管理 ... 100
5.3.1 Windows 系统安全体系结构 ... 100
5.3.2 Windows 系统的访问控制策略 ... 102
5.3.3 活动目录与组策略 ... 104
5.4 Linux 系统的安全管理 ... 107
5.4.1 Linux 操作系统结构 ... 107
5.4.2 Linux 系统的访问控制策略 ... 109
5.4.3 Linux 安全模块 ... 112
习题五 ... 115

第 6 章 网络威胁 ... 116
6.1 概述 ... 116
6.2 计算机病毒 ... 117
6.2.1 病毒概述 ... 117
6.2.2 传统病毒 ... 119
6.2.3 蠕虫病毒 ... 121
6.2.4 木马 ... 123
6.2.5 勒索病毒 ... 126
6.2.6 病毒防治 ... 128
6.3 网络入侵 ... 133
6.3.1 拒绝服务攻击 ... 133
6.3.2 口令攻击 ... 136
6.3.3 嗅探攻击 ... 137

	6.3.4	欺骗类攻击	140
	6.3.5	利用型攻击	142
	6.3.6	Web 攻击	144
6.4	诱骗类威胁		148
	6.4.1	网络钓鱼	148
	6.4.2	对于诱骗类威胁的防范	150
习题六			150

第7章 网络防御 152

7.1	概述		152
7.2	防火墙		153
	7.2.1	防火墙概述	154
	7.2.2	防火墙的主要技术	155
	7.2.3	Netfilter/IPtables 防火墙	160
7.3	入侵检测系统		162
	7.3.1	入侵检测概述	162
	7.3.2	入侵检测系统分类	165
	7.3.3	入侵检测技术	168
	7.3.4	Snort 系统	172
7.4	其他网络防御技术		174
	7.4.1	VLAN 技术	175
	7.4.2	IPS 与 IMS	177
	7.4.3	Web 应用防火墙	179
	7.4.4	云安全	181
习题七			184

第8章 网络安全协议 185

8.1	概述		185
8.2	IPSec		187
	8.2.1	IPSec 协议族的体系结构	187
	8.2.2	IPSec 的工作方式	191
	8.2.3	IKE	196
8.3	SSL 协议		198
	8.3.1	SSL 协议的体系结构	199
	8.3.2	SSL 协议规范	201
	8.3.3	HTTPS	205
8.4	SET 协议		206
	8.4.1	电子商务安全	206
	8.4.2	SET 协议概述	207
	8.4.3	SET 协议的安全机制	209

	8.4.4 交易处理	211
	8.4.5 SET 协议与 SSL 协议的比较	213
8.5	区块链技术	214
	8.5.1 区块链体系结构	215
	8.5.2 区块链运行机制	217
习题八		219

第 9 章 内容安全 ... 221

9.1	概述	221
	9.1.1 内容保护概述	221
	9.1.2 内容监管概述	223
9.2	版权保护	224
	9.2.1 DRM 概述	224
	9.2.2 数字水印	226
9.3	隐私保护	229
	9.3.1 隐私保护概述	229
	9.3.2 安全多方计算与联邦学习	230
9.4	内容监管	233
	9.4.1 网络信息内容监管	233
	9.4.2 垃圾邮件处理	237
9.5	网络舆情	238
	9.5.1 网络舆情管理	239
	9.5.2 机器学习与舆情分析	241
习题九		242

第 10 章 信息安全管理 ... 243

10.1	概述	243
10.2	信息安全风险管理	245
	10.2.1 风险评估	245
	10.2.2 风险控制	247
10.3	信息安全标准	250
	10.3.1 信息安全标准概述	250
	10.3.2 信息安全产品标准 CC	251
	10.3.3 信息安全管理体系标准 BS 7799	254
	10.3.4 中国的有关信息安全标准	256
10.4	信息安全法律法规及道德规范	259
	10.4.1 信息犯罪	260
	10.4.2 信息安全法律法规	261
	10.4.3 国家网络空间安全战略与网络安全法	265

  10.4.4　信息安全道德规范……………………………………………………268
 习题十…………………………………………………………………………………270
参考文献……………………………………………………………………………………272

第 1 章　信息安全概述

本章学习要点
- ◆ 了解信息安全的意义及发展
- ◆ 了解目前存在的主要安全威胁和互联网安全现状
- ◆ 了解网络空间主权和网络空间命运共同体的内涵
- ◆ 了解信息安全体系结构，重点掌握相关概念

微课视频

1.1　信息安全的理解

近几年来，随着互联网、物联网、大数据、人工智能和虚拟现实等技术的不断融合发展，人类社会已经进入一个全新的信息化时代，社会发展对信息网络的依赖性越来越高，从工农业生产到科学和教育，从人们的日常生活到国家的政治和军事，信息网络已成为社会必不可少而又无处不在的重要资源。蓬勃发展的人工智能等技术应用通过信息网络辐射向世界的各个角落，信息网络将世界连接成了一个整体，"虚拟世界"与真实世界的边界不断模糊化，"世界"不断向每个人聚集并变小。

然而，随着信息化进程的深入和新技术的快速发展，信息安全问题日渐突出，已成为当今人类共同面临的挑战，网络空间命运共同体的理念已经被越来越多的国家接受、认同，如果安全问题得不到很好的解决，必将阻碍世界发展的进程，甚至危及国家和地区的安全。

1.1.1　信息安全与网络空间安全

业界对信息安全和网络空间安全的界定有诸多争议，究其原因主要是二者之间交集颇多，领域技术基本相同，那么应该如何理解二者的关系呢？

在讨论二者的关系之前，先了解一下信息和网络空间的概念。南唐诗人李中的《暮春怀故人》中写道"梦断美人沉信息，目穿长路倚楼台"，其中的"信息"笔者意会为杳无音信的"音信"。1948年，克劳德·埃尔伍德·香农(Claude Elwood Shannon)始创信息论，给出了基于信息量计量角度对信息的解释："信息是用来消除随机不确定性的东西。"控制论的创始人诺伯特·维纳(Norbert Wiener)说过："信息就是信息，既不是物质，也不是能量，是人们在适应外部世界，并使这种适应反作用于外部世界的过程中，同外部世界进行互相交换的内容和名称。"目前，对信息最普遍的解释是"事物运动的状态与方式"和"事物及其属性标识的集合"，国际标准化组织(ISO)对于信息(information)给出如下解释："信息是通过施加于数据上的某些约定而赋予这些数据的特定含义。"通常我们可以把消息、信号、数据、情报和知识等都看作信息。信息本身是无形的，借

助信息介质以多种形式存在或传播。

网络空间也称赛博空间(cyberspace)，早期指在计算机网络中的虚拟现实。cyberspace是控制论(cybernetics)和空间(space)两个词的组合。一般来说，网络空间是指以各种电子设备为终端节点，以网络为介质构建的电磁空间，用户通过在此对数据进行创造、存储、改变、传输、使用、展示等操作，以实现特定的活动。在这个空间中，人、机、物可以被有机地连接在一起进行互动，可以产生影响人们生活的各类信息，包括内容信息、商务信息、控制信息等。

笔者拙见：信息描述事物的属性内涵，网络空间则描述特定信息的载体范围。广义上讲，信息安全考虑更多的是如何保护人类在认识世界、改造世界的过程中获取的信息；而网络空间安全考虑的是如何管理特定环境下的信息生产与应用行为。由于二者要保护的目标对象本质上是一致的，所以主要技术方法也大致相同，但由于角度不同，因此信息安全倾向于为了保护信息，不断扩展安全保护范围，没有疆域的概念；网络空间安全更倾向于空间疆域内信息及载体的安全管理。从宏观上看，信息安全外延大于网络空间安全，发展历史同样远远长于网络空间安全。

人类对于信息的认识越来越深刻，对它越来越重视，可以说信息和物质、能量一样，是当今人类生存和发展中必不可少的宝贵资源，信息的安全性问题也越来越受到人们的关注。

信息安全具有广泛的外延和丰富的内涵，不同领域对它的理解和阐述都有所不同。在经济领域，信息安全主要强调的是削减并控制风险，保持业务操作的连续性，并将风险造成的损失和影响降到最低程度。建立在信息网络基础之上的现代信息系统，其安全定义更为明确。ISO 对信息安全的定义是"在技术上和管理上为数据处理系统建立的安全保护，保护信息系统的硬件、软件及相关数据不因偶然或者恶意的原因遭到破坏、更改及泄露"。

在信息网络时代，信息安全的主要目的是"确保以电磁信号为主要形式的、在计算机网络化系统中进行获取、处理、存储、传输和应用的信息内容在各个物理及逻辑区域中安全存在，并不发生任何侵害行为"。

1.1.2 信息安全的发展

信息安全可谓一个古老的话题，其发展经历了漫长的历史演变，从某种意义上说，从人类开始信息交流，就涉及信息安全问题，从《六韬》中提到的阴符到第二次世界大战时期的谍报战，从《三国演义》中的蒋干盗书到当今的网络攻防，只要存在信息交流，就存在信息的窃取、破坏以及欺骗等信息安全问题。

信息安全的发展是与信息技术的发展和用户的需求密不可分的，之前在信息安全领域比较流行的观点是信息安全的发展大致分为通信安全、信息安全、信息保障三个阶段。2023 年 11 月，首届人工智能安全峰会在英国举行，包括中国、美国、英国在内的 28 个国家及欧盟共同签署了《布莱奇利宣言》(The Bletchley Declaration)，标志着信息安全发展到了新的阶段——人工智能安全(Artificial Intelligence Security，AISec)，或者称为智能安全。

1) 通信安全

20世纪90年代以前，通信技术还不发达，面对电话、电报、传真等信息交换过程中存在的安全问题，人们强调的主要是信息的保密性，对安全理论和技术的研究也只侧重于密码学，这一阶段的信息安全可以简单称为通信安全(communication security，COMSEC)，主要目的是保障传递的信息安全，防止信源、信宿以外的对象查看信息。

2) 信息安全

20世纪90年代以后，半导体和集成电路技术的飞速发展推动了计算机软硬件的发展，计算机和网络技术的应用进入了实用化和规模化阶段，人们对安全的关注已经逐渐扩展为以保密性、完整性和可用性为目标的信息安全(information security，InfoSec)阶段，具有代表性的成果就是美国的《可信计算机系统评估准则》(Trusted Computer System Evaluation Criteria，TCSEC)和欧洲的《信息技术安全评估准则》(Information Technology Security Evaluation Criteria，ITSEC)。同时出现了防火墙、入侵检测、漏洞扫描及虚拟专用网(virtual private network，VPN)等网络安全技术，这一阶段的信息安全可以归纳为对信息系统的保护，主要保证信息的机密性、完整性、可用性、可控性、不可否认性。

(1) 机密性(confidentiality)指信息只能被授权者使用而不泄露给未经授权者的特性。

(2) 完整性(integrity)指保证信息在存储和传输过程中未经授权不能被改变的特性。

(3) 可用性(availability)指保证信息和信息系统随时为授权者提供服务的有效特性。

(4) 可控性(controllability)指授权实体可以控制信息系统和信息使用的特性。

(5) 不可否认性(non-repudiation)指任何实体均无法否认其实施过的信息行为的特性，也称抗抵赖性。

3) 信息保障

1996年美国国防部提出了信息保障(information assurance，IA)的概念，标志着信息安全进入了一个全新的发展阶段。随着互联网的飞速发展，信息安全不再局限于对信息的静态保护，而需要对整个信息和信息系统进行保护和防御。美国人提出了信息保障，主要包括保护(protect)、检测(detect)、反应(react)、恢复(restore)四个方面，其目的是动态地、全方位地保护信息系统。

我国也对信息保障给出了相关解释："信息保障是对信息和信息系统的安全属性及功能、效率进行保障的动态行为过程。它运用源于人、管理、技术等因素所形成的预警能力、保护能力、检测能力、反应能力、恢复能力和反击能力，在信息和系统生命周期全过程的各个状态下，保证信息内容、计算环境、边界与连接、网络基础设施的真实性、可用性、完整性、机密性、可控性、不可否认性等安全属性，从而保障应用服务的效率和效益，促进信息化的可持续健康发展。"由此可见，信息保障是主动的、持续的。

在信息保障的概念中，人、技术和管理被称为信息保障的三大要素，如图1.1所示。人是信息保障的基础，信息系统是人建立的，同时也是为人服务的，受人的行为影响。因此，信息保障依赖于专业知识强、安全意识高的专业人员。技术是信息保障的核心，任何信息系统都势必存在一些安全隐患，因此，

图1.1 信息保障三要素

必须正视威胁和攻击，依靠先进的信息安全技术，综合分析安全风险，实施适当的安全防护措施，达到保护信息系统的目的。管理是信息保障的关键，没有完善的信息安全管理规章制度及法律法规，就无法保障信息安全。每个信息安全专业人员都应该遵守有关的规章制度及法律法规，保证信息系统的安全；每个使用者同样需要遵守相关制度及法律法规，在许可的范围内合理地使用信息系统，这样才能保证信息系统的安全。

4) 人工智能安全

近年来，在算法、算力和数据三大因素的共同驱动下，人工智能进入加速发展的新阶段，成为经济发展的领头羊和社会发展的加速器。随着人工智能在相关行业和社会生活中的深度融合应用，其带来的国家安全、社会伦理、网络安全、人身安全和隐私保护多个层面的风险和挑战，也引起了社会的广泛关注。人工智能安全风险是指安全威胁利用人工智能资产的脆弱性，引发人工智能安全事件或对相关方造成影响的可能性。

人工智能安全主要包含三层含义：一是指不当或恶意利用人工智能技术引发安全威胁和挑战，如人工智能技术可能被应用于伪造欺诈、传播不良信息、破解密码等网络攻击中，给传统的安全检测带来了新的挑战；二是人工智能的数据与模型的安全问题，如向训练数据中注入特定毒化数据的数据投毒攻击和通过在图像中添加扰动的误导模型攻击等；三是人工智能系统固有特性带来的可用性问题，如当人工智能模型依赖的训练数据不完备、不可信时，会导致人工智能模型的不可解释、不可信等。

信息安全不是一个孤立静止的概念，它具有系统性、相对性和动态性，传统的安全问题依然存在，新的安全问题又似如约而至，信息安全的内涵也随着人类主流信息场景的变换、信息科学技术的进步而不断丰富、发展，如何有效地保障信息安全是一个长期的发展话题。

1.2 信息安全威胁

信息资产(有价值的信息)的存在形式多种多样，有书籍、文件、硬件、软件、代码、服务等形式，总体上可分为有形和无形两类，都具有一定的价值属性。安全威胁主要源于对信息资产的直接或间接的、主动或被动的侵害企图。

1.2.1 信息安全威胁的基本类型

信息的安全属性主要包括机密性、完整性、可用性、可控性、不可否认性等，信息安全威胁也是针对这些属性而存在的。总体来说，信息安全威胁可以分为自然威胁和人为威胁两大类。自然威胁是指自然环境对信息及信息系统的影响，这类威胁一般具有突发性、自然性、非针对性、不可抗拒性的特点。自然威胁通常表现为直接作用于系统中物理设施的破坏，影响范围通常较大、损坏程度严重，如地震、风暴、洪水、雷击、火灾等，这些威胁通常需要通过容灾和灾备措施来预防和处理。人为威胁可以分为无意识和有意识两种。无意识的威胁是指由管理和使用者的操作失误造成的信息泄露或破坏。有意识的威胁是指某些组织或个人，出于各自的目的或利益直接破坏各种设备、窃取及盗用有价值的数据信息、制造及散播病毒或改变系统功能等。

人为威胁是常态化存在的，需要特别引起重视，依据对信息的安全属性的破坏，常见的人为威胁主要包括以下类型。

1) 信息泄露

信息泄露指信息被有意或无意地泄露给某个非授权的实体，此项威胁主要破坏了信息的机密性，例如，利用电磁泄漏或者其他窃听方式截获信息，破解传输或存储的密文信息，通过谍报人员直接得到敌方的情报等行为均属于信息泄露。

2) 完整性破坏

完整性破坏指以非法手段窃取信息的控制权，未经授权对信息进行修改、插入、删除等操作，使信息内容发生不应有的变化。此项攻击主要破坏信息的完整性，例如，篡改电子文档、伪造图片、伪造签名等行为。

3) 业务否决或拒绝服务

业务否决或拒绝服务指攻击者通过对信息系统进行过量的、非法的访问操作，使信息系统超载或崩溃，从而无法正常开展业务或提供服务，简单地讲，当一个实体的非法操作妨碍了其他的实体完成其正当操作的时候便发生了服务拒绝。此项攻击主要破坏信息系统的可用性，例如，大量的垃圾邮件会使邮件服务器无法为正常合法用户提供服务。

4) 未经授权访问

未经授权访问指某个未经授权的实体非法访问信息资源，或者授权实体超越其权限访问信息资源。此项攻击主要破坏信息的可控性。例如，有意避开信息系统的访问控制，对信息资源进行非法操作；通过非法手段擅自提升或扩大权限，越权访问信息资源。

5) 信息伪造

信息伪造指攻击者将虚假信息、劣质信息或有害信息渗透到信息资源里，破坏信息资源的可用性和不可否认性。例如，伪造他人的身份骗取信任、服务信息欺骗、数据样本攻击、热点舆情导引等，此类形式的威胁一旦演变成安全事件，带来的后果会更为严重，难以预测。

1.2.2　信息安全威胁的主要表现形式

对于信息来说，其面临的威胁可能来自针对物理环境、通信链路、网络系统、操作系统、应用系统以及管理系统等方面的破坏，一般与环境密切相关，其危险性随环境的变化而变化。下面给出一些常见的信息安全威胁。

1) 攻击原始资料

(1) 人员泄露：某个得到授权的人，为了利益或由于粗心将信息泄露给某个非授权的人。

(2) 废弃的介质：信息可能会从废弃的磁盘、光盘或纸张等存储介质中被恢复。

(3) 窃取：重要的资料或安全物品(如身份证等)被非授权的人盗用。

2) 破坏基础设施

(1) 破坏电力系统：电力系统的破坏可以导致现代的信息系统完全失去意义。

(2) 破坏通信网络：可以使依赖于通信网络的信息系统瘫痪。

(3) 破坏信息系统场所：直接对信息中心建筑物进行攻击，彻底摧毁信息系统核心设备。

3) 攻击信息系统

(1) 物理侵入：入侵者绕过物理控制而获得对系统的访问。

(2) 特洛伊木马：本质上是一种基于远程控制的黑客工具，具有很强的隐蔽性，当其运行时，会破坏用户主机的信息安全。

(3) 恶意访问：没有预先经过授权，就使用网络或计算机资源。

(4) 服务干扰：以非法手段窃得对信息的使用权，或不断对网络信息服务系统进行干扰，使系统响应变慢甚至瘫痪。

(5) 旁路控制：攻击者利用系统的安全缺陷或安全性上的脆弱之处获得非授权的权利或特权。例如，攻击者通过各种攻击手段发现原本应该保密，但是却又暴露出来的一些系统"特性"，利用这些"特性"，攻击者可以绕过防线守卫者侵入系统内部。

(6) 计算机病毒：一种人编制的特殊程序。它可以运行在计算机系统中，实现感染和侵害功能。它一般通过文件复制、电子邮件、网页浏览、文件服务器下载等形式侵入，发作时导致程序运行错误、死机，甚至毁坏硬件。

4) 攻击信息传输

(1) 窃听：在信息传输过程中，用各种可能的合法或非法的手段窃取信息资源。

(2) 业务流分析：通过对系统进行长期监听，利用统计分析方法对通信频率、通信流量等参数的变化进行研究，从中发现有价值的信息和规律。

(3) 重放：出于非法目的，对所截获的某次合法的通信数据进行复制，并重新发送。

5) 恶意伪造

(1) 业务欺骗：非法实体伪装成合法实体身份，欺骗合法的用户或实体自愿提供其敏感信息等。

(2) 假冒：通过欺骗通信系统达到非法用户冒充成为合法用户，或者特权小的用户冒充成为特权大的用户的目的。

(3) 抵赖：对实体本身实施过的行为予以否认，以达到规避某些责任的目的。例如，否认自己曾经发布过的某条消息等。

6) 自身失误

每个实体都拥有相应的权限，而这些权限均和其特定的身份证明标志绑定在一起，如果这些特定的身份证明标志被其他非法实体得到，就会给某些重要信息资源带来重大损失。例如，网络管理员的操作口令泄露，导致攻击者可以进入信息系统中控制重要的信息资源。

7) 信息滥用

个人信息滥用：非法收集或窃取他人的数据信息，通过技术分析处理或贩卖，非法牟利并侵害他人权益。

8) 内部攻击

内部攻击指被授权的合法实体出于某些目的利用其权限从事非法行为。

要保证信息的安全就必须想办法在最大程度上克服种种威胁。需要指出的是，无论采取何种防范措施都不能保证信息的绝对安全,安全是相对的。

1.3 互联网的安全性

近年来,计算机网络作为信息的重要载体发展非常迅猛,特别是国际互联网的发展更是日新月异,各种网络服务层出不穷。同时,信息网络的蓬勃发展也带动了企业信息化、商业信息化、金融信息化、教育信息化、政务信息化以及国防信息化等,互联网已经成为国民经济的重要基础设施。

1.3.1 互联网的发展现状

1969 年 11 月,美国国防部高级研究计划局(Advanced Research Projects Agency, ARPA)开始建立一个命名为 ARPANET 的网络,ARPANET 的出现标志着一个全新的网络时代的诞生,1983 年,ARPA 和美国国防部通信局研制成功了用于异构网络的 TCP/IP,美国加利福尼亚大学伯克利分校把该协议作为其 BSD UNIX 的一部分,使该协议在社会上流行起来,从而诞生了真正的国际互联网(Internet)。1986 年,美国国家科学基金会(National Science Foundation,NSF)利用 ARPANET 发展出来的国际互联网协议,在 5 个科研教育服务超级电脑中心的基础上建立了 NSFNet 广域网。由于美国国家科学基金会的鼓励和资助,很多大学、政府资助的研究机构甚至私营的研究机构纷纷把自己的局域网并入 NSFNet 中,作为网络之父的 ARPANET 逐步被 NSFNet 所替代。到 1990 年,ARPANET 已退出了历史舞台,NSFNet 则成为互联网的重要骨干网之一。

从 1987 年开始,中国的四大网络(中国科技网(CSTNET)、中国教育和科研计算机网(CERNET)、中国公用计算机互联网(ChinaNet)、中国金桥信息网(CHINAGBN)与互联网直连,标志着我国也融入了国际互联网的大家庭。互联网在我国的发展大概分为三个阶段,第一阶段是 1986~1993 年,为研究试验阶段;第二阶段为 1994~1996 年,为起步阶段;第三阶段为 1997 年至今,是快速增长阶段。截至 1999 年 6 月 30 日,我国上网计算机数达 146 万个,上网用户人数 400 万人,公共电子媒体已超过 9000 个,CN 注册域名总数达 29045 个,国际出口总带宽达 241M。到了 2007 年底,我国互联网用户数已达 1.62 亿人,其中宽带上网用户达到 1.22 亿人,中文网站的数量达到 89.8 万个,IPv4 地址总数已达到 9800 多万个,国际出口带宽总量为 368927Mbit/s。截至 2022 年 12 月,国际出口带宽总量为 18469972Mbit/s,2023 年 6 月,我国网民规模为 10.79 亿人,IPv4 地址数量为 39207 万个,网站数量为 383 万个,国内市场上监测到活跃的应用程序(APP)数量为 260 万款。

互联网的意义并不在于它的技术,而在于它提供了一种全新的全球性的信息基础设施。当今世界正向信息经济时代迈进,信息产业已经发展成为世界发达国家新的支柱产业,成为推动世界经济高速发展的新的原动力,并且广泛渗透到各个领域,特别是近几年来移动互联网及其应用的发展,从根本上改变了人们的思想观念和生产生活方式,推动了各行各业的发展,并且成为信息经济时代的一个重要标志之一。

互联网的确创造了一个奇迹,但在奇迹背后,也存在着日益突出的问题,给人们带来了极大的挑战。网络的开放性和全球化促进了人类知识的共享和经济的全球化,网络带来信息的全球性流通,也加剧了文化渗透,各国都在为捍卫自己的网络文化而努力,网络的竞争已成为国家间和企业间高技术的竞争和人才的竞争,这些竞争以及良莠不齐的网络使用者使信息安全变得更加严峻。

1.3.2 互联网的安全现状

随着互联网规模的膨胀,各种网络基础应用、智能终端、计算机系统、应用服务程序的漏洞层出不穷,普通网民安全意识及相关知识匮乏,这些都为互联网上的不法分子提供了入侵和偷窃的机会。最初的病毒制造者通常以炫技、恶作剧或者仇视破坏为目的。从2000年开始,病毒或恶意程序制造者逐渐变得贪婪,越来越多地以获取经济利益为目的。从恶意程序开发、传播到销售,他们形成了分工明确的整条操作流程,这条黑色产业链每年的整体利润高达数百亿元。黑客和恶意程序窃取的个人资料包括游戏账号密码、银行账号以及各种个人隐私信息等,包罗万象,任何可以直接或间接转换成金钱的东西,都成为不法分子窃取的对象。特别是随着智能手机的普及,电信网络诈骗活动层出不穷,让广大网民蒙受了巨大的损失。

据计算机安全应急响应组(Computer Security Incident Response Team,CERT)统计,在1988年安全事件报告数为6件,到了2001年报告数为5万件,2003年为137000多件,并且安全事件在2003年以后呈线性增长。据国家计算机网络应急技术处理协调中心统计,2006年接受的安全事件报告数为26476件,约为2005年接受的安全事件报告数(9112件)的三倍。2007年中国互联网络信息中心(China Internet Network Information Center,CNNIC)的统计数据表明,中国网络安全问题发生得非常频繁,如表1.1所示,计算机病毒、账号/个人信息被盗或被改、黑客攻击、仿冒网站成了威胁普通网民的最大隐患。

表1.1 安全事件发生的比例

安全问题类型	比例/%
计算机感染病毒	90.8
账号/个人信息被盗或被改	44.8
网上遭到黑客攻击	26.7
被仿冒网站欺骗	23.9
都没有碰到过	2.5
其他	1.2

图1.2为第52次《中国互联网络发展状况统计报告》中的统计数据,截至2023年6月,有近37.6%的网民表示过去半年在上网过程中遭遇过网络安全问题。从网民遇到各类网络安全问题的情况来看,遭遇个人信息泄露的网民比例最高,为23.2%;遭遇网络诈骗的网民比例为20.0%;遭遇终端设备中病毒或木马的网民比例为7.0%;遭遇账号或密码被盗的网民比例为5.2%。不难发现,个人信息泄露和网络诈骗已成为广大网民的主要威胁,安全形势依然严峻。

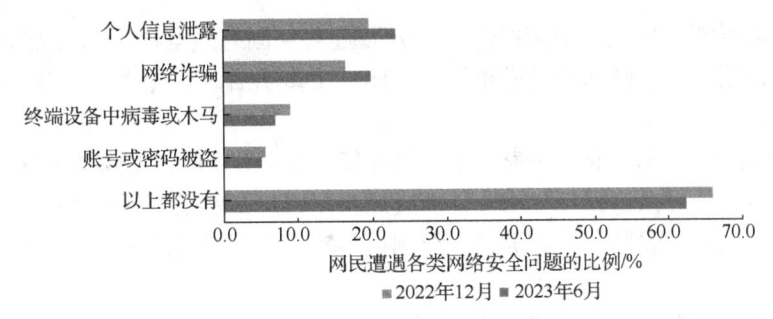

图 1.2 网民遭遇各类网络安全问题的比例

从广义上看，互联网安全不仅影响普通网民的信息和行为的安全性，而且全面渗透到国家的政治、经济、军事、社会稳定等各个领域，严重地影响一个国家的健康发展。

1) 网络安全与政治

网络安全与政治是当今社会中两个密不可分的领域，随着互联网的普及和发展，网络安全问题日益突出，如果政治无法应对这一挑战，将会对社会稳定产生极大的负面影响。网络安全管控不力可能导致重要信息被恶意篡改或泄露，进而破坏国家安全和社会秩序，而政治的稳定和发展又需要一个安全稳定的网络环境来支撑，只有确保网络安全，才能够实现政治的良好运行，促进经济的繁荣和社会的进步。

多年来，世界格局风云变幻，一些国家政权更迭、社会动荡甚至出现暴乱、战争，影响至今，事件背后与有关国家运用强大的网络技术操控媒体、煽动民众、制造事端分不开。某些敌对势力一直针对我国进行各种舆论渗透，试图扭曲事实，制造事端，从而影响国家政治安全及社会稳定，这些问题已经引起相关部门的重视并积极应对。

影响国家政治安全的网络行为主要包括在互联网上散布谣言、伪造世界热点地区的现场照片、发表言论煽动民族纠纷、非法组织在网上组党结社、进行各种违法的秘密联络以及通过网络来遥控指挥恐怖行为等，可以看出互联网已经成为一些别有用心的人进行违法活动的重要场所及秘密联络的重要途径。我国《国家网络空间安全战略》中指出："政治稳定是国家发展、人民幸福的基本前提。利用网络干涉他国内政、攻击他国政治制度、煽动社会动乱、颠覆他国政权，以及大规模网络监控、网络窃密等活动严重危害国家政治安全和用户信息安全。"

2) 网络安全与经济

一个国家越发达、信息化程度越高，整个国民经济对信息资源和信息基础设施的依赖程度也越高。然而，随着信息化的发展，计算机病毒、网络攻击、垃圾邮件、系统漏洞、网络窃密、虚假有害信息和网络违法犯罪等问题也日渐突出，如果应对不当就会给国家经济安全带来严重的影响。

1999 年 4 月 26 日，CIH 病毒大爆发，据统计，我国受其影响的个人计算机达 36 万台之多，经济损失高达 12 亿元；2000 年，爱虫病毒大爆发两天之后，全球约有 4500 万台计算机被感染，造成的损失已经达到 26 亿美元，随后几天里，爱虫病毒所造成的损失仍以每天 10 亿～15 亿美元的速度增加。

2000 年 2 月，黑客攻击汹涌而来，垃圾邮件堵死了雅虎邮件服务器，世界最著名的网络拍卖行电子湾(eBay)也因神秘黑客袭击而瘫痪,美国有线电视新闻网(CNN)的网站瘫痪近两小时,顶级购物网站亚马逊也被迫关闭一个多小时,在此之后又有一些著名网站被袭击,其损失难以估量。

从 2004 年 10 月起,北京一家音乐网站连续 3 个月遭到一个控制超过 6 万台计算机的"僵尸网络"的"拒绝服务"攻击,造成经济损失达 700 余万元;2007 年 4 月开始,一股黑客攻击狂潮席卷联众、完美时空等国内多家大型网络游戏公司,造成经济损失达上千万元。

2005 年,美国超过 300 万份信用卡用户资料外泄,导致了用户的财产损失,中国工商银行、中国银行等金融机构也成为黑客攻击的目标,它们设计了类似的网页,通过网络钓鱼的形式获取利益。这一现象在以每个月 73%的数字增长,使很多用户对于网络交易的信心大减,也提高了各国银行对于网络交易的安全性的重视程度。

2013 年 11 月至 12 月期间,攻击者以 HVAC 承包商 Fazio 为跳板,入侵了美国零售巨头 Target 网络,在其门店的 POS 终端上植入 BlackPOS 恶意软件变种,用户刷卡时它会直接读取内存中的信用卡磁条信息,最终盗取了 4000 多万张信用卡信息以及 7000 万条包括姓名、地址、E-mail、电话等用户个人信息,用于地下交易。

2017 年,勒索病毒继续呈现出全球性蔓延态势,攻击手法和病毒变种也进一步多样化。其中最著名的三款勒索病毒是 WannaCry (5 月)、NotPetya (6 月)和 Bad Rabbit (10 月)。2017 年 5 月全球爆发的勒索病毒 WannaCry 和随后在乌克兰等地流行的 NotPetya 病毒,使人们对勒索病毒的关注达到了空前的高度。在全球范围内,政府、教育、医院、能源、通信、制造业等众多关键信息基础设施领域都遭受到了前所未有的重大损失。

2021 年 6 月,美国食品和商业工人联合会表示,全球最大肉食品加工商 JBS 公司因遭到网络攻击,其在美牛肉加工厂已经全部关停。

2023 年,彭博社报道,美国东部时间 11 月 8 日,中国工商银行股份有限公司在美全资子公司——工银金融服务有限责任公司(ICBCFS)遭勒索病毒攻击,导致部分系统中断。攻击扰乱了美国国债市场,无法代表其他市场参与者结算国债交易,这对美国国债的流动性产生巨大影响,并可能引发监管审查。

有资料显示,全球每年因计算机网络犯罪直接损失资金高达数十亿美元,可见网络安全已经与经济安全牢固绑定,在全面信息化的今天,网络安全处理不好,一个国家的经济就难以健康地发展。

3) 网络安全与军事

随着军事信息化的不断深入,信息网络技术在军事上越来越受重视,同时也赋予了军事战争一个全新的理念。从古代到今天,战争形态产生了 4 次较大的变革,从冷兵器、热兵器、机械化,发展到现在的信息化战争,新军事变革的核心是信息化,新军事变革的思维概念是系统集成和技术融合,要通过较少的投入获得最大的效益。

在第二次世界大战中,美国破译了日本人的密码,将山本的舰队几乎全歼,重创了日本海军。1990 年,海湾战争被称为"世界上首次全面信息战",美军通过向带病毒芯片的打印机设备发送指令,致使伊拉克军队系统瘫痪,轻易地摧毁了伊军的防空系统。

1999 年,美国的电子专家成功侵入了南联盟防空体系的计算机系统,当南联盟军官在计算机屏幕上看到敌机目标的时候,天空上其实什么也没有。

美国著名未来学家阿尔文·托夫勒(Alvin Toffler)说过:"谁掌握了信息,控制了网络,谁就将拥有整个世界。"各国的军事专家都提出网络攻击和信息战已经成为现代战争的重要组成部分的观点。

4) 网络安全与社会稳定

由于互联网具有虚拟性、隐蔽性、发散性、渗透性和随意性等特点,网民已经习惯通过互联网这种渠道来表达观点、传播思想、买卖商品、参与娱乐游戏及结交朋友,特别是发展到今天无所不能的智能手机加上自媒体,人和网络已经高度融合。但互联网的这些特点又被一些别有用心的人加以充分利用,目前已经成为影响社会稳定的重灾区。

互联网上的一些不良信息腐蚀着人们的灵魂。侵犯知识产权的盗版软件严重损害了版权所有者的利益,对名誉权和隐私权的侵害成为影响人们生活的重要因素。各种电信网络诈骗层出不穷,网上的赌博行为变得更加隐蔽,这些都带来了非常严重的后果。

可以看出,网络安全与社会稳定关系密切,如何加强对网络的及时监控、有效引导及对网络危机的积极化解,对维护社会稳定、促进国家发展具有重要的现实意义,也是创建和谐社会的应有内涵。

1.3.3 互联网的安全性分析

通过上面对互联网发展现状及安全性的综述,可以发现互联网的安全问题已经非常严重,究其根源,可以从几个方面来进行安全性分析和理解。

1) 互联网的设计背景

互联网最初是在五个科研教育服务超级电脑中心互联的基础上建立起来的,其总体架构和其所使用的 TCP/IP 的设计均在可信环境下完成,因此没有充分考虑安全问题。但互联网发展到今天,已经呈现出一个设计之初完全无法预料到的情境,网络安全业已成为亟待解决的首要问题。作为互联网底层核心骨干协议 IPv4 的安全性缺失直接带来很多安全问题,互联网工程工作小组(Internet Engineering Task Force,IETF)历经三年研究,于 1998 年形成了关于 IPv6 的第一个协议 RFC 2460。2003 年 1 月 22 日,IETF 发布了 IPv6 测试性网络,即 6bone 网络。2017 年 11 月,中共中央办公厅、国务院办公厅印发了《推进互联网协议第六版(IPv6)规模部署行动计划》,可见发展 IPv6 的急迫性和重要性。在 IPv6 系列协议中,安全被提到了一个前所未有的高度,人们希望下一代互联网能够很好地改善现有互联网遇到的安全问题。然而,IPv6 虽然已经存在二十多年,而且有了一些示范性应用,但由于存在很多制约因素,其取代 IPv4 的路并不平坦,业界普遍认为很多年内互联网协议依旧以 IPv4 为主,并与 IPv6 共存,IPv6 会在特定的领域内不断发展,但取代 IPv4 是大势所趋。

2) 网络传输的安全性

互联网的安全问题首先来源于其开放性,互联网本身就是众多网络的连接、汇聚,并向全球用户开放,复杂的网络结构给数据传输环节带来大量的安全隐患。其次,互联网核心 TCP/IP 协议族的设计缺乏安全性考虑,在网络层,由于 IP 缺乏安全认证和保密机制,容易受到各种攻击,而 IPv6 又迟迟无法迭代成功,很多服务应用开发者不考虑在网络层解决传输安全问题；在传输层，虽然传输控制协议在建立连接时有"三次握手"，但只是简单的应答，其连接能被欺骗、截取及操纵，而用户数据报协议(user datagram protocol，UDP)易受到 IP 源路由和拒绝服务的攻击；在应用层，传统的服务 HTTP、FTP、Telnet、SMTP、POP3、DNS、SNMP 等均缺乏较高的可认证性、完整性和机密性，因此，几乎没有安全性可言。

为了获得安全性，网络应用开发者不得不在应用层开发一些新的安全应用协议，来保证传输的安全性。

3) 信息系统的安全性

信息系统作为网络服务的提供者，它的安全性实际上是互联网的核心问题，各种网络安全威胁事件均以控制各个信息系统为最终目的。对信息系统的威胁主要源自以下三个方面。

首先，基础网络应用成为黑客及病毒的攻击重点。网络应用丰富，可供病毒传播利用的途径越来越复杂。例如，随着网络视频和音乐的发展，众多的云存储等介质被黑客广泛利用来传播病毒；即时通信软件则是另一个重要的病毒传播渠道和被害对象，虽然厂商在安全性上做出了一定的改善，但此类软件的某些功能在初始设计上就违背了安全性原则，从而导致针对该类软件的网络欺诈泛滥；网上购物平台、网络银行和网络证券交易日益火爆，大量缺乏基本安全意识和防护措施的网民所面临的安全风险更大，针对电商平台、网络银行和证券的木马、后门程序等恶意软件层出不穷。

其次，系统漏洞带来的安全问题异常突出。漏洞是在硬件、软件、协议的具体实现或系统安全策略上存在的缺陷，它可以使攻击者能够在未授权的情况下访问或破坏系统。漏洞会影响到很多软硬件设备，包括操作系统本身及其支撑软件、网络客户和服务器软件、网络路由器和安全防火墙等。

最后，Web 程序安全漏洞愈演愈烈。由于 Web 程序员的疏漏，存在代码注入漏洞的网站越来越多，这也成为当前入侵者入侵服务器的主要途径。入侵 Web 服务器并窃取机密信息、利用控制的 Web 服务器来"挂马"的行为大都通过代码注入攻击来完成。

4) 隐私数据的安全性

云计算、社交网络及各种智能终端的普及使个人数据无处遁形，而自然人的天然弱势地位导致其难以掌控自身的数据。隐私数据指可以直接或者间接关联到用户个人的信息，如已知用户号码，能反查到用户姓名，那么用户号码就是个人隐私数据。依据隐私保护原则，客户的隐私信息需要保密，也就是说，没有权限的人不能查看，也无权传播。在必须要传播的某些数据中，如果携带了用户数据，则需要对用户数据进行匿名化处理，然而在海量的网络应用中，这个隐私保护原则并没有被很好地遵守。

5) 大数据的安全性

大数据时代，各行业数据规模呈 TB 级增长，拥有高价值数据源的企业在大数据产业链中占有核心地位。在数据库时代，其安全性可以通过数据库的访问控制机制解决，每一个用户都要注册，注册完才能访问数据库。到了大数据时代，存在大量未知的用户和大量未知的数据，很多用户虽然完成了注册，但无法实现通过预先设置角色及角色权限进行精细化管理，如何确保网络数据的完整性、可用性和机密性，不受到信息泄露和非法篡改的安全威胁的影响,已成为企事业信息化健康发展所要考虑的核心问题。

6) 人工智能的安全性

今天,以 ChatGPT、DeepSeek 为代表的人工智能(AI)技术迅速发展,正广泛应用于金融、医疗、交通、制造业等领域,将对经济社会发展和人类文明进步产生深远的影响,但其蕴含的安全风险同样不能忽视。

在人工智能系统中,数据和模型是两个最重要的内容。数据的安全威胁包括数据投毒攻击、模型逆向攻击和属性推断攻击等;模型的安全威胁则主要包括对抗样本攻击等。具体攻击手段包括通过注入特定的毒化数据来污染训练数据,影响甚至干预模型的训练结果;或者通过模型的预测结果尝试恢复该预测结果对应的输入数据;也可以从模型的预测以及计算的中间信息恢复输入数据的部分敏感属性;或者通过在图像中添加扰动,误导人工智能模型出错。

另外,人工智能的发展和应用涉及一些伦理问题,如人工智能是否应该自主拥有权利、人工智能是否应该替代人类工作、人工智能是否可以应用于军事等,这些问题需要我们认真思考和解决。

1.4 网络空间主权与网络空间命运共同体

1.4.1 国家主权

国家主权(national sovereignty,或简称主权),指的是一个国家独立自主处理自己内部和外部事务,管理自己国家的最高权力。主权是国家区别于其他社会集团的特殊属性,是国家的固有权利。全体国民及其生活的地域一起形成国家,国家主权的根源存在于全体国民。所以国家主权的目的是保护国家的完整性,保护全体国民的利益。

国家主权主要体现在以下三个方面。

(1) 对内最高权。国家在国内行使最高统治权,包括立法、行政、司法各个方面,也包括国家的属地优越权和属人优越权。

(2) 对外独立权。国家在与他国的交往和国际关系中,不受任何外国意志左右,独立自主地处理自己的内外事务,包括选择社会制度、确定国家形式和法律、制定对外政策等。

(3) 自保权。包括国家在遭受外来侵略和武力攻击时进行单独或集体反击的自卫权,以及为防止侵略和武装攻击而建设国防的权力。

根据联合国大会 1946 年 12 月 6 日决议通过的《国家权利义务宣言草案》,主权国家拥有独立、平等、管辖和自卫的基本权利。独立权,即国家完全自主地行使合法权利,排除任何外来干涉。《国家权利义务宣言草案》第 1 条规定:"各国有独立权,因而有权自由行使一切合法权利,包括其政体之选择,不接受其他任何国家之命令。"平等权,即主权国家不论大小、强弱,也不论政治、经济、意识形态和社会制度有何差异,在国际法上的地位一律平等。《国家权利义务宣言草案》第 5 条规定:"各国有与他国在法律上平等之权利。"管辖权，即国家对它领土内的一切人(享有外交豁免权的人除外)和事物以及领土外的本国人实行管辖的权利，有权按照自己的情况确定自己的政治制度和社会经济制度；《国家权利义务宣言草案》第2条规定："各国对其领土以及境内之一切人与物，除国际法公认豁免者外，有行使管辖之权。"自卫权，即国家为维护政治独立和领土完整而对外来侵略和威胁进行防卫的权利。《国家权利义务宣言草案》第12条规定："各国受武力攻击时，有行使单独或集体自卫之权利。"

主权原则是现代国际法所确立的重要原则，其要求各国在其相互关系中要尊重对方的主权，尊重对方的国际人格，不得有任何形式的侵犯。换言之，国家是独立的、平等的，各国独立自主地处理自己内外事务的权利应当受到尊重，各国自行决定自己的命运、自由选择自己的社会、政治制度和国家形式的权利应该得到保障，其他国家不得进行任何形式的侵略和干涉。现代国际法确认上述内容为整个国际关系的基础和现代国际法的基础。

1.4.2 网络空间主权

国家主权适用于传统安全领域。但是，对于非传统安全而言，国家主权的概念同样也有重要意义。英国政治学家蒂姆·乔丹(Tim Jordan)首次从政治学和社会学角度系统阐述了网络权力(cyberpower)的概念：网络权力是网络空间与互联网上的政治与文化的权力形式。美国学者约瑟夫·S.奈(Joseph S. Nye)也指出：网络权力取决于一系列与用于创造、控制和沟通信息的电子和计算机有关的资源，包括硬件基础设施、网络、软件及人类技能；从行为的角度来定义，网络权力就是指通过使用网络空间中相互联系的信息资源获得期望结果的能力。可见国家主权的概念已经延伸到网络空间，西方大国激烈争夺网络空间的实质，即获得制网权这种新型国家权力，不仅影响互联网，还可以进一步作用于国家主权与国际社会。在国际政治体系中，网络权力的大小将决定一个国家国际地位的高低。在互联网战争中，拥有较大网络权力的一方获得发动战争主动权的可能性较大。

网络空间主权是国家主权在位于其领土之中的信息通信基础设施所承载的网络空间中的自然延伸，即对出现在该空间的信息通信技术活动(针对网络角色与操作而言)和信息通信技术系统本身(针对设施)及其承载的数据(虚拟资产)具有管辖权(对数据操作的干预权)。

与国家主权相同，网络空间主权同样包含网络空间独立权、网络空间平等权、网络空间管辖权与网络空间自卫权。网络空间独立权表现在位于本国领土之内的网络可以自主运行，能够不受外界干扰。网络空间平等权表现在主权国家在网络互联互通、网络运行方面具有平等的地位，在国际网络空间的技术演进、公共政策方面具有平等的决策权，在国际网络空间治理方面具有平等的话语权。网络空间管辖权是对位于本国领土之中的网络空间施加主权，这已经在世界各国网络管理中得以实施。网络空间自卫权表现在将该国拥有管辖权的网络空间看作一个专门的保护区域，采用必要的措施防卫来自他国的网络入侵和威胁。尽管很多国家反对网络空间主权的提法，但在实践层面上，各国却几乎没有例外地对本国网络空间加以严格管制，并防止受到外部干涉。

1.4.3　网络空间命运共同体

2015 年 12 月 16 日，第二届世界互联网大会开幕式在浙江省乌镇举行。国家主席习近平同志出席开幕式并发表主旨演讲，首次提出了"网络空间命运共同体"的理念，他在演讲中指出："网络空间是人类共同的活动空间，网络空间前途命运应由世界各国共同掌握。各国应该加强沟通、扩大共识、深化合作，共同构建网络空间命运共同体。"[①]

2023 年 11 月 8 日，国家主席习近平向 2023 年世界互联网大会乌镇峰会开幕式发表视频致辞，指出："2015 年，我在第二届世界互联网大会开幕式上提出了全球互联网发展治理的'四项原则'、'五点主张'，倡导构建网络空间命运共同体，这一理念得到国际社会广泛认同和积极响应。"[②]

习近平主席提出的推进全球互联网治理体系变革的四项原则包括：尊重网络主权、维护和平安全、促进开放合作、构建良好秩序[①]。

习近平主席提出的构建网络空间命运共同体的五点主张包括：加快全球网络基础设施建设，促进互联互通；打造网上文化交流共享平台，促进交流互鉴；推动网络经济创新发展，促进共同繁荣；保障网络安全，促进有序发展；构建互联网治理体系，促进公平正义[①]。

2022 年 11 月 7 日，国务院新闻办公室发布《携手构建网络空间命运共同体》白皮书，白皮书中给出了如下构建更加紧密的网络空间命运共同体的中国主张。

(1) 坚持尊重网络主权。中国倡导尊重各国网络主权，尊重各国自主选择网络发展道路、网络管理模式、互联网公共政策和平等参与网络空间国际治理的权利。坚决反对一切形式的霸权主义和强权政治，反对干涉别国内政，反对搞双重标准，不从事、纵容或支持危害他国国家安全的网络活动。中国倡导《联合国宪章》确立的主权平等原则适用于网络空间，在国家主权基础上构建公正合理的网络空间国际秩序。

(2) 维护网络空间和平、安全、稳定。网络空间互联互通，各国利益深度交融，网络空间和平、安全、稳定是世界各国人民共同的诉求。中国主张，各国政府应遵守《联合国宪章》的宗旨与原则，和平利用网络，以和平方式解决争端。中国反对以牺牲别国安全谋求自身所谓绝对安全，反对一切形式的网络空间军备竞赛。中国坚持国家不分大小、强弱、贫富一律平等，对网络安全问题的关切都应得到关注和保障，倡导各国和平利用网络空间促进经济社会发展，开展全球、双边、多边、多方等各层级的合作与对话，共同维护网络空间和平与稳定。

(3) 营造开放、公平、公正、非歧视的数字发展环境。全球数字经济是开放和紧密相连的整体，"筑墙设垒""脱钩断链"只会伤己伤人，合作共赢是唯一正道。营造开放、公平、公正、非歧视的数字发展环境，是加强全球数字经济合作的需要，有利于促进全球经济复苏和发展。中国反对将技术问题政治化，反对滥用国家力量，违反市场经

---

① 习近平在第二届世界互联网大会开幕式上的讲话(全文). (2015-12-16)[2024-03-10]. http://www.xinhuanet.com/politics/2015-12/16/c_1117481089.htm.

② 习近平向 2023 年世界互联网大会乌镇峰会开幕式发表视频致辞. (2023-11-08)[2024-03-10]. http://www.news.cn/politics/leaders/2023-11/08/c_1129963877.htm.

济原则和国际贸易规则,不择手段打压遏制他国企业。中国倡导,各国政府应积极维护全球信息技术产品和服务的供应链开放、安全、稳定,加强新一代信息技术协同研发,积极融入全球创新网络。各国政府、国际组织、企业、智库等应携起手来,共同探讨制定反映各方意愿、尊重各方利益的数字治理国际规则,推动数字经济健康有序发展。

(4) 加强关键信息基础设施保护国际合作。关键信息基础设施是信息时代各国经济社会正常运行的重要基础,有效应对关键信息基础设施安全风险是国际社会的共同责任。中国坚决反对利用信息技术破坏他国关键信息基础设施或窃取重要数据,搞你输我赢的零和博弈。国际社会应倡导开放合作的网络安全理念,反对网络监听和网络攻击,各国政府和相关机构应加强在预警防范、信息共享、应急响应等方面的合作,积极开展关键信息基础设施保护的经验交流。

(5) 维护互联网基础资源管理体系安全稳定。互联网基础资源管理体系是互联网运行的基石。应确保承载互联网核心资源管理体系的机构运作更加可信,不因任何一国的司法管辖而对其他国家的顶级域名构成威胁。中国主张,保障各国使用互联网基础资源的可用性和可靠性,推动国际社会共同管理和公平分配互联网基础资源,让包括域名系统在内的互联网核心资源技术系统更加安全、稳定和富有韧性,确保其不因任何政治或人为因素而导致服务中断或终止。中国倡导各国政府、行业组织、企业等共同努力,加快推广和普及 IPv6 技术和应用。

(6) 合作打击网络犯罪和网络恐怖主义。网络空间不应成为各国角力的战场,更不能成为违法犯罪的温床。当前,网络犯罪和网络恐怖主义已经成为全球公害,国际合作是打击网络犯罪和网络恐怖主义的必由之路。中国倡导各国政府共同努力,根据相关法律和国际公约坚决打击各类网络犯罪行为;倡导对网络犯罪开展生态化、链条化打击整治,健全打击网络犯罪和网络恐怖主义执法司法协作机制。中国支持并积极参与联合国打击网络犯罪全球性公约谈判,探讨制定网络空间国际反恐公约。愿与各国政府有效协调立法和实践,合力应对网络犯罪和网络恐怖主义威胁。

(7) 促进数据安全治理和开发利用。数据作为新型生产要素,是数字化、网络化、智能化的基础,已快速融入生产、分配、流通、消费和社会服务管理等各个环节,深刻改变着生产方式、生活方式和社会治理方式。中国支持数据流动和数据开发利用,促进数据开放共享。愿与各国政府、国际组织、企业、智库等各方积极开展数据安全治理、数据开发利用等领域的交流合作,在双边和多边合作框架下推动相关国际规则和标准的制定,不断提升不同数据保护通行规则之间的互操作性,促进数据跨境安全、自由流动。

(8) 构建更加公正合理的网络空间治理体系。网络空间具有全球性,任何国家都难以仅凭一己之力实现对网络空间的有效治理。中国支持联合国在网络空间国际治理中发挥主渠道作用,坚持真正的多边主义,反对一切形式的单边主义,反对搞针对特定国家的阵营化和排他的小圈子。中国倡导坚持多边参与、多方参与,发挥政府、国际组织、互联网企业、技术社群、民间机构、公民个人等各个主体作用。国际社会应坚持共商共建共享,加强沟通交流,深化务实合作,完善网络空间对话协商机制,研究制定全球互联网治理规则,使全球互联网治理体系更加公正合理,更加平衡地反映大多数国家意愿和利益。

(9) 共建网上美好精神家园。网络文明是现代社会文明进步的重要标志。加强网络文明建设是坚持以人民为中心、满足亿万网民对美好生活向往的迫切需要。中国倡导尊重网络文化的多样性，提倡各国挖掘自身优秀文化资源，加强优质文化产品的数字化生产和网络化传播，推动各国、各地区、各民族开展网络文化交流和文明互鉴，增进不同文明之间的包容共生。倡导各国政府团结协作，行业组织和企业加强自律，公民个人提升素养，共同反对和抵制网络虚假信息，加强网络空间生态治理，维护良好网络秩序，用人类文明优秀成果滋养网络空间。

(10) 坚持互联网的发展成果惠及全人类。互联网发展需要大家共同参与，发展成果应由大家共同分享。中国倡议，国际社会携起手来，推进信息基础设施建设，弥合数字鸿沟，加强对弱势群体的支持和帮助，促进公众数字素养和技能提升，充分发挥互联网和数字技术在抗击疫情、改善民生、消除贫困等方面的作用，推动新技术新应用向上向善，加强数字产品创新供给，推动实现开放、包容、普惠、平衡、可持续的发展，让更多国家和人民搭乘信息时代的快车，共享互联网发展成果，为落实《联合国2030年可持续发展议程》作出积极贡献。

互联网是人类社会发展的重要成果，是人类文明向信息时代演进的关键标志。随着新一轮科技革命和产业变革加速推进，互联网让世界变成了"地球村"，国际社会越来越成为你中有我、我中有你的命运共同体。发展好、运用好、治理好互联网，让互联网更好地造福人类，是国际社会的共同责任。

1.5 信息安全体系结构

人们经常使用"体系结构"来描述某一领域的组成元素及其相互关系，以达到对该领域内涵的更好理解。同样，信息安全领域也是由大量的知识元素组成的，通过对知识元素及描述元素之间的关系进行分类，将零乱的知识元素归纳整理，形成关于信息安全的有机视图。这样的视图对于学习研究信息安全领域的知识有极大的帮助。

体系结构的建立需要在特定的视觉角度下进行分析、归纳，而不同的视觉角度会形成不同的体系结构。

1.5.1 面向目标的知识体系结构

信息安全通常强调的CIA三元组实际上是信息安全的三个最基本的目标，如图1.3所示，即机密性、完整性和可用性。CIA概念的阐述源自ITSEC，它也是信息安全的基本要素和安全建设所应遵循的基本原则。围绕这三个基本目标逐步展开，可以很好地覆盖信息安全知识领域。

机密性指信息在存储、传输、使用过程中，不会泄露给非授权用户或实体；完整性指信息在存储、使用、传输过程中，不会被非授权用户篡改或防止授权用户对信息进行不恰当的篡改；可用性涵盖的范围最广，凡是为了确保授权用户或实体对信息资源的正常使用不会被异常拒绝，允许其可靠而及时地访问信息资源的相关理论技术均属于可用性的研究范畴。图1.4为围绕CIA三元组的知识体系结构示意图，从图中可以看出，密码学是三个信息安全目标的基础，同时 CIA 也存在着一定程度上的内容交叉，很多信息安全技术是围绕 CIA 三元组来进行研究的。

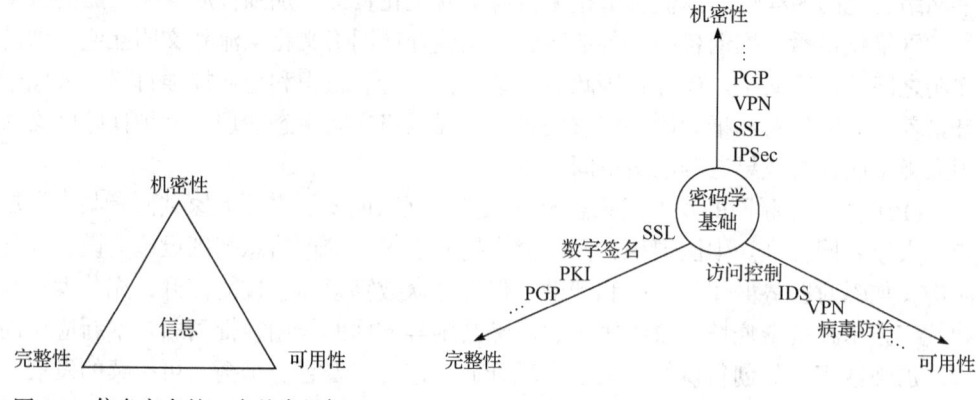

图 1.3　信息安全的三个基本目标

图 1.4　面向目标的知识体系结构

当然，不同的机构和组织由于需求不同，对 CIA 原则的侧重也会不同。如果组织最关心的是对私密信息的保护，就会特别强调机密性原则；如果组织最关心的是随时随地为客户提供正确的信息，就会突出完整性和可用性的要求。

除了 CIA，信息安全还有一些其他原则，包括可追溯性、不可否认性、真实性、可控性等，这些都是对 CIA 原则的细化、补充或加强。

与 CIA 三元组相反的 DAD 三元组的概念，即泄露(disclosure)、篡改(alteration)和破坏(destruction)，实际上 DAD 就是信息安全面临的最普遍的三类风险，是信息安全实践活动最终应该解决的问题。

1.5.2　面向应用的层次型技术体系架构

信息安全学科是一个应用性较强的交叉性领域，信息安全的核心目标是保证信息系统的安全。目前对信息系统的解释多种多样，但异中有同，可以根据信息系统设计的功能和范围适当界定，从广义上看，凡是提供信息服务，使人们获得信息的系统均可称为信息系统；从狭义上看，信息系统仅指基于计算机的系统，是人、规程、数据库、软件和硬件等各种设备、工具的有机集合，它突出的是计算机、网络通信及信息处理等技术的应用。本书研究的内容基于后一种解释范畴。信息安全技术应用是围绕着保证信息系统安全的核心目标展开的，讨论信息安全技术体系结构是为了清晰各种信息安全技术与维护信息系统安全的关系，有利于信息安全技术的研究。

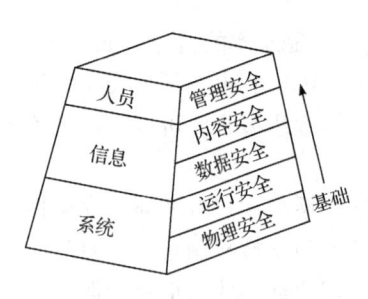

图 1.5　面向应用的层次型信息安全技术体系结构

信息系统的基本要素为人员、信息、系统，也可以看作三个组成部分。如图 1.5 所示，针对三个不同部分存在五个安全层次，与之对应，分别为系统部分对应物理安全和运行安全，信息部分对应数据安全和内容安全，而人员部分的安全需要通过管理安全来保证。五个层次存在着一定的顺序关系，每个层次均为其上层提供基础安全保证，没有下层的安全，上层的安全无从谈起。同时，各个安全层次均依靠相应的安全技术来提供保障，这些技术从多角度全方位保证信息系统安全，如果某个层次的安全技术处理不当，信息系统的安全性均会受到严重威胁。

1) 物理安全

物理安全指对网络及信息系统物理装备的保护，主要涉及网络及信息系统的机密性、可用性、完整性等。主要涉及的安全技术包括灾难防范、电磁泄漏防范、故障防范以及接入防范等。灾难防范包括防火、防盗、防雷击、防静电等；电磁泄漏防范主要包括加扰处理、电磁屏蔽等；故障防范涵盖容错、容灾、备份和生存型技术等内容；接入防范则是为了防止通信线路的直接接入或无线信号的插入采取的相关技术以及物理隔离等。

2) 运行安全

运行安全指对网络及信息系统的运行过程和运行状态的保护，主要涉及网络及信息系统的真实性、可控性、可用性等。主要安全技术包括身份认证、访问控制、防火墙、入侵检测、恶意代码防治、容侵技术、动态隔离、取证技术、安全审计、预警技术、反制技术以及操作系统安全等，内容繁杂并且不断变化发展。

3) 数据安全

数据安全指对数据收集、处理、存储、检索、传输、交换、显示、扩散等过程中的保护，保障数据在上述过程中依法授权使用，不被非法冒充、窃取、篡改、抵赖。主要涉及信息的机密性、真实性、完整性、不可否认性等，包括密码、认证、鉴别、完整性验证、数字签名、公钥基础设施(public key infrastructure，PKI)、安全传输协议及 VPN 等技术。

4) 内容安全

内容安全指依据信息的具体内涵判断其是否违反特定安全策略，并采取相应的安全措施，对信息的机密性、真实性、可控性、可用性进行保护。主要涉及信息的机密性、真实性、可控性、可用性等。内容安全主要包含两方面内容：一方面是指针对合法的信息内容加以安全保护，如对合法的音像制品及软件的版权保护；另一方面是指针对非法的信息内容实施监管，如对网络色情信息的过滤等。内容安全的难点在于如何有效地理解信息内容，并甄别判断信息内容的合法性。主要涉及的技术包括文本识别、图像识别、音视频识别、隐写技术、数字水印以及内容过滤等技术。

以往的经验和教训告诉我们，系统安全和数据安全不是信息安全的全部问题，内容安全是相当重要的部分，在未来，内容安全的重要性要大于系统安全。目前，网络上的"网络钓鱼""信用卡欺骗""知识产权侵犯""反动色情暴力宣传"等安全威胁都属于这类问题。如果这类问题处理不好，结果往往相当严重，甚至威胁社会及国家安全。

5) 管理安全

管理安全指通过针对人的信息行为的规范和约束，提供对信息的机密性、完整性、可用性以及可控性的保护。时至今日，"在信息安全中，人是第一位的"已经成为被普遍接受的理念，对人的信息行为的管理是信息安全的关键所在。主要涉及的方法包括安全策略、法律法规、技术标准、安全教育等。

1.5.3 面向过程的信息安全保障体系

美国国防部提出的信息安全保障体系为信息系统安全体系提供了一个完整的设计理念，并很好地诠释了信息安全保障的内涵。如图 1.6 所示，信息安全保障体系包括四部分内容，即人们常提到的 PDRR。

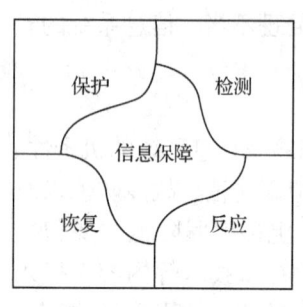

图 1.6 信息安全保障体系

1) 保护(protect)

所谓保护，就是指预先采取安全措施，阻止攻击可能发生的条件形成，让攻击者无法顺利地入侵。保护是被动防御，不可能完全阻止各种对信息系统的攻击行为。主要的安全保护技术包括信息保密技术、物理安全防护、访问控制技术、网络安全技术、操作系统安全技术以及病毒预防技术等。

2) 检测(detect)

所谓检测，是指依据相关安全策略，利用有关技术措施，针对可能被攻击者利用的信息系统的脆弱性进行具有一定实时性的检查，根据结果形成检测报告。主要的检测技术包括脆弱性扫描、入侵检测、恶意代码检测等。

3) 反应(react)

所谓反应，是指对于危及安全的事件、行为、过程及时做出适当的响应处理，杜绝危害事件进一步扩大，将信息系统受到的损失降到最小。主要的反应技术包括报警、跟踪、阻断、隔离以及反击等。反击又可分为取证和打击，其中取证是依据法律搜取攻击者的入侵证据，而打击是采用合法手段反制攻击者。

4) 恢复(restore)

所谓恢复，是指当危害事件发生后把系统恢复到原来的状态或比原来更安全的状态，将危害的损失降到最小。主要的恢复技术包括应急处理、漏洞修补、系统和数据备份、异常恢复以及入侵容忍等。

信息安全保障是一个完整的动态过程，而保护、检测、反应和恢复可以看作信息保障的四个子过程。如图 1.7 所示，这四个子过程分别在攻击行为的不同阶段为系统提供保障。保护是最基本的被动防御措施，也是第一道防线；检测的重要目的之一是针对突破"保护防线"后的入侵行为进行探测预警；而反应是在检测报警后针对入侵采取的控制措施；恢复是针对攻击入侵带来的破坏进行弥补，是最后的减灾方法，如果前边的保障过程有效地控制了攻击行为，则恢复过程无须进行。

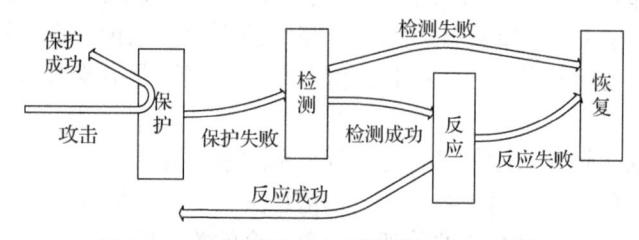

图 1.7 PDRR 模型安全保障动态过程示意图

1.5.4 OSI 安全体系结构

1989 年，ISO 正式颁布了《信息处理系统 开放系统互连 基本参考模型 第 2 部分：安全体系结构》，即 ISO 7498-2。在这个标准中描述的开放系统互连(OSI)安全体系结构是一个普遍适用的安全体系结构，提供了解决开放互连系统中的安全问题的一致性方法，对网络信息安全体系结构的设计具有重要的指导意义。

在 ISO 7498-2 中给出了基于 OSI 参考模型中七层协议的信息安全体系结构，为了保证异构计算机进程与进程之间远距离交换信息的安全，它定义了五大类安全服务和为这五大类安全服务提供支持的八类安全机制，以及相应的开放系统互连的安全管理，图 1.8 为 ISO 7498-2 中的安全体系结构三维示意图，这里介绍其中的安全服务和安全机制两个维度。

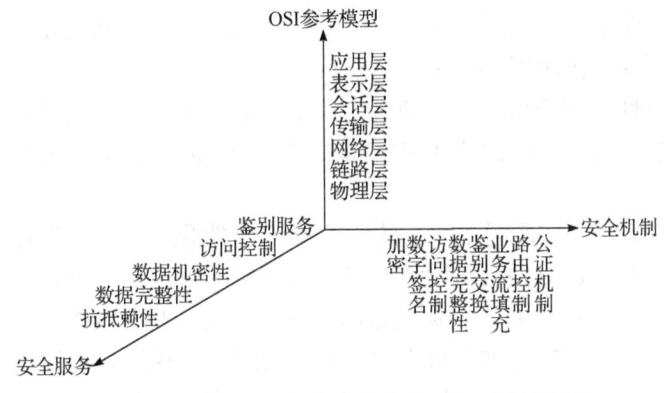

图 1.8 ISO 7498-2 中的安全体系结构三维示意图

1) 安全服务

安全服务(security service)是指计算机网络提供的安全防护措施。ISO 定义的安全服务包括鉴别服务、访问控制、数据机密性、数据完整性和抗抵赖性。

(1) 鉴别服务：也称认证服务，用于确保某个实体身份的可靠性。鉴别服务可分为两种类型：一种是鉴别实体本身的身份，确保其真实性，称为实体鉴别；另一种是证明某个信息是否来自某个特定的实体，这种鉴别称为数据源鉴别。

(2) 访问控制：目标是防止对任何资源的非授权访问，确保只有经过授权的实体才能访问受保护的资源。

(3) 数据机密性：确保只有经过授权的实体才能理解受保护的信息，主要包括数据机密性服务和业务流机密性服务。数据机密性服务主要是采用加密手段使攻击者即使窃取了加密的数据也很难推出有用的信息；业务流机密性服务则要使监听者很难从网络流量的变化中推出敏感信息。

(4) 数据完整性：防止对数据的未授权修改和破坏。完整性服务使消息的接收者能够发现消息是否被修改、是否被攻击者用假消息换掉。

(5) 抗抵赖性：也称不可否认性，用于防止对数据源以及数据提交的否认。它有两种可能：数据发送的不可否认性和数据接收的不可否认性。

2) 安全机制

安全机制(security mechanism)是用来实施安全服务的机制。安全机制既可以是具体的、特定的，也可以是通用的。ISO 定义的安全机制有加密、数字签名、访问控制、数据完整性、鉴别交换、业务流填充、路由控制和公证机制。

(1) 加密：用于保护数据的机密性。它依赖于现代密码学理论，一般来说，加解密算法是公开的，加密的安全性主要依赖于密钥的安全性和强度。

(2) 数字签名：保证数据完整性及不可否认性的一种重要手段。数字签名在网络应用中的作用越来越重要，它可以采用特定的数字签名机制生成，也可以通过某种加密机制生成。

(3) 访问控制：与实体认证密切相关。首先，要访问某个资源的实体就应该成功通过认证，然后访问控制机制对该实体的访问请求进行处理，查看该实体是否具有访问所请求资源的权限，并做出相应的处理。

(4) 数据完整性：用于保护数据免受未经授权的修改，该机制可以通过使用一种单向的不可逆函数——散列函数来计算出消息摘要(message digest)，并对消息摘要进行数字签名来实现。

(5) 鉴别交换：用于实现通信双方的实体身份鉴别(也称身份认证)。

(6) 业务流填充：针对的是对网络流量进行分析的攻击。有时攻击者通过对通信双方的数据流量的变化进行分析，根据流量的变化来推出一些有用的信息或线索。

(7) 路由控制：可以指定数据报文通过网络的路径。这样就可以选择一条路径，这条路径上的节点都是可信任的,确保发送的信息不会因为通过不安全的节点而受到攻击。

(8) 公证机制：由通信各方都信任的第三方提供。由第三方来确保数据完整性和数据源、时间及目的地的正确性。

表 1.2 给出了安全服务与 OSI 各协议层之间的关系，在 OSI 七层协议中，理论上除了会话层外，其他各层均可提供相应的安全服务。但是最适合配置安全服务的是物理层、网络层、传输层及应用层，其他各层不适宜配置安全服务。

表 1.2 安全服务与 OSI 各协议层之间的关系

安全服务		OSI 协议层						
五大类		物理层	链路层	网络层	传输层	会话层	表示层	应用层
鉴别服务	对等实体鉴别	—	—	Y	Y	—	—	Y
	数据源鉴别	—	—	Y	Y	—	—	Y
访问控制	访问控制服务	—	—	Y	Y	—	—	Y
数据机密性	连接机密性	Y	Y	Y	Y	—	Y	Y
	无连接机密性	—	Y	Y	Y	—	Y	Y
	选择字段机密性	—	—	—	—	—	Y	Y
	流量机密性	—	—	Y	—	—	—	Y

安全服务		OSI 协议层						
五大类		物理层	链路层	网络层	传输层	会话层	表示层	应用层
数据完整性	有恢复功能的连接完整性	Y	—	Y	—	—	—	Y
	无恢复功能的连接完整性	—	—	—	Y	—	—	Y
	选择字段连接完整性	—	—	Y	Y	—	—	Y
	无连接完整性	—	—	—	—	—	—	Y
	选择字段非连接完整性	—	—	Y	Y	—	—	Y
抗抵赖性	源发方抗抵赖	—	—	—	—	—	—	Y
	接收方抗抵赖	—	—	—	—	—	—	Y

注：Y 为提供；—为不提供。

1.5.5 CSEC 2017

CSEC 2017(Cybersecurity Curricula 2017)是由国际计算机学会(ACM)、电气与电子工程师协会计算机协会(IEEE-CS)、信息系统协会安全专业工作组(AIS SIGSEC)、国际信息处理联合会信息安全教育技术委员会(IFIP WG 11.8)等机构组成的国际联合工作组于 2017 年 12 月推出的一套面向高等教育的网络空间安全学科知识体系。CSEC 2017 首次引入了人文社科色彩浓厚的安全知识内容，与传统的信息安全体系特征明显不同，一方面体现出网络空间安全的多元交叉特质，另一方面表明随着时代的发展，安全的内涵与外延都有显著的变化。

如图 1.9 所示，CSEC 2017 首先对网络空间安全进行了知识领域划分，用于描述网络空间安全的知识内涵，分别是数据安全、软件安全、组件安全、连接安全、系统安全、人员安全、组织安全及社会安全共八大知识领域；同时给出网络空间安全的六个关注点，分别是机密性、完整性、可用性、风险、对抗思维和系统思维，关注点是研究网络空间安全必须掌握、理解的核心概念，它们蕴含在八个知识领域中。图 1.9 描绘了网络空间

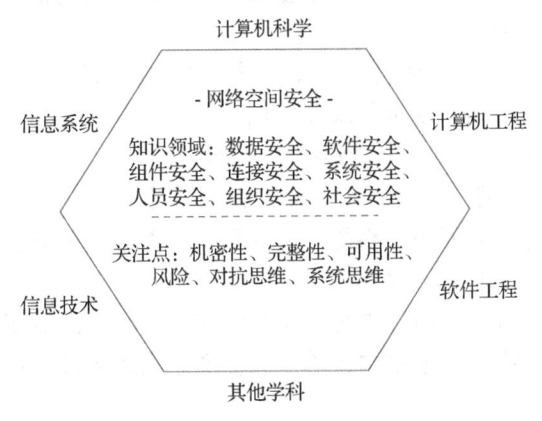

图 1.9 CSEC 2017 的知识领域与关注点

安全和其他学科之间的关系，今天不管哪个学科，都需要关注自身的安全问题，其实就是必须考虑本学科与网络空间安全的交叉融合，必须看到六个关注点在本学科中的存在，六个关注点也可以理解为各学科的重要关切点，体现出网络空间安全的多元交叉特质。

CSEC 2017 知识领域划分为四层结构，如图 1.10 所示。最下面是由数据安全、软件安全和组件安全三个基础知识领域组成的基础层，最上面是由人员安全、组织安全和社会安全三个现实知识领域组成的现实层，中间通过连接安全和系统安全两个知识领域对接上下层级。数据安全是最基础的知识领域，社会安全是最现实的知识领域，系统安全扮演着衔接工程与人文的桥梁角色。

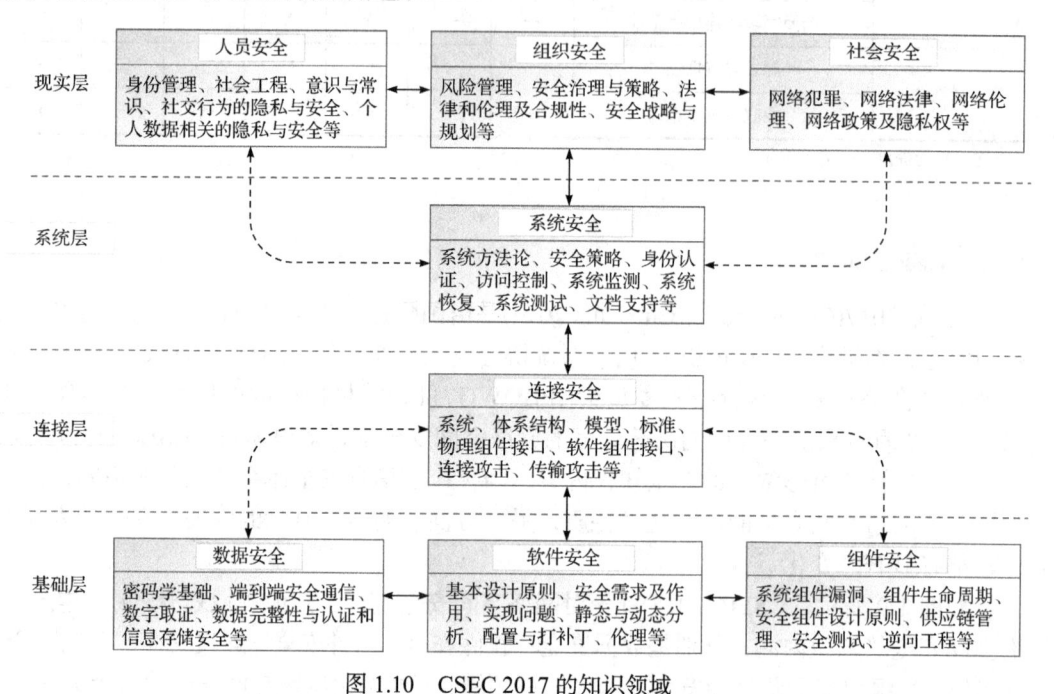

现实层	人员安全 身份管理、社会工程、意识与常识、社交行为的隐私与安全、个人数据相关的隐私与安全等	组织安全 风险管理、安全治理与策略、法律和伦理及合规性、安全战略与规划等	社会安全 网络犯罪、网络法律、网络伦理、网络政策及隐私权等
系统层		系统安全 系统方法论、安全策略、身份认证、访问控制、系统监测、系统恢复、系统测试、文档支持等	
连接层		连接安全 系统、体系结构、模型、标准、物理组件接口、软件组件接口、连接攻击、传输攻击等	
基础层	数据安全 密码学基础、端到端安全通信、数字取证、数据完整性与认证和信息存储安全等	软件安全 基本设计原则、安全需求及作用、实现问题、静态与动态分析、配置与打补丁、伦理等	组件安全 系统组件漏洞、组件生命周期、安全组件设计原则、供应链管理、安全测试、逆向工程等

图 1.10　CSEC 2017 的知识领域

数据安全知识领域着眼于数据保护，涵盖数据在存储和传输中的保护，涉及数据保护赖以支撑的基础理论，主要包括密码学基础、端到端安全通信、数字取证、数据完整性与认证和信息存储安全等。

软件安全知识领域着眼于从软件开发和使用的角度保证其涉及的信息和系统的安全，主要包括基本设计原则、安全需求及作用、实现问题、静态与动态分析、配置与打补丁、伦理(尤其是开发、测试和漏洞披露方面)等。

组件安全知识领域着眼于集成到系统中的组件在设计、制造、采购、测试、分析与维护等方面的安全问题，主要包括系统组件漏洞、组件生命周期、安全组件设计原则、供应链管理、安全测试、逆向工程等。

连接安全知识领域着眼于组件之间连接时的安全问题，涵盖组件之间的物理连接与逻辑连接，主要包括系统、体系结构、模型、标准、物理组件接口、软件组件接口、连接攻击、传输攻击等。

系统安全知识领域着眼于由组件通过连接而构成的系统的安全问题，强调不能仅从组件集合的视角看问题,还必须从系统整体的视角看问题,主要包括系统方法论、安全策略、身份认证、访问控制、系统监测、系统恢复、系统测试、文档支持等。

人员安全知识领域着眼于用户的数据保护、隐私保护和社会生活,也涉及用户的行为、知识和隐私对网络空间安全的影响,主要包括身份管理、社会工程、意识与常识、社交行为的隐私与安全、个人数据相关的隐私与安全等。

组织安全知识领域着眼于各种组织在网络空间安全威胁面前的防护问题,着眼于顺利完成组织的使命所要进行的风险管理,主要包括风险管理、安全治理与策略、法律和伦理及合规性、安全战略与规划等。

社会安全知识领域着眼于把社会看作一个整体时,网络空间安全问题对它所产生的广泛影响,主要包括网络犯罪、网络法律、网络伦理、网络政策及隐私权等。

从图 1.10 中可以看出,安全的计算机系统是核心,强调从生产、使用、分析和测试等角度建立系统的安全性,要求通过技术、信息、过程和人员等手段确立系统的使用保障,主张针对有敌手存在的情形从法律、政策、伦理、人为因素和风险管理等方面对问题进行研究。

习 题 一

1. 名词解释

信息、信息安全、网络空间主权、机密性、完整性、可用性、不可否认性

2. 简答题

(1) 信息安全的发展过程主要经历了哪些阶段?
(2) 信息安全的意义是什么?
(3) 信息保障的内容是什么?
(4) 网络空间命运共同体的内涵是什么?
(5) 应该如何理解信息安全的体系结构?
(6) 数据安全与内容安全有什么区别?

3. 辨析题

(1) 有人说"信息安全就是网络安全",你认为正确与否,为什么?
(2) 有人说"信息安全问题使用安全技术就可以完美地解决",你认为正确与否,为什么?

第 2 章 密码学基础

本章学习要点
- 了解密码体系结构及关键概念
- 了解古典密码、复杂多表代替密码及豪密
- 了解对称密码，重点掌握仿射密码及 DES
- 了解公钥密码体制及作用，重点掌握 Diffie-Hellman、RSA
- 掌握消息认证、散列函数、数字签名的基本原理
- 了解同态加密、量子密码的基本原理

微课视频

2.1 密码学基础知识

2.1.1 引言

数据安全是信息安全的重要组成部分，也是核心目标之一。数据安全所研究的内容主要包括数据的机密性、完整性、不可否认性以及身份识别等，解决这些问题均需要以密码为基础对数据进行主动保护，可以说密码技术是保障信息安全的核心基础。

密码学(cryptography)包括密码编码学和密码分析学两部分。将密码变化的客观规律应用于编制密码来保守通信秘密的，称为密码编码学；研究密码变化客观规律中的固有缺陷，并应用于破译密码以获取通信情报的，称为密码分析学。密码编码学与密码分析学是相互斗争、相互依存、共同发展的两个方面。

中国古代的秘密通信手段已有一些近似于密码的雏形。北宋的曾公亮、丁度等编撰《武经总要》中的"字验"部分，记载了作战中曾用一首五言律诗的 40 个汉字，分别代表 40 种情况或要求，这种方式已具有了密码体制的特点。公元前 1 世纪，古罗马皇帝凯撒曾使用有序的单表代替密码。20 世纪初，产生了最初的可以实用的机械式和电动式密码机，同时出现了商业密码机公司和市场。20 世纪 60 年代后，电子密码机得到较快的发展和广泛的应用，使密码的发展进入了一个新的阶段。

密码分析技术是随着密码的逐步使用而产生和发展的。14 世纪初，波斯人编写的书籍中已记载有破译简单代替密码的方法。到 16 世纪末期，欧洲一些国家设有专职的破译人员，以破译截获的密信。1917 年，英国破译了德国外交部部长阿瑟·齐默尔曼(Arthur Zimmermann)的电报，促成了美国对德宣战。1942 年，美国从破译的日本海军密报中，获悉日军对中途岛地区的作战意图和兵力部署，从而能以劣势兵力击败日本海军的主力，扭转了太平洋地区的战局。

1863 年，普鲁士人卡西斯基所著的《密码和破译技术》和 1883 年法国人克尔克霍夫所著的《军事密码学》等著作，都对密码学的理论和方法做过一些论述和探讨。1949

年，美国人香农发表了《保密系统的通信理论》(Communication Theory of Secrecy Systems)一文，应用信息论的原理分析了密码学中的一些基本问题。随着网络通信技术的发展和信息时代的到来，密码学也面临着前所未有的发展机遇，密码技术的水平已经成为一个国家在信息安全领域发展水平的重要标志。

2.1.2 密码体制

密码学包括密码编码学和密码分析学，本书中提到的密码学如未特别说明，均指用于保护信息安全的密码编码学。

人们为了沟通思想而传递的信息一般称为消息，消息在密码学中通常称为明文(plaintext)。用某种方法伪装消息以隐藏它的内容的过程称为加密(encrypt)，被加密的消息称为密文(cipher text)，而把密文转变为明文的过程称为解密(decrypt)。加密和解密可以看成一组含有参数的变换或函数，而明文和密文则是加密和解密变换的输入和输出。

图 2.1 为加密通信模型，可以看出发送方意图将信息传递给接收方，为了保证安全，使用加密密钥将明文加密成密文，以密文的形式通过公共信道传输给接收方，接收方接收到密文后需要使用解密密钥将密文解密成明文，才能正确理解。破译者虽然可以在公共信道上得到密文，但不能理解其内容，即无法解密密文。在加密过程和解密过程中的两个密钥可以相同，也可以不同。通常一个完整的密码体制要包括以下五个要素，分别是 M、C、K、E 和 D，具体定义如下：

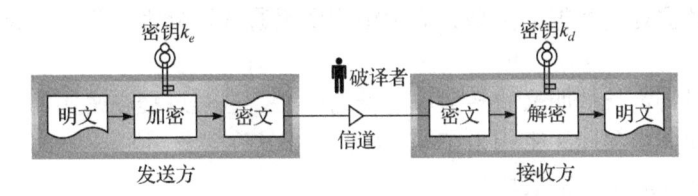

图 2.1 加密通信模型

(1) M 是可能明文的有限集，称为明文空间。
(2) C 是可能密文的有限集，称为密文空间。
(3) K 是一切可能的密钥构成的有限集，称为密钥空间。
(4) E 为加密算法，对于密钥空间的任一密钥加密算法都能够有效地计算。
(5) D 为解密算法，对于密钥空间的任一密钥解密算法都能够有效地计算。

一个密码体系如果是实际可用的，必须满足以下特性。
(1) 加密算法(E_k: $M \rightarrow C$)和解密算法(D_k: $C \rightarrow M$)满足 $D_k(E_k(x))=x$，这里 $x \in M$。
(2) 破译者取得密文后，不能在有效的时间内破解出密钥 k 或明文 x。

密码学的目的就是发送方和接收方两个人在不安全的信道上进行通信，而破译者不能理解他们通信的内容。一个密码体制安全的必要条件是穷举密钥搜索是不可行的，即密钥空间非常大。

2.1.3 密码的分类

密码学的历史极为久远，其起源可以追溯到远古时代，人类有记载的通信密码始于公元前400年。密码学的发展可以分为三个阶段：古代加密方法、古典密码和近代密码。古代加密方法主要基于手工方式实现，因此也称为密码学发展的手工阶段；古典密码的加密方法一般是文字替换，古典密码系统已经初步体现出近代密码系统的雏形，它比古代加密方法复杂得多；近代密码与计算机技术、电子通信技术紧密相关，在这一阶段，密码理论蓬勃发展，出现了大量的密码算法。另外，密码使用的范围也在不断扩张，并且出现了许多通用的加密标准，这极大地促进了信息安全的发展。

在上述三个阶段中，具有明显的密码体制特征的是古典密码和近代密码，通常密码学的研究对象主要是这两种密码。依据密码体制的特点以及出现的时间，可以将密码分为古典替换密码、对称密钥密码和公开密钥密码。

1. 古典替换密码

古典替换密码的加密方法一般是文字替换，使用手工或机械变换的方式实现基于文字替换的密码。这种密码现在已很少使用，但是它代表了密码的起源。经常被讨论的古典替换密码主要包括单表代替密码、多表代替密码以及转轮密码等。

2. 对称密钥密码

对称密钥密码是指加密过程和解密过程使用同一个密钥来完成，它也被称为秘密密钥密码或单密钥密码。由于具有安全、高效、经济等特点，对称密钥密码发展非常迅速，并应用广泛。依据处理数据的类型，对称密钥密码通常又分为分组密码(block cipher)和序列密码。

分组密码是将定长的明文块转换成等长的密文，这一过程在密钥的控制之下完成。解密时使用逆向变换和同一密钥来完成。对于当前的许多分组密码来说，分组大小是64位，但这个尺寸以后很可能会增加。

序列密码又称流密码(stream cipher)，加、解密时一次处理明文中的1比特或几比特。

3. 公开密钥密码

1976年，Whitfield Diffie 和 Martin Hellman 发表了具有里程碑意义的文章《密码学的新方向》("New Directions in Cryptography")，提出了单项陷门函数的概念。在此思想的基础上，很快出现了非对称密钥密码体制。非对称密钥密码是指加密过程和解密过程使用两个不同的密钥来完成，这个算法也叫公开密钥密码或双密钥密码。

密码学的另一部分——密码分析学的目的是在不知道密钥的情况下，恢复出明文或密钥。密码分析也可以发现密码体制的弱点。密码分析也称密码攻击，常见的密码攻击主要有六种形式。

(1) 唯密文攻击：密码分析者有一些消息的密文，这些消息都用同一加密算法加密，密码分析者的任务是恢复尽可能多的明文，或者最好能推算出加密消息的密钥，以便可以采用相同的密钥解出其他被加密的消息。

(2) 已知明文攻击：密码分析者不仅可得到一些消息的密文，还知道这些消息的明文，密码分析者的任务就是用加密信息推出用来加密的密钥或导出一个算法，此算法可以对用同一密钥加密的任何新的消息进行解密。

(3) 选择明文攻击：密码分析者不仅可得到一些消息的密文和相应的明文，他们也可选择被加密的明文。这比已知明文攻击更有效，因为密码分析者能选择特定的明文块去加密，那些块可能产生更多关于密钥的信息，密码分析者的任务是推出用来加密消息的密钥或导出一个算法，此算法可以对用同一密钥加密的任何新的消息进行解密。

(4) 自适应选择明文攻击：选择明文攻击的特殊情况。密码分析者不仅能选择被加密的明文，而且能基于以前加密的结果修正这个选择。在选择明文攻击中，密码分析者可以选择一大块被加了密的明文，而在自适应选择明文攻击中，他可选取较小的明文块，然后再基于第一块的结果选择另一个明文块，以此类推。

(5) 选择密文攻击：密码分析者能选择不同的被加密的密文，并可得到对应的解密的明文，例如，密码分析者得到了一个防篡改的自动解密盒，密码分析者的任务是推出密钥。

(6) 选择密钥攻击：这种攻击并不表示密码分析者能够选择密钥，它只表示密码分析者具有不同密钥之间的关系的有关知识。这种方法有点奇特和晦涩，不是很实际，但有时却可以进行有效的密码攻击。

密码分析对于密码系统的安全性评估具有重要的理论意义。针对一个密码系统采用什么密码分析方法进行衡量，取决于多种因素，包括计算复杂度、存储量、时间复杂度等。

2.2 古典替换密码

在计算机出现前，密码学由基于字符的密码算法构成，算法主要通过字符之间互相代换或者互相换位来完成。许多密码算法是结合代换和换位两种方法，进行多次运算来实现的。替换密码主要包括简单代替、多名或同音代替、多表代替、多字母以及多码字代替等。

2.2.1 简单代替密码

简单代替密码是指将明文字母表中的每个字母用密文字母表中的相应字母来代替。这一类密码包括移位密码、乘数密码、仿射密码等。

1. 移位密码

移位密码是最简单的一类代替密码，具体算法是将字母表的字母右移 k 个位置，并对字母表长度进行模运算。在移位密码运算过程中，用到了字母表的另一个属性位置序列，即每一个字母具有两个属性，一个是本身代表的含义，另一个是位置序列值，其中，位置序列值可以进行算术运算。例如，a、b、c 的位置序列值分别为 0、1、2，即在字母表中的位置分别为第 0、1、2 位，而位置序列值为 2 的字母即为 c。下面参与算术运算的字母均为其位置序列值。

移位密码的加密函数和解密函数(m 和 c 分别为明文和密文的去序列值)如下：

加密函数：$E_k(m) = (m + k) \bmod q$

解密函数：$D_k(c) = (c - k) \bmod q$

公元前 1 世纪，古罗马皇帝凯撒曾使用移位密码，加密时每个字母移三位，所以将字母移三位的移位密码称为凯撒密码。凯撒密码体系的数学表示为 $M=C=\{$有序字母表$\}$，$q = 26$，$k = 3$。其中 q 为有序字母表的元素个数，本例采用英文字母表，$q = 26$。使用凯撒密码对明文字符串逐位加密结果如下：

明文信息= meet me after the toga party

密文信息= phhw ph diwho wkh wrjd sduwb

2. 乘数密码

乘数密码也是一种简单代替密码，其加密变换是将明文字母串逐位乘以密钥 k 并进行模运算，数学表达式如下：

$$E_k(m) = km \bmod q, \quad \gcd(k, q) = 1$$

其中，$\gcd(k,q)=1$ 表示 k 与 q 的最大公因子为 1，即二者互素。当 k 与 q 互素时，明文字母加密成密文字母的关系为一一映射；若 k 和 q 不互素，则会有一些明文字母被加密成相同的密文字母，而且不是所有的字母都会出现在密文字母表中。

当对英文字母进行加密时，乘数密码体制可以描述如下：

(1) $M=C=Z/(26)$，即明文空间和密文空间同为英文字母表空间，包含 26 个元素。

(2) $q=26$，模为 26。

(3) $K=\{k \in$ 整数集 $| 0<k<26, \gcd(k,26)=1\}$，密钥为大于 0、小于 26 且与 26 互素的正整数。

(4) $E_k(m) = km \bmod q$，加密算法。

(5) $D_k^{-1}(c)=k^{-1}c \bmod q$，解密算法，其中 k^{-1} 为 k 在模 q 下的乘法逆元。

对于乘数密码，当且仅当 k 与 26 互素时，加密变换才是一一映射的，因此，k 的选择有 11 种：3、5、7、9、11、15、17、19、21、23、25。k 取 1 时没有意义。

k^{-1} 为 k 在模 q 下的乘法逆元，其定义为 $k^{-1} k \bmod q = 1$，其求法可采用扩展的欧几里得算法。欧几里得算法又称辗转相除法，用于计算两个整数 a 和 b 的最大公约数。其计算原理依赖于定理：$\gcd(a,b) = \gcd(a \bmod b, b)$，具体证明略。扩展的欧几里得算法不但能计算 a 和 b 的最大公约数，而且能计算 a 模 b 的乘法逆元。

具体算法的 C 语言程序如下：

```c
#include <stdio.h>
#include <stdlib.h>
#include <math.h>
void euclid(long int a, long int b);
int mod(long int x, long int y);
void main()
{
long int i , j;
```

```
    printf("输入两个数(第一个数大于第二个数): \n"); scanf("%ld%ld",
&i,&j);
    euclid(i,j);
}
void euclid(long int a, long int b)   //假定a>b>0,求的是b模a
                                        的乘法逆元
{
long int a0,b0,t0;
    long int t,q,r;
    long int temp,temp1;
    a0=a;  b0=b;  t0=0;  t=1;  q=a0/b0;  r=a0-q*b0;
    while(r>0)
    {
      temp1=t0-q*t;
      temp=mod(temp1,a);
      t0=t;
      t=temp;
      a0=b0;
      b0=r;
      q=a0/b0;
      r=a0-q*b0;
      }
      if(b0!=1) printf("no inverse.\n");
      else printf("The multi-inverse is:  %ld\n",t);
}
int mod(long int x, long int y)   //求的是x mod y的值
{
long int m,n;
  m=x/y;
  n=x-m*y;
  return n;
}
```

3. 仿射密码

仿射密码是简单代替密码的另一个特例,可以看作移位密码和乘数密码的结合,其加密变换如下:

$$E_k(m)=(k_1m+k_2) \bmod q$$

仿射密码的密钥为(k_1,k_2),其中$k_1,k_2\in\{0,q\}$;且k_1和q是互素的。当对英文字母进行加

密时，其密码体制描述如下：$M=C=Z/(26)$；$q=26$；$K=\{k_1,k_2\in Z\,|\,0<k_1,k_2<26,\gcd(k_1,26)=1\}$；$E_k(m)=(k_1m+k_2)\bmod q$；$D_k(c)=k_1^{-1}(c-k_2)\bmod q$，其中 k_1^{-1} 为 k_1 在模 q 下的乘法逆元。

其中 $k_1\in\{1,3,5,7,9,11,15,17,19,21,23,25\}$，$k_2$ 可以取 0～25 的整数，所以可能的密钥是 26×12-1=311 个。当 $k_1=1$ 时，相当于移位密码；而 $k_2=0$ 时相当于乘数密码，当 k_1 和 k_2 同时为(1,0)时无效。

例如，设 $k=(5,3)$，注意到 $5^{-1}\bmod 26=21$，加密函数是 $E_k(x)=5x+3\ (\bmod\ 26)$，相应的解密函数是 $D_k(y)=21(y-3)\bmod 26=21y-11\ (\bmod\ 26)$。易得

$$D_k(E_k(x))=21(5x+3)-11\ (\bmod\ 26)=x+63-11\ (\bmod\ 26)=x(\bmod\ 26)$$

于是可以得出该密码算法的有效性。

若加密明文 yes，首先转换字母 yes 成为数字 24、4、18，加密与解密过程如图 2.2 所示。

$$E_k\begin{Bmatrix}y\\e\\s\end{Bmatrix}=5\times\begin{Bmatrix}24\\4\\18\end{Bmatrix}+\begin{Bmatrix}3\\3\\3\end{Bmatrix}=\begin{Bmatrix}19\\23\\15\end{Bmatrix}=\begin{Bmatrix}t\\x\\p\end{Bmatrix}\quad 21\times\begin{Bmatrix}19\\23\\15\end{Bmatrix}-\begin{Bmatrix}11\\11\\11\end{Bmatrix}=\begin{Bmatrix}24\\4\\18\end{Bmatrix}=\begin{Bmatrix}y\\e\\s\end{Bmatrix}$$

———mod 26———　　———mod 26———
←————加密过程————→　←————解密过程————→

图 2.2　加密与解密过程示意图

4. 基于统计的密码分析

简单代替密码也称单表代替密码，其加密变换实际上是从明文字母到密文字母的一一映射关系，这就给了密码分析者一个机会，如果密码分析者知道明文的特点和规律，他就可以利用这些对密文实施攻击。

图 2.3 为英文字母相对使用频度分布，攻击者可以首先将密文中字母的相对使用频度统计出来，与英文字母的相对使用频度相比较，进行匹配分析。如果密文信息足够长，采用字母相对使用频率统计分析法，很容易对单表代替密码进行破译。

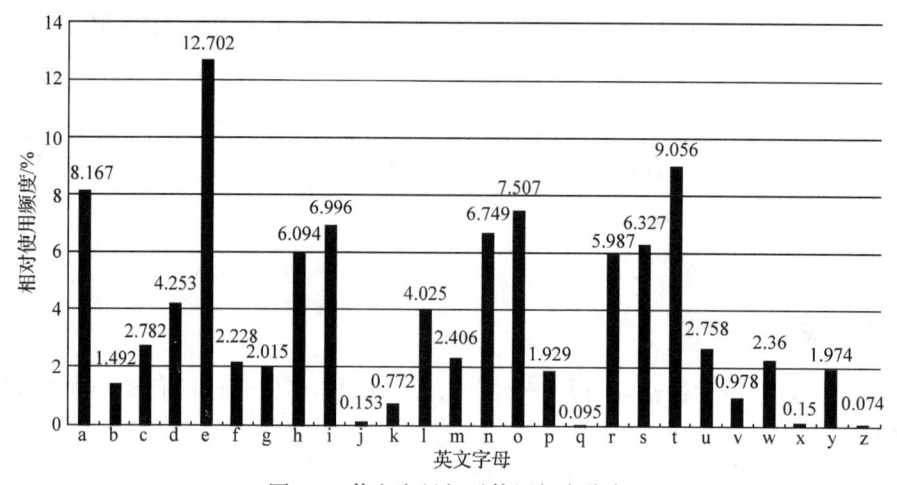

图 2.3　英文字母相对使用频度分布

分析被破译的原因，主要是明文信息的统计特性体现在加密后的密文信息中。为了使密码不易被破解，密码体制必须对明文的统计特征进行处理，使这些特征在密文中消失或很好地隐藏。

2.2.2 多表代替密码

与单表代替密码相对应的是多表代替密码，多表代替密码是以一系列(两个以上)代替表依次对明文消息的字母进行代替的加密方法。多表代替密码使用从明文字母到密文字母的多个映射来隐藏单字母出现的频率分布，每个映射是简单代替密码中的一对一映射，若映射系列是非周期的无限序列，则相应的密码称为非周期多表代替密码。这类密码对每个明文字母都采用不同的代替表(或密钥)进行加密，称作一次一密密码。这是一种理论上唯一不可破译的密码。这种密码完全可以隐藏明文的特点，但由于需要的密钥量和明文消息长度相同而难以广泛使用。为了减少密钥量，在实际应用中多采用周期多表代替密码，即代替表个数有限，重复地使用。经典的多表代替密码有 Vigenère、Beaufort、滚动密钥密码、Vernam 和轮转机等。

Vigenère 密码是由法国密码学家 Blaise de Vigenère 于 1858 年提出的，它是一种以移位代替为基础的周期多表代替密码。加密时每一个密钥被用来加密一个明文字母，第一个密钥加密明文的第一个字母，第二个密钥加密明文的第二个字母，所有密钥使用完后，密钥又重新循环使用。

Vigenère 密码算法如下：设密钥明文加密变换为 $E_k(m_1,m_2,\cdots,m_n)=C_1,C_2,\cdots,C_n$，其中 $C_i=(m_i+k_i) \bmod 26$；密钥 k 可以通过周期性反复使用以至无穷。

2.2.3 复杂多表代替密码

多表代替密码能够较好地隐藏密码的计算特征规律，其中与 Vigenère 密码类似的一次一密密码具有较好的安全性。20 世纪的两次世界大战给人类社会带来了无尽的灾难，同时也涌现出一些复杂多表代替密码。恩尼格玛(Enigma)密码是第二次世界大战时期纳粹德国及其盟国使用的一种高级机械加密系统，其核心原理在于通过一系列复杂的机械与电子结构实现信息的加密和解密。在第二次世界大战时期，恩尼格玛密码机为纳粹德国及其盟国的通信提供了高度的保密性，然而，随着反法西斯同盟对密码机的截获和破解技术的不断发展，密码机最终被成功破解，为反法西斯同盟的胜利做出了重要贡献。

恩尼格玛密码机通过一系列复杂的机械与电子结构实现多重加密和替换，使输入的明文被转换为难以破解的密文。密码机硬件系统包括键盘、显示灯板、转子、反射器和插线板等关键部件。

如图 2.4 所示，当操作员在键盘上输入一个字母时，该字母会通过机械结构经接线板传递到机器内部的转子，转子会根据当前的设置将该字母转换为一个不同的字母，并将结果显示在机器的显示灯板上。实际上核心转子共有三个，每个转子有 26 个字母位，像齿轮一样，当 1 号转子收到一个字母后，会将对应的字母输出给 2 号转子，同时自身像齿轮一样转动一位，下次接收相同的字符时会输出不同的字符，1 号转子旋转一周带动 2 号转子旋转一位，2 号转子旋转一周带动 3 号转子旋转一位，像钟表指针一样。2

号转子收到字符后变换输出给 3 号转子，3 号转子变换输出给反射器。密码机加密过程并不仅限于正向加密，实际上当字母通过所有转子后，会被反射器反射回来，再次通过转子，经接线板最后反馈到显示灯板，相应的灯亮起来，其实就是密文字符。

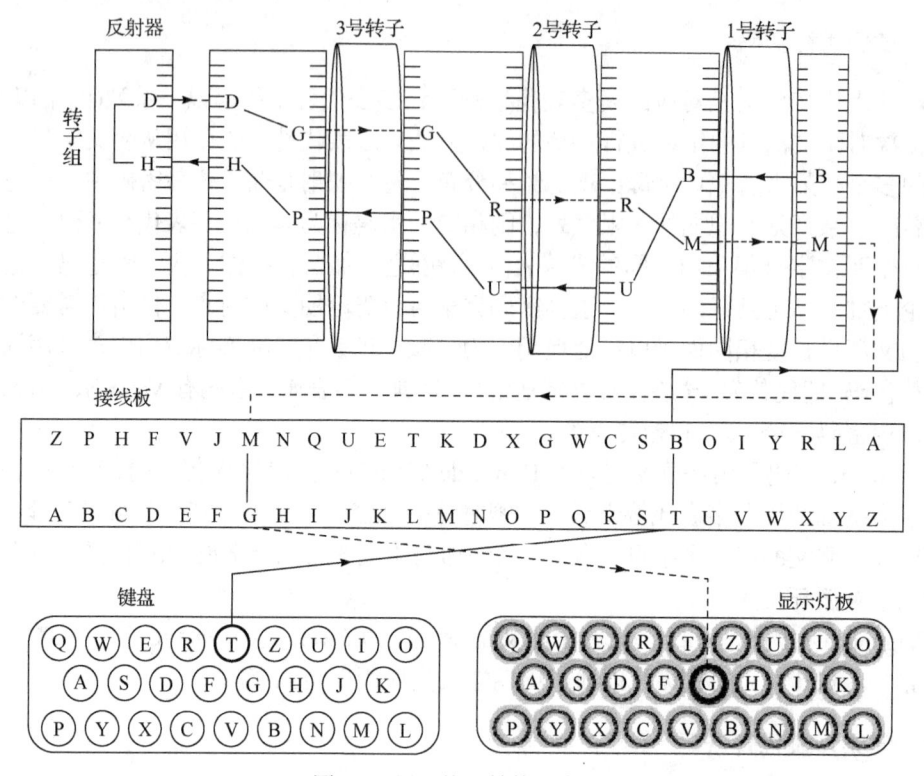

图 2.4 恩尼格玛结构示意图

反射器还有一个重要作用，它与接线板类似，连接是固定的，并不增加可以使用的编码数目，但是它和解码密切相关，例如，键盘打入明文字母 A 经过加密输出密文 D，使用相同的密码机，配置好接线板、三个转子、反射器的初始值，此时键盘输入 D，则灯板上的 A 会亮，也就是被解密。其实密码机的相关部件的初始值就是密钥，但由于转子、接线板和反射器等的变化随机，其密钥空间非常大，在没有计算机的参与下，安全性非常高。

中国共产党独立设计使用的第一部通信密码"豪密"是周恩来同志亲自设计的，这部红色密码的名字就是以周恩来同志当时的化名"伍豪"中的"豪"字命名的。豪密的加密原理使其具有一次一密的特点，即使敌人截获了密文，也难以在没有密码表的情况下进行破译。因此，豪密在中国革命和军事斗争中发挥了重要作用，为中国共产党和军队的情报工作提供了有力的保障。

根据资料记载，豪密的加密原理主要是编码底本加上乱数表的方式，编码底本是编码对象和码的一种对应关系，而乱数表则是一个随机数表，用于增加密码的复杂性和难以破译性。具体来说，豪密的加密过程如下。

首先，根据编码底本对明文信息进行编码加密，把汉字编码变换成十进制编码，由于编码底本是保密的,所以形成一段密文,此时密文为单表代替加密,可以轻易被破译。

接下来,使用乱数表再对编码后的密文进行二次加密,乱数表为足够长的十进制随机数序列,与 Vigenère 密码相似,加密是将从乱数序列中按约定顺序取出的相应数量的随机数与一次编码后的密文进行某种运算(如加法),得到最终的二次密文。

解密过程则是加密过程的逆操作,先根据乱数表对密文进行解密,再利用底本进行替换解密,最终得到明文信息。

2.3 对称密钥密码

对称密钥密码又称单密钥密码,建立在通信双方共享密钥的基础上,是加密密钥和解密密钥为同一个密钥的密码系统。图 2.5 为对称密钥密码的模型,可以看出模型中加密与解密使用同一密钥,攻击者虽然可以得到密文,但在没有密钥的情形下无法破译。因此,对称密钥密码的通信安全性取决于密钥的机密性,密钥(Key)必须通过安全信道传递,保证其只能被发送方和接收方所掌握。另外,通信的安全性与算法本身无关,算法是公开的。

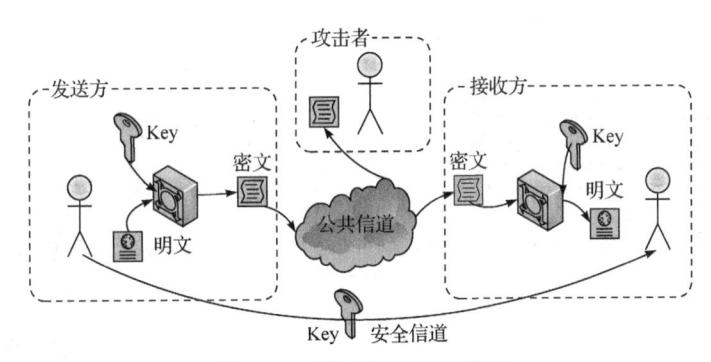

图 2.5 对称密钥密码的模型

2.3.1 对称密钥密码加密模式

自 1977 年美国颁布数据加密标准(data encryption standard,DES)密码算法作为美国数据加密标准以来,对称密钥密码体制迅猛发展,得到了世界各国的关注和普遍使用。对称密码加密系统从工作方式上可分为分组密码和序列密码两大类。如图 2.6 所示,分组密码的工作原理是将明文消息分成若干固定长度的组,如每 64 位(bit)一组(block),用同一密钥和算法对每个明文分组进行加密,输出固定长度的密文;解密时,将密文消息分成若干固定长度的组,采用同一密钥和算法对每一组密文分组进行解密,输出明文。分组密码算法包括 DES、AES、IDEA、SAFER、Blowfish 和 Skipjack 等,其中以 DES 应用最为广泛。

序列密码一直是军事和外交场合使用的主要密码技术之一。如图 2.7 所示,序列密码的工作原理是通过伪随机数发生器产生性能优良的伪随机序列(也称密钥流),使用该序列加密明文消息流,得到密文序列;解密过程与加密过程的主要区别在于输入和输出不同。典型的序列密码每次加密一字节的明文，当然也可以设计成每次操作一位或者大于一字节的单元。

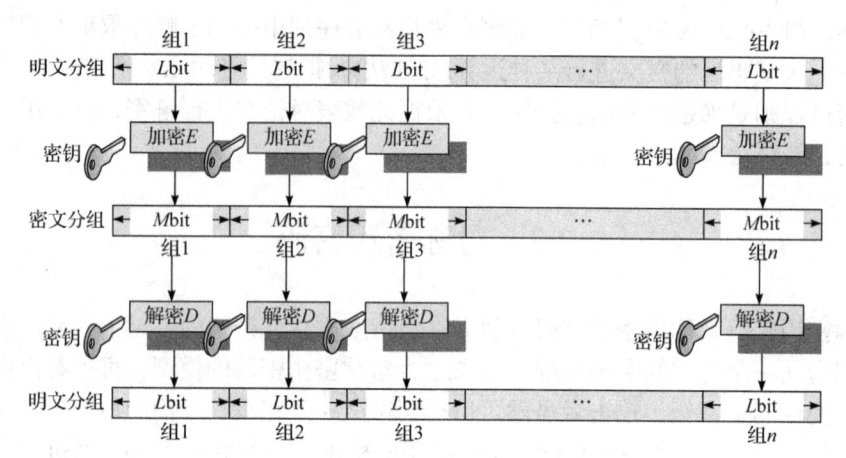

图 2.6　分组密码工作原理示意图

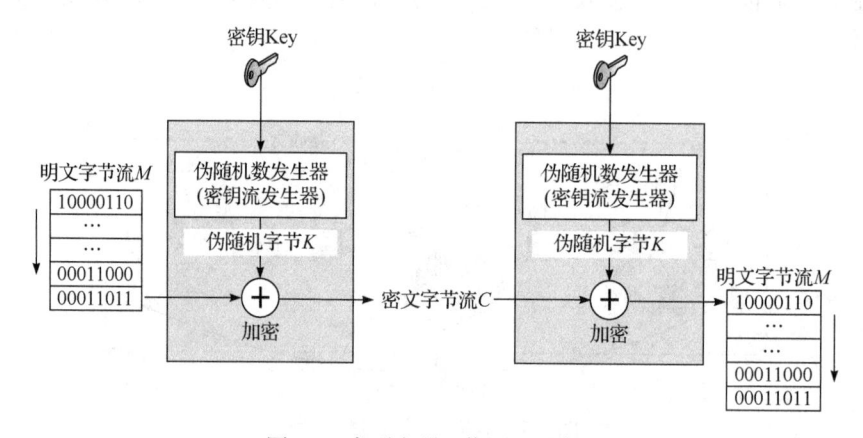

图 2.7　序列密码工作原理示意图

2.3.2　DES

1973 年美国国家标准局(NBS)公开征集国家密码标准方案，并公布了关于密码的设计要求，具体如下：
(1) 算法必须提供高度的安全性；
(2) 算法必须有详细的说明，并易于理解；
(3) 算法的安全性取决于密钥，不依赖于算法；
(4) 算法适用于所有用户；
(5) 算法适用于不同应用场合；
(6) 算法必须高效、经济；
(7) 算法必须能被证实有效；
(8) 算法必须是可出口的。

1974 年 NBS 开始第二次征集时，IBM 公司提交了算法 Lucifer，该算法由 IBM 的工程师在 1971～1972 年设计，并应用在 IBM 公司为英国 Lloyd 公司开发的现金发放系统上。1975 年 NBS 公开了全部设计细节并指派了两个小组进行评价。1976 年 Lucifer 被采纳为联邦标准，批准用于非军事场合的各种政府机构。1977 年 Lucifer 被 NBS 作为数据加密标准 FIPS PUB 46 发布，简称 DES，随后的几十年，一直活跃在国际保密通信的舞台上，扮演着十分重要的角色。

1) 简化的 DES

由于 DES 的结构和变换相对复杂，为了能够更好地理解 DES 算法，我们先介绍一个简化的 DES，即 Simplified DES 方案，简称 S-DES。S-DES 是由美国圣克拉拉大学的 Edward Schaeffer 教授提出的，主要用于教学，其设计思想和性质与 DES 一致，但是有关函数变换相对简化，具体参数要小得多。

如图 2.8 所示，S-DES 算法输入为一个 8 位的二进制明文组和一个 10 位的二进制密钥，输出为 8 位二进制密文组；解密与加密基本一致。算法涉及的函数包括：两个与密钥变换有关的分别是置换函数 P8、P10 和循环移位函数 Shift；四个基本函数用于数据加密变换，包括初始置换 IP、复合函数 f_K、转换函数 SW 以及末尾置换 IP^{-1}。

图 2.8 给出的加密过程可以用函数的复合来表示，表达式为

$$密文 = IP^{-1}(f_{K_2}(SW(f_{K_1}(IP(明文)))))$$

其中：

$$K_1 = P8(Shift(P10(Key)))$$

$$K_2 = P8(Shift(Shift(P10(Key))))$$

图 2.8 也给出了解密过程，表达式为

$$明文 = IP^{-1}(f_{K_1}(SW(f_{K_2}(IP(密文)))))$$

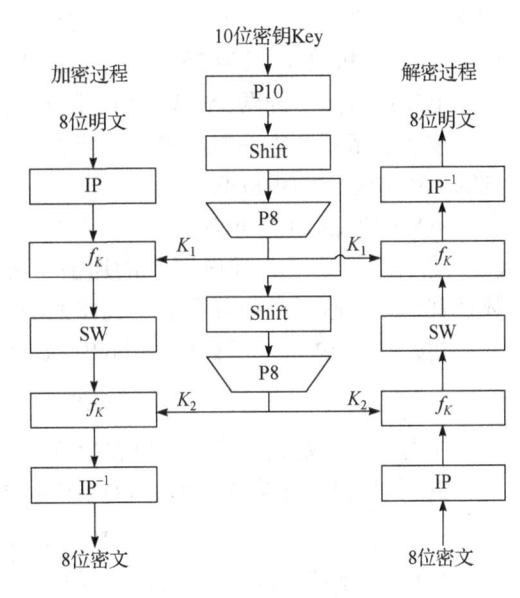

图 2.8 S-DES 的体制

2) S-DES 的密钥产生

S-DES 算法的安全性依赖于收发双方共享的 10 位二进制密钥，这个 10 位密钥经过相应的变换产生两个 8 位二进制密钥，分别用于加密和解密的不同阶段。

如图 2.9 所示，输入的 10 位二进制密钥首先要经置换函数 P10 将 10 位二进制数变换位置顺序。如果将输入的 10 位密钥表示成$(k_1,k_2,k_3,k_4,k_5,k_6,k_7,k_8,k_9,k_{10})$，则置换函数 P10 可以定义为

$$P10(k_1,k_2,k_3,k_4,k_5,k_6,k_7,k_8,k_9,k_{10})=(k_3,k_5,k_2,k_7,k_4,k_{10},k_1,k_9,k_8,k_6)$$

也可简单表示为

$$P10 = (3,5,2,7,4,10,1,9,8,6)$$

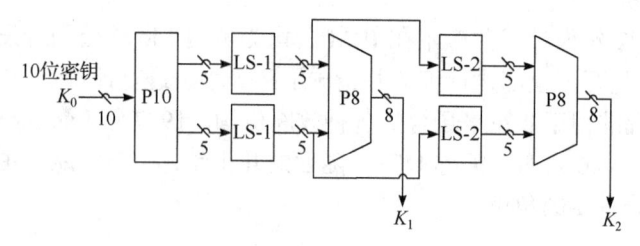

图 2.9 S-DES 的密钥产生

接下来将 P10 输出的 10 位二进制数的前 5 位和后 5 位分别输入两个循环左移函数 LS 中左移 1 位,输出的两个 5 位二进制数被两次使用。一次是合并后作为 P8 的输入,进行变换产生 8 位的输出,即子密钥 K_1;另一次是分别输入另外两个 LS 函数中,循环左移 2 位,两个 5 位二进制数输出合并后输入 P8 中进行变换,产生 8 位的输出,即子密钥 K_2。函数 P8 的定义为 P8=(6,3,7,4,8,5,10,9)。

上述过程产生的两个子密钥 K_1 和 K_2 分别作用于 S-DES 的加、解密过程中的两个阶段。按照子密钥产生的运算逻辑,若 K 选为 1010000010,产生的两个子密钥 K_1 和 K_2 分别为 10100100 和 01000011。

3) S-DES 的加密变换过程

图 2.10 描述了 S-DES 具体的加密算法,涉及前面提到的 4 个函数,下面对这 4 个函数及其他相关联的函数分别进行具体说明。

初始置换 IP 和末尾置换 IP^{-1} 的定义为

$$IP = (2,6,3,1,4,8,5,7), \quad IP^{-1} = (4,1,3,5,7,2,8,6)$$

显而易见,初始置换与末尾置换互为逆置换,即 $IP^{-1}(IP(X))= X$。

E/P 函数是扩张置换函数,可以用 4 位输入产生 8 位输出,其定义如下:

$$E/P =(4,1,2,3,2,3,4,1)$$

"⊕"表示按位进行异或运算;而 P4 定义为 P4 =(2,4,3,1)。

SW 为交换函数,其作用是将左 4 位和右 4 位交换。S 盒函数包括 S_0 和 S_1,为两个盒子函数,工作原理是将输入作为索引进行查表,得到相应的系数作为输出。S_0 和 S_1 的盒子定义如下:

$$S_0 = \begin{matrix} & \begin{matrix} 0 & 1 & 2 & 3 \end{matrix} \\ \begin{matrix} 0 \\ 1 \\ 2 \\ 3 \end{matrix} & \begin{bmatrix} 1 & 0 & 3 & 2 \\ 3 & 2 & 1 & 0 \\ 0 & 2 & 1 & 3 \\ 3 & 1 & 3 & 2 \end{bmatrix} \end{matrix} \quad S_1 = \begin{matrix} & \begin{matrix} 0 & 1 & 2 & 3 \end{matrix} \\ \begin{matrix} 0 \\ 1 \\ 2 \\ 3 \end{matrix} & \begin{bmatrix} 0 & 1 & 2 & 3 \\ 2 & 0 & 1 & 3 \\ 3 & 0 & 1 & 0 \\ 2 & 1 & 0 & 3 \end{bmatrix} \end{matrix}$$

在图 2.10 中,浅色阴影部分为复合函数 f_K 的运算逻辑,深色阴影部分为 F 函数的运算逻辑,两个函数的定义如下:

$$f_K(L, R)=(L \oplus F(R, SK), R), \quad F(R)=(P4(S(E/P(R) \oplus SK)))$$

其中,L、R 为两个 4 位二进制数;SK 为 8 位二进制的子密钥;S 为盒函数。

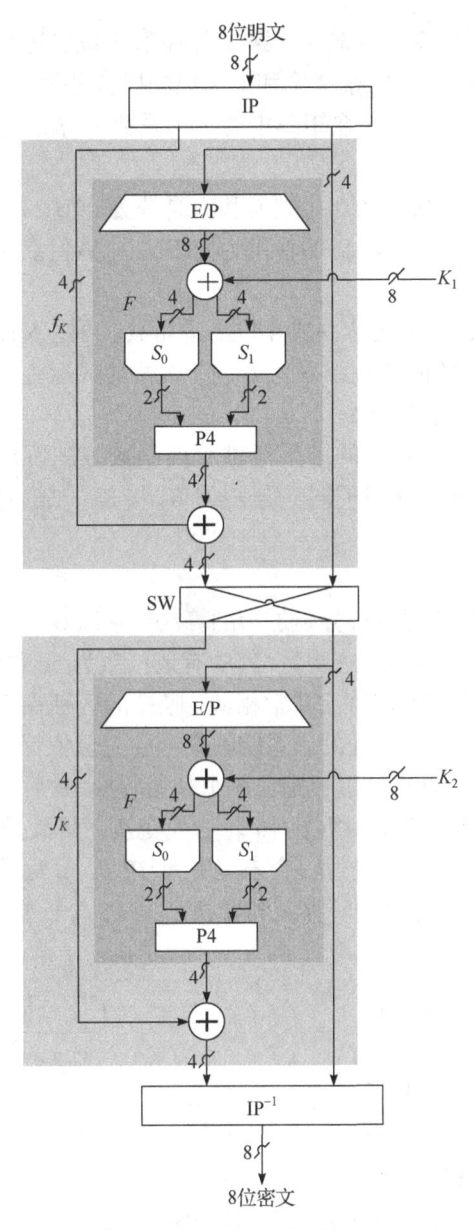

图 2.10　S-DES 的加密过程

在 S-DES 中，复合函数 f_K 是最复杂的部分，同时也是最重要的加密部分。下面结合 f_K，对 S-DES 的加密运算过程进行较详尽的描述。

一个 8 位二进制明文信息经过初始置换后，将 8 位输出分成左边 4 位 L 和右边 4 位 R，L 直接用于和 F 函数的结果进行异或运算；R 作为输入被送入 F 函数，首先在扩张函数 E/P 中，产生 8 位输出，这 8 位二进制数与子密钥 K_1 进行按位异或运算，输出再次分为左边 4 位 L' 和右边 4 位 R'。

令 $L'=(l_0, l_1, l_2, l_3)$，$R'=(r_0, r_1, r_2, r_3)$，将 L' 和 R' 分别输入 S_0 和 S_1 中，作为索引进行运算。

S 盒函数按下述规则运算：将输入的第 1 位和第 4 位二进制数合并为一个 2 位二进制数，作为 S 盒的行号索引 i；将第 2 位和第 3 位同样合并为一个 2 位二进制数，作为 S 盒的列号索引 j，如此可以确定 S 盒矩阵中的一个系数 (i, j)。将此系数以 2 位二进制数形式作为 S 盒的输出。

例如，$L'=(l_0, l_1, l_2, l_3)=(0, 1, 0, 0)$，则 l_0 和 l_3 合并为 00B，l_1 和 l_2 合并为 10B，即 $(i, j)=(0, 2)$，在 S_0 中确定系数 3，则 S_0 的输出为 11B(注：数值后缀为 B，表示此数值为二进制)。

S_0 盒函数和 S_1 盒函数的输出合并成 4 位二进制数，再送入置换函数 P4，得到的输出就是 F 函数的输出。F 函数的 4 位结果与 L 进行按位异或运算，得到的 4 位二进制数与 R 一起成为复合函数 f_K 的运算结果。

如图 2.10 所示，复合函数 f_K 的结果经过交换函数 SW 后再次输入复合函数 f_K 中，两次复合函数运算使用的子密钥不同，分别为 K_1 和 K_2。最后进行 IP^{-1} 形成 8 位二进制密文。

4) DES 算法的过程

DES 是一种对二进制数据进行分组加密的算法，它以 64 位为分组对数据进行加密，DES 的密钥也是长度为 64 位的二进制数，其中有效位数为 56 位(因为每字节的第 8 位都用作奇偶校验)。加密算法和解密算法非常相似，唯一的区别在于子密钥的使用顺序正好相反。DES 的整个密码体制是公开的，系统的安全性完全依赖于密钥的保密性。

如图 2.11 所示，DES 算法的过程是在一个初始置换 IP 后，明文组被分成左半部分和右半部分，输入复合函数 f_K 中，重复 16 轮迭代变换，将数据和密钥结合起来。16 轮之后，左右两部分再连接起来，经过一个末尾置换 IP^{-1}，算法结束。在密钥使用上，将 64 位密钥中的 56 位有效位经过循环移位和置换产生 16 个子密钥，用于 16 轮复合函数 f_K 的变换。

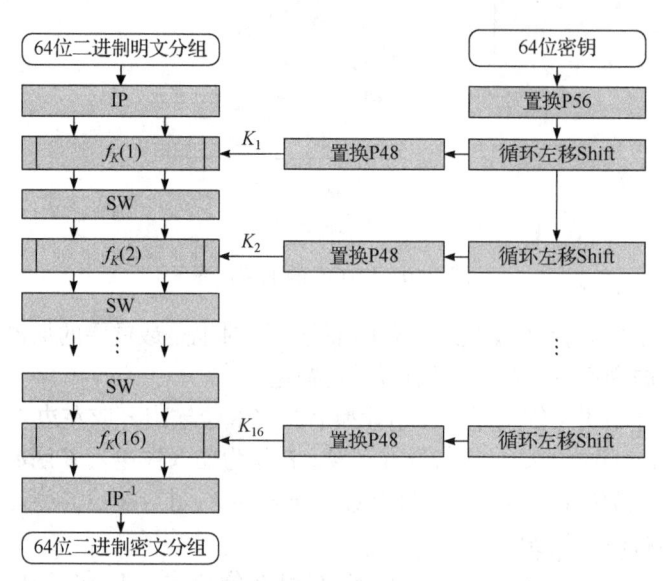

图 2.11 DES 算法框图

5) DES 的安全问题

DES 使用 56 位密钥对 64 位的数据块进行加密,并对 64 位的数据块进行 16 轮运算。每轮运算所需要的 48 位密钥,均是由 56 位的完整密钥计算得来的。DES 用软件进行解码需要很长时间,而用硬件解码速度非常快。在 1977 年,人们估计要耗费两千万美元才能建成一个专门计算机用于 DES 的破译,而且需要 12h 才能得到结果。所以,当时 DES 被认为是一种十分强壮的加密方法。

DES 受到的最大攻击是它的密钥长度仅有 56 位,1990 年,研究者提出了差分攻击方法,采用选择明文攻击,最终找到了可用的密钥。在 1994 年的国际密码学会议上提出的线性分析方法,利用 243 个已知明文,成功地破译了 DES 算法,到目前为止,这是最有效的破译方法。

1997 年,RSA 公司发起了一个称作"向 DES 挑战"的竞技赛。在首届挑战赛上,罗克·维瑟用了 96 天时间破解了用 DES 加密的一段信息。1999 年 12 月,RSA 公司发起"第三届 DES 挑战赛"。2000 年 1 月 19 日,由电子边疆基金会组织研制的 25 万美元的 DES 解密机以 22.5h 的战绩,成功地破解了 DES 加密算法。

1977 年 DES 被 NBS 作为数据加密标准发布后,1979 年美国银行协会批准使用。1980 年美国国家标准协会(ANSI)赞同 DES 作为私人使用的标准,称其为 DEA(ANSI X.392)。1983 年 ISO 赞同 DES 作为国际标准,称其为 DEA-1。对 DES 的最近一次评估是在 1994 年,同时决定 1998 年 12 月以后,DES 将不再作为联邦加密标准。

2.3.3 分组密码的工作模式

DES 算法是提供数据加密的基本组件,为了更好地应用 DES,人们为它设计了四种工作模式,分别是电子编码本(electronic code book,ECB)模式、密码分组链接(cipher block chaining,CBC)模式、密码反馈(cipher feedback,CFB)模式和输出反馈(output feedback,OFB)模式,这些工作模式同样适用于其他的分组密码。

1) 电子编码本模式

如图 2.12 所示,分组密码以电子编码本模式工作时,首先将明文消息分成 n 个 m 位

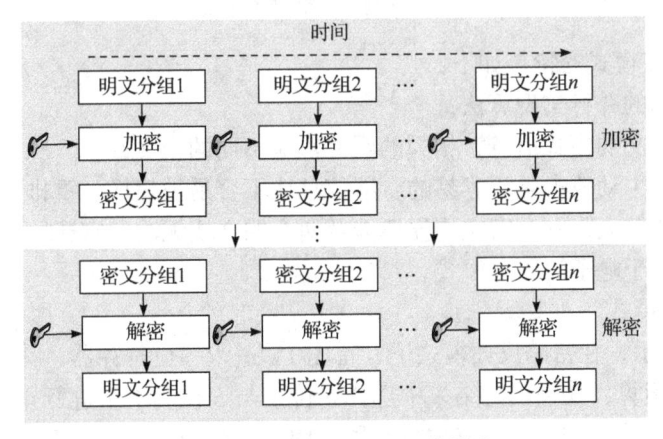

图 2.12 电子编码本工作模式

组，如果明文长度不是 m 位的整数倍，则在明文末尾填充适当数目的规定符号，使其长度为 m 位的整数倍。对每个明文组用给定的密钥分别进行加密，生成 n 个相应的密文组。解密与加密的工作模式基本一致。

电子编码本模式的特点如下：

(1) 简单和有效；

(2) 可以并行实现；

(3) 不能隐藏明文的模式信息，相同的明文对应相同的密文，同样的信息多次出现会造成泄露；

(4) 对明文的主动攻击是可能的，信息块可被替换、重排、删除、重放；

(5) 误差传递较小，一个密文块损坏时仅有与其对应的明文块无法正常解密。

2) 密码分组链接模式

如图 2.13 所示，在密码分组链接模式下，每个明文组在加密前与前一组密文进行按位异或运算后，再进行加密变换，首个明文组与一个初始向量(IV)进行异或运算。采用密码分组链接模式加密时，要求收发双方共享加密密钥和初始向量。解密时每组密文先进行解密，再与前组密文进行异或运算，还原出明文分组。

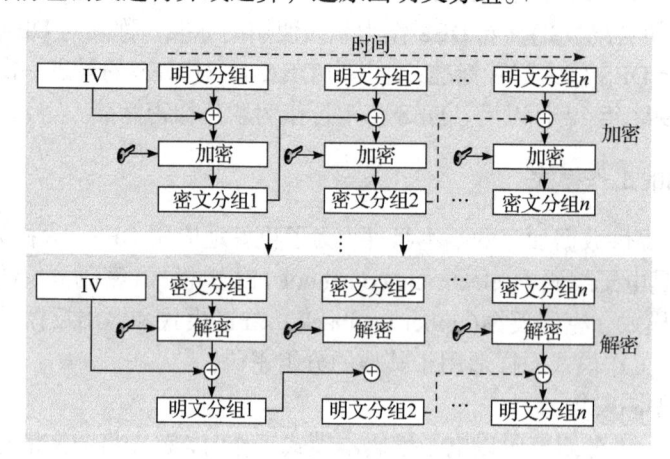

图 2.13 密码分组链接工作模式

密码分组链接模式的特点如下：

(1) 没有已知的并行实现算法；

(2) 能隐藏明文的模式信息，相同的明文对应不同的密文；

(3) 对明文的主动攻击是不容易的，即信息块不容易被替换、重排、删除、重放；

(4) 误差传递较大，一个密文块损坏涉及两个明文块无法解密还原；

(5) 安全性好于电子编码本模式。

3) 密码反馈模式

如图 2.14 所示，在密码反馈模式下，首先 IV 进入移位寄存器，移位寄存器将内容送入加密器进行运算，在输出的结果中选择 S 位，与 S 位明文组进行异或运算得到密文组。同时每组密文将被按位移入移位寄存器中用于后续的明文组加密。解密过程与加密相似，具体步骤参看图 2.14 中的解密部分。采用密码反馈模式加密时，要求收发双方共享加密密钥和 IV。

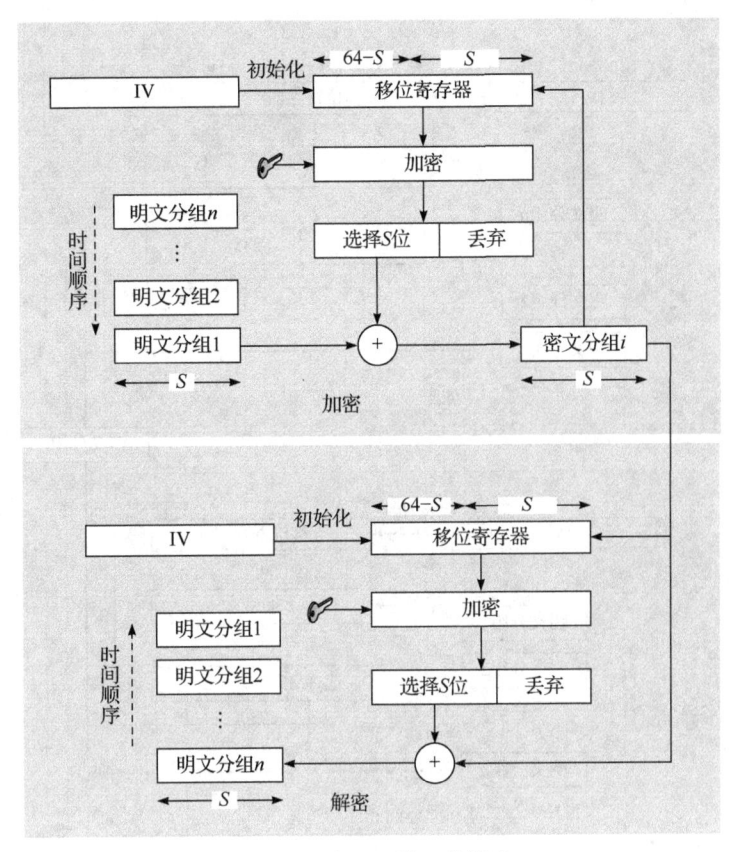

图 2.14 密码反馈工作模式

密码反馈模式的特点如下：
(1) 适用于分组密码和流密码。
(2) 没有已知的并行实现算法。
(3) 能够隐藏明文模式，相同的明文对应不同的密文。
(4) 需要共同的移位寄存器初始值 IV。
(5) 误差传递较大，一个密文块损坏可能使两个明文块无法解密还原。

4) 输出反馈模式

如图 2.15 所示，与密码反馈模式的唯一不同是，输出反馈模式是直接取加密器输出结果的 S 位，而不是取密文的 S 位，其余都与密码反馈模式相同。由于采用了直接取加密器的输出结果的方式，所以可以克服密码反馈模式的密文错误传播的缺点。

输出反馈模式的特点如下：
(1) 适用于分组密码和流密码。
(2) 没有已知的并行实现算法。
(3) 能够隐藏明文模式，相同的明文对应不同的密文。
(4) 误差传递较小，一个密文单元损坏只影响对应的明文单元。

(5) 安全性较密码反馈模式差。

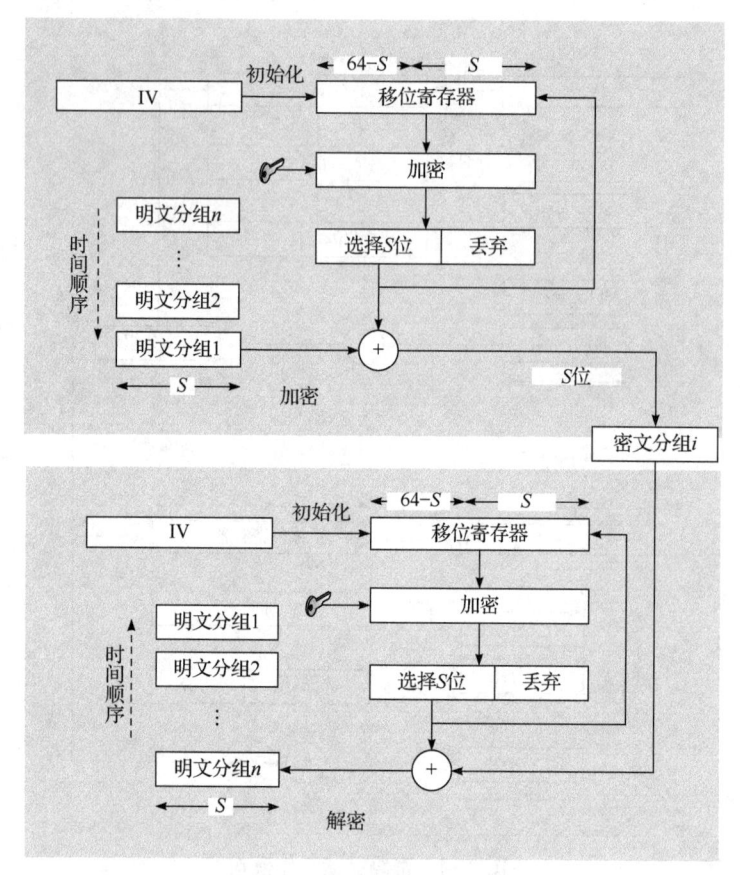

图 2.15　输出反馈工作模式

2.3.4　其他对称密码简介

自 DES 公布之后，人们逐步了解了 DES 的弱点，不断进行更为深入的研究，试图给出新的算法来解决 DES 存在的安全问题。基本研究思路主要包括两种：一种是对 DES 进行复合变换，强化它的抗攻击能力；另一种是开辟新的算法，既像 DES 一样加解密速度快，又具有防御差分攻击和其他方式攻击的能力。下面介绍几种应用较广的对称密码。

1. 三重 DES

为了增加密钥的长度，人们建议将一种分组密码进行级联，在不同的密钥作用下，连续多次对一组明文进行加密，通常把这种技术称为多重加密技术。三重 DES 算法是扩展 DES 密钥长度的一种方法，可使加密密钥长度扩展到 128bit(112bit 有效)或 192bit(168bit 有效)。在这种方式中，使用三个或两个不同的密钥对数据块进行三次或两次加密，三重 DES 的强度大约和 112bit 的密钥强度相当，三重 DES 有以下四种模型。

(1) DES-EEE3：使用三个不同的密钥顺序进行三次加密变换。

(2) DES-EDE3：使用三个不同的密钥依次进行加密—解密—加密变换。

(3) DES-EEE2：其中密钥 $K_1=K_3$，顺序进行三次加密变换。

(4) DES-EDE2：其中密钥 $K_1=K_3$，依次进行加密—解密—加密变换。

到目前为止，还没有人给出攻击三重 DES 的有效方法，对其密钥空间中的密钥进行暴力搜索，由于空间太大，这实际上是不可行的。若用差分攻击的方法，相对于单一 DES 来说，复杂性以指数形式增长，要超过 10^{52} 级。

2. RC5

RC5 是由 RSA 公司的首席科学家 Ron Rivest 于 1994 年设计、1995 年正式公开的一个很实用的加密算法。它是一种分组长度 w、密钥长度 b 和迭代轮数 r 都可变的分组迭代密码，简记为 RC5-$w/r/b$。该算法中使用了三种运算：异或、加和循环，通过数据循环来实现数据的扩散和混淆，每次循环的次数都依赖于输入数据，事先不可预测。

该算法具有如下特性：

(1) 形式简单，易于软件或者硬件实现，运算速度快。

(2) 能适应于不同字长的程序，不同字长派生出相异的算法。

(3) 加密的轮数可变，这个参数用来调整加密速度和安全性的程度。

(4) 密钥长度是可变的，加密强度可调节。

(5) 对存储要求不高，使 RC5 可用于类似智能卡(smart card)这类对记忆度有限定的器件。

(6) 具有较高的保密性(适当选择好参数)。

(7) 对数据实行比特循环移位，增强了抗攻击能力。

自 1995 年公布以来，尽管至今为止还没有发现实际攻击的有效手段，然而，有一些论文对 RC5 的抵抗差分分析和线性分析的能力做了分析，虽然也分析出 RC5 的一些理论弱点，但分析结果也表明，r 为 12 的 RC5 就可抵抗差分分析和线性分析。

3. IDEA

1990 年，研究者提出了一个全新的加密算法，称作建议加密标准(proposed encryption standard，PES)。1991 年根据有关专家对这一密码算法的分析结果，设计者对该算法进一步强化并称它为 IPES，即"改进的建议加密标准"。该算法于 1992 年更名为 IDEA(国际加密标准)，即现行的欧盟数据加密标准。

IDEA 算法是对 64 位大小的数据块加密的分组加密算法，密钥长度为 128 位，它基于"相异代数群上的混合运算"设计思想，算法用硬件和软件实现都很容易，它比 DES 算法在实现上快得多。设计者尽最大努力使该算法不受差分密码分析的影响，IDEA 算法已被证明在其 8 轮迭代的第 4 轮之后便不受差分密码分析的影响了。目前几乎没有公开发表的试图对 IDEA 进行密码分析的文章。因此，就现在来看，应当说 IDEA 是非常安全的。

4. AES 算法

1997 年 4 月 15 日，美国国家标准与技术研究院(National Institute of Standards and

Technology，NIST)发起了征集 AES 算法的活动，并成立了专门的 AES 工作组，目的是确定一个公开的全球免费使用的分组密码算法，用于保护下一世纪政府的敏感信息，并希望成为秘密和公开部门的数据加密标准。

1997 年 9 月 12 日，美国联邦登记处公布了征集 AES 候选算法的通告，AES 的基本要求是比三重 DES 快，而且至少和三重 DES 一样安全，分组长度为 128 位，密钥长度为 128 位/192 位/256 位。

1998 年 8 月，NIST 召开了第一次 AES 候选会议，宣布对 15 个候选算法的若干讨论结果。第一轮评测的候选算法包括：美国的 HPC、MARS、RC6、Safert 和 Twofish，加拿大的 CAST-256 和 REAL，澳大利亚的 LOK197，比利时的 Rijndael，哥斯达黎加的 FROG，法国的 DFC，德国的 MAGENTA，日本的 EZ，韩国的 CRYPTON，挪威的 Serpent。

1999 年 3 月 22 日，举行了第二次 AES 候选会议，从中选出 5 个，入选 AES 的五种算法是 MARS、RC6、Twofish、Rijndael、Serpent。2000 年 10 月 2 日，美国商务部部长 Norman Y. Mineta 宣布，经过三年来世界著名密码专家之间的竞争，Rijndael 数据加密算法最终获胜。Rijndael 数据加密算法由比利时密码学家文森特·雷蒙(Vincent Rijmen)和琼·德门(Joan Daemen)共同设计提出。

2002 年 5 月，NIST 公布了以 Rijndael 数据加密算法为基础的高级加密标准规范 AES，并预测 AES 会被广泛地应用于各种组织、公司及个人。

2.4 公开密钥密码

公开密钥密码体制是现代密码学最重要的发明，也可以说是密码学发展史上最伟大的革命。一方面，公开密钥密码与之前的所有密码不同，其算法不是基于代替和置换而是基于数学函数；另一方面，与使用一个密钥的传统的对称密钥密码不同，公开密钥密码是非对称的，使用两个独立的密钥。

一般认为密码学就是保护信息传递的机密性，其实这仅仅是现代密码学主题的一方面，对信息发送人与接收人的真实身份的验证、事后对所发出或接收信息的不可抵赖性以及保障数据的完整性是现代密码学主题的另一方面。公开密钥密码体制对这两方面的问题都给出了出色的答案，并正在继续产生许多新的思想和方案。

2.4.1 公开密钥理论基础

公开密钥密码又称非对称密钥密码或双密钥密码，是加密密钥和解密密钥为两个独立密钥的密码系统。图 2.16 为公开密钥密码的模型，可以看出信息发送前，发送者首先要获取接收者发布的公钥，加密时使用该公钥将明文加密成密文，公钥也称加密密钥；解密时接收者使用私钥对密文进行处理，还原成明文，私钥也称解密密钥。在信息传输过程中，攻击者虽然可以得到密文和公钥，但在没有私钥的情形下无法对密文进行破译。因此，公开密钥密码的通信安全性取决于私钥的保密性。

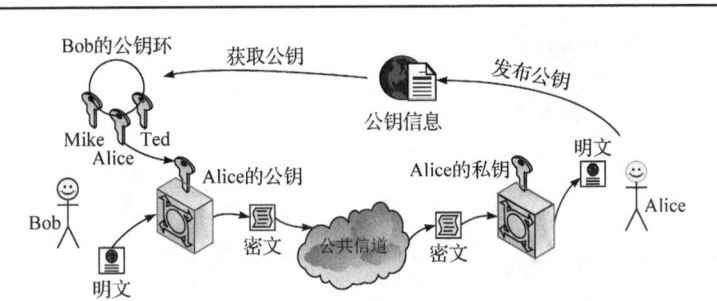

图 2.16 公开密钥密码的模型

在公开密钥密码体制中，使用者的公私密钥成对产生，对外发布公钥，私钥则严格保密，只允许使用者一个人管理使用。另外，通信的安全性与算法本身无关，算法是公开的。

1) 公开密钥密码的核心思想

公开密钥密码是 1976 年由 Whitfield Diffie 和 Martin Hellman 在其《密码学的新方向》一文中提出的。文章中虽然没有给出一个真正的公开密钥密码，但首次提出了单向陷门函数的概念，并给出了一个 Diffie-Hellman 密钥交换算法，并以此为公开密钥密码的研究指明了基本思路，同时也奠定了他们在密码学发展过程中的不可替代的地位。

如果函数 $f(x)$ 被称为单向陷门函数，必须满足以下三个条件：

(1) 给定 x，计算 $y=f(x)$ 是容易的；

(2) 给定 y，计算 x 使 $y=f(x)$ 是困难的(所谓计算 $x=f^{-1}(y)$ 困难是指计算起来相当复杂，已无实际意义)；

(3) 存在 δ，已知 δ 时对给定的任意 y，若相应的 x 存在，则计算 x 使 $y=f(x)$ 是容易的。

注意：仅满足(1)、(2)两条的称为单向函数；第(3)条称为陷门性，δ 称为陷门信息。

当用陷门函数 f 作为加密函数时，可将 f 公开，这相当于公开加密密钥 P_k。f 函数的设计者将 δ 保密，用作解密密钥，此时 δ 称为秘密钥匙 S_k。由于加密函数是公开的，任何人都可以将信息 x 加密成 $y=f(x)$，然后发送给函数的设计者。由于设计者拥有 S_k，他自然可以利用 S_k 求解 $x=f^{-1}(y)$。

单向陷门函数的第(2)条性质表明窃听者由截获的密文 $y=f(x)$ 推测 x 是不可行的。

2) 公开密钥密码的应用

对于信息安全来说，机密性是一个十分重要的方面，而可认证性是另一个不可忽视的方面，特别在今天，信息网络渗透到金融、商业以及社会生活的各个领域，信息的可认证性已经变得越来越重要。公开密钥密码可以有效地解决机密性和可认证性这两个问题。

如图 2.17 所示，采用公开密钥密码实现信息的机密性，主要依靠公开密钥密码算法的单向性和私钥的机密性。发送方 Bob 使用 Alice 的公钥加密信息，以密文形式在公共信道上传输，密码分析者即使捕获了密文，由于公开密钥密码算法的单向性，也无法解密。接收方 Alice 使用私钥可以对密文进行解密，还原出明文。

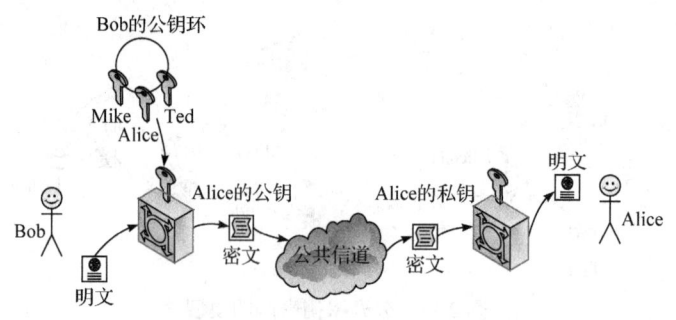

图 2.17　公开密钥密码的加密模型

采用公开密钥密码解决信息的可认证性问题依靠的是公私密钥使用的可逆性和私钥的机密性。如图 2.18 所示，发送方 Bob 使用自己的私钥对明文信息进行加密，将密文在公共信道上发给接收方 Alice，Alice 收到密文后，使用已得到的 Bob 的公钥对信息进行解密，如果成功还原成明文，则可以确定该信息一定是 Bob 使用他的私钥进行加密的，即信息源必为 Bob。

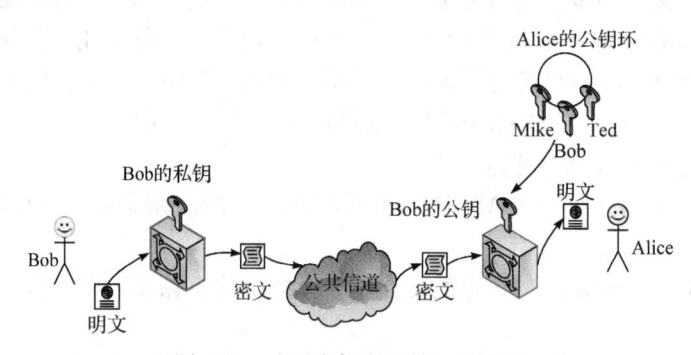

图 2.18　公开密钥密码的认证模型

公开密钥密码除了可以解决信息的机密性和可认证性之外，还在密钥交换、信息的完整性校验以及数字证书等方面做出了重大贡献。

2.4.2　Diffie-Hellman 密钥交换算法

Whitfield Diffie 和 Martin Hellman 在他们具有里程碑意义的文章中，虽然给出了公开密钥密码的思想，但是没有给出真正意义上的公钥密码实例，即没能找出一个真正带陷门的单向函数。然而，他们给出了单向函数的实例，并且基于此提出了 Diffie-Hellman 密钥交换算法。

为了方便理解 Diffie-Hellman 密钥交换算法，在这里先简单介绍两个数学概念，分别是原根和离散对数。

1. 原根

素数 p 的原根(primitive root)的定义：如果 a 是素数 p 的原根，则数 $a \bmod p$, $a^2 \bmod p, \cdots, a^{p-1} \bmod p$ 是不同的并且包含 $1 \sim p-1$ 的所有整数的某种排列。对任意的整数 b，可以找到唯一的幂 i，满足 $b \equiv a^i \bmod p$ 且 $1 \leqslant i \leqslant p-1$。

注："$b \equiv a \bmod p$"等价于"$b \bmod p = a \bmod p$"，称为"b 与 a 模 p 同余"。

2. 离散对数

若 a 是素数 p 的一个原根，则相对于任意整数 $b(b \bmod p \neq 0)$，必然存在唯一的整数 $i(1 \leq i \leq p-1)$，使得 $b \equiv a^i \bmod p$，i 称为 b 的以 a 为基数且模 p 的幂指数，即离散对数。

对于函数 $y \equiv g^x \bmod p$，其中，g 为素数 p 的原根，y 与 x 均为正整数，已知 g、x、p，计算 y 是容易的；而已知 y、g、p，计算 x 是困难的，即求解 y 的离散对数 x。

注：离散对数的求解为数学界公认的困难问题。

3. 密钥交换算法描述

Diffie-Hellman 密钥交换算法是基于有限域中计算离散对数的困难性问题设计出来的，对 Diffie-Hellman 密钥交换算法的描述如下。

Alice 和 Bob 协商好一个大素数 p 和大的整数 g，$1<g<p$，g 是 p 的原根。p 和 g 无须保密，可被网络上的所有用户共享。当 Alice 和 Bob 要进行保密通信时，他们可以按如下步骤来做：

(1) Alice 选取大的随机数 $X<p$，并计算 $Y=g^X \bmod p$；
(2) Bob 选取大的随机数 $X'<p$，并计算 $Y'=g^{X'} \bmod p$；
(3) Alice 将 Y 传送给 Bob，Bob 将 Y' 传送给 Alice；
(4) Alice 计算 $K=(Y')^X \bmod p$，Bob 计算 $K'=(Y)^{X'} \bmod p$。

显而易见，$K=K'=g^{XX'} \bmod p$，即 Alice 和 Bob 已获得了相同的秘密值 K。双方以 K 作为加解密钥，以传统对称密钥算法进行保密通信。

2.4.3 RSA 公开密钥算法

RSA 密码是目前应用最广泛的公开密钥密码，该算法由美国的 Rivest、Shamir、Adleman 三人于 1978 年提出。该算法的数学基础是初等数论中的欧拉(Euler)定理以及大整数因子分解问题。

为了方便理解 RSA 密码算法，在介绍 RSA 密码算法之前，首先简单介绍一下欧拉定理和大整数因子分解问题。

1. 欧拉定理

欧拉函数是欧拉定理的核心概念，其表述为：对于一个正整数 n，由小于 n 且和 n 互素的正整数构成的集合为 Z_n，这个集合称为 n 的完全余数集合。Z_n 包含的元素个数记为 $\varphi(n)$，称为欧拉函数，其中 $\varphi(1)$ 被定义为 1，但是并没有任何实质的意义。

如果有两个素数 p 和 q，且 $n=pq$，则 $\varphi(n)=(p-1)(q-1)$。

欧拉定理的具体表述为：正整数 a 与 n 互素，则 $a^{\varphi(n)} \equiv 1 \bmod n$。

一个基于欧拉定理的推论的具体表述如下：给定两个素数 p 和 q，以及两个整数 m、n，使得 $n=pq$，且 $0<m<n$，对于任意整数 k，$m^{k\varphi(n)+1} = m^{k(p-1)(q-1)+1} \equiv m \bmod n$ 成立。

上述定理和推论证明从略。

2. 大整数因子分解问题

大整数因子分解问题可以表述为：已知 p、q 为两个大素数，则求 $N=p \times q$ 是容易的，只需要一次乘法运算；但已知 N 是两个大素数的乘积，要求将 N 分解，则在计算上是困难的，其运行时间复杂程度接近于不可行。实际上，如果一个大的 n 位长度的二进制数是两个差不多大小的素数的乘积，现在还没有很好的算法能在多项式时间内分解它，这就意味着没有已知算法可以在 $O(n^k)$ (k 为常数)的时间内分解它。

算法时间复杂性是衡量算法有效性的常用标准。如果输入规模为 n 时，一个算法的运行时间复杂度为 $O(n)$，称此算法为线性的；运行时间复杂度为 $O(n^k)$，其中 k 为常量，称此算法为多项式的；若有某常量 t 和多项式 $h(n)$，使算法的运行时间复杂度为 $O(t^{h(n)})$，则称此算法为指数的。

一般来说，在线性时间和多项式时间内可以解决的问题被认为是可行的，而任何长于多项式时间，尤其是指数时间可解决的问题被认为是不可行的。

注：如果输入规模太小，即使很复杂的算法也会变得可行。

3. RSA 密码算法

RSA 密码是一种分组密码，明文和密文均是 $0 \sim n$ 的整数，n 的大小通常为 1024 位二进制数或 309 位十进制数，因此，明文空间 P=密文空间 $C=\{x \in Z | 0<x<n, Z$ 为整数集合$\}$。

RSA 密码的密钥生成具体步骤如下：

(1) 选择两个互异的素数 p 和 q，计算 $n=pq$，$\varphi(n) = (p-1)(q-1)$；

(2) 选择整数 e，使 $\gcd(\varphi(n),e) = 1$，且 $1 < e < \varphi(n)$；

(3) 计算 d，使 $d \equiv e^{-1} \bmod \varphi(n)$，即 d 为模 $\varphi(n)$ 下 e 的乘法逆元；则公开密钥 $P_k = \{e, n\}$，私用密钥 $S_k = \{d, n, p, q\}$。若明文为 m，密文为 c，加密时使用公开密钥 P_k，$c = m^e \bmod n$；解密时使用私用密钥 S_k，$m = c^d \bmod n$。所以 e 也称加密指数，d 称为解密指数。

RSA 密码算法的有效性证明如下：当 $0 < m < n$ 时，$ed \equiv 1 \bmod \varphi(n)$，等价于 $ed = k\varphi(n)+1$，对于任意整数 k，自然有下式成立，即 $(m^e)^d = m^{ed} = m^{k\varphi(n)+1} \equiv m \bmod n$ (根据基于欧拉定理的推论)，故 RSA 密码算法成立。

注：加密和解密是一对逆运算。

例如，若 Bob 选择了 $p=101$ 和 $q = 113$，那么 $n=11413$，$\varphi(n)=100 \times 112 = 11200$。11200 可分解为 $2^6 \times 5^2 \times 7$，一个正整数 e 能用作加密指数，当且仅当 e 不能被 2、5、7 所整除。事实上，Bob 不会分解 $\varphi(n)$，而是用辗转相除法(扩展的欧几里得算法)来求得 e，使 $\gcd(e, \varphi(n)) = 1$。假设 Bob 选择了 $e = 3533$，那么用辗转相除法将求得 $d \equiv e^{-1} \bmod 11200 \equiv 6597 \bmod 11200$，于是 Bob 的解密密钥 $d = 6597$。

Bob 在一个目录中公开了 $n=11413$ 和 $e=3533$，现假设 Alice 想发送明文 9726 给 Bob，她计算 $9726^{3533} \bmod 11413 = 5761$，且在一个信道上发送密文 5761。当 Bob 接收到密文 5761 时，他用他的解密指数 $d = 6597$ 进行解密，计算 $5761^{6597} \bmod 11413=9726$。

4. RSA 密码体制的安全性

RSA 密码的安全性是基于加密函数 $e_k(x)=x^e \bmod n$ 的,是一个单向函数,对于其他人来说求逆计算不可行,而 Bob 能解密的关键是了解陷门信息,即能够分解 $n=pq$,求得 $\varphi(n)=(p-1)(q-1)$,从而用欧拉定理解出解密私钥 d。

密码分析者攻击 RSA 体制的关键点在于如何分解 n。若分解成功,使 $n=pq$,则可以算出 $\varphi(n)=(p-1)(q-1)$,然后由公开的加密指数 e,计算出解密指数 d。

如果要求 RSA 密码是安全的,p 与 q 必为足够大的素数,使分析者没有办法在多项式时间内将 n 分解出来。RSA 密码开发人员建议,p 和 q 的选择应该是大约 100 位的十进制素数,模 n 的长度要求至少是 512 位。电子数据交换(electronic data interchange,EDI)攻击标准使用的 RSA 密码算法中规定 n 的长度为 512~1024 位,但必须是 128 的倍数。早期国际数字签名标准 ISO/IEC 9796 中规定 n 的长度为 512 位,而新版 ISO/IEC 9796-2 并未强制规定 n 的具体长度,而是建议根据安全需求选择。目前常见的 RSA 密钥长度为 2048 位(推荐)或 3072 位(更高安全性)。

为了抵抗现有的整数分解算法,对 RSA 模 n 的素因子 p 和 q 还有如下要求:
(1) $|p-q|$ 很大,通常 p 和 q 的长度相同;
(2) $p-1$ 和 $q-1$ 分别含有大素因子 p_1 和 q_1;
(3) p_1-1 和 q_1-1 分别含有大素因子 p_2 和 q_2;
(4) $p+1$ 和 $q+1$ 分别含有大素因子 p_3 和 q_3。

为了提高加密速度,通常取 e 为特定的小整数,ISO/IEC 9796-2 没有被严格限定为一个固定的值,允许灵活选择 e,建议使用常见的值(如 $e=65537$)。这时加密速度一般比解密速度快 10 倍以上。

RSA 计算中的另一个问题是模 n 的求幂运算,著名的"平方-和-乘法"方法将计算 $x^c \bmod n$ 的模乘法的次数缩小到至多为 $2l$,这里的 l 是指数 c 二进制表示的位数。若设 n 以二进制形式表示有 k 位,$l\leqslant k$,则 $x^c \bmod n$ 能在 $O(k^3)$ 时间内完成,具体证明从略。

2.4.4 其他公开密钥密码简介

在国际上已经出现的多种公开密钥密码中,比较流行的有基于大整数因子分解问题的 RSA 密码和 Rabin 密码、基于有限域上的离散对数问题的 Diffie-Hellman 公钥交换体制和 ElGamal 密码、基于椭圆曲线上的离散对数问题的 Diffie-Hellman 公钥交换体制和 ElGamal 密码。这些密码体制有的只适合密钥交换,有的只适合加密/解密。

Rabin 密码算法是由 M.Rabin 设计的,是 RSA 密码的一种改进。RSA 基于大整数因子分解问题,Rabin 则基于求合数的模平方根的难题。Rabin 系统的复杂性和把一个大数分解为两个素因子 p 和 q 在同一级上,也就是说,Rabin 密码和 RSA 密码一样安全。

除 RSA 和 Rabin 之外,另一个常见的公钥算法就是 ElGamal,这个名称是按发明者的名字 Taher ElGamal 命名的。ElGamal 算法既能用于数据加密,也能用于数字签名,其安全性依赖于计算有限域上离散对数这一难题,ElGamal 的一个不足之处是它的密文成倍扩张。一般情况下,只要能够使用 RSA,就可以使用 ElGamal。

随着分解大整数方法的进步及完善、计算机速度的提高以及计算机网络的发展,为了保障数据的安全，RSA 的密钥长度需要不断增加，但是，密钥长度的增加导致了其加解密的速度大为降低，硬件实现也变得越来越难以忍受，这对使用 RSA 的应用带来了很重的负担，因此需要一种新的算法来代替 RSA。

1985 年，有研究者提出将椭圆曲线用于密码算法，算法基于有限域上的椭圆曲线离散对数问题(elliptic curve discrete logarithm problem，ECDLP)，ECDLP 是比因子分解问题更难的问题，它是指数级别的难度。

ECDLP 定义如下：给定素数 p 和椭圆曲线 E，对 $Q = kP$(Q 为椭圆曲线上的一个点，P 为已知的基点)，在已知 P 和 Q 的情况下求出小于 p 的正整数 k。可以证明由 k 和 P 计算 Q 比较容易，而由 Q 和 P 计算 k 则比较困难。将椭圆曲线中的加法运算与离散对数中的模乘运算相对应，将椭圆曲线中的乘法运算与离散对数中的模幂运算相对应，就可以建立基于椭圆曲线的密码体制。因此，对于原来基于有限域上离散对数问题的 Diffie-Hellman 密钥交换算法和 ElGamal 公钥算法，都可以在椭圆曲线上予以实现。

椭圆曲线密码体制(elliptic curve cryptosystem，ECC)和 RSA 密码体制相比，在许多方面都有绝对的优势，主要体现在以下方面。

(1) 抗攻击性强。相同的密钥长度，其抗攻击性比 RSA 强很多倍。
(2) 计算量小，处理速度快。ECC 总的速度比 RSA 要快得多。
(3) 占用的存储空间小。ECC 的密钥尺寸和系统参数与 RSA 相比要小得多。
(4) 带宽要求低。对短消息加密时，ECC 带宽要求比 RSA 低得多，带宽要求低使 ECC 在无线网络领域具有广泛的应用前景。

ECC 的这些特点使它必将取代 RSA，成为通用的公钥加密算法。目前，安全电子交易(secure electronic transaction，SET)协议的制定者已把它作为下一代 SET 协议中默认的公钥密码算法。

2.5 消息认证

2.5.1 概述

作为信息安全的三个基本目标之一，信息完整性的目的是确保信息在存储、使用、传输过程中不会被非授权用户篡改或防止授权用户对信息进行不恰当的修改。随着信息网络应用的不断发展，有关完整性的技术越来越受到人们的关注。

当前对信息完整性产生威胁的违反安全规则的行为主要包括以下几种。
(1) 伪造：假冒他人的信息源向网络中发布消息。
(2) 内容修改：对消息的内容进行插入、删除、变换。
(3) 顺序修改：对消息进行插入、删除或重组消息序列。
(4) 时间修改：针对网络中的消息，实施延迟或重放。
(5) 否认：接收者否认收到消息，发送者否认发送过消息。

确保信息完整性的任务主要由认证技术来完成。在开放环境中，认证的主要目标有两个方面：一是验证信息的收发双方是合法的，而不是冒充的，即实体认证，主要包括信源、信宿的认证和识别；二是验证消息的完整性，即数据在传输和存储过程中是否受到篡改、重放或延迟等攻击。认证是用于防止对手对信息进行攻击的主动防御行为，主要包括消息认证、数字签名、实体认证以及摘要函数等内容，这些机制及算法为保证信息安全提供了强有力的支撑。

为了便于准确地理解有关内容，需要先解释一下消息和信息的关系。信息一般被解释为"事物运动状态或存在方式的不确定性的描述"；而消息被解释为"用文字、符号、数据、语言、音符、图片、图像等能够被人们的感觉器官所感知的形式，把客观物质运动和主观思维活动的状态表示出来的载体"。可以这样理解二者之间的关系，消息是信息的载体，信息通过消息来传递；消息是符号形式的，信息则是消息所反映的实质内容。也可以粗略地认为"消息是经过加工处理后可感知的信息的特定表示"。

消息认证是保证信息完整性的重要措施，其目的主要包括：证明消息的信源和信宿的真实性，消息内容是否曾受到偶然或有意篡改，消息的序号和时间性是否正确。消息认证对于开放网络中的各种信息系统的安全性具有极其重要的作用。

消息认证功能是由具有认证功能的函数来实现的。可用来进行消息认证的函数主要分为三种：第一种是消息加密，用消息的完整密文作为消息的认证符；第二种是消息认证码(message authentication code，MAC)，也称密码校验和，使用密码对消息进行加密，生成固定长度的认证符；第三种是消息编码，是针对信源消息的编码函数，使用编码抵抗针对消息的攻击。前两种函数用于生成消息认证符，凭借认证符来识别消息的真伪；第三种是对消息进行编码，利用编码语法来检验信息的真伪。

2.5.2 认证函数

任何认证技术在功能上都可以分为两层。下层包含一个产生认证符的函数，认证符是一个用来认证消息的值；上层以认证函数为原语，接收方可以通过认证函数来验证消息的真伪。

1. 消息加密函数

使用对称密钥密码对消息进行加密，不仅具有机密性，同时也具有一定的可认证性。如图 2.19(a)所示，发送方 A 使用密钥 K 对消息进行加密，然后发送给接收方 B，由于密钥 K 只有 A 和 B 知道，所以 A 可以相信只有 B 能够还原密文；同样接收方 B 也可以确信消息是 A 发送的。

公开密钥密码本身就提供认证功能，其具有的私钥加密、公钥解密以及反之亦然的特性，可以完美地实现大多数认证功能。如图 2.19(b)所示，发送方 A 可以使用其私钥 KRa 进行加密，接收方 B 使用 A 的公钥 KUa 进行解密，如果成功还原成明文，则 B 可以确定消息是 A 发送的，并且没有被篡改或伪造。通常使用私钥加密消息，称为签名；而使用公钥还原消息，称为验证签名。签名的更多内容将在 2.5.4 节讨论。

2. 消息认证码

消息认证码也是一种重要的认证技术，其基本思想是利用事先约定的密码，加密生成一个固定长度的短数据块 MAC，并将 MAC 附加到消息之后，一起发送给接收者；接收者使用相同的密码对消息原文进行加密得到新的 MAC，比较新的 MAC 和随消息一同发来的 MAC，如果相同则未受到篡改。生成消息认证码的方法主要包括基于加密函数的认证码和消息摘要方案。

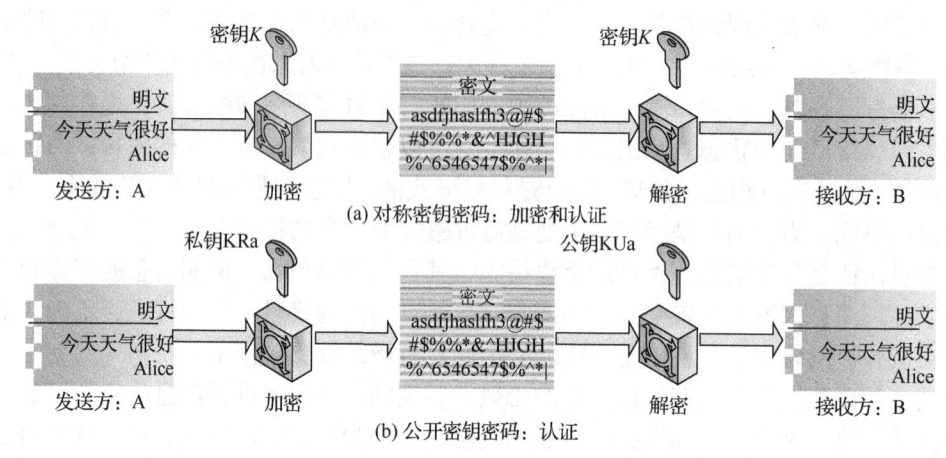

图 2.19 加密函数的认证方法

基于加密函数的认证码是指使用加密函数生成固定长度的认证符，图 2.20 是基于 DES 的消息认证码，算法采用 DES 加密和 CBC 工作模式，通过对所有数据分组进行处理后形成最后一块密文 O_n，消息认证码可以是整个 64 位的 O_n，也可以是 O_n 最左边的 M 位，$16 \leqslant M \leqslant 64$。

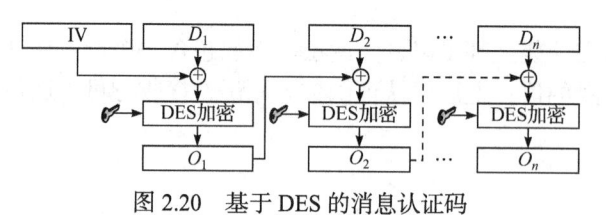

图 2.20 基于 DES 的消息认证码

消息摘要方案是以单向散列计算为核心，将任意长度的消息全文作为单向散列函数的输入，进行散列计算，得到的被压缩到某一固定长度的散列值(即消息摘要)作为认证符。消息摘要的运算过程不需要加密算法的参与，其实现的关键是所采用的单向散列函数是否具有良好的无碰撞性。现在通用的算法有 MD5、SHA-1、SHA-256 等，更多的内容将在 2.5.3 节讨论。

3. 消息编码

使用消息编码对信息进行认证，基本思想来源于信息通信中的差错校验码，差错校验码是差错控制中的检错方法，数据通信中的噪声使传输的比特值改变，用校验码可以检测出来。同样的道理，一些人为造成的比特值的改变，使用差错控制也是可以检测到的。消息编码的基本方法是要在发送的消息中引入冗余度，使通过信道传送的可能序列集 M(编码集)大于消息集 S(信源集)。对于任何选定的编码规则 L(相当于某一特定密钥)：

发送方从 M 中选出用来代表消息的许用序列 L_i，即对消息进行编码；接收方根据编码规则进行解码，还原出发送方按此规则向他传来的消息。窃扰者由于不知道被选定的编码规则，因而所伪造的假码字多是 M 中的禁用序列，接收方将以很高的概率将其检测出来，并拒绝通过认证。

例如，设信源 S={0,1}，M={00,01,10,11}，定义编码规则 L 包含四个不同的子规则 L_0、L_1、L_2、L_3，每个子规则确定其许用序列，如表 2.1 所示，这样就构成了一个 MAC，发送方 A 和接收方 B 在通信前先秘密约定使用的编码规则，例如，如果决定采用 L_0，则以发送消息"00"代表信源"0"，发送消息"10"代表信源"1"。在子规则 L_0 下，消息"00"和"10"是合法的，而消息"01"和"11"在 L_0 之下不合法，接收方将拒收这两个消息。

表 2.1　一个简单的消息编码规则

编码规则 L	信源 S		禁用序列
	0	1	
L_0	00	10	01, 11
L_1	00	11	01, 10
L_2	01	10	00, 11
L_3	01	11	00, 10

信息的认证和保密是两个不同的方面，一个认证码可能具有保密功能，也可能没有保密功能。系统设计者的任务是构造好的认证码，使接收者受骗概率极小化。

2.5.3　散列函数

使用散列函数(hash function)的目的是将任意长度的消息映射成一个固定长度的散列值(hash 值)，也称消息摘要。消息摘要可以作为认证符，完成消息认证。

如果使用消息摘要作为认证符，必须要求散列函数具有健壮性，可以抵抗各种攻击，使消息摘要可以代表消息原文。当消息原文产生改变时，使用散列函数求得的消息摘要必须相应地变化，这就要求散列函数具有无碰撞特性和单向性。

1. 散列函数的健壮性

用来认证的散列函数，如何保证认证方案的安全性呢？首先需要对可能的攻击行为进行分析：在将完整消息变成消息摘要并通过摘要进行认证的整个过程中，是否可能出现某种伪造，造成无法正确判断消息的完整性。

伪造一：Oscar 得到一个有效签名(x, y)，此处 x 表示消息原文，y 表示经过私钥签名的消息摘要，$y=E_{kr}(Z)$，kr 为私钥，Z 为 x 的消息摘要，即 $Z=h(x)$，$h(x)$为散列函数。首先，Oscar 可以通过计算得到 $Z=h(x)$，也可以找到公钥，还原出 Z，然后企图找到一个 x'，满足 $h(x')=h(x)$。若他做到这一点，则(x', y)也可以通过认证，即为有效的伪造。为了防止这一点，要求散列函数 h 必须具有弱无碰撞特性。

定义 2.1　弱无碰撞特性：散列函数 h 被称为是弱无碰撞的，是指在消息特定的明文

空间 X 中，给定消息 $x \in X$，在计算上几乎找不到不同于 x 的 x'，$x' \in X$，使得 $h(x)=h(x')$。

伪造二：Oscar 首先找到两个消息 x 和 x'，满足 $h(x)=h(x')$，然后，Oscar 把 x 给 Bob，并且使他对 x 的摘要 $h(x)$ 进行签名，从而得到 y，那么 (x', y) 也是一个有效的伪造。为了避免这种伪造，散列函数需要具有强无碰撞特性。

定义 2.2 强无碰撞特性：散列函数 h 被称为是强无碰撞的，是指在计算上难以找到与 x 相异的 x'，满足 $h(x)=h(x')$，x' 可以不属于 X。

注：强无碰撞自然包含弱无碰撞。

伪造三：在某种签名方案中可伪造一个随机消息摘要 Z 的签名 y，$y= E_{kr}(Z)$。若散列函数 h 的逆函数 h^{-1} 是易求的，可算出 $x=h^{-1}(Z)$，满足 $Z=h(x)$，则 (x, y) 为合法签名。为了避免这种伪造，散列函数需要具有单向性。

定义 2.3 单向性：散列函数 h 被称为单向的，是指通过 h 的逆函数 h^{-1} 来求得散列值 $h(x)$ 的消息原文 x，在计算上是不可行的。

2. 散列值的安全长度

为了确定散列值的长度为多少位时，散列函数才具有较好的无碰撞性，我们需要研究一下"生日攻击"问题。

首先我们来了解一下"生日悖论"，如果一个房间里有 23 个或 23 个以上的人，那么至少有两个人的生日相同的概率要大于 50%。对于 60 个或者更多的人，这种概率要大于 99%。这个数学事实与一般直觉相抵触，被称为悖论。计算与此相关的概率被称为生日问题，这个问题背后的数学理论已被用于设计著名的密码攻击方法：生日攻击。

不计特殊的闰年，计算房间里所有人的生日都不相同的概率，第一个人不发生生日冲突的概率是 $\frac{365}{365}$，第二个人不发生生日冲突的概率是 $1-\frac{1}{365}$，…，第 n 个人是 $1-\frac{n-1}{365}$。所以，所有人生日都不冲突的概率是 $E=1\times(1-\frac{1}{365})\times\cdots\times(1-\frac{n-2}{365})\times(1-\frac{n-1}{365})$。而发生冲突的概率为 $P=1-E$，当 $n=23$ 时，$P\approx 0.507$；$n=100$ 时，$P\approx 0.9999996$。

生日悖论对于散列函数的意义在于 n 位长度的散列值，可能发生一次碰撞的测试次数不是 2^n 次，而是大约 $2^{\frac{n}{2}}$ 次。生日攻击给出了消息摘要尺寸的下界，一个 40 位的散列值将是不安全的，因为大约 100 万个随机散列值中将找到一个碰撞的概率为 50%，通常建议消息摘要的尺寸为 128 位。

3. MD 算法

在 20 世纪 90 年代初，RSA 数据安全公司先后研究发明了 MD2、MD3 和 MD4 算法，1991 年 Rivest 对 MD4 进行改进升级，提出了 MD5。MD5 具有更高的安全性，目前被广泛使用。

MD5 算法的操作对象是长度不限的二进制位串，如图 2.21 所示，在计算消息摘要之前，首先调整消息长度，在消息后面附一个"1"，然后填入若干个"0"，使其长度恰好为一个比 512 位的整数倍数仅小 64 位的比特数。然后在其后附上 64 位的实际消息二进制长度（如果实际长度超过 2^{64} 位，则进行模 2^{64} 运算）。这两步的作用是使消息长度恰好是 512 位的整数倍，MD5 以 512 位分组来处理输入文本，每一个分组又划分为 16 个 32 位字。算法的输出由四个 32 位字组成，将它们级联形成一个 128 位散列值，即该消息的消息摘要。

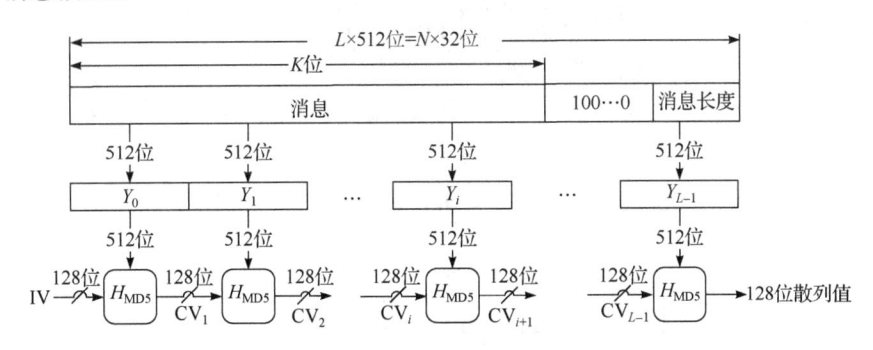

图 2.21　MD5 算法

图 2.22 为 MD5 算法的程序流程，四个 32 位变量 A、B、C、D 被称为链接变量(chaining variable)。进入主循环，循环的次数是消息中 512 位消息分组的数目，循环体内包含四轮运算，各轮运算很相似。第一轮进行 16 次操作，每次操作对 A、B、C、D 中的三个变量做一次非线性函数运算，然后将所得结果加上三个数值，分别是第四个变量、消息的一个字和一个常数。再将所得结果循环左移一个不定的数，并加上 A、B、C、D 中之一，最后用该结果取代 A、B、C、D 中之一。

在四轮运算中涉及的具体逻辑运算如下。

(1) $X \wedge Y$：X 和 Y 的逐位"与"。
(2) $X \vee Y$：X 和 Y 的逐位"或"。
(3) $X \oplus Y$：X 和 Y 的逐位"异或"。
(4) $X+Y$：模 2^{32} 的整数加法。
(5) $X<<S$：X 循环左移 S 位($0 \leqslant S \leqslant 31$)。

每轮运算涉及以下四个函数之一。

(1) $E(X, Y, Z)=(X \wedge Y) \vee ((\neg X) \wedge Z)$。
(2) $F(X, Y, Z)=(X \wedge Z) \vee (Y \wedge (\neg Z))$。
(3) $G(X, Y, Z)= X \oplus Y \oplus Z$。
(4) $H(X, Y, Z)= Y \oplus (X \vee (\neg Z))$。

假设 $X[j]$ 表示某一组 512 位数据中的一个 32 位字，其中 $j \in \{$从 0 到 15 的整数$\}$，t_i 为特定常数，则具体的四轮运算操作如下。

第一轮：使用 $EE(a,b,c,d,M_j,s,t_i)$ 表示 $a = b + (a+(E(b,c,d)+M_j+t_i)<<s)$。
具体操作：$EE(a,b,c,d,M_0,7,\text{0xd76aa478})$

$EE(d,a,b,c,M_1,12,\text{0xe8c7b756})$

$EE(c,d,a,b,M_2,17,\text{0x242070db})$

$EE(b,c,d,a,M_3,22,\text{0xc1bdceee})$

$EE(a,b,c,d,M_4,7,\text{0xf57c0faf})$

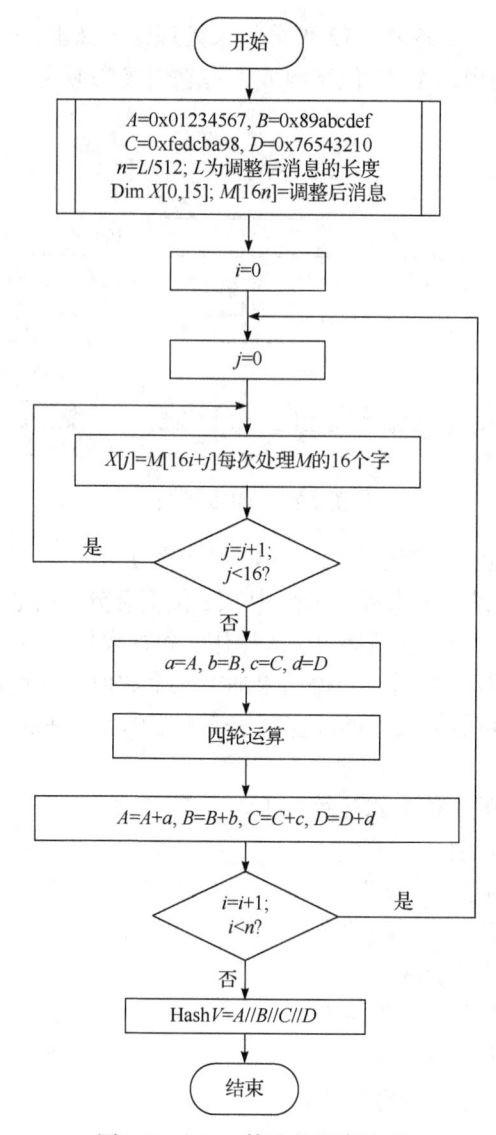

图 2.22 MD5 算法的程序流程

EE(d,a,b,c,M_5,12,0x4787c62a)
EE(c,d,a,b,M_6,17,0xa8304613)
EE(b,c,d,a,M_7,22,0xfd469501)
EE(a,b,c,d,M_8,7,0x698098d8)
EE(d,a,b,c,M_9,12,0x8b44f7af)
EE(c,d,a,b,M_{10},17,0xffff5bb1)
EE(b,c,d,a,M_{11},22,0x895cd7be)
EE(a,b,c,d,M_{12},7,0x6b901122)
EE(d,a,b,c,M_{13},12,0xfd987193)
EE(c,d,a,b,M_{14},17,0xa679438e)

EE(b,c,d,a,M_{15},22,0x49b40821)

第二轮：使用 FF(a,b,c,d,M_j,s,t_i)表示 $a = b + (a+(F(b,c,d)+ M_j + t_i)<<s)$。

具体操作：FF(a,b,c,d,M_1,5,0xf61e2562)

FF(d,a,b,c,M_6,9,0xc040b340)

FF(c,d,a,b,M_{11},14,0x265e5a51)

FF(b,c,d,a,M_0,20,0xe9b6c7aa)

FF(a,b,c,d,M_5,5,0xd62f105d)

FF(d,a,b,c,M_{10},9,0x02441453)

FF(c,d,a,b,M_{15},14,0xd8a1e681)

FF(b,c,d,a,M_4,20,0xe7d3fbc8)

FF(a,b,c,d,M_9,5,0x21e1cde6)

FF(d,a,b,c,M_{14},9,0xc33707d6)

FF(c,d,a,b,M_3,14,0xf4d50d87)

FF(b,c,d,a,M_8,20,0x455a14ed)

FF(a,b,c,d,M_{13},5,0xa9e3e905)

FF(d,a,b,c,M_2,9,0xfcefa3f8)

FF(c,d,a,b,M_7,14,0x676f02d9)

FF(b,c,d,a,M_{12},20,0x8d2a4c8a)

第三轮：使用 GG(a,b,c,d,M_j,s,t_i)表示 $a = b + (a+(G(b,c,d)+ M_j + t_i)<<s)$。

具体操作：GG(a,b,c,d,M_5,4,0xEEfa3942)

GG(d,a,b,c,M_8,11,0x8771f681)

GG(c,d,a,b,M_{11},16,0x6d9d6122)

GG(b,c,d,a,M_{14},23,0xfde5380c)

GG(a,b,c,d,M_1,4,0xa4beea44)

GG(d,a,b,c,M_4,11,0x4bdecfa9)

GG(c,d,a,b,M_7,16,0xf6bb4b60)

GG(b,c,d,a,M_{10},23,0xbebfbc70)

GG(a,b,c,d,M_{13},4,0x289b7ec6)

GG(d,a,b,c,M_0,11,0xeaa127fa)

GG(c,d,a,b,M_3,16,0xd4ef3085)

GG(b,c,d,a,M_6,23,0x04881d05)

GG(a,b,c,d,M_9,4,0xd9d4d039)

GG(d,a,b,c,M_{12},11,0xe6db99e5)

GG(c,d,a,b,M_{15},16,0x1fa27cf8)

GG(b,c,d,a,M_2,23,0xc4ac5665)

第四轮：使用 HH(a,b,c,d, M_j,s,t_i)表示 $a = b + (a+(H(b,c,d)+ M_j + t_i)<<s)$。

具体操作：HH(a,b,c,d,M_0,6,0xf4292244)

HH(d,a,b,c,M_7,10,0x432aEE97)

HH(c,d,a,b,M_{14},15,0xab9423a7)
HH(b,c,d,a,M_5,21,0xfc93a039)
HH(a,b,c,d,M_{12},6,0x655b59c3)
HH(d,a,b,c,M_3,10,0x8f0ccc92)
HH(c,d,a,b,M_{10},15,0xEEeEE47d)
HH(b,c,d,a,M_1,21,0x85845dd1)
HH(a,b,c,d,M_8,6,0x6fa87e4f)
HH(d,a,b,c,M_{15},10,0xfe2ce6e0)
HH(c,d,a,b,M_6,15,0xa3014314)
HH(b,c,d,a,M_{13},21,0x4e0811a1)
HH(a,b,c,d,M_4,6,0xf7537e82)
HH(d,a,b,c,M_{11},10,0xbd3af235)
HH(c,d,a,b,M_2,15,0x2ad7d2bb)
HH(b,c,d,a,M_9,21,0xeb86d391)

得到常数 t_i 的计算方法如下：整个四轮操作总共分为 64 步，在第 i 步中 t_i 是 $2^{32}\times\text{abs}(\sin(i))$ 的整数部分，i 的单位是弧度。如图 2.22 所示，四轮运算操作完成之后，将 A、B、C、D 分别加上 a、b、c、d，然后再用下一分组数据继续运行算法。最后，将 A、B、C 和 D 四个 32 位变量值级联形成一个 128 位散列值，即 MD5 的散列值。

2.5.4 数字签名

数字签名是一种重要的认证技术，主要用来防止信源抵赖，目前被广泛使用。数字签名的英文全称是 digital signature，在 ISO 7498-2 标准中定义如下："附加在数据单元上的一些数据或是对数据单元所做的密码变换，这种数据或变换可以被数据单元的接收者用来确认数据单元来源和数据单元的完整性，并保护数据不会被人(例如接收者)伪造"。美国电子签名标准 FIPS 186-2 对数字签名做了如下解释："数字签名是利用一套规则和一个参数对数据进行计算所得的结果，用此结果能够确认签名者的身份和数据的完整性。"一般来说，数字签名可以被理解为：通过某种密码运算生成一系列符号及代码，构成可以用来进行数据来源验证的数字信息。

从签名形式上分，数字签名有两种：一种是对整个消息的签名；另一种是对压缩消息的签名。它们都是附加在被签名消息之后或在某一特定位置上的一段数据信息。数字签名的主要目的是保证接收方能够确认或验证发送方的签名，但不能伪造；发送方发出签名消息后，不能否认所签发的消息。为了达到这一目的，设计数字签名必须满足下列条件：

(1) 签名必须基于一个待签名信息的位串模板；

(2) 签名必须使用某些对发送方来说是唯一的信息，以防止双方的伪造与否认；

(3) 必须相对容易生成、识别和验证数字签名；

(4) 伪造该数字签名在计算复杂性上具有不可行性，既包括对一个已有的数字签名构造新的消息，也包括对一个给定消息伪造一个数字签名。

数字签名主要采用公钥加密技术来实现。通常情况下，一次数字签名涉及三个信息，分别是一个散列函数、发送者的公钥、发送者的私钥。图 2.23 为数字签名的一般应用过程，发送方使用散列函数对消息报文进行散列计算，生成散列值(消息报文摘要)，并用自己的私钥对这个散列值进行加密，加密的散列值即为数字签名。然后，这个加密的散列值将作为消息报文的附件和消息报文一起发送给接收方。接收方首先用与发送方一样的散列函数计算原始消息报文的散列值，接着再用发送方的公钥来对报文附加的数字签名进行解密，得到发送方计算的散列值，如果两个散列值相同，接收方就可确认消息报文的发送方，并且消息报文是完整的。实际上数字签名生成可以看成一个加密的过程，数字签名验证则可看成一个解密的过程。

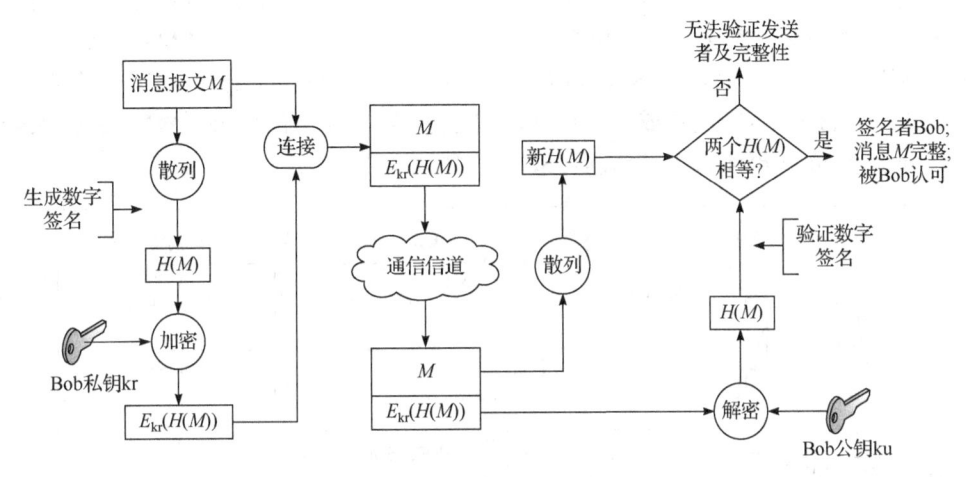

图 2.23　数字签名的生成及验证

实现数字签名有很多种方法，可以基于对称密钥密码体制，也可以依靠其密钥的双方保密的特点来实现数字签名，但其使用范围受到限制。目前数字签名多数还是基于公钥密码体制，常见的数字签名算法有 RSA、ElGamal、DSA 以及椭圆曲线数字签名算法等。另外，还有一些特殊的数字签名算法，如盲签名、代理签名、群签名、门限签名、具有消息恢复功能的签名等，它们与具体应用环境密切相关。NIST 于 1994 年 5 月 19 日公布了数字签名标准(digital signature standard, DSS)，标准采用的算法便是 DSA，DSA 是 Schnorr 和 ElGamal 签名算法的变种，是基于有限域上的离散对数问题设计的。DSA 算法不是标准的公钥密码，只能提供数字签名功能，但由于具有良好的安全性和灵活性，被广泛应用于金融等领域。

2.6　密码学新进展

密码技术是信息安全的核心技术，网络环境下信息的机密性、完整性、可用性和抗抵赖性，都需要采用密码技术来解决。21 世纪以来，密码学领域的研究取得了长足进展，新理论、新技术不断产生，如 SM 系列密码算法、同态密码、量子密码等，推动了密码应用、发展和创新。

2.6.1 SM 系列密码

SM 系列密码算法称为国密算法,全称为中国商用密码算法,是由中国密码领域的专家团队自主研发的密码算法标准,是中国政府推动的自主可控信息安全技术的重要组成部分。算法被广泛应用于政府、军事、金融、电信等行业,算法的推广还有助于降低国家信息系统的对外依赖程度,提升信息安全自主可控能力,在保护国家重要信息和个人隐私安全方面发挥着重要作用。

从 2010 年开始,国家密码管理局陆续发布了一系列国产加密算法。SM 代表商密,即商业密码,是指用于商业的、不涉及国家秘密的密码技术。如图 2.24 所示,国密算法主要包括对称密钥密码算法 SM1、SM4、SM5、SM6、SM7、SM8、ZUC(祖冲之加密密码),非对称密钥密码算法 SM2、SM9,散列算法 SM3。其中 SM2、SM3、SM4、SM9、ZUC 等算法是公开的,SM1 和 SM7 以知识产权(intellectual property,IP)核形式存在。2018 年,SM2、SM3 和 SM9 正式成为 ISO/IEC 国际标准,ZUC 序列密码算法、SM4 分组密码算法分别于 2020 年和 2021 年成为 ISO/IEC 国际标准。

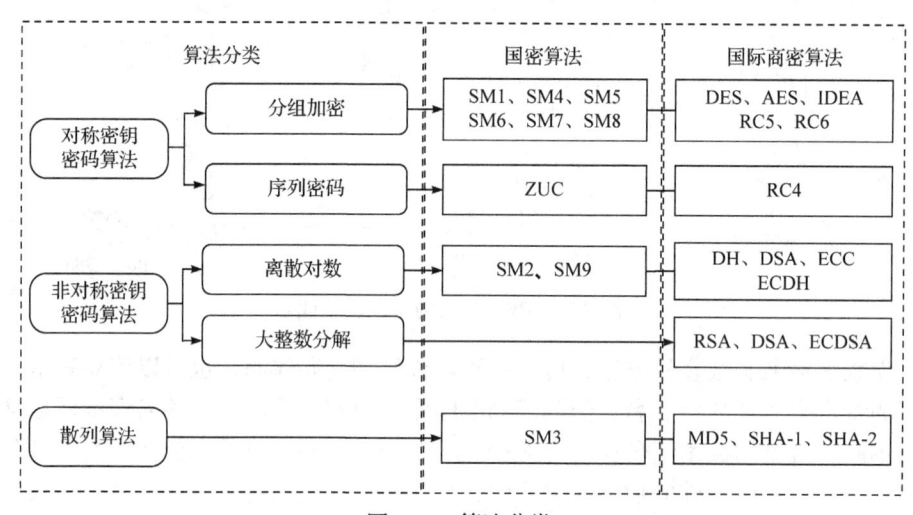

图 2.24 算法分类

SM1 被称为商密 1 号算法或 SCB2 算法,该算法是由国家密码管理局编制的一种商用密码分组标准加密算法,分组长度和密钥长度均为 128 位,算法的安全保密强度及相关软硬件实现性能与 AES 算法相当,目前该算法尚未公开,仅以知识产权核的形式存在于芯片中。研究者采用该算法研制出了系列芯片、智能集成电路(IC)卡、智能密码钥匙、加密卡、加密机等安全产品,被广泛应用于电子政务、电子商务及国民经济的各个领域。

SM2 算法是一种非对称密钥密码算法,是基于椭圆曲线和离散对数的公钥密码算法,在安全性和实现效率方面相当或优于国际上同类的 ECC 算法,可以取代 RSA1024,以满足各种应用对公钥密码算法安全性和实现效率的高要求,具有广阔的应用前景。

SM3 算法是一种消息分组长度为 512 位、摘要值长度为 256 位的散列算法,是在 SHA-256 基础上改进实现的一种算法。SM3 算法与 SHA-256 具有相似的结构,但是 SM3 算法的设计更加复杂。算法为不可逆的算法,SM3 算法适用于商用密码应用中的数字签名及验证、消息认证码的生成与验证以及随机数的生成，可满足多种密码应用的安全需求。

　　SM4 算法为对称分组加密算法，随无线局域网鉴别和保密基础结构(wireless LAN authentication and privacy infrastructure，WAPI)标准一起被公布，主要用于无线局域网产品。该算法的分组长度为 128 位，密钥长度为 128 位。加密算法与密钥扩展算法都采用 32 轮非线性迭代结构，解密算法与加密算法的结构相同，只是轮密钥的使用顺序相反。SM4 算法理论上与 AES-128(安全强度为 128 位)相当，经过了严格的密码学分析和安全性评估，SM4 算法被证明具有较高的安全性和防护能力，可以抵抗现有的多种攻击方式，如差分攻击、线性攻击等。

　　与 SM4 算法相似，SM7 算法也是一种分组密码算法，分组长度为 128 位，密钥长度为 128 位，使用 32 轮非线性迭代结构进行加密运算。另外，SM7 算法还采用了真随机数发生器和三重相互安全认证机制等安全特性，进一步增强其安全性。SM7 算法没有公开，目前以 IP 核的形式存在，适用于非接触式 IC 卡，能够满足各种应用场景中身份识别、票务分发和电子支付等较高的安全需求。

　　SM9 是一种基于非对称密码体制的标识密码算法，1984 年 RSA 算法发明人之一 Adi Shamir 提出了标识密码(identity-based cryptography，IBC)的理念，标识密码将用户的标识(如邮件地址、手机号码、QQ 号码等)作为公钥，省略了交换数字证书和公钥的过程，使安全系统易于部署和管理。SM9 算法的安全性基于椭圆曲线双线性映射的性质和离散对数问题，二者都是被广泛研究的数学难题，被认为是安全的，可以抵抗现有的多种攻击。SM9 密码使用用户的标识作为公钥，用户的私钥由密钥生成中心(key generation center，KGC)生成。KGC 是一个可信任的第三方机构，KGC 首先会选择一条安全的椭圆曲线以及一些系统参数，然后生成一对主密钥，包括一个主私钥和一个主公钥。主私钥由 KGC 秘密保存，而主公钥则会被公开，用于验证用户标识的合法性和生成用户的私钥。当用户需要在系统中注册时，KGC 会使用用户的身份标识(如邮箱地址、手机号码等)和主私钥为用户生成一个私钥。这个私钥会通过安全通道发送给用户，并且只有用户自己知道。之后，用户就可以使用这个私钥进行加密、解密、签名等操作。SM9 算法不需要申请数字证书，适用于互联网上各种新兴应用的安全保障，如电子邮件安全、智能终端保护、物联网安全、云存储安全等。

　　ZUC 也称祖冲之算法，是我国自主研究的序列密码算法，算法的主密钥长度为 128 位，32 位宽的密钥流是由主密钥和 128 位的初始向量共同作用产生的，ZUC 的核心功能就是产生具有高度随机性的密钥流。基于 ZUC 算法还衍生发展出了 128-EEA3 和 128-EIA3 两个密钥算法，128-EEA3 是一种对称加密算法，采用 128 位的密钥长度，利用 ZUC 算法生成的密钥流来对数据进行加密；128-EIA3 是一种用于数据完整性保护的算法，同样使用 ZUC 算法产生的密钥流来生成消息的认证码，认证码附加到消息上，以便接收端验证消息的完整性和真实性。ZUC 算法经过了严格的密码学分析和安全性评估，专家对算法进行了各种已知的攻击测试，包括差分攻击、线性攻击等，结果表明 ZUC 算法具有较高的抵抗攻击能力。ZUC 被国际组织 3GPP(3rd Generation Partnership Project，第三代合作伙伴计划)推荐为 4G 无线通信的第三套国际加密和完整性标准的候选算法。

2.6.2 同态加密

在传统密码体制中，数据的机密性依赖于通信双方之间数据加密使用的密钥的安全性，在不掌握密钥的前提下，理论上即使拥有密文数据也无法使用它。有时数据拥有者一方面愿意为其他人服务，提供数据集，同时又担心数据集泄露隐私，这时同态加密(homomorphic encryption，HE)可能就是一个解决方案，可以在较好地保护隐私的前提下，为其他人提供帮助。

同态加密算法是一种特殊的加密算法，允许对加密状态下的数据进行计算，得到的结果仍然是加密的状态，而不是解密后的明文。若存在加密算法 F 以及变换方法 f，针对明文 A 和 B，加密后分别得到 $A'=F(A)$，$B'=F(B)$，$C'=f(A', B')$，$C=f(A, B)$，如果 $C'=C$，则加密算法 F 为同态加密算法。同态加密是一种不需要访问数据本身就可以加工数据的方法，可以有效地保护数据的隐私。

与公开密钥密码类似，同态加密的原理也是基于离散对数和大素数等数学难题，形成加密方法和解密方法，加密方法用于加密数据，并且加密后的密文数据可以同态计算，得到的结果同样是密文，解密方法可以把密文结果还原成明文。

同态加密机制的数据处理步骤如下：

(1) Alice 希望使用自己的数据 a 和 Bob 的数据 b 进行运算 $f(a, b)$，但双方又担心把自己的数据隐私泄露给对方，所以 Alice 找到同态加密方法，生成加密算法 $E(x)$ 和解密算法 $D(x)$。

(2) Alice 把自己的数据加密 $A=E(a)$，把 A、$E(x)$ 和 $f(x, y)$ 发给 Bob。

(3) Bob 计算 $B=E(b)$，计算 $C=f(A, B)$，并把 C 发给 Alice。

(4) Alice 计算 $C'=D(C)$，实际上 $C'=f(a, b)$。

依据对运算的支持，同态加密可以分为半同态加密、全同态加密和层次同态加密。半同态加密(partial HE，PHE)只支持某些特定的运算法则(主要是加法或乘法)，PHE 的优点是原理简单、易实现，缺点是仅支持一种运算。常见的半同态加密算法有 Paillier、RSA 和 ElGamal 等。Paillier 算法是法国密码学家 Paillier 提出的，该算法基于复合剩余类的困难问题，是一种满足加法的经典同态加密算法。RSA 和 ElGamal 是常用的满足乘法的同态加密算法。

全同态加密(fully HE，FHE)支持无限次的任意运算法则(主要是加法和乘法)。FHE 的优点是支持的算子多并且运算次数没有限制，缺点是效率很低，目前还无法支撑大规模的计算。2009 年，Gentry 提出了第一个全同态加密方案。Gentry 算法是基于电路模型的，支持对每比特进行加法和乘法同态运算。Gentry 算法的实现过程相当复杂，并存在效率问题。因此，后续的研究者在 Gentry 算法的基础上进行了大量的改进和优化，如 BGV(Brakerski-Gentry-Vaikuntanathan)方案、BFV(Brakerski-Fan-Vercauteren)方案和 CKKS(Cheon-Kim-Kim-Song)方案等。BGV 方案是一种基于容错学习(learning with errors，LWE)问题的全同态加密方案，主要面向整数的计算。BGV 方案提供了对整数的高效同态加法和同态乘法，并且在某些情况下比 Gentry 的原始方案更加高效。BFV 方案可以看作 BGV 方案的一个变种或优化，BFV 方案支持对整数的同态运算，并且在一定程度上简化了 BGV 方案的实现。CKKS 方案是一种面向实数的全同态加密方案，特别适用于处理浮点数或近似计算。它的性能与 BGV 方案相当，但提供了对实数数据的同态支持，这在许多科学和工程应用中是非常重要的。

层次同态加密(leveled HE，LHE)一般支持有限次数的加法和乘法运算。层次同态加密的研究主要分为两个阶段，第一个阶段是在 2009 年 Gentry 提出第一个 FHE 框架以前，比较著名的例子有 BGN(Boneh-Goh-Nissim)算法、姚氏混淆电路等；第二个阶段在 Gentry FHE 框架之后，主要针对 FHE 效率低的问题。LHE 的优点是同时支持加法和乘法，并且因为出现时间比 PHE 晚，所以技术更加成熟，效率比 FHE 要高很多，接近或高于 PHE，缺点是支持的计算次数有限。

同态加密是非常重要的密码技术，凭借其在数据隐私保护方面的独特之处，在大数据、云计算、物联网、人工智能等技术蓬勃发展的今天更加体现出不可替代的重要性。

2.6.3 量子密码

量子密码学(quantum cryptography)是量子力学与信息安全、电子科学等多个学科相结合的交叉研究领域。不同于传统密码，量子密码的安全性来自量子力学基本理论，包括海森伯(Heisenberg)不确定性原理和量子不可克隆原理等，基于这些理论可以较好地解决传统密码中一直无法完善处理的安全性问题。

1. 量子力学基本理论

为了更好地理解量子密码，我们需要了解一些量子力学基本理论。量子力学(quantum mechanics)是研究物质世界微观粒子运动规律的物理学分支，是主要研究原子核、原子、分子等基本粒子的结构、性质的基础理论。量子是一个微观物理学的概念，一个物理量如果存在最小的不可分割的基本单元，则这个物理量是可以量子化的，并把这个最小的单元称为量子。

海森伯不确定性原理是指在微观世界中，无法同时精确测量一个粒子的位置和动量。这种不确定性是微观粒子的内在属性，与测量工具和测量方法是没有关系的，有的文献中称它为"测不准原理"，比较容易引起读者的误解。根据不确定性原理可知，一个微观粒子位置越精确，它的动量就越不精确，即位置不确定度与动量不确定度的乘积总是大于一个与普朗克常量有关的数值。

量子不可克隆定理是指无法在不破坏原始状态的前提下，精确地复制一个任意的未知量子态。由于测量后的坍缩过程，对未知量子态的测量可能对其造成干扰，改变其状态，因此无法通过测量获取未知量子态的全部信息，也就无法对其进行复制。需要注意的是，量子态的不可复制性并不意味着量子信息无法被传输或处理。实际上，量子通信和量子计算等领域正是利用量子态的特殊性质来实现信息的传输和处理的。

量子纠缠(quantum entanglement)是一种量子力学现象，是两个或多个量子系统之间的非局域、非经典关联的力学属性。假设粒子 A 和 B 是一对量子纠缠粒子，则对 A(或 B)的任意测量必然会影响 B(或 A)的量子态，不管 A 和 B 分离多远，这种影响都不受地域的限制，因此称这种关联是非局域的、非经典的。在量子通信和量子计算中，纠缠的作用非常重要。

2. 量子密钥分发

量子密钥分发(quantum key distribution，QKD)是一种通信双方基于量子力学原理来进行密钥生成和分发的技术，其目的是使通信双方获得一串只有收发双方知道的密钥(由经典的随机比特构成)。由于 QKD 和一次一密加密算法均具有信息论安全性，将两者结合使用就可以实现信息论安全的保密通信。

如图 2.25 所示，QKD 系统由发送端、接收端以及信道组成。QKD 信道包括量子信道和经典信道，分别用于传输量子信息和经典消息。一个完整的 QKD 系统由量子子系统和后处理子系统组成。其中量子子系统负责量子态的制备、传输和测量，测量后收发双方分别获得一串相关但不相同的裸码，后处理子系统负责将双方的裸码通过筛选、误码估计、误码协商和保密增强等一系列处理提纯为完全相同的安全密钥。

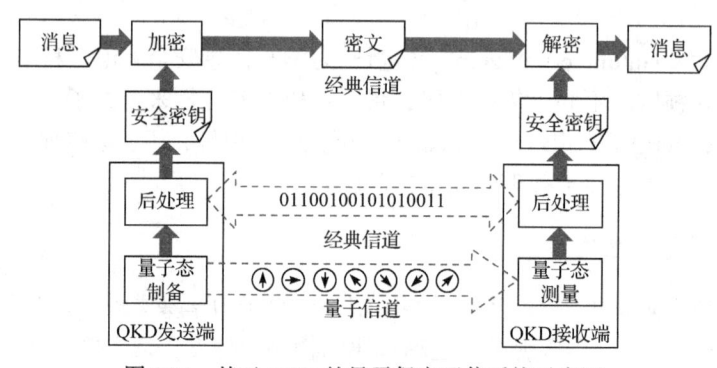

图 2.25 基于 QKD 的量子保密通信系统示意图

经过三十几年的发展，QKD 技术已逐渐接近实用化水平，例如，2017 年 9 月，中国科学技术大学潘建伟院士团队牵头的量子保密通信"京沪干线"与全球首颗量子试验卫星"墨子号"通过技术总验收，进行了世界首次洲际量子保密通信视频通话。

3. 量子安全直接通信

量子安全直接通信(quantum secure direct communication，QSDC)是一种收发双方直接利用量子信道传输机密信息的保密通信技术。第一个 QSDC 方案由清华大学的龙桂鲁教授和刘晓曙教授于2003年提出,该方案使用一组有序的量子纠缠对进行安全传输。与QKD不同，QSDC 直接利用量子信道来传输信息。由于量子态的特殊性质，对它们的测量会改变它们的状态，因此 QSDC 具有高度的安全性。2004 年，清华大学的邓富国和龙桂鲁提出了基于单光子的 QSDC 方案，这个传输协议称为 DL04 协议。与基于纠缠态的方案相比，单光子态的操控更容易实现。此后，QSDC 成为国际量子保密通信的研究热点之一。

4. 量子秘密共享

随着量子密码学的不断发展，量子秘密共享(quantum secret sharing，QSS)也引起了学者的广泛研究。秘密共享的基本思想是将秘密以适当的方式拆分，拆分后的每一个份额由不同的参与者管理,当且仅当超过一定数量的参与者相互协作时才能恢复秘密信息。秘密共享的目的是防止秘密过于集中,分散风险。最常见的秘密共享协议为(k,n)门限方案,即分发者把秘密分割成n份,分别发送给n个接收者,为了重新构造或恢复原始的秘密,至少需要k个份额(其中$k \leqslant n$)。如果少于k个份额,则无法恢复秘密,可以在某些份额被泄露的情况下保证秘密的安全性。常见的秘密共享协议有基于多项式拉格朗日插值公式的 Shamir 门限方案、基于中国剩余定理的门限方案等。QSS 是一种利用量子纠缠和量子不可克隆定理等量子力学基本原理的秘密共享方法。QSS 方案通常要求参与者具有较强的量子能力,而量子资源是极其昂贵的,因此,为了只能执行经典操作的参与者也能参与到量子秘密共享中,半量子秘密共享成为一个重要的研究方向。1999 年,研究者利用 GHZ 态(Greenberger-Horne-Zeilinger state)的多粒子纠缠特性提出了第一个 QSS 协议。各国的研究者后续提出了很多 QSS 研究方案,并取得了一些进展。总体来说,QSS 目前还处在实验室研究阶段,但从长远来看,QSS 具有广阔的研究前景和较高的实际应用意义。

5. 量子身份认证

量子身份认证(quantum identity authentication,QIA)是一种利用量子计算原理来实现身份验证的技术。QIA 协议大致可以分为两类:共享经典密钥型、共享纠缠态型。共享经典密钥型 QIA 协议主要依靠量子密钥分发协议来实现,通信双方创建和认证通信链路上的密钥,以此表明双方的身份。共享纠缠态型 QIA 协议指通信双方共享一组纠缠态粒子,双方各自拥有每对纠缠态粒子中的一个,对纠缠对进行相应的操作来互相表明身份,这种方法需要长时间存储大量纠缠态粒子,不易实现。大多数量子密码协议为了保持消息的完整性,经常使用传统的消息认证码对经典信道进行认证。目前量子身份认证大多基于离散变量,但基于连续变量的量子身份认证也开始有了物理上的实现,与基于离散变量的量子身份认证相比,基于连续变量的量子身份认证具有量子态易于制作、检测效率高、通信容量大和通信速率快等优点,未来具有广阔的应用前景。

6. 量子数字签名

量子数字签名(quantum digital signature,QDS)是一种利用量子力学基本原理实现的数字签名方法,用于保证信息在传输过程中的安全性和完整性。与传统的数字签名技术相比,QDS 提供了理论上无法被破解的安全性,因此对于需要高安全级别的通信和交易尤为重要。2001 年,研究者首次提出了 QDS 的概念,并基于量子单向函数提出了第一个量子数字签名协议。尽管该协议需要量子存储、量子态交换比较测试和安全量子信道等技术支持,但是由于其理论上的安全优势,依然引起了人们的研究兴趣。早期的研究表明,对量子信息进行直接的数字签名面临着一些根本性的挑战,直接对量子态进行类似经典数字签名的操作存在困难。后续研究者尝试弱化对 QDS 的一些要求,提出了仲裁量子签名(arbitrated quantum signature, AQS)的概念。仲裁量子签名通过引入一个可信的第三方——仲裁者,来帮助验证签名的真实性和完整性,从而保证了签名过程的安全性和可靠性。

目前较多的 QDS 方案是基于 QKD 和经典密码结合来实现的,发送方和接收方均使用 QKD 生成一组比特串，然后利用比特串分别创建相同的散列函数，使用此散列函数计算认证数据。QDS 的核心优势在于能够在不使用私钥的情况下进行签名，从而从根本上解决私钥被盗取或被破解的问题。无论在技术上还是理论上，目前 QDS 距离真正的实用化还有很大的差距。

习 题 二

1. 名词解释

密码编码学、代替密码、对称密钥密码、公开密钥密码、乘法逆元、离散对数、消息摘要、散列函数、数字签名、无碰撞特性

2. 简答题

(1) 密码体制五要素是什么？
(2) 密码学的发展过程是怎样的？
(3) 什么是单向陷门函数？
(4) 公开密钥密码的作用有哪些？
(5) 散列函数的作用是什么？
(6) 数字签名是如何使用的？
(7) SM 系列密码包括哪几类密码，分别有什么作用？

3. 计算题

(1) 西班牙语共有 29 个字母，设计一个乘数密码来加密西班牙语信息，并计算一下潜在的加密密钥有多少个，并列举。

(2) Alice 和 Bob 使用 Diffie-Hellman 协议协商共享密钥，得知使用的素数 q=13，原根 a=2。如果 Alice 传送给 Bob：YA=12，则 Alice 的随机数 XA 是多少？如果 Bob 传给 Alice：YB=6，则共享的密钥 K 是多少？

(3) 如果 Oscar 截获了 Alice 发给 Bob 的消息 C 为 10，并得知加密密码是 RSA(公钥：e=5，n=35)，那么明文 M 是什么？

4. 辨析题

(1) 有人说"使用 AES 密码加密数据绝对安全"，你认为正确与否，为什么？
(2) 有人说"所有的散列函数都存在产生碰撞的问题，很不安全"，你认为正确与否，为什么？

第 3 章 物 理 安 全

本章学习要点
- ◇ 了解物理安全的内涵及意义，重点了解设备安全防护的基本方法
- ◇ 了解电磁泄漏的原理，重点了解电磁泄漏防护知识
- ◇ 了解物理隔离的基本思想及方法
- ◇ 了解容错、容灾等概念，重点了解容灾、容错的基本原则及措施

微课视频

3.1 概 述

依据受攻击对象，对信息系统的威胁和攻击可分为两类：一类是对信息系统实体的威胁和攻击；另一类是对信息资源的威胁和攻击。一般来说，对网络实体的威胁和攻击主要是指对计算机及其外围设备、场地环境和网络通信线路的威胁和攻击，致使场地环境遭受破坏、设备损坏、电磁场受到干扰或电磁泄漏、通信中断、各种媒体的被盗和失散等。

1985 年，一个荷兰人用一台改装的普通黑白电视机，在 1km 的范围内接收了计算机终端的辐射信息，并在电视机上复原出来，可以看到计算机屏幕上的显示内容。20 世纪 80 年代末，苏联曾经向西方国家采购了一批民用计算机，美国中央情报局获悉这批计算机的最终用户是苏联国际部和克格勃组织后，设法在计算机中安装了窃听器。当这些计算机运抵莫斯科后，多疑的克格勃情报官员对计算机进行了拆机检查，结果在其中 8 台计算机上发现了 30 多个不同的窃听器。有些窃听器是用来获取计算机存储的数据并将其转发给中央情报局的监听站的；有些窃听器则常常潜伏在计算机存储器中，并在美苏发生冲突时可由中央情报局给予激活，一旦被激活，这些潜伏的窃听器会破坏计算机主机数据库并毁坏与此主机相连的计算机。

如图 3.1 所示，物理安全包括实体安全和环境安全，它们都用来研究如何保护网络与信息系统物理设备，主要涉及网络与信息系统的机密性、可用性、完整性等属性。物理安全技术则用来解决两个方面的问题：一方面是针对信息系统实体的保护；另一方面是针对可能造成信息泄露的物理问题进行防范。因此，物理安全技术应该包括防盗、防火、防静电、防雷击、防电磁泄漏、防窃听以及物理隔离等安全技术，另外，基于物理环境的容灾技术和容错技术也属于物理安全技术范畴。物理安全是信息安全的必要前提，如果

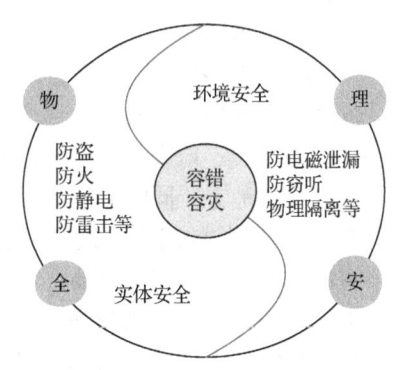

图 3.1 物理安全的内涵

不能保证信息系统的物理安全,其他一切安全内容均没有意义。

3.2 设备安全防护

3.2.1 防盗

和其他的物品一样,计算机也是偷窃者的目标,如盗走硬盘、主板等。计算机偷窃行为所造成的损失可能远远超过计算机本身的价值,因此必须采取严格的防范措施,以确保计算机设备不会丢失。

对于保密程度要求高的计算机系统及其外围设备,应安装防盗报警装置,制定安全保护方法及夜间留人值守。

1) 安全保护设备

计算机设备的保护装置有多种形式,主要包括有源红外报警器、无源红外报警器和微波报警器等。计算机系统是否安装报警系统、安装什么样的报警系统要根据系统的安全等级及计算机中心信息与设备的重要性来确定。

2) 防盗技术

除了安装安全保护设备外,还可以采用一些防盗技术,防止计算机及设备被盗。例如,在计算机系统和外围设备上添加无法去除的标识,这样被盗后可以方便查找赃物,也可防止有人更换部件;使用一种防盗接线板,一旦有人拔电源插头,就会报警;可以利用火灾报警系统,增加防盗报警功能;利用闭路电视系统对计算机中心的各部位进行监视保护等。

3.2.2 防火

计算机机房发生火灾一般是由电气设备、人为因素或外部火灾蔓延引起的,电气设备和线路可能因为短路、过载、接触不良、绝缘层破坏或静电等原因引起电打火而导致火灾。人为事故是指由于操作人员不慎、吸烟、乱扔烟头等,使充满易燃物质(如纸片、磁带、胶片等)的机房起火,当然也不排除人为故意放火。外部火灾蔓延是指因外部房间或其他建筑物起火蔓延到机房而引起火灾。

计算机机房的主要防火措施如下。

(1) 计算机中心应设置在远离散发有害气体及生产、储存腐蚀性物体和易燃易爆物品的地方,或建于其常年上风方向。也不宜设在落雷区、矿区以及填杂土、淤泥、流沙层、地层断裂、地震活动频繁区和低洼潮湿的地方,还要避开有强电磁场、强振动源和强噪声源的地方。同时必须保证自然环境清洁、交通运输方便以及电力、水源充足。

(2) 建筑物的耐火等级不应低于二级,要害部位应达到一级。五层以上房间内、地下室以及上下层或邻近有易燃易爆危险的房间内不得安装计算机。机房与其他房间要用防火墙分隔封闭,装修装饰要用不燃或阻燃材料。信息存储设备要安装在单独的房间,资料架和资料柜应采用不燃材料制作。

(3) 电缆竖井和管道竖井在穿过楼板时,必须用耐火极限不低于 1h 的不燃烧体隔板分开。电缆管道在穿过机房的墙壁处，也要设置耐火极限不低于 0.75h 的不燃烧体隔板，穿墙电缆应套金属管，缝隙应用不燃材料封堵。

(4) 要建立不间断供电系统或自备供电系统，并在靠近机房部位设置紧急断电装置。计算机系统的电源线上，不得接有负荷变化的空调系统、电动机等电气设备，并做好屏蔽接地。消防用电设备的配电线路明敷时应穿金属管，暗敷时应敷设在不燃结构内。电气设备的安装和检修、改线和临时用线等应符合电气防火的要求。

(5) 机房外面应有良好的防雷设施。设施、设备的接地电阻应符合国家规定的有关标准要求。机房内宜选用具有防火性能的抗静电地板。

(6) 可视情况设置火灾自动报警、自动灭火系统，并尽量避开可能导致电磁干扰的区域或设备，同时配套设置消防控制室。

(7) 计算机中心应严禁存放腐蚀性物品和易燃易爆物品。检修时必须先关闭设备电源，再进行作业，并尽量避免使用易燃溶剂。

(8) 所有工作场所应禁止吸烟和随意动火。工作人员应掌握必要的防火常识和灭火技能，值班人员每日要做好定时防火安全巡回检查，应配备轻便的气体灭火器。

3.2.3 防静电

静电是一种客观的自然现象，产生的方式很多，如接触、摩擦、冲流等，其产生的基本过程可归纳为接触→电荷→转移→偶电层形成→电荷分离。设备或人体上的静电最高可达数万伏至数十万伏，在正常操作条件下也常达数百伏至数千伏。静电是正、负电荷在局部范围内失去平衡的结果。它是一种电能，留存在物体内，具有高电位、低电量、小电流和作用时间短的特点。静电产生后，由于未能释放而保留在物体内，具有很高的电位(能量不大)，从而产生静电放电火花造成火灾，还能损坏大规模集成电路，这种损坏可能是不知不觉造成的。

静电防范主要指静电的泄漏和耗散、静电中和、静电屏蔽与接地、增湿等。防范静电的基本原则是"抑制或减少静电荷的产生，严格控制静电源"。一般计算机机房的静电防护措施主要包括以下几种。

(1) 温、湿度要求：温度 18～28℃，湿度 40%～65%。含尘粒子为非导电、非导磁性和非腐蚀性的。

(2) 空气含尘要求：每升直径大于 0.5μm 的含尘浓度粒应小于 3500 个，每升直径大于 5μm 的含尘浓度粒应小于 30 个。

(3) 地面要求：当采用地板下布线方式时，可铺设防静电活动地板。当采用架空布线方式时，应采用静电耗散材料作为铺垫材料。

(4) 墙壁、顶棚、工作台和座椅的要求：墙壁和顶棚表面应光滑平整，减少积尘，避免眩光。允许采用具有防静电性能的墙纸及防静电涂料。可选用铝合金箔材做表面装饰材料，工作台、椅、终端台应是防静电的。

(5) 静电保护接地要求：静电保护接地电阻应不大于 10Ω，防静电活动地板金属支架、墙壁、顶棚的金属层都应接静电地，整个通信机房形成一个屏蔽罩。通信设备的静电地、终端操作台地线应分别接到总地线母体汇流排上。

(6) 人员和操作要求：操作者必须进行静电防护培训后才能操作。

(7) 其他防静电措施：必要时装设离子静电消除器，以消除绝缘材料上的静电和降低机房内的静电电压。机房内的空气过于干燥时，应使用加湿器或其他办法来满足机房对湿度的要求。

(8) 定期(如一周)对防静电设施进行维护和检验。

3.2.4 防雷击

随着科学技术的发展，电子信息设备的应用越来越广泛，这就对雷电防护技术提出了更高、更新的要求。利用传统的常规避雷针，不但不能满足电子设备对安全的需求，而且会带来很多弊端。利用引雷机理的传统避雷针防雷，不但会增加雷击概率，而且可能产生感应雷，而感应雷是破坏电子信息设备的主要杀手，也是易燃易爆品被引燃起爆的主要原因。

雷电防范的主要措施：根据电气及微电子设备的不同功能及不同受保护程序和所属保护层来确定防护要点并进行分类保护。常见的防范措施主要包括以下几种。

1) 接闪

接闪就是让在一定范围内出现的闪电能量按照人们设计的通道泄放到大地中。避雷针是一种主动式接闪装置，其英文原名是 lightning conductor，原意是闪电引导器，其功能就是把闪电电流引导入大地。避雷线和避雷带是在避雷针的基础上发展起来的。采用避雷针是最首要、最基本的防雷措施。

2) 接地

接地就是让已经纳入防雷系统的闪电能量泄放入大地，良好的接地措施才能有效地降低引下线上的电压，避免发生雷击。接地是防雷系统中最基础的环节，接地不好，所有防雷措施的防雷效果都无法发挥出来。

3) 分流

分流就是在一切从室外来的导线(包括电力电源线、电话线、信号线、天线的馈线等)与接地线之间并联一种适当的避雷器，当直接雷或感应雷在线路上产生的过电压波沿着这些导线进入室内或设备时，避雷器的电阻突然降到低值，接近于短路状态，将闪电电流分流入地。

由于雷电流在分流之后仍会有少部分沿导线进入设备，这对于不耐高压的微电子设备来说仍是很危险的，所以对于这类设备在导线进入机壳前应进行多级分流。

4) 屏蔽

屏蔽就是用金属网、箔、壳、管等导体把需要保护的对象包围起来，阻隔闪电的脉冲电磁场从空间入侵的通道。屏蔽是防止雷电电磁脉冲辐射对电子设备产生影响的最有效方法。

3.3 防信息泄露

3.3.1 防电磁泄漏

电子计算机和其他电子设备一样，工作时要产生电磁发射，电磁发射包括辐射发射和传导发射。电磁发射可能产生的两个问题：一个是电磁干扰，另一个是信息泄露。电磁干扰(electromagnetic interference，EMI)是指一切与有用信号无关的、不希望有的或对电子设备产生不良影响的电磁发射。防止 EMI 要从两个方面来考虑：一方面要减少电子设备的电磁发射；另一方面要提高电子设备的电磁兼容性(electromagnetic compatibility，EMC)。电磁兼容性是指电子设备在自己正常工作时产生的电磁环境与其他电子设备之间相互不影响的电磁特性。

电磁发射还可能被高灵敏度的接收设备接收并进行分析、还原，造成计算机的信息泄露。针对这一现象，美国国家安全局开展了一项绝密项目，后来产生了防信息泄漏(transient electromagnetic pulse emanation standard，TEMPEST)技术及相关产品。TEMPEST技术是一项综合性的技术，包括泄露信息的分析、预测、接收、识别、复原、防护、测试、安全评估等，涉及多个学科领域。常规的信息安全技术(如加密传输等)不能解决输入和输出端的电磁信息泄漏问题，因为人机界面不能使用密码，而使用通用的信息表示方法，如 CRT 显示、打印机打印信息等，事实证明这些设备电磁泄漏造成的信息泄露十分严重。通常我们把输入、输出的信息数据信号及它们的变换称为核心红信号，那些可以造成核心红信号泄密的控制信号称为关键红信号，红信号的传输通道或单元电路称为红区。TEMPEST 要解决的问题就是防止红信号发生电磁信息泄露。

防电磁信息泄露的基本思想主要包括三个层面：一是抑制电磁发射，采取各种措施减少"红区"电路电磁发射；二是屏蔽隔离，在其周围利用各种屏蔽材料使红信号电磁发射场衰减到足够小，使其不易被接收，甚至接收不到；三是相关干扰，采取各种措施使相关电磁发射即使发生泄漏被接收到也无法识别。

常用的防电磁信息泄漏的方法有三种。

1) 屏蔽法

屏蔽法(即空域法)主要用来屏蔽辐射及干扰信号。采用各种屏蔽材料和结构，合理地将辐射电磁场与接收器隔离开，使辐射电磁场在到达接收器时强度降到最低限度，从而达到控制辐射的目的。空域防护是对空间辐射电磁场进行控制的最有效和最基本的方法，机房屏蔽室就是这种方法的典型例子。

2) 频域法

频域法主要解决正常的电磁发射受干扰问题。不论是辐射电磁场，还是传导的干扰电压和电流都具有一定的频谱，即由一定的频率成分组成。因此可以通过频域控制的方法来抑制电磁干扰辐射的影响，即利用系统的频率特性将需要的频率成分(信号、电源的工作交流频率)加以接收，而将干扰的频率加以剔除。总之，利用要接收的信号与干扰所占有的频域不同，对频域进行控制。

3) 时域法

与频域法相似，时域法也是用来回避干扰信号的。当干扰非常强、不易受抑制但又在一定时间内阵发存在时，通常采用时间回避方法，即信号的传输在时间上避开干扰。

3.3.2 防窃听

窃听是指通过非法的手段获取未经授权的信息。窃听的原意是指偷听别人之间的谈话,但随着科学技术的发展,窃听的含义早已超出隔墙偷听、截听电话的概念,它借助技术设备、技术手段,不仅窃取声音信息,还能窃取文字、数据、图像等信息。窃听的实现主要依赖各种"窃听器",不同的窃听器针对的对象不同,主要包括会议谈话、有线电话、无线信号、电磁辐射以及计算机网络等。

窃听技术是指窃听行动所使用的窃听设备和窃听方法的总称。窃听技术发展日新月异,目前已经形成有线、无线、激光、红外、卫星和遥感等种类齐全的庞大窃听家族,而且被窃听的对象也已从军事机密向商业活动甚至平民生活发展。

有线窃听主要指对他人之间的有线通信线路予以秘密侵入,以探知其通信内容,典型的是对固定电话的监听。无线窃听指的是通过相关设备侵入他人间的无线通信线路以探知其通信内容,典型的是对移动电话的监听。激光窃听就是用激光发生器产生的一束极细的红外激光,射到被窃听房间的玻璃上,当房间里有人谈话的时候,玻璃因受室内声音变化的影响而发生轻微的振动,从玻璃上反射回来的激光包含了室内声波振动信息,这些信息可以还原成音频信息。辐射窃听是利用各种电子设备存在的电磁泄漏,收集电磁信号并还原,得到相应信息。计算机网络窃听主要是指通过在网络的特殊位置安装窃听软件,接收能够收到的一切信息,并分析还原为原始信息。

防窃听是指搜索发现窃听装置及对原始信息进行特殊处理,以消除窃听行为或使窃听者无法获得特定原始信息。防窃听技术一般可分为检测和防御两种,前者主要指主动检查是否存在窃听器,可以采用电缆加压技术、电磁辐射检测技术以及激光探测技术等;后者主要采用基于密码编码的技术对原始信息进行加密处理,确保信息即使被截获也无法还原出原始信息,另外电磁信号屏蔽也属于窃听防御技术。

3.4 物理隔离

物理隔离的概念最早出现在美国、以色列等国家的军方,主要用于解决涉密网络与公共网络连接时的安全问题。在我国的政府涉密网络及军事涉密网络的建设中也涉及物理隔离问题。首先会遇到的是安全域的问题,国家的安全域一般依据信息涉密程度划分为涉密域和非涉密域。涉密域就是涉及国家秘密的网络空间;非涉密域就是不涉及国家的秘密,但是涉及本单位、本部门或者本系统的工作秘密的网络空间。公共服务域是指不涉及国家秘密也不涉及工作秘密,是一个向互联网完全开放的公共信息交换空间。国家保密局发布实施的《计算机信息系统国际联网保密管理规定》的第二章第六条要求:"涉及国家秘密的计算机信息系统,不得直接或间接地与国际互联网或其它(应为其他)公共信息网络相联接(应为连接),必须实行物理隔离。"

3.4.1 物理隔离的理解

物理隔离到目前为止没有一个十分严格的定义,较早时用于描述它的英文单词为

physical disconnection，后来使用词汇 physical separation 和 physical isolation。这些词汇共有的含义都是与公用网络彻底地断开连接，但这样背离了网络的初衷，同时给工作带来了不便。目前，很多人开始使用 physical gap 这个词汇，直译为物理隔离，意为通过制造物理的豁口，来达到物理隔离的目的。

最初的物理隔离是建立两套网络系统和计算机设备：一套用来内部办公；另一套用于与互联网连接。这样的两套互不连接的系统，不仅成本高，而且极为不便。这一矛盾促进了物理隔离设备的开发，也迫切需要一套技术标准和方案。

如果将一个企业涉及的网络分为内网、外网和公网，其安全要求如下：①在公网和外网之间实行逻辑隔离；②在内网和外网之间实行物理隔离。企业网络的划分如图3.2所示。

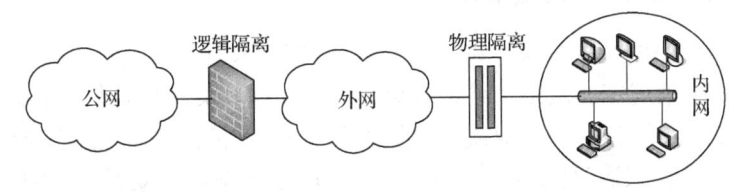

图 3.2 企业网络的划分

对物理隔离的理解表现为以下几个方面。

(1) 阻断网络的直接连接，即三个网络不会同时连在隔离设备上。

(2) 阻断网络的互联网逻辑连接，即 TCP/IP 必须被剥离，原始数据通过点到点协议，而非 TCP/IP 透过隔离设备进行传输。

(3) 隔离设备的传输机制具有不可编程的特性，因此不具有感染的特性。

(4) 任何数据都是通过两级移动代理的方式来完成的，两级移动代理之间是物理隔离的。

(5) 隔离设备具有审查的功能。

(6) 隔离设备传输的原始数据，不具有攻击或对网络安全有害的特性，如记事本文件的文本不会有病毒、也不会执行命令等。

(7) 隔离设备应具有强大的管理和控制功能。

(8) 从隔离的内容看，隔离分为数据隔离和网络隔离。数据隔离主要是指存储设备的隔离，即一个存储设备不能被几个网络共享。网络隔离就是把被保护的网络从公开的、无边界的、自由的环境中独立出来。只有实现这两种隔离，才是真正意义上的物理隔离。

3.4.2 物理隔离与逻辑隔离

物理隔离与逻辑隔离有很大的区别，物理隔离的哲学是不安全就不联网，要绝对保证安全；逻辑隔离的哲学是在保证网络正常使用的情况下，尽可能安全。在技术上，实现逻辑隔离的方式有很多，但主要是防火墙、入侵防御系统等网络流量过滤设备。

一般来说，物理隔离部件与逻辑隔离部件经常会出现在一个网络系统中配合使用，用以满足网络系统的不同需求，但使用者必须清楚二者的具体安全要求之间存在不同。

(1) 物理隔离部件的安全功能应保证被隔离的计算机资源(至少应包括硬盘、移动存储和光盘)不能被访问，计算机数据(至少应包括内存)不能被重用。逻辑隔离部件的安全功能应保证被隔离的计算机资源不能被访问,只能进行隔离器内外的原始应用数据交换。逻辑隔离部件应保证其存在泄露网络资源的风险不得多于开发商的评估文档中所提及的内容。

(2) 单向物理隔离部件使数据流无法从专网流向外网,数据流能在指定存储区域从公网流向专网,对专网而言,能使用外网的某些指定的要导入的数据。逻辑隔离部件的安全功能应保证在进行数据交换时数据的完整性。逻辑隔离部件的安全功能应保证隔离措施的可控性,隔离的安全策略应由用户进行控制,开发者必须提供可控的方法。

从上述描述中不难看出物理隔离严格防止系统和数据的外连或外泄,逻辑隔离允许进行安全的数据交换。

3.4.3 网络和终端隔离产品的基本结构

在 2024 年发布的国家标准《网络安全技术 网络和终端隔离产品技术规范》(GB/T 20279—2024)中明确规定,网络与终端隔离产品应根据其类型满足如下物理结构。

(1) 终端隔离产品分为隔离卡或者包括内部主机、外部主机和隔离卡形式构成的隔离计算机两种形态,仅通过隔离卡同时连通内部网络和硬盘,或者外部网络和硬盘的方式,实现内外两个安全域的物理断开。

(2) 协议转换产品以双机加专用隔离部件的方式组成,即由内部处理单元、外部处理单元和专用隔离部件组成,专用隔离部件满足协议转换的要求。

(3) 网闸以双机加专用隔离部件的方式组成,即由内部处理单元、外部处理单元和专用隔离部件组成,专用隔离部件满足协议转换和信息摆渡的要求。

(4) 网络单向导入产品以双机加单向传输部件组成,即数据发送处理单元、数据接收处理单元和单向传输部件相连,单向传输部件以单向传输的物理特性建立数据发送和接收处理单元之间唯一的单向传输通道。

从上述描述中,可以看出目前的隔离设备更倾向于利用单向控制或分时连通的形式,在保护系统及信息安全的前提下,提供数据交换。

3.5 容错与容灾

3.5.1 容错

任何信息系统都存在脆弱性问题,其可靠性时刻受到威胁。为了保证系统的可靠性,经过长期摸索,人们总结出了三条途径:避错、纠错、容错。避错是完善设计和制造,试图构造一个不会发生故障的系统,但这是不太现实的,任何一个系统都会有纰漏,因此,人们不得不用纠错来作为避错的补充。一旦出现故障,可以通过检测、排除等方法来消除故障,再进行系统的恢复。

容错是第三条途径,其基本思想是即使出现了错误,系统也可以执行一组规定的程序;或者说,程序不会因为系统中的故障而中断或被修改,并且故障也不会引起运行结果的差错。简单来说,容错就是让系统具有抵抗错误的能力。

容灾是针对灾害而言的,灾害对于系统来说危害性比错误要大、要严重。从保护系统的安全性出发，备份是容错、容灾以及数据恢复的重要保障。

根据容错系统的应用环境，可以将容错系统分为五种类型。

(1) 高可用度系统：可用度用系统在某时刻可以运行的概率衡量。高可用度系统面向通用计算机系统，用于执行各种无法预测的用户程序，主要面向商业市场。

(2) 长寿命系统：在其生命周期内不能进行人工维修，常用于航天系统。

(3) 延迟维修系统：也是一种容灾系统，用于航天、航空等领域，要求在一定阶段内不进行维修仍可保持运行。

(4) 高性能系统：对于故障(瞬间或永久)都非常敏感，因此，高性能系统应当具有瞬间故障的自动恢复能力，并且增加平均无故障时间。

(5) 关键任务系统：该系统出错可能危及人的生命或造成重大经济损失，要求处理正确无误，而且故障恢复时间要最短。

常用的数据容错技术主要有以下四种。

(1) 空闲设备：也称双机热备，通俗地讲，就是备份两套相同的部件，在正常状态下，一个运行，一个空闲。当正常运行的部件出现故障时，原来空闲的一台立即替补。

(2) 镜像：把一份工作交给两个相同的部件同时执行，这样在一个部件出现故障时，另一个部件继续工作。

(3) 复现：也称延迟镜像，与镜像一样需要两个系统，但是它把一个系统称为原系统，另一个称为辅助系统。辅助系统从原系统中接收数据，与原系统中的数据相比，辅助系统接收数据存在着一定延迟。当原系统出现故障时，辅助系统只能在接近故障点的地方开始工作。与镜像相比，复现同一时间只需管理一套设备。

(4) 负载均衡：指将一个任务分解成多个子任务，分配给不同的服务器执行，通过减少每个部件的工作量，提高系统的稳定性。

3.5.2 容灾

容灾的真正含义是对偶然事故的预防和恢复。任何一个信息系统都没有办法完全免受天灾或人祸的威胁，特别是能够摧毁整个建筑物的地震、火灾、水灾等大规模的环境威胁以及暴乱、恐怖活动等。对于灾难，除了采取所有必要的措施应对可能发生的破坏情况之外，安全管理还需要有灾难恢复计划，以便当灾难真正发生时，可以用来恢复。这是灾后恢复与安全管理失败之间的最后一条防线。

对付灾难的方案有两类：一是对服务的维护和恢复；二是保护或恢复丢失的、被破坏的或被删除的信息。这两类方案中每一类虽然都能够在一定程度上保护信息系统的资源，但只有两者结合起来才能提供完整的灾难恢复方案。

灾难恢复计划是指一个组织或机构的信息系统受到灾难性打击或破坏后，对信息系统进行恢复时需要采取何种措施的具体方案。因此，必须细致地考虑在这类灾难发生后，怎样才能以最快的速度对信息系统进行恢复，把灾难带来的损失尽可能地减少到最小。为了达到此目的，采用的灾难恢复策略包括以下几种。

1) 做最坏的打算

灾难给信息系统带来的破坏程度和破坏规模是无法估计的。在制订灾难恢复计划时，应该做最坏的打算，把信息系统可能遭到破坏的情况尽量考虑周全，以便安排时间和充分利用现有的资源，创造一个内容广泛且切实可用的灾难恢复计划。

2) 充分利用现有资源

在现有的资源中，有些可以直接用于灾难恢复。例如，可以利用磁盘、磁带、光盘、磁光盘等存储介质备份系统信息、数据，还可以打印系统配置文件并妥善保存起来，用于灾难恢复时重建系统。

3) 既重视灾后恢复，也注意灾前措施

灾难恢复计划除了要考虑灾难发生后如何尽快地恢复信息系统的服务和恢复丢失的信息，还应包括抗灾部分，在灾难发生前，采取适当的措施是非常必要的。例如，在适当的地方安装环境监视设备，可以提前发出灾难报警；应用不间断电源(UPS)，在电源出故障的情况下能有序地关闭设备电源；确保水闸与灭火器容易找到，并将使用说明张贴在每种设施的旁边等。

数据和系统的备份与还原是一个部门在发生事故之后恢复操作能力的有机组成部分，数据备份越新、系统备份越完整的机构部门就越容易实现灾难恢复操作。系统备份应该有多种形式，如机器备份、磁带备份及光盘备份等，服务器系统中的数据信息应该每天都进行增量备份，每周进行一次完全备份。在确定备份是否成功而定期进行验证之前，所有备份都复制重要文件。对于那些重要的机构部门，异地备份十分必要，同时这也是免受毁灭性打击的唯一途径。

习 题 三

1. 名词解释

物理安全、电磁泄漏、红信号、物理隔离、逻辑隔离、容错、容灾

2. 简答题

(1) 物理安全主要包括哪些内容？
(2) 电磁泄漏的危害有哪些？
(3) 如何预防电磁泄漏？
(4) 物理隔离与逻辑隔离的区别是什么？
(5) 网络与终端隔离产品根据其类型应该满足何种物理结构？
(6) 如何做好容错、容灾工作？

3. 辨析题

(1) 有人说"电磁泄漏只是影响电子设备的使用，与信息安全无关"，你认为正确与否，为什么？
(2) 有人说"涉密网络采用逻辑隔离方法就能保证不泄密"，你认为正确与否，为什么？

第4章 身份认证

本章学习要点
- ◇ 了解身份认证的概念及意义
- ◇ 了解认证协议的基本思想，重点掌握 Kerberos 的工作原理
- ◇ 了解 PKI 的基本思想，重点掌握 X.509 协议
- ◇ 掌握零知识证明的基本理论

微课视频

4.1 概　　述

随着互联网的不断发展，人们逐渐开始尝试在网络上购物、交易以及进行各种信息交流。然而黑客、木马以及网络钓鱼等恶意欺诈行为，给互联网的安全性带来了极大的挑战。层出不穷的网络犯罪，引起了人们对网络身份的信任危机，如何证明"我是谁？"及如何防止身份冒用等问题已经成为人们必须解决的焦点问题，解决这些问题的唯一途径就是进行身份认证。

身份认证是证实用户的真实身份与其所声称的身份是否相符的过程。身份认证的依据应包含该用户所特有的并可以验证的特定信息，主要包括三个方面。

(1) 用户所知道的或所掌握的信息(something the user know)，如密码、口令等。

(2) 用户所拥有的特定东西(something the user possesses)，如身份证、护照、密钥盘等。

(3) 用户所具有的个人特征(something the user is or how he behaves)，如指纹、笔迹、声纹、虹膜、脱氧核糖核酸(DNA)等。

目前，实现身份认证的技术主要包括基于口令的认证技术、基于密码学的认证技术和基于生物特征的认证技术。基于口令的认证技术的原理是通过比较用户输入的口令与系统内部存储的口令是否一致来判断其身份，基于口令的认证技术简单、灵活，是目前最常使用的一种认证方式，但由于口令容易泄露，其安全性相对较差。基于生物特征的认证技术是指通过计算机利用人体固有的生理特征或行为特征来识别用户的真实身份，生理特征与生俱来，多为先天性；行为特征则是习惯使然，多为后天性。生理和行为特征统称为生物特征，常用的生物特征包括虹膜、指纹、声音、笔迹等。生物特征认证与传统的密码、证件等认证方式相比，具有依附于人体、不易伪造、不易模仿等优势。基于密码学的认证技术主要包括基于对称密钥的认证和基于公开密钥的认证，这部分会在后面的内容中详细介绍。

考虑到认证数据的多种特征，身份认证可以进行不同的分类。根据认证条件的数目分类，仅通过一个条件相符合来证明一个人的身份，称为单因子认证；通过两种不同的

条件来证明一个人的身份,称为双因子认证;通过组合多种不同条件来证明一个人的身份,称为多因子认证。根据认证数据的状态来看,可以分为静态数据认证(static data authentication,SDA)和动态数据认证(dynamic data authentication,DDA),静态数据认证是指用于识别用户身份的认证数据事先已产生并保存在特定的存储介质上,认证时提取该数据进行核实认证;而动态数据认证是指用于识别用户身份的认证数据不断动态变化,每次认证使用不同的认证数据,即动态密码。动态密码是由一种称为动态令牌的专用设备产生的,可以是硬件,也可以是软件,其产生动态密码的算法与认证服务器采用的算法相同。身份认证还有其他的分类方法,这里不再一一说明。作为信息安全必不可少的技术手段,身份认证在整个安全体系中占有十分重要的位置。

4.2 认 证 协 议

以网络为背景的认证技术的核心基础是密码学,对称密码和公开密码是实现用户身份识别的主要技术,虽然身份认证方式有很多,但归根结底都是以密码学思想为理论基础的。实现认证必须要求示证方和验证方遵循一个特定的规则来实施认证,这个规则称为认证协议,认证过程的安全性取决于认证协议的完整性和健壮性。

4.2.1　基于对称密钥的认证协议

基于对称密码体制的认证要求示证方和验证方共享密钥,通过共享密钥来维系彼此的信任关系,实际上认证就是建立某种信任关系的过程。在一个只有少量用户的封闭式网络系统中,各用户之间的双人共享密钥的数量有限,可以采用挑战-应答方式来实现认证;对于规模较大的网络系统,一般采用密钥服务器的方式来实现认证,即依靠可信的第三方完成认证。

为了更方便地进行协议描述,本节规定一些描述符号,具体如下:

(1) A → B 表示 A 向 B 发送信息;

(2) $E_k(x)$ 表示使用共享密钥 k 对信息串 x 进行加密;

(3) $x \| y$ 表示信息串 x 和 y 相连接。

1. 基于挑战-应答方式的认证协议

基于挑战-应答方式的认证协议实际上是由验证方生成一个大的随机数据串,即挑战,将挑战发送给示证方,示证方使用共享密钥加密挑战,然后回送给验证方,验证方通过解密密文得到挑战,通过验证挑战的正确与否,来认证示证者的身份。

如图 4.1 所示,A 和 B 通信,为了核实对方的身份,B 发送给 A 一个挑战 Nb,A 收到后使用 A 和 B 之间的共享密钥 k 对 Nb 进行加密,然后将密文发送给 B,B 使用 k 还原密文并判断还原的内容与挑战 Nb 是否一致。在这个过程中,B 可以核实 A 的身份,因为只有 A 才能够使用 k 加密 Nb。

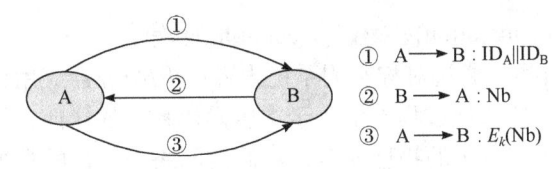

① A ⟶ B : $ID_A \| ID_B$
② B ⟶ A : Nb
③ A ⟶ B : $E_k(Nb)$

图 4.1 基于挑战-应答方式的认证协议

2. Needham-Schroeder 认证协议

Needham-Schroeder 认证协议是由 Needham 及 Schroeder 在 1978 年设计的,是早期较有影响力的依靠可信第三方的认证协议。在 Needham-Schroeder 认证协议中,所有的使用者共同信任一个公正的第三方,此第三方被称为认证服务中心。每个使用者需要在认证服务器(authentication server,AS)上完成注册,AS 保存每一个用户的信息并与每一个用户共享一个对称密钥。实际上用户和 AS 之间的信任关系依靠其共享密钥来维系。

Needham-Schroeder 认证协议的具体描述如下。

(1) A → KDC:$ID_A \| ID_B \| N_1$;A 通知 KDC 要与 B 进行安全通信,N_1 为临时值。ID_A 和 ID_B 分别是 A 和 B 的网络用户标识。

(2) KDC → A:$E_{K_a}[K_s \| ID_B \| N_1 \| E_{K_b}[K_s \| ID_A]]$;KDC 告知 A 会话密钥 K_s 和需转发给 B 的信息,其中 N_1 用来回应 A 此信息是当次申请的信息。并且使用 K_a 对信息内容进行加密,保证其安全性。使用 K_b 加密转发给 B 的内容,此内容只能被 B 和 AS 还原。

(3) A → B:$E_{K_b}[K_s \| ID_A]$;A 转发 KDC 给 B 的内容。

(4) B → A:$E_{K_s}[N_2]$;B 用 K_s 加密挑战值 N_2,发给 A 并等待 A 的回应认证信息。

(5) A → B:$E_{K_s}[f(N_2)]$;A 还原 N_2 后,根据事先的约定 $f(x)$,计算 $f(N_2)$,使用 K_s 加密后,回应 B 的挑战,完成认证,随后 A 和 B 使用 K_s 进行加密通信。

其中,KDC 为 AS 的密钥分配中心,主要功能是为用户生成并分发通信密钥 K_s,K_a 和 K_b 分别是用户 A、B 与 AS 之间的共享密钥,Needham-Schroeder 认证协议的目的就是要安全地分发一个会话密钥 K_s 给 A 和 B,A、B 和 KDC 可以通过对称加密信息及挑战值来核实对方的身份,并取得信任。

Needham-Schroeder 认证协议虽然设计比较严密,但也存在漏洞。协议的第(4)、(5)步的目的是防止某种类型的重放攻击,特别是如果敌方能够在第(3)步捕获该消息,并重放它,将在某种程度上干扰破坏 B 的运行操作。但假定攻击方 C 已经掌握 A 和 B 之间通信的一个老的会话密钥,C 可以在第(3)步冒充 A 利用老的会话密钥欺骗 B,除非 B 记住所有以前使用的与 A 通信的会话密钥,否则 B 无法判断这是一个重放攻击。如果 C 可以中途阻止第(4)步的握手信息,则可以冒充 A 在第(5)步响应,从这一点起 C 就可以向 B 发送伪造的消息,而对 B 来说,会认为是用认证的会话密钥与 A 进行的正常通信。

3. Kerberos

Kerberos 是希腊神话中的一个拥有三个头和一个蛇形尾巴的狗,是地狱之门的守卫。20 世纪 80 年代,美国麻省理工学院(MIT)启动了一个称为 Athena 的网络安全计划,网络认证是该计划的重要组成部分,被命名为 Kerberos,用来比喻网络之门的保卫者,"三个头"分别指认证(authentication)、簿记(accounting)和审计(audit)。

Kerberos 的设计目标是通过对称密钥系统为客户机/服务器应用程序提供强大的第三方认证服务。Kerberos 的认证过程不依赖于主机操作系统的认证，无须基于主机地址的信任，不要求网络上所有主机的物理安全，并假定网络上传送的数据包可以被任意地读取、修改和插入数据。Kerberos 作为一种可信任的第三方认证服务，是通过传统的共享密码技术来执行认证服务的，每个用户或应用服务器均与 Kerberos 分享一个对称密钥。Kerberos 由两个部分组成，分别是一个 AS 和一个票据授予服务器(ticket granting server, TGS)。Kerberos 提供的认证服务允许一个用户通过交换加密消息在整个网络上与另一个用户或应用服务器互相证明身份，一旦身份得以验证，Kerberos 就给通信双方提供对称密钥，双方进行安全通信对话。在 Kerberos 体系中，票据 Ticket 是客户端访问服务器时，提交的用于证明自己身份，并可传递通信会话密钥的认证资料。AS 负责签发访问 TGS 的票据，TGS 负责签发访问其他应用服务器的票据。

Kerberos 协议的认证过程分为三个阶段，共六个步骤，如图 4.2 所示。

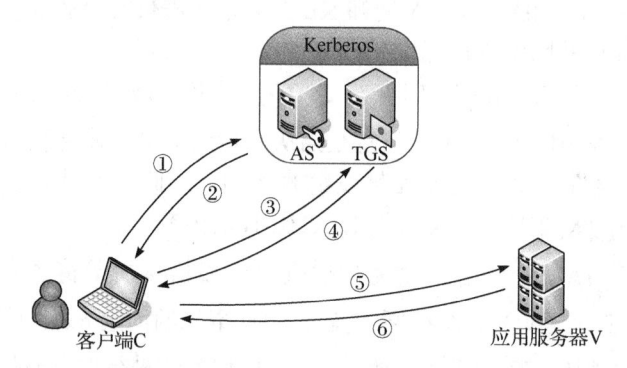

图 4.2 Kerberos 协议的认证过程

第一阶段：身份验证服务交换，完成身份认证，获得访问 TGS 的票据。

① C → AS：$ID_C \| D_{tgs} \| TS_1$。

② AS → C：$E_{K_C}[K_{C,tgs} \| ID_{tgs} \| TS_2 \| Lifetime_2 \| Ticket_{tgs}]$。

注：步骤①为请求 TGS 票据。

ID_C：客户端 C 的用户标识。

ID_{tgs}：用户请求访问的 TGS 的标识。

TS_1：令 AS 验证客户端 C 的时钟与 AS 的时钟是否同步。

步骤②为返回 TGS 票据。

$E_{K_C}[\ ]$：基于用户口令的加密，使 AS 和客户端 C 可以验证口令，并保护消息。

$K_{C,tgs}$：由 AS 产生，用于在 TGS 与客户端 C 之间进行信息的安全交换。

ID_{tgs}：确认这个 Ticket 是为特定 TGS 制作的。

TS_2：告诉用户该 Ticket 签发的时间。

$Lifetime_2$：告诉用户该 Ticket 的有效期。

$Ticket_{tgs}$：用户用来访问 TGS 的 Ticket，可重用，避免多次认证输入口令。

其中，$Ticket_{tgs} = E_{Ktgs}[K_{C,tgs} \| ID_C \| AD_C \| ID_{tgs} \| TS_2 \| Lifetime_2]$。

E_{Ktgs}[]：Ticket 用只有 AS 和 TGS 才知道的密钥加密，以预防篡改。
ID_C：指明该 Ticket 的真正主人。
AD_C：客户端 C 的网络地址。
第二阶段：票据授予服务交换，获得访问应用服务器的票据。
③ C → TGS：ID_V||$Ticket_{tgs}$||$Authenticator_C$。
④ TGS → C：$E_{K_C,tgs}$[$K_{C,V}$||ID_V||TS_4||$Ticket_V$]。
注：步骤③为请求应用服务器票据。
ID_V：告诉 TGS 用户要访问应用服务器 V。
$Ticket_{tgs}$：向 TGS 证实该用户已被 AS 认证。
$Authenticator_C$：由用户生成，用于验证时效性。
$Authenticator_C$ = $E_{K_C,tgs}$[ID_C||AD_C||TS_3]。
步骤④为返回应用服务器票据。
$E_{K_C,tgs}$[]：使用客户端 C 和 TGS 共享的密钥加密；用以保护本消息。
$K_{C,V}$：由 TGS 生成，用于在客户端 C 和应用服务器 V 之间进行信息的安全交换。
ID_V：确认该 Ticket 是签发给应用服务器 V 的。
TS_4：告诉用户该 Ticket 签发的时间。
$Ticket_V$：用户用以访问应用服务器 V 的 Ticket。
其中，$Ticket_V$= E_{K_V}[$K_{C,V}$||ID_C||AD_C||ID_V||TS_4||$Lifetime_4$]。
E_{K_V}[]：Ticket 用只有 TGS 和应用服务器 V 共享的密钥加密，以预防篡改。
第三阶段：客户与服务器身份验证交换，获得服务。
⑤ C → V：$Ticket_V$||$Authenticator_C$。
⑥ V → C：$E_{K_{C,V}}$[TS_5+1] (for mutual authentication)。
注：步骤⑤为向应用服务器发起服务请求。
$Ticket_V$：向服务器证实该用户已被 AS 认证。
$Authenticator_C$：由客户端 C 生成，用于验证时效性。
$Authenticator_C$ = $E_{K_{C,V}}$[ID_C||AD_C||TS_5]。
$E_{K_{C,V}}$[]：使用客户端 C 和应用服务器 V 的共享密钥加密，来验证身份并保护本信息。
步骤⑥为服务器 V 向客户端 C 发送身份认证数据，此项为可选项。
TS_5+1：向客户端 C 证明这不是重放攻击的应答。

4. Windows 系统的安全认证

Windows 2000 Server 作为网络操作系统，其用户登录时的身份认证过程也是采用对称密钥加密来完成的。每一个试图登录到 Windows 2000 Server 管理的网络上的用户必须是已经在主域控制器上进行了有效注册的合法用户，用户与主域控制器共享口令，在主域控制器的安全用户管理(security accounts manager, SAM)数据库中保存注册用户的用户名、口令的散列以及其他信息。

图 4.3 为 Windows 用户登录认证过程，用户首先激活 WinLogon 窗口，并且输入用户名和口令，然后向主域控制器发送登录请求，同时计算出口令的散列，口令及其散列不包含在登录请求信息中。主域控制器收到登录请求后产生一个 8 字节的质询(挑战)并发送给客户端，同时从 SAM 数据库或 AD(active directory)中取出用户的口令散列，用此口令散列对质询进行散列计算(也称加密)，得到质询散列。客户端收到 8 字节的质询后，首先使用前边计算得到的口令散列对质询进行散列计算，得到质询散列，随后将计算出的质询散列作为应答发送给主域控制器。主域控制器比对其计算出的质询散列和用户应答回送的质询散列，如果相同则登录认证通过，否则登录认证失败，同时向用户发送登录认证结果。在 Windows 2000 登录认证过程中，无须通过网络传输口令或口令散列，很好地保证了口令的安全。

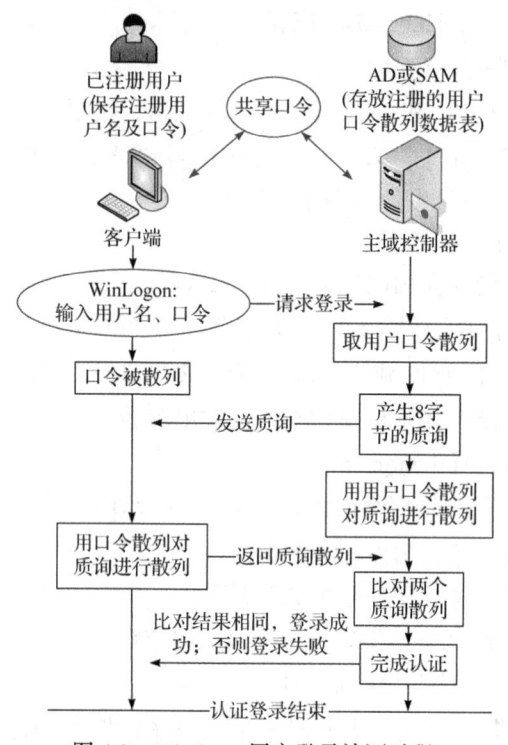

图 4.3 Windows 用户登录认证过程

4.2.2　基于公开密钥的认证协议

基于公开密钥的认证协议通常有两种认证方式，方式一是实体 A 需要认证实体 B，A 发送一个明文挑战消息(也称挑战因子，通常是随机数)给 B，B 接收到挑战后，用自己的私钥对挑战明文消息加密，称为签名；B 将签名信息发送给 A，A 使用 B 的公钥来解密签名消息，称为验证签名，以此来确定 B 是否具有合法身份。方式二是实体 A 将挑战因子用实体 B 的公钥加密后发送给 B，B 收到后用自己的私钥解密还原出挑战因子，并将挑战因子明文发还给 A，A 可以根据挑战因子内容的真伪来核实 B 的身份。

1) Needham-Schroeder 公钥认证协议

Needham 和 Schroeder 在 1978 年所设计的 Needham-Schroeder 公钥认证协议是一个双向认证协议，具体内容如下。

(1) A → B：$E_{KUb}[ID_a \parallel R_a]$；A 使用 B 的公钥加密 A 的标识 ID_a 和挑战 R_a，确保只有 B 才能使用私钥解密。

(2) B → A：$E_{KUa}[R_a \parallel R_b]$；B 使用 A 的公钥加密 A 的挑战 R_a 和 B 的挑战 R_b，发送给 A，确保只有 A 才能使用其私钥解密。

(3) A → B：$E_{KUb}[R_b]$；A 还原出 R_b 后，再使用 B 的公钥加密 R_b，作为验证应答信息发送给 B。

2) 基于 CA 数字证书的认证协议

基于 CA(certificate authority)数字证书的认证协议也属于基于公开密钥的认证协议范畴，只是引入了一个可信的第三方来管理公钥并提供仲裁，在实际的网络环境中，公钥是采用数字证书(certificate)的形式来发布的。数字证书是一个经过权威的、可信赖的、公正的第三方机构(即 CA 认证中心)签名的包含拥有者信息及公开密钥的文件。

数字证书绑定了公钥及其持有者的真实身份，它类似于现实生活中的居民身份证，不同的是数字证书不再是纸质的证照，而是一段含有证书持有者身份信息并经过认证中心审核签发的电子数据，可以更加方便、灵活地运用在电子商务和电子政务中。

目前数字证书的格式普遍采用的是 X.509 v3 国际标准，如图 4.4 所示，证书的内容包括版本、证书序列号、签名算法标识、签发者、有效期、证书主体、主体公钥信息、发行商唯一标识、证书主体唯一标识、扩展、签名等。

基于数字证书的身份认证过程如图 4.5 所示，共包括如下五个基本环节。

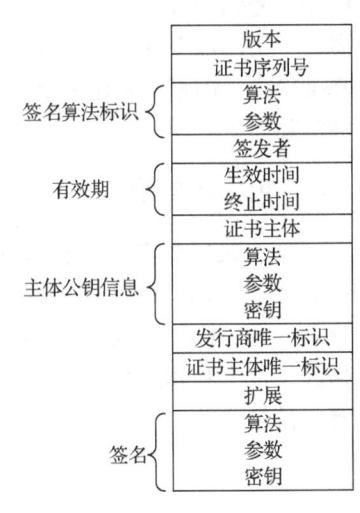

图 4.4 X.509 v3 的证书

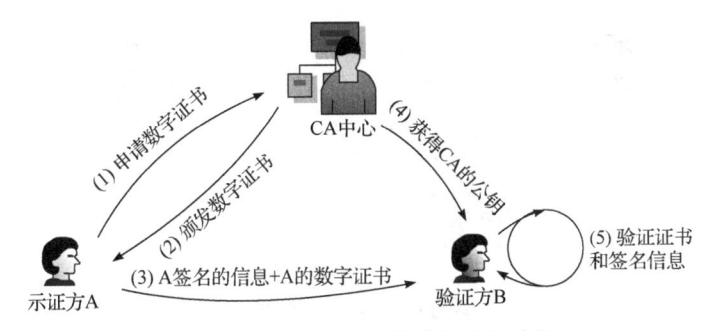

图 4.5 基于数字证书的身份认证过程

(1) 示证方 A 首先需要向 CA 中心提交相关注册资料，进行数字证书申请。

(2) CA 中心对 A 提供的资料进行审核，通过后为其颁发使用 CA 中心私钥签过名的数字证书,数字证书包含了 A 的身份信息和 A 的公钥,由于使用了 CA 中心的私钥签名,因此其他人无法伪造。

(3) A 使用私钥对特定信息进行签名,连同数字证书一起发送给 B,B 为验证方。

(4) B 为了能够核实 A 的数字证书的真伪,必须先获得 CA 中心的公钥。

(5) B 使用 CA 中心的公钥对 A 的数字证书进行合法性验证,通过后获得 A 的公钥,对 A 签过名的特定信息进行认证。

通过这五个环节,B 可以确认 A 的身份及其签名信息。

4.3 公钥基础设施

为了解决互联网上电子商务等应用的安全问题,世界各国经过多年的研究,初步形成了一套完整的互联网安全解决方案,即目前被广泛采用的 PKI。PKI 是一种遵循一定标准的密钥管理基础平台,它能够为所有网络应用提供加密和数字签名等密码服务所必需的密钥和证书管理。简单来说,PKI 就是利用公钥理论和技术建立的提供安全服务的基础设施。用户可利用 PKI 平台提供的服务进行安全的电子交易、通信和互联网上的各种活动。

4.3.1 PKI 体系结构

PKI 采用数字证书技术来管理公钥,通过第三方的可信任机构——CA 中心把用户的公钥和用户的其他标识信息捆绑在一起,在互联网上验证用户的身份。如图 4.6 所示,在 PKI 的组成结构中,处在中心位置的是构建 PKI 的核心技术,即公钥算法和数字证书技术,在此技术基础上实现的 PKI 平台包括四个基本功能模块和一个应用接口模块。

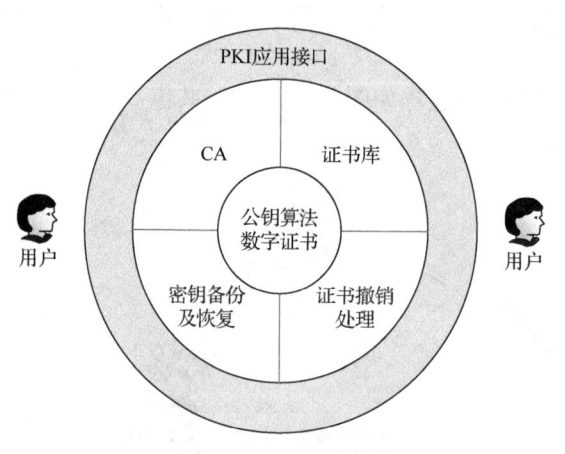

图 4.6 PKI 组成结构

1) CA

CA 是 PKI 的核心执行机构,也称认证中心。主要功能包括数字证书的申请注册、证书签发和管理。工作内容包括验证并标识证书申请者的身份,对证书申请者的信用度、申请证书的目的、身份的真实可靠性等问题进行审查，确保证书与身份绑定的正确性，确保 CA 用于签名证书的非对称密钥的质量和安全性。当服务范围较大时，CA 还可以拆分出证书申请注册机构(registration authority，RA)，专门负责证书的注册申请和撤销申请等管理工作。

2) 证书库

证书库(repository)是 CA 颁发证书和撤销证书的集中存放地，它像网上的"白页"一样，是网上的公共信息库，可供公众进行开放式查询。一般来说，查询的目的有两个：其一是想得到与之通信的实体的公钥；其二是要验证通信对方的证书是否已进入"黑名单"。证书库的构造一般采用轻型目录访问协议(lightweight directory access protocol，LDAP)，搭建分布式的目录系统。

3) 密钥备份及恢复

密钥备份及恢复是密钥管理的主要内容，用户由于某些原因将解密数据的密钥丢失，从而使已被加密的密文无法解开，为了避免这种情况的发生，PKI 提供了密钥备份与密钥恢复机制，即当用户证书生成时，密钥被 CA 备份存储，当需要恢复时，用户只需向 CA 提出申请，CA 就会为用户自动进行密钥恢复。

4) 证书撤销处理

证书撤销处理是 PKI 平台的另一项重要工作，证书和密钥都有一定的生存期限，当用户的私钥泄露或公司的某职员离职时，都需要撤销原 CA 证书。被撤销的 CA 证书将进入证书库的"黑名单"，被公众用于核实证书的有效性。

5) PKI 应用接口

PKI 应用接口是使用者与 PKI 交互的唯一途径，其重要性不言而喻。PKI 应用接口也可以看成 PKI 的客户端软件，使用者在其计算机中安装 PKI 的客户端软件，以实现数字签名、加密传输数据等功能。此外，客户端软件还负责在认证过程中，查询证书和相关证书的撤销信息以及进行证书路径处理、对特定文档提供时间戳请求等。

4.3.2 基于 X.509 的 PKI 系统

X.509 是国际电信联盟远程通信标准化组织(ITU-T)部分标准和 ISO 的证书格式标准。1988 年，X.509 首次发布，1993 年和 1996 年两次修订，当前使用的版本是 X.509 v3，它加入了扩展字段支持，极大地提高了证书的灵活性。作为 ITU-ISO 目录服务系列标准的一部分，X.509 的主要作用是确定公钥证书结构的基准，X.509 v3 证书包括一组按预定义顺序排列的强制字段，还有可选扩展字段，即使在强制字段中，X.509 证书也具有很大的灵活性，因为它为大多数字段提供了多种编码方案。X.509 标准在 PKI 中具有极其重要的地位，PKI 由小变大，由原来的网络封闭环境到今天的分布式开放环境，X.509 起了巨大的作用，可以说 X.509 标准是 PKI 的雏形。

X.509 的 CA 目录是一个层次结构，如图 4.7 所示，如果某用户 x 希望验证用户 a 的证书，而用户 a 的 CA 证书又是认证机构 D 签发的，则用户 x 只要得到认证机构 D 的公钥，就可以验证用户 a 的证书中 D 的签名，即完成对用户 a 的证书的认证，从而得到用户 a 的公钥。假如用户 x 不能确定 D 的公钥，就必须查看 D 的证书，由于 D 的证书是由认证机构 C 签发的，因此，用户 x 需要使用 C 的公钥验证 D 的证书并得到其公钥；以此类推，最坏的情况是用户 x 需要使用认证机构 A 的公钥，而 A 是此认证机构的根，A 的证书也叫根证书，是使用其私钥自签名产生的，用户在使用 CA 证书之前必须先下载安装 A 的证书，同时系统会自动加载保存认证机构 A 的公钥。这个证书的认证路径构成了一个证书链，起点是根证书，终点为用户 a 的证书。用户 a 的证书链可以使用下面的形式表达：$KR_A《CA_B》KR_B《CA_C》KR_C《CA_D》KR_D《CA_a》$，其中，$KR_X$ 表示使用 X 的私钥签名，$《CA_X》$ 表示 X 的证书。

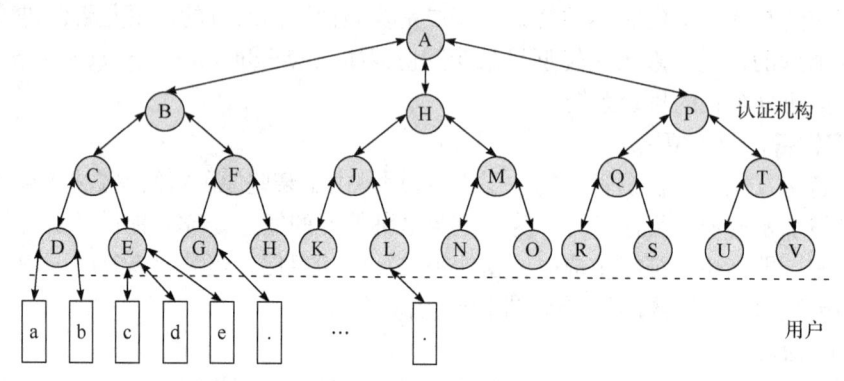

图 4.7 基于 X.509 的层次型认证机构分布

图 4.8 是一个典型的 PKI 模型，从图中可以看出一个 CA 主要包括 RA 服务器、CA 服务器、安全服务器、LDAP 服务器和数据库服务器，其中 RA 是 CA 的重要组成部分，很多系统将它从 CA 中分离出来，作为独立的功能单元。

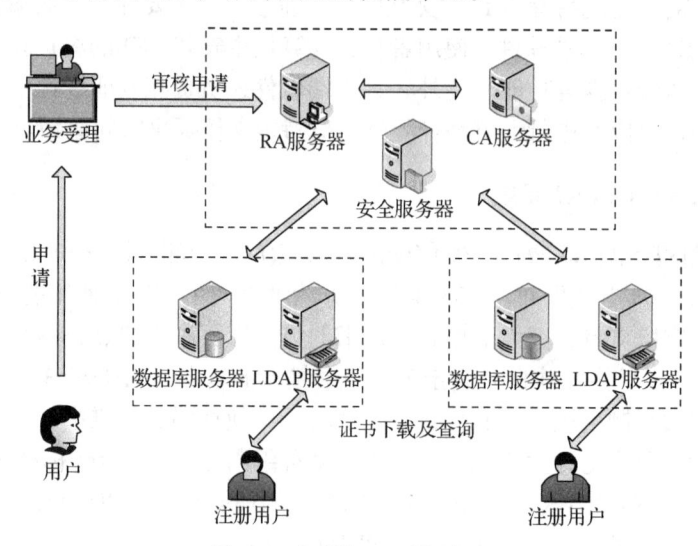

图 4.8 典型的 PKI 模型

CA 服务器是整个 PKI 系统的核心，负责证书的签发管理。CA 服务器首先产生自己的公私密钥对，生成自签名的根证书。然后需要为认证中心操作员、安全服务器、注册服务器 RA 等生成数字证书。完成了 CA 中心的初始建设，接下来就是为子 CA 和用户提供数字证书的签发、更新和撤销等服务。

RA 服务器主要面向业务受理操作员，负责登记、审核用户申请信息，包括注册申请和证书撤销申请，并将相关信息传给 CA 服务器和 LDAP 服务器。

安全服务器主要负责 RA 服务器和 CA 服务器的安全，用户的各种请求操作都在其监管下进行，这些操作包括证书申请、浏览请求、证书撤销及证书下载等服务。

LDAP 是基于 X.500 标准设计实现的，同时支持 TCP/IP，便于互联网用户访问。LDAP 是一个用来发布不同资源的目录信息的协议。通常它作为一个集中的地址簿使用，不过根据组织者的需要，它可以做得更加强大。一般在 LDAP 目录中可以存储各种类型的数据：电子邮件地址、邮件路由信息、人力资源数据、公用密钥、联系人列表等信息。在 PKI 系统中，LDAP 服务器负责将 CA 中心发送过来的用户信息、数字证书和证书撤销列表等信息公布到网络上，提供给用户查询下载。

数据库服务器主要用于存储认证机构中的数据(如密钥、用户信息等)、日志和统计信息，以便用户下载以及进行重要的数据备份。

一个典型的 PKI 系统应该提供以下功能：
(1) 接收验证用户数字证书的申请；
(2) 确定是否接收用户数字证书的申请，即证书的审批；
(3) 向申请者颁发(或拒绝颁发)数字证书；
(4) 接收、处理用户的数字证书更新请求；
(5) 接收、处理用户的数字证书的查询、撤销请求；
(6) 产生和发布证书的有效期；
(7) 数字证书的归档；
(8) 密钥归档；
(9) 历史数据归档。

4.4 零知识证明

4.4.1 零知识证明概述

零知识证明(zero-knowledge proof)是在 20 世纪 80 年代初提出的一种密码学方案，它允许两个或多个实体(通常是证明者和验证者)在不泄露任何有用信息的情况下，证明某个论断是正确的。实质上，它是一种涉及两方或更多方的协议，即两方或更多方完成一项任务所需采取的一系列步骤。在这个过程中，证明者向验证者证明其知道或拥有某个消息，但整个证明过程不会泄露关于该消息的任何具体内容。零知识证明可以应用于多个领域，例如，身份验证、安全多方计算、隐私保护的电子投票以及审计和合规等。在身份验证中，零知识证明可以提供更安全的认证机制，避免泄露敏感信息。

零知识证明的一般过程为，假设证明者和验证者拥有相同的某一个函数或一系列的数值，首先证明者向验证者发送满足一定条件的随机值，这个随机值称为"承诺"；验证者向证明者发送满足一定条件的随机值，这个随机值称为"挑战"；证明者执行一个秘密的计算,并将结果发送给验证者,这个结果称为"响应",验证者对"响应"进行验证。如果验证成功,表明证明者确实具有知识。如果验证失败,则表明证明者不具有他所谓的"知识",退出此过程。验证者并没有得到任何关于这个消息的额外信息。

1990 年,研究者提出一种迷宫形式的简单零知识证明协议例子。图 4.9 表示了一个简单的迷宫,只有知道秘密口令的人才能打开 C 和 D 之间的密门。现在,Peggy 希望向 Victor 证明她能够打开此门,但是又不愿意向 Victor 泄露自己掌握的秘密口令。为了证明自己能够打开密门,Peggy 采用了所谓的"分隔与选择"技术,实现一个零知识证明协议。

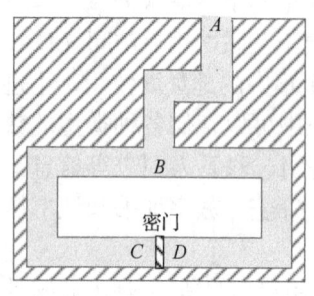

图 4.9 零知识证明迷宫示意图

具体来说,协议的执行过程如下:

(1) 验证者 Victor 站在迷宫的入口 A 点,而证明者 Peggy 则能够进入迷宫深处 C 点或 D 点。

(2) Peggy 在迷宫中选择一个点(C 或 D),并记住这个点,然后,她走出迷宫并消失。

(3) 在 Peggy 消失后,Victor 走到迷宫的分岔点 B 点。

(4) Victor 向 Peggy 喊话,要求他从左通道或右通道出来。这里的关键是,验证者并不知道证明者实际上选择了 C 或 D 的哪个点,因此他不能直接指示证明者从哪个通道出来。相反,他只能要求证明者按照他的指示行动。

(5) Peggy 听到 Victor 的要求后,从通道里出来。

(6) 根据 Victor 的要求,如果 Peggy 从错误的通道里出来,则验证失败;如果 Peggy 从正确的通道里出来,则重复(1)~(6)步 N 次。

(7) N 次均从正确的通道出来,则验证成功,表明 Peggy 知道打开密门的秘密口令。

在上述协议中,如果 Peggy 不知道秘密口令,她只能从来路返回到 B 点,而不能走另外一条路。Peggy 每一次猜对 Victor 要求她走哪一条路的概率是 1/2,因此每一轮协议 Peggy 能够欺骗 Victor 的概率是 1/2。执行 N 轮协议后,Peggy 成功欺骗 Victor 的概率是 $1/2^N$。假设 $N=16$,则执行 16 轮协议后,Peggy 成功欺骗 Victor 的概率是 $1/2^{16} \approx 0.00001526$,所以 Victor 即能相信 Peggy 确实知道秘密口令。这个协议的关键在于,验证者多次重复这个过程并要求证明者从不同的通道出来,证明者仍然能够成功地满足验证者的要求,而不需要泄露任何关于秘密口令的信息。

零知识证明方案应该具有三个特性,分别是完备性、可靠性和零知识性。完备性是指如果证明者和验证者都是诚实的,并遵循证明过程的每一步,进行正确的计算,那么这个证明一定是成功的,验证者一定能够接受证明者。可靠性是指没有人能够假冒证明者,使这个证明成功。零知识性是指验证过程执行结束后,验证者只获得了"证明者拥有这个知识"这条信息,而没有获得关于这个知识本身的任何一点信息。

Fiat-Shamir 协议是最早提出的交互式零知识证明身份认证方案,后续很多方案都是对 Fiat-Shamir 协议的改进。Fiat-Shamir 协议中引进了可信第三方(trusted authority,TA),

4. 设计题

在仲裁认证方式下，通信双方 A、B 均在仲裁认证中心 X 注册了公开密钥，由 X 分配 A、B 通信的会话密钥 K_s，设计一个使用临时值和时间戳的密钥交换协议，使通信双方 A、B 得到 K_s 并确信对方已取得 K_s。(参考 Needham 协议，注明使用的每个参数)

第 5 章 访 问 控 制

本章学习要点
◇ 了解访问控制的概念、分类
◇ 了解自主型、强制型访问控制的概念及特征,重点掌握基于角色的访问控制
◇ 了解 Windows 系统安全体系结构,重点了解活动目录、组策略
◇ 了解 Linux 访问控制策略,重点掌握 DAC、LSM 原理结构和运行机制

微课视频

5.1 概 述

身份认证技术解决了识别"用户是谁"的问题,那么认证通过的用户是不是可以无条件地使用所有资源?答案是否定的。访问控制(access control)技术就是用来管理用户对系统资源的访问的。访问控制是国际标准 ISO 7498-2 中的五项安全服务之一,对提高信息系统的安全性起到了至关重要的作用。

对于访问控制的概念,我们一般可以理解为针对越权使用资源的防御措施,从而使系统资源在合法范围内使用。为了能够更精确地描述访问控制,需要对访问控制的基本组成元素进行定义说明,访问控制的基本组成元素主要包括主体(subject)、客体(object)和访问控制策略(access control policy)。

(1) 主体是指提出访问请求的实体,是动作的发起者,但不一定是动作的执行者。主体可以是用户或其他代理用户行为的实体(如进程、作业和程序等)。

(2) 客体是指可以接受主体访问的被动实体。客体的内涵很广泛,凡是可以被操作的信息、资源、对象都可以认为是客体。

(3) 访问控制策略是指主体对客体的操作行为和约束条件的关联集合。简单地讲,访问控制策略是主体对客体的访问规则集合,这个规则集合可以直接决定主体是否可以对客体实施特定的操作。

如图 5.1 所示,主体对于客体的每一次访问,访问控制系统均要审核该次访问操作是否符合访问控制策略,只允许符合访问控制策略的操作请求,拒绝那些违反访问控制策略的非法访问。访问控制可以解释为:依据一定的访问控制策略,实施对主体访问客体的控制。图 5.1 也给出了访问控制系统的两个主要工作:一个是当主体发出对客体的访问请求时,查询相关的访问控制策略;另一个是依据访问控制策略执行访问控制。

通过上述分析,可以看出影响访问控制系统实施效果的首要因素是访问控制策略,制定访问控制策略的过程实际上就是主体对客体的访问授权过程。如何较好地完成对主体的授权是访问控制成功的关键,同时也是访问控制必须研究的重要课题。

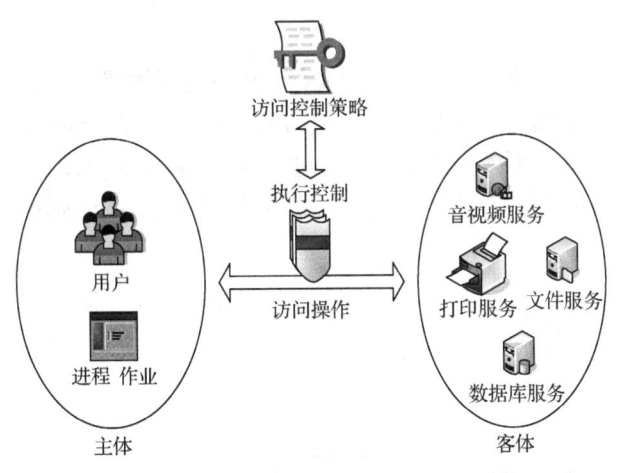

图 5.1 访问控制示意图

信息系统的访问控制技术最早产生于 20 世纪 60 年代，在 70 年代先后出现了多种访问控制模型。1985 年，美国军方提出 TCSEC，其中描述了两种著名的访问控制模型：自主访问控制模型(discretionary access control model，DACM)和强制访问控制模型(mandatory access control model，MACM)，而另一个著名的基于角色的访问控制模型(role based access control model，RBACM)则是在 1992 年提出的。

5.2 访问控制模型

访问控制模型是一种从访问控制的角度出发，描述安全系统以及安全机制的方法。简单地说，是对访问控制系统的控制策略、控制实施以及访问授权的形式化描述。自主型、强制型和基于角色的访问控制模型因其各自的特点在访问控制发展过程中占有重要地位，并得到广泛应用。

5.2.1 自主访问控制模型

自主访问控制模型是根据自主访问控制策略建立的一种模型，允许合法用户以用户或用户组的身份来访问系统控制策略许可的客体，同时阻止非授权用户访问客体，某些用户还可以自主地把自己所拥有的客体的访问权限授予其他用户。UNIX、Linux 以及 Windows NT 等操作系统都提供自主访问控制的功能。在实现上，首先要对用户的身份进行鉴别，然后就可以按照访问控制列表所赋予用户的权限允许或限制用户访问客体资源。主体控制权限的修改通常由特权用户或特权用户组实现。

在自主访问控制系统中，特权用户为普通用户分配的访问权限信息主要以访问控制表(access control list，ACL)、访问控制能力表(access control capability list，ACCL)、访问控制矩阵(access control matrix，ACM)三种形式来存储。

ACL 是以客体为中心建立的访问权限表，其优点在于实现简单，系统为每个客体确定一个授权主体的列表。目前，大多数 PC、服务器和主机都使用 ACL 作为访问控制的实现机制。

图 5.2 为 ACL 示例，其中，R 表示读操作，W 表示写操作，Own 表示管理操作。我们之所以将管理操作从读写中分离出来，是因为管理员也许会对控制规则本身或文件的属性等进行修改，也就是可以修改 ACL。例如，对于客体 Object1 来讲，Alice 对它的访问权限集合为{Own, R, W}，Bob 只有对它的读取权限{R}，John 则拥有读/写操作的权限{R, W}。

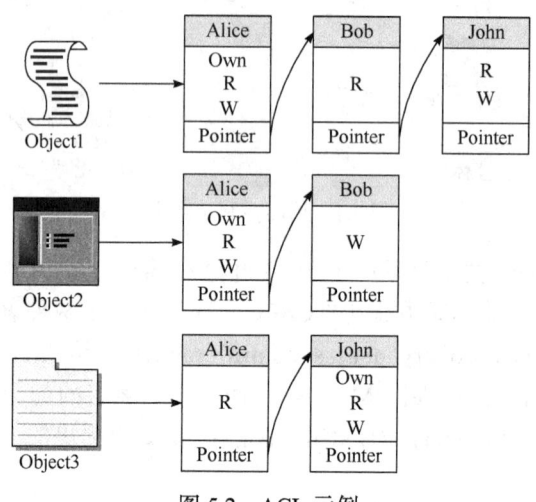

图 5.2 ACL 示例

图 5.3 为访问控制能力表示例，访问控制能力表是以主体为中心建立的访问权限表。在这里，"能力"这个概念可以解释为请求访问的发起者所拥有的一个授权标签，授权标签表明持有者可以按照某种访问方式访问特定的客体。也就是说，如果赋予某个主体一种能力，那么这个主体就具有了与该能力对应的权限。在此示例中，Alice 被赋予一定

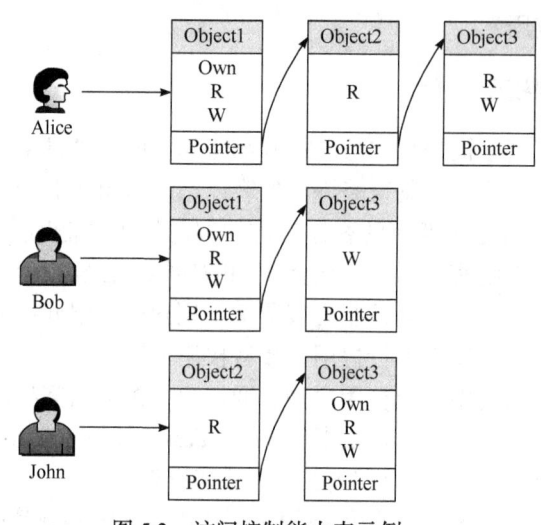

图 5.3 访问控制能力表示例

的访问控制能力,她具有的权限包括:对 Object1 拥有的访问权限集合为{Own, R, W},对 Object2 拥有只读权限{R},对于 Object3 拥有读和写的权限{R, W}。

访问控制矩阵是通过矩阵形式表示主体用户和客体资源之间的授权关系的方法。表 5.1 为访问控制矩阵示例,采用二维表的形式来存储访问控制策略,每一行为一个主体的访问能力描述,每一列为一个客体的访问控制描述,整个矩阵可以清晰地体现出访问控制策略。与访问控制表和访问控制能力表一样,访问控制矩阵的内容同样需要特权用户或特权用户组来进行管理。另外,如果主体和客体很多,那么访问控制矩阵将会呈几何级数增长,这样,对于增长了的矩阵而言,会有大量的冗余空间,例如,主体 John 和客体 Object2 之间没有访问关系,但也存在着授权关系项。

表 5.1 访问控制矩阵示例

主体	客体		
	Object1	Object2	Object3
Alice	Own, R, W	R	R, W
Bob	R	Own, R, W	
John	R, W		Own, R, W

自主访问控制为用户提供了灵活的数据访问方式,授权主体(特权用户、特权用户组的成员以及对客体拥有 Own 权限的主体)均可以完成赋予和回收其他主体对客体资源的访问权限,使自主访问控制广泛应用于商业和工业环境中。但由于自主访问控制允许用户任意传递权限,没有访问文件 file1 权限的用户 A 可能从有访问权限的用户 B 那里得到访问权限,因此,自主访问控制模型提供的安全防护还是相对比较低的,不能为系统提供充分的数据保护。

5.2.2 强制访问控制模型

强制访问控制开始是为了实现比自主访问控制更为严格的访问控制策略,后来逐渐修改完善形成了强制访问控制,并得到了广泛的商业关注和应用。强制访问控制是一种多级访问控制策略,系统事先为访问主体和受控客体分配不同的安全级别属性,在实施访问控制时,系统先对访问主体和受控客体的安全级别属性进行比较,再决定访问主体能否访问该受控客体。

为了对强制访问控制模型进行形式化描述,首先需要将访问控制系统中的实体对象分为主体集 S 和客体集 O,然后定义安全类 $SC(x) = <L, C>$,其中 x 为特定的主体或客体,L 为有层次的安全级别(level),C 为无层次的安全范畴(category)。在安全类 SC 的两个基本属性 L 和 C 中,安全范畴 C 用来划分实体对象的归属,而同属于一个安全范畴的不同实体对象由于具有不同层次的安全级别 L,因而构成了一定的偏序关系。例如,TS(top secret)表示绝密级,S(secret)表示秘密级,当主体 s 的安全类别为 TS,而客体 o 的安全类别为 S 时,s 与 o 的偏序关系可以表述为 $SC(s) \geq SC(o)$。依靠不同实体安全级别之间存在的偏序关系,主体对客体的访问可以分为四种形式。

(1) 向下读(read down，RD)：主体安全级别高于客体信息资源的安全级别，即 $SC(s) \geqslant SC(o)$ 时，允许读操作。

(2) 向上读(read up，RU)：主体安全级别低于客体信息资源的安全级别，即 $SC(s) \leqslant SC(o)$ 时，允许读操作。

(3) 向下写(write down，WD)：$SC(s) \geqslant SC(o)$ 时，允许写操作。

(4) 向上写(write up，WU)：$SC(s) \leqslant SC(o)$ 时，允许写操作。

由于强制访问控制通过分级的安全标签实现了信息的单向流动，因此它一直被军方采用，其中最著名的是 Bell-LaPadula 模型和 Biba 模型。Bell-LaPadula 模型具有只允许向下读、向上写的特点，可以有效地防止机密信息向下级泄露，保护机密性；Biba 模型则具有只允许向上读、向下写的特点，可以有效地保护数据的完整性。

表 5.2 为强制访问控制信息流安全控制，可以看出机密层次的主体对于比其密级高的客体，只有写操作权限；而对于比其级别低的客体，则拥有读操作权限。这符合 RD 和 WU，与 Bell-LaPadula 模型的信息流控制一致，可以保证信息的机密性。

表 5.2 强制访问控制信息流安全控制

主体	客体				
	TS	C	S	U	高
TS	R/W	R	R	R	↓
C	W	R/W	R	R	↓
S	W	W	R/W	R	低
U	W	W	W	R/W	

注：TS 表示绝密级，C 表示机密(confidential)级，S 表示秘密级，U 表示无密(unclassified)级。

5.2.3 基于角色的访问控制模型

强制访问控制模型和自主访问控制模型属于传统的访问控制模型，自主访问控制模型虽然支持用户自主地把自己所拥有的客体的访问权限授予其他用户这种做法，但当企业的组织结构或系统的安全需求发生较大变化时，就需要进行大量烦琐的授权工作，系统管理员的工作势必非常繁重，更主要的是容易产生错误进而造成一些意想不到的安全漏洞；强制访问控制模型虽然授权形式相对简单，工作量较小，但其特点使其不适合访问控制规则比较复杂的系统。基于角色的访问控制模型则较好地综合了自主访问控制模型和强制访问控制模型的特点，基本上解决了上述问题。

首先了解一下 Group(组)的概念，一般认为 Group 是具有某些相同特质的用户集合。这个概念在许多系统中得到使用。在 UNIX 操作系统中，Group 可以看成拥有相同访问权限的用户集合，定义用户组时会为该组赋予相应的访问权限。如果一个用户加入了该组，则该用户就具有了该用户组的访问权限，可以看出组内用户继承了组的权限。

下面讨论一下 Role(角色)的概念，可以这样理解：Role 是一个与特定工作活动相关联的行为与责任的集合。Role 不是用户的集合，也就与 Group 不同。但当将一个 Role 与一个 Group 绑定时，这个 Group 就拥有了该 Role 拥有的特定工作的行为能力和责任。Group 和 User(用户)都可以看成 Role 分配的单位和载体。一个 Role 可以看成具有某种能力或某些属性的主体的一个抽象。

如图 5.4 所示，引入了 Role 的概念，目的是隔离 User(动作主体，Subject)与 Privilege(权限，指对客体(Object)的一个访问操作(Operation)，即 Operation+Object)。Role 作为一个用户与权限的代理层，所有的授权应该给予 Role 而不是直接给 User 或 Group。基于角色的访问控制模型的基本思想是将访问权限分配给一定的角色，用户通过饰演不同的角色获得角色所拥有的访问许可权。

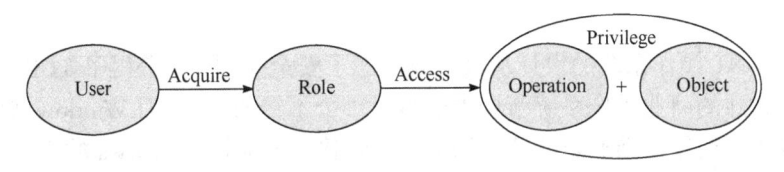

图 5.4　基于角色的访问控制模型

在一个公司里，用户角色可以定义为经理、会计、出纳员和审计员，具体的权限如下。

(1) 经理：允许查询公司的经营状况和财务信息，但不允许修改具体财务信息，必要时可以根据财务凭证支付或收取现金，并编制银行账和现金账。

(2) 会计：允许根据实际情况编制各种财务凭证及账簿，但不包括银行账和现金账。

(3) 出纳员：允许根据财务凭证支付或收取现金，并编制银行账和现金账。

(4) 审计员：允许查询、审查公司的经营状况和财务信息，但不允许修改任何账目。

我们发现基于角色的访问控制的策略陈述易于被非技术的组织策略者理解，既具有基于身份策略的特征，也具有基于规则策略的特征。在基于组或角色的访问控制中，一个用户可能不只是一个组或角色的成员，但一些情况下会限制某个组或角色的成员拥有其他组或角色的身份，例如，经理可以充当出纳员的角色，但不能负责会计工作，即各角色之间存在相容和相斥的关系。

基于角色的访问控制在体系结构上具有许多优势，使其变得更加灵活、方便和安全，目前在大型数据库系统的权限管理中得到了普遍应用。角色是由系统管理员定义的，角色成员的增减也只能由系统管理员来执行，即只有系统管理员才有权定义和分配角色。主体用户与客体对象没有直接联系，用户只有通过被赋予角色才能拥有该角色所对应的权限，从而访问相应的客体。因此用户不能自主地将访问权限授权给其他用户，这是基于角色的访问控制与自主访问控制的根本区别所在。基于角色的访问控制与强制访问控制的区别在于强制访问控制是基于多级安全需求的，而基于角色的访问控制则不是。

在各种访问控制系统中，访问控制策略的制定和实施都是围绕主体、客体和操作权限三者之间的关系展开的。有三个基本原则是制定访问控制策略时必须遵守的。

(1) 最小特权原则：指主体执行操作时，按照主体所需权利的最小化原则分配给主体权利。最小特权原则的优点是最大限度地限制了主体实施授权行为,可以避免突发事件和错误操作带来的危险。

(2) 最小泄露原则:指主体执行任务时,按照主体所需要知道信息的最小化原则分配给主体访问权限。

(3) 多级安全策略:指主体和客体间的数据流方向必须受到安全等级的约束。多级安全策略的优点是避免敏感信息的扩散。对于具有安全级别的信息资源,只有安全级别比它高的主体才能够对其进行访问。

5.3 Windows 系统的安全管理

Windows NT 操作系统的设计从最初就考虑了安全问题,并获得了 TCSEC C2 认证,使其在竞争激烈的商业操作系统市场中取得了一个不错的业绩,而 Windows 2000 操作系统更是被授予了通用标准安全认证最高等级。微软为了加强 Windows 的市场竞争力,不断强化其安全结构,在 Windows Server 2003 的安全方面融入许多的安全元素,使其具有了更高的安全性。本节讨论的 Windows 安全性是以 Windows NT 及更高版本的 Windows 系统为参考的。

5.3.1 Windows 系统安全体系结构

如图 5.5 所示,Windows 系统采用的是层次性的安全架构,整个安全架构的核心是安全策略,完善的安全策略决定了系统的安全性。Windows 系统的安全策略明确了系统各个安全组件如何协调工作,Windows 系统安全开始于用户认证,它是其他安全机制能够有效实施的基础,处于安全框架的最外层。加密和访问控制处于用户认证之后,是保证系统安全的主要手段,加密保证了系统与用户之间的通信及数据存储的机密性;访问控制则维护了用户访问的授权原则。审计和管理处于系统的内核层,负责系统的安全配置和事故处理,审计可以发现系统是否曾经遭受过攻击或者正在遭受攻击,并进行追查;管理则是为用户有效控制系统提供功能接口。

Windows 系统的安全性主要围绕安全主体展开,保护其安全性。安全主体主要包括用户、组、计算机以及域等。用户是 Windows 系统中操作计算机资源的主体,每个用户必须先行加入 Windows 系统,并被指定唯一的账户,账户拥有特定的访问权限,用户通过账户凭证(用户名+口令)来登录,登录后即可使用该账户拥有的权限来访问资源;组是用户账户集合的一种容器,同时组也被赋予了一定的访问权限,放到一个组中的所有账户都会继承这些权限;计算机是指一台独立计算机的全部主体和客体资源的集合,也是 Windows 系统管理的独立单元;域是使用域控制器(domain controller,DC)进行集中管理的网络,通过将一台或几台 Windows 服务器设定为域控制器,就可以创建一个 Windows 域,域控制器是共享域信息的安全存储仓库,同时也作为域用户认证的中央控制机构。

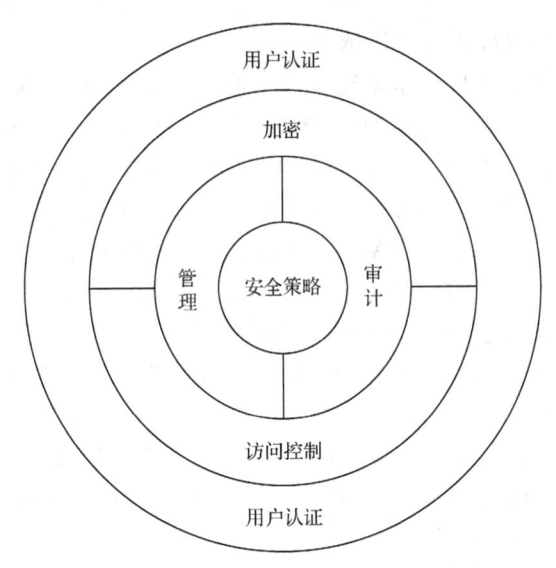

图 5.5 Windows 系统的安全架构

Windows 系统的安全性主要是由它的安全子系统来提供的，安全子系统既可以用于工作站，也可以用于服务器，区别只在于服务器版的用户账户数据库可以用于整个域，而工作站版的数据库只能本地使用。如图 5.6 所示，Windows 系统的安全性服务运行在两种系统模式下，安全参考监视器(security reference monitor，SRM)运行在内核模式下，作为 Windows Executive 的一部分；而用于与用户进行交互的主要安全服务本地安全机构(local security authority，LSA)则工作在用户模式下。安全子系统提供的安全服务主要包括身份认证、访问控制和事件审计等。

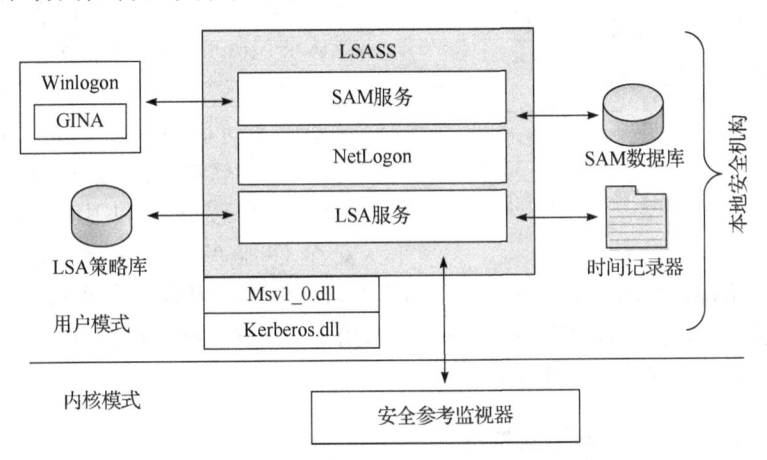

图 5.6 Windows 安全子系统

SRM 是 Windows 系统所有安全服务的基础，它运行在内核模式下，负责检查一个用户是否有权限访问一个客体对象或者是否有权限完成某些动作(如文件备份)，对每个客体对象的访问必须得到内核层 SRM 的有效性访问授权，否则访问无法完成。SRM 的另一个功能是与 LSA 配合来监视用户对客体对象的访问，并生成事件日志传送给事件记录器保存,为管理员的事件审计提供依据。

LSA 提供的安全服务主要由本地安全机构子系统(local security authority subsystem, LSASS)和本地登录模块 WinLogon 两个服务来完成。WinLogon 是系统启动时自动加载的一个进程,监视整个登录过程,同时可以加载 GINA(graphical identification and authentication)进程,提供图形化的用户认证界面。LSASS 主要包括 LSA 服务、安全账户管理(security account manager,SAM)、网络登录服务 NetLogon 等基本组件。

LSA 服务是用户与系统的交流通道,它提供了许多服务程序来帮助用户完成许多工作,主要包括提供交互式登录认证服务、创建用户的访问令牌、存储和映射用户权限、设置和管理审核策略等。LSA 与用户交互涉及许多服务进程,与 WinLogon 合作完成用户登录;调用 Msv1_0.dll 支持早期协议 LanMan 及 NT LanMan 认证服务,调用 Kerberos.dll 支持 Kerberos 认证的服务,可见 LSA 可以为系统提供丰富的认证机制。

SAM 是实现用户身份认证的主要依据,在 SAM 数据库中保存着用户账号和口令等数据,为 LSA 提供数据查询。

NetLogon 是进行域登录的重要部件,首先通过安全通道与域中的域控制器建立连接,然后通过安全通道传递用户的口令,完成域登录。

图 5.7 是 Windows 登录认证流程,系统启动后自动加载 WinLogon 进程,WinLogon 调用 GINA 进程,GINA.dll 被设计成一个独立的模块,可以用一个更加强有力的认证方式(如指纹)替换内置的 GINA.dll,Windows 默认的是 Msgina.dll。GINA 调用 LSA,LSA 的作用之一就是加载认证包(authentication package),认证包可以由第三方遵循 SSPI 来开发。SSPI 是 security support provider interface 的英文缩写,是微软提供的公用应用程序接口(API),第三方能够利用该接口获得不同的安全性服务而不必修改协议本身。

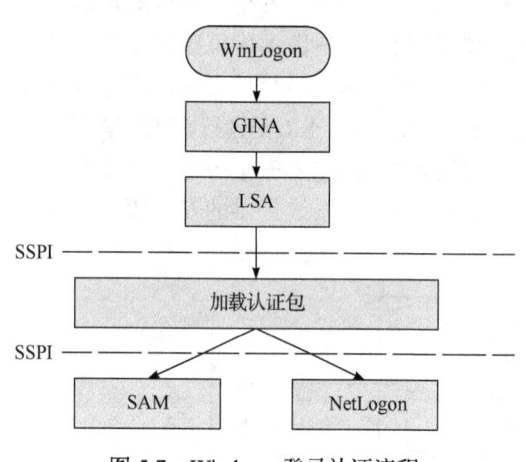

图 5.7 Windows 登录认证流程

Windows 默认的认证包为 Msv1_0.dll,它和其他认证包一样可以向本地 SAM 发送账号信息请求,并向 LSA 返回创建访问令牌所需要的信息。如果进行域网络登录,认证包则调用 NetLogon 与域控制器进行连接通信。

5.3.2 Windows 系统的访问控制策略

Windows 系统的访问控制是其安全性的基础构件之一。访问控制模块有两个主要的组成部分,分别是访问令牌(access token)和安全描述符(security descriptor),它们分别被访问者和被访问者持有。通过访问令牌和安全描述符的内容,Windows 可以确定持有令牌的访问者能否访问持有安全描述符的对象。

要了解 Windows 的访问控制,需要先了解基本控制单元"账户"。账户是一种"对用户所处的环境(即上下文)和自身的状态"的称呼,是一个具有特定约束条件的容器,也可以理解为背景环境。操作系统在这个上下文描述符上运行该账户的大部分代码。换一种说法,任意用户模式代码都在属于该用户的上下文中运行。即使是那些在登录之前就运行的代码(如服务)也运行在一个账户(特殊的本地系统账户 SYSTEM)的上下文中。

Windows 中的每个账户或账户组都有一个安全标识符(security identity,SID),平常看到的 Administrator、Users 等账户或者账户组在 Windows 内部均使用 SID 来标识。每个 SID 在同一个系统中都是唯一的。例如,S-1-5-21-1507001333-1204550764-1011284298-500 就是一个完整的 SID。每个 SID 都以前缀 S 开头,它的各个部分之间用连字符"-"隔开,第一个数字(本例中的 1)是修订版本编号,第二个数字是标识符颁发机构代码(Windows 2000 为 5),然后是 4 个子颁发机构代码(本例中是 21 和后续的三个长数字串)和一个相对标识符(relative identifier,RID)。RID 对所有的计算机和域来说都是相对固定的,例如,带有 RID 500 的 SID 总是代表本地计算机的真正的 Administrator 账户,RID 501 是 Guest 账户,在域中,从 1000 开始的 RID 代表用户账户,例如,RID 为 1000 的账户是在该 Windows 域中创建的第 1 位用户。

访问令牌是一个被保护的对象,每个访问令牌都与特定的 Windows 账户相关联,如图 5.8 所示,访问令牌包含该账户的 SID、所属组的 SID 以及账户的特权信息。当一个

```
Microsoft Windows XP [版本 5.1.2600]
(C) 版权所有 1985-2001 Microsoft Corp.

C:\>whoami /all
[User]    = "Smith\Administrator"  S-1-5-21-2000478354-842925246-1202660629-500
[Group 1] = " Smith \None"  S-1-5-21-2000478354-842925246-1202660629-513
[Group 2] = "Everyone"  S-1-1-0
[Group 3] = " Smith \Debugger Users"  S-1-5-21-2000478354-842925246-1202660629-1004
[Group 4] = "BUILTIN\Administrators"  S-1-5-32-544
[Group 5] = "BUILTIN\Users"  S-1-5-32-545
[Group 6] = "NT AUTHORITY\INTERACTIVE"  S-1-5-4
[Group 7] = "NT AUTHORITY\Authenticated Users"  S-1-5-11
[Group 8] = "LOCAL"  S-1-2-0

(X) SeChangeNotifyPrivilege         =
(O) SeSecurityPrivilege             =
(O) SeBackupPrivilege               =
(O) SeRestorePrivilege              =
(O) SeSystemtimePrivilege           =
(O) SeShutdownPrivilege             =
(O) SeRemoteShutdownPrivilege       =
(O) SeTakeOwnershipPrivilege        =
(O) SeDebugPrivilege                =
(O) SeSystemEnvironmentPrivilege    =
(O) SeSystemProfilePrivilege        =
(O) SeProfileSingleProcessPrivilege =
(O) SeIncreaseBasePriorityPrivilege =
(X) SeLoadDriverPrivilege           =
(O) SeCreatePagefilePrivilege       =
(O) SeIncreaseQuotaPrivilege        =
(X) SeUndockPrivilege               =
(O) SeManageVolumePrivilege         =
(X) SeImpersonatePrivilege          =
(X) SeCreateGlobalPrivilege         =
```

图 5.8 Windows XP 的访问令牌

账户登录的时候，LSA 会从内部数据库中读取该账户的信息，然后使用这些信息生成一个访问令牌。访问令牌相当于用户访问系统资源的票证，在该账户环境中启动的进程，都会获得这个令牌的一个副本，进程中的线程也默认持有这个令牌。当用户试图访问系统资源时，需要将拥有的令牌提供给 SRM，SRM 会检查用户试图访问的对象的访问控制列表。如果用户被允许访问该对象，系统将会分配给用户适当的访问权限。访问令牌是用户在通过验证的时候获得的，所以改变用户的权限需要注销后重新登录，重新获取访问令牌。

每个被访问的客体对象都与一个安全描述符相关联，安全描述符是用来描述客体对象的安全属性及安全规则的，它包含该客体对象所有者的 SID 和访问控制列表。访问控制列表又包括了自主访问控制列表(discretionary access control list，DACL)和系统访问控制列表(system access control list，SACL)。DACL 是安全描述符中最重要的部分，它是由多个访问控制项(access control entry，ACE)组成的，每个访问控制项的内容描述了允许或拒绝特定账户对这个对象执行特定操作。SACL 是为系统审计服务的，它的内容决定了当特定账户对该客体对象执行特定操作时，其行为是否会被记录到系统日志中。

如图 5.9 所示，如果代表 Smith 的线程的线程 A 企图访问客体对象 FILE.txt，则 SRM 依据 Smith 的访问令牌的信息和 FILE.txt 的安全描述符进行审核，由于安全描述符中的 DACL 包含访问控制项 ACE1，其内容是拒绝 Smith 的读操作、写操作和执行操作，因此 SRM 拒绝线程 A；而 SRM 根据 DACL 的内容允许线程 B 访问 FILE.txt。

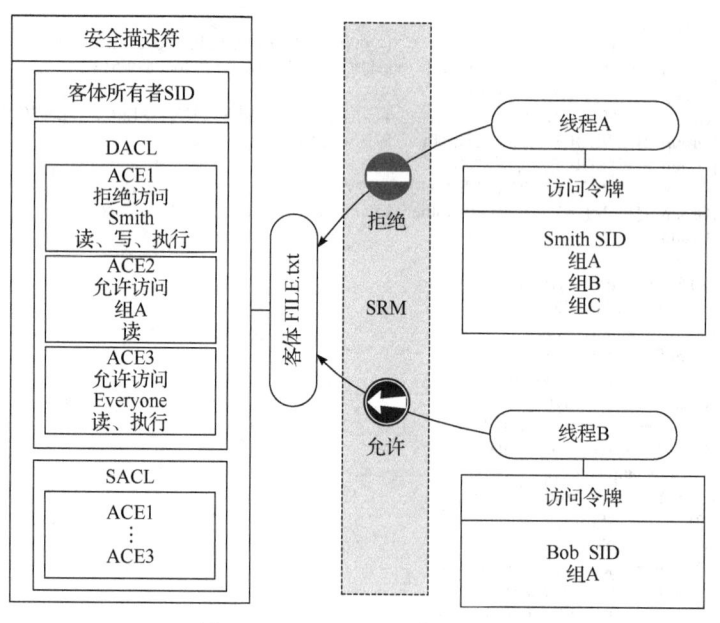

图 5.9　Windows 访问控制模型

5.3.3　活动目录与组策略

在 Windows 的网络管理中有两个非常重要的管理技术，即活动目录(active directory，AD)和组策略(group policy，GP)，它们的协调工作有效地提升了 Windows 网络的安全性。

活动目录是面向 Windows Standard Server、Windows Enterprise Server 以及 Windows Datacenter Server 的目录服务，它存储了有关网络对象的信息，并且让管理员和用户能够轻松地查找和使用这些信息。

活动目录是一个面向网络对象管理的综合目录服务，网络对象包括用户、用户组、计算机、打印机、应用服务器、域、组织单元(organizational unit，OU)以及安全策略等。实际上，活动目录提供的是各种网络对象的索引集合，也可以看作数据存储的视图，这样可以将分散的网络对象有效地组织起来，建立网络对象索引目录，并存储在活动目录的数据库内。

图 5.10 为活动目录的管理划分模型，活动目录把整个域作为一个完整的目录来进行管理，域模式要求用户进行网络登录，用户只要在域中有一个账户，登录成功后就可以在整个域网络中漫游。为了管理方便，活动目录服务又把域详细划分为若干个组织单元。组织单元也是一个容器对象，它是活动目录可管理的基础划分，可以理解为域中一些用户和组、文件、打印机等资源对象以及其他组织单元的集合，可见，组织单元还可以再划分出下级组织单元，下级组织单元能够继承父组织单元的访问权限。另外，每一个组织单元都可以有自己的管理员，由他负责组织单元的权限管理，从而实现活动目录的多层次管理。

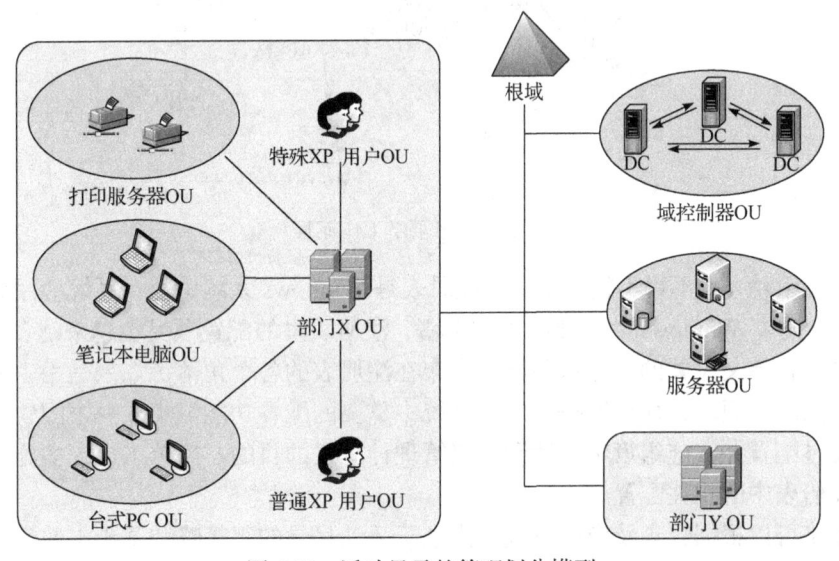

图 5.10　活动目录的管理划分模型

活动目录的功能包括基于目录的用户和资源管理、基于目录的网络服务和基于网络的应用管理。基于目录的用户和资源管理为用户提供网络对象的统一视图；基于目录的网络服务主要包括域名系统(DNS)、Windows 网络名称服务(WINS)、动态主机配置协议(DHCP)、消息队列服务、事务服务(MTS)、证书服务等；基于网络的应用管理包括管理企业通信录(与电子邮件系统集成)、用户组管理、用户身份认证、用户授权管理以及应用系统支撑(财务、人事、办公自动化、补丁管理、防病毒系统等应用系统)等。

活动目录是 Windows 网络中重要的安全管理平台，组策略是其安全性的重要体现。组策略可以理解为依据特定的用户或计算机的安全需求定制的安全配置规则。如图 5.11 所示，管理员针对每个组织单元定制不同的组策略，并将这些组策略存储在活动目录的相关数据库内，可以强制推送到客户端实施组策略。在一个启动了活动目录的域中，活动目录可以使用组策略命令来通知和改变已经登录的用户的组策略，并执行相关安全配置。也就是说，当用户完成网络登录后，就会受到活动目录的直接控制管理，依据所在组织单元的组策略来实施安全配置。

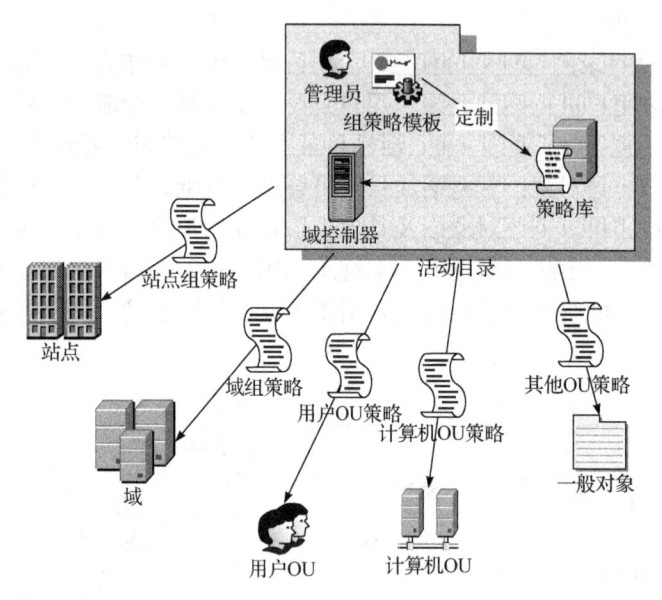

图 5.11 组策略工作流程

说到组策略，就不得不提注册表。注册表是 Windows 系统中保存系统应用软件配置的数据库，随着 Windows 的功能越来越丰富，注册表里的配置项目也越来越多，很多配置都是可以自定义设置的，但这些配置发布在注册表的各个角落，如果是手工配置，可想是多么困难和烦琐，而组策略可以将系统中重要的配置功能汇集成一个配置集合，管理人员通过配置并实施组策略，达到直接管理计算机的目的。简单来说，实施组策略就是修改注册表中的相关配置。

组策略可以根据管理及应用方式分为基于活动目录的组策略和基于本地计算机的组策略两种，主要区别包括两个方面。首先，管理方式不同，活动目录组策略存储在域控制器上活动目录的数据库中，它的定制实施由域管理员来执行；而本地组策略存放在本地计算机内，由本地管理员来定制实施。其次，作用域不同，活动目录组策略实施的对象是整个组织单元；本地组策略只负责本地计算机。当一台计算机登录到活动目录上时，活动目录组策略将被推送到客户机，同时覆盖本地组策略，可见活动目录组策略的级别优于本地组策略。

组策略和活动目录结合使用，可以部署在组织单元、站点或域的范围内，当然也可以部署在本地计算机上。部署在本地计算机上时，组策略不能发挥其全部功能，只有和活动目录配合,组策略才可以发挥出全部潜力。Windows Server 2003 系统的组策略相比以前版本的内容得到了进一步的丰富,组策略能够完成的工作主要包括以下几个部分。

(1) 部署软件:将需要安装的软件安装包放到活动目录服务器上,在组策略中规定用户端的某个桌面环境指向这个软件安装包,组策略应用成功后,用户需要使用该软件的时候,就会自动安装。

(2) 设置用户权限:Windows Server 2003 服务器可以通过配置组策略来管控用户。

(3) 软件限制策略:管理员可以通过配置组策略,限制某个用户只能运行特定的程序或执行特定的任务。

(4) 控制系统设置:允许管理员统一部署网络用户的 Windows 服务。

(5) 设置登录、注销、关机、开机脚本。

(6) 通用桌面控制:管理员可以统一部署网络上计算机的桌面配置参数,使各客户端具有相同的 Windows 桌面运行环境。

(7) 安全策略:提供批量设定客户端计算机的安全选项,包括密码设置、审核、IP 安全策略等内容。

(8) 重定向文件夹:把用户本机上的文件夹存储位置转移到域控制器上或者网络中的其他服务器上,从而实现对数据进行统一备份与管理。

(9) 基于注册表的策略设置:配置注册表的管理策略以及修改注册表的内容。

5.4 Linux 系统的安全管理

5.4.1 Linux 操作系统结构

1991 年,Linus Torvalds 发布了一个基于 UNIX 开发的操作系统 Linux 0.01,标志着世界迎来了伟大的开源操作系统。目前 Linux 因其功能完善和运行稳定被广泛使用,衍生出众多版本,适用于不同的场景。据统计,基于 Linux 操作系统的服务器占比在 70%以上,运行在 PC、手机、平板电脑、路由器、视频游戏控制台、数字视频录像机等设备上的操作平台也多为 Linux 系统。

如图 5.12 所示,计算机系统可以分为应用层、内核层和硬件层。应用程序通过系统调用程序建立与内核层各模块的联系,内核层各模块根据应用程序的要求和系统的规则控制硬件层的硬件设备,内核层就是控制应用程序运行及访问硬件的"承上启下"的操作系统。Linux 操作系统的主要模块包括进程管理、内存管理、文件管理和网络管理等,每个模块均需要设备驱动程序来驱动硬件的运行,中央处理器(CPU)和内存的驱动程序可以理解为被融入系统指令或微指令中。

进程管理模块负责管理调度 CPU 资源,默认的调度器是完全公平调度器(completely fair scheduler,CFS)。CFS 基于虚拟运行时间对进程进行排序及调度,以确保每个进程都能获得公平的 CPU 时间份额。

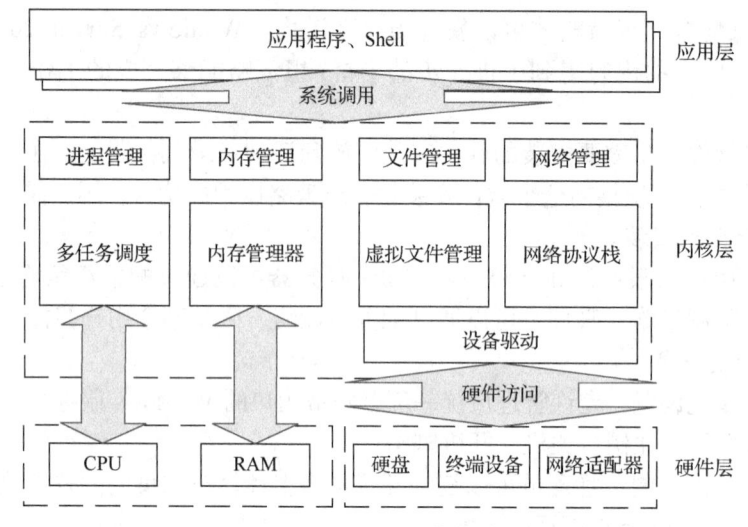

图 5.12　Linux 系统结构

　　内存管理模块负责管理内存(memory)资源，以便让各个进程可以安全地共享机器内存资源。目前内存管理都采用虚拟内存机制，将内存和外存构建成层次性存储结构，从而扩大系统内存空间。内存管理单元(memory management unit，MMU)负责处理 CPU 的内存访问请求，主要功能包括虚拟地址到物理地址的转换(即虚拟内存管理)、内存保护、中央处理器高速缓存的控制等。

　　文件管理模块将不同功能的外围设备，如存储设备、输入输出设备等，抽象为可以通过统一的文件操作接口(open、close、read、write 等)来访问，这就是 Linux 系统"一切皆是文件"的体现。虚拟文件系统(virtual file system，VFS)将系统中独立的文件或目录组合成一个层次化的树形结构存储系统。对于外部新的文件系统，Linux 可以通过挂载的方式将其挂载到某个目录上，从而让不同的文件系统结合成一个整体。

　　网络管理模块负责管理系统的网络设备，实现各种网络协议，最终实现通过网络连接其他系统的功能，进行网络通信和数据传输。协议栈(protocol stack)是网络管理模块的核心，它是用于实现网络通信的一系列协议层次结构的总称。这些协议按照特定的层次进行组织和交互，以确保数据能够在不同的计算机和网络设备之间正确、高效地传输。每个层次都负责处理网络通信中的特定方面，如数据的封装与解封装、寻址、路由选择、流量控制、错误检测与纠正等。

　　设备驱动是用来实现 Linux 与各种硬件设备交互的控制程序，Linux 系统支持很多硬件设备，如磁盘、网络适配器及显示器等，每种设备都需要有相应的驱动程序支持，这些程序一般与硬件的控制芯片有关。

　　Shell 是用户与内核进行交互操作的一种接口，也可以理解为系统的用户界面，它接收用户输入的命令并把它送入内核去执行，是一个命令行解释器。常见的 Shell 包括 Bash、C Shell 等。Shell 还提供了编程接口，用户可以使用 Shell 编程语言(如 Bash 脚本)来编写自动化脚本，以简化复杂的任务。

　　系统调用是提供某些机制来执行从用户空间到内核空间的函数调用，接口依赖于体系结构。系统调用接口(system call interface，SCI)可以看作一个非常有用的函数调用式的多路复用、多路分解服务，它构建了用户的应用程序到系统内核及硬件之间联系的桥梁。

Linux 系统上可以运行各种应用程序，包括文本编辑器、浏览器、开发工具、服务器软件等。这些应用程序通常是通过包管理器进行安装和管理的，如 APT(advanced package tool)、黄狗升级器(yellow dog updater modified，YUM)等软件包管理工具。

Linux 操作系统的系统结构是一个高度模块化、组件化的架构，这使系统非常灵活和具有高可定制性，用户可以根据自己的需求选择不同的组件来构建满足特定需求的 Linux 系统。

5.4.2 Linux 系统的访问控制策略

Linux Kernel 2.6 之前的 Linux 系统仅提供 UNIX 自主访问控制和部分支持 POSIX.1e 标准草案中的 Capabilities 安全机制，这些技术措施对于 Linux 系统的安全性防护是不够的，严重影响了 Linux 系统的广泛应用。2001 年的 Linux Kernel 峰会上，美国国家安全局(NSA)代表建议在 Linux Kernel 2.5 中加入 SELinux(security-enhanced Linux)，然而，这一提议遭到了 Linus Torvalds 的拒绝，很多开发人员都认为 SELinux 不是最佳解决方案，取而代之的是 Linux 安全模块(Linux security module，LSM)的开发被提上日程。

1. 自主访问控制

传统的 Linux 自主访问控制安全模型的核心思想是进程所拥有的权限与执行它的用户的权限相同。主体分为用户和组，本地用户的账户信息保存在 passwd 文件里，早期该文件还保存用户密码，后期出于安全起见，Linux 用户加密密码及相关信息保存在 shadow 文件里。本地组的账户信息保存在 group 文件里，组密码及相关信息保存在 gshadow 文件中。这些文件存放在 Linux 文件系统根目录的子目录 etc 下，它存放了重要系统配置文件。Linux 系统的客体就是各种文件，常见的类型如下。

(1) 普通文件(-，显示标记)：这是最常见的文件类型，包括二进制文件、文本文件、数据文件、图片、音频文件等。如图 5.13 所示，前三个文件为普通文件，第一个字符为"-"。

```
┌──(kali㉿kali)-[/etc]
└─$ ls -l
总计 1444
-rw-r--r--  1 root     root        3040 2023年  2月  7日 adduser.conf
-rw-r--r--  1 root     root        2981 2022年  2月 11日 adduser.conf.update-old
-rw-r--r--  1 root     root          44 2022年  2月 11日 adjtime
drwxr-xr-x  3 root     root        4096 2023年  2月 11日 alsa
drwxr-xr-x  2 root     root       36864 2023年  4月  6日 alternatives
drwxr-xr-x  8 root     root        4096 2023年  4月  2日 apache2
drwxr-xr-x  2 root     root        4096 2023年  4月  2日 apparmor
```

UGO+RWX　　属主　　属组　　　　　　　　　　　　　　　文件名或目录名

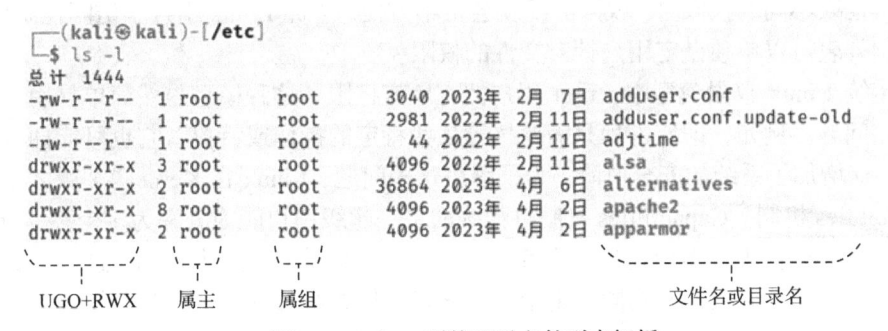

图 5.13　Linux 系统目录文件列表解析

(2) 目录(d)：在 Linux 中被视为一种特殊的文件，用于存储其他文件和目录。如图 5.13 所示，第四个文件为目录，第一个字符为"d"。

(3) 符号链接(l)：也称软链接，是一个指向另一个文件或目录的特殊类型的文件，它类似于 Windows 中的快捷方式。

(4) 字符设备(c)：代表了可以被用户空间程序直接访问的设备。这些文件允许用户空间程序与内核空间的设备驱动程序进行交互。

(5) 块设备(b)：与字符设备类似，但它们表示的是可以被随机访问的块设备，如硬盘或闪存驱动器等。

(6) 套接字(s)：被用于进程间的网络通信，它们允许不同的程序通过网络进行通信。

(7) 命名管道 (p)：有时也称 FIFO(first in first out，先进先出)，它们提供了一种在不同进程之间传递数据的方式。

Linux 系统中的每个文件都有唯一的索引节点 inode，文件的访问权限记录在各自的 inode 中。inode 是一个数据结构，用于存储和管理文件或目录的元数据，文件系统格式化时会划分出一个专门的区域来存储所有的 inode。具体来说，文件的权限信息以特定的格式存储在 inode 中，这些权限信息定义了哪些用户可以读取、写入或执行该文件。Linux 系统将用户分为四类：超级用户 root、文件或目录的属主 User、属主的同组人 Group 和其他用户 Others，超级用户具有操作 Linux 系统的一切权限，其他三类用户都要被指定对文件和目录的访问权限，每类用户都有相应的读 r、写 w 和执行 x 权限。当用户创建一个文件时，这个用户就是这个文件的属主，一般情况下这个用户的主要组也将成为这个文件组的属主。

传统的 Linux 系统的访问控制就是系统中的每个文件和目录(客体)都有相应的访问权限，通过其确定谁(主体)可以通过何种方式对文件和目录进行访问和操作，一般采用 UGO+RWX 来表示，图 5.13 是 Linux 目录下的文件列表形式，第一列就是 UGO+RWX 显示形式。图 5.14 第一行给出了 10 位字符的具体分区，上边的 10 位字符表示普通文件，属主 User 权限为读写，属组 Group 权限为只读，其他用户 Others 权限为只读。传统的访问控制方案是基于用户组来分配权限，但组中的某个成员应该获得与其他人不同的权限时，权限分配就会很不方便，为此 Linux 引入了访问控制列表，访问控制列表可以单独设定用户针对文件的权限。

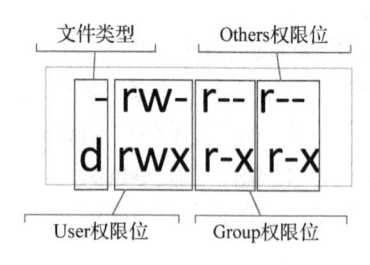

图 5.14 UGO+RWX 示意图

在传统 Linux 权限模型中，root 用户拥有所有权限。这种模型虽然简单易用，但也存在一些问题。例如，即使进程只需要执行某些特定的操作或特权，它也可能拥有过多的权限，这增加了系统的安全风险。为了解决这些问题，Linux 在 Kernel 2.2 版之后引入了 Capabilities 机制。Capabilities 机制将传统的单一超级用户能力分解为多个独立部分，每种 Capability 代表一类特定操作或者特权，本质上就是对系统内核调用进行分类，具有相似功能的系统调用被分到同一组中，这样权限检查的过程就变得相对简单了，在执行特权操作时，如果进程的有效身份不是 root，就去检查其是否具有该特权操作所对应的 Capabilities，并以此为依据，决定是否可以执行特权操作。通过这种方式，可以实现对每个进程赋予其需要执行任务所必需的最小权限集合，而不必交给进程完整的 root 特权。

Linux Capabilities 机制分为进程的 Capabilities 和文件的 Capabilities。进程的 Capabilities 一般细分到线程，即每个线程可以有自己的 Capabilities。如图 5.15 所示，每个线程具有五个 Capabilities 集合，每一个集合使用 64 位掩码来表示，每一位都对应一个特定的 Capability，"0" 和 "1" 表示该 Capability 是否被授予该进程，64 位掩码一般显示为 16 位十六进制数。64 位掩码的具体内容需要使用相关命令把它们转义为可读的格式。五个 Capabilities 集合具体如下。

```
┌─(kali㉿kali)-[~]
└─$ cat /proc/3078/status | grep Cap
CapInh: 0000000000000000
CapPrm: 0000000000000000
CapEff: 0000000000000000 ←-16位十六进制Capabilities掩码
CapBnd: 000001ffffffffff
CapAmb: 0000000000000000

┌─(kali㉿kali)-[~]
└─$ capsh --decode=0000000000000000
0×0000000000000000=

┌─(kali㉿kali)-[~]
└─$ capsh --decode=000001ffffffffff         Capabilities具体内容
0×000001ffffffffff=cap_chown,cap_dac_override,cap_dac_read_search,cap_fowner,cap_fset
id,cap_kill,cap_setgid,cap_setuid,cap_setpcap,cap_linux_immutable,cap_net_bind_servic
e,cap_net_broadcast,cap_net_admin,cap_net_raw,cap_ipc_lock,cap_ipc_owner,cap_sys_modu
le,cap_sys_rawio,cap_sys_chroot,cap_sys_ptrace,cap_sys_pacct,cap_sys_admin,cap_sys_bo
ot,cap_sys_nice,cap_sys_resource,cap_sys_time,cap_sys_tty_config,cap_mknod,cap_lease,
cap_audit_write,cap_audit_control,cap_setfcap,cap_mac_override,cap_mac_admin,cap_sysl
og,cap_wake_alarm,cap_block_suspend,cap_audit_read,cap_perfmon,cap_bpf,cap_checkpoint
_restore
```

图 5.15 Linux Capabilities

(1) CapPrm(permitted capabilities)：定义了线程能够使用的 Capabilities 的上限。

(2) CapEff(effective capabilities)：内核检查线程是否可以进行特权操作时，检查的对象便是这个集合。

(3) CapInh(inheritable capabilities)：当执行系统调用时，能够被新的可执行文件继承的 Capabilities，被包含在这个集合中。

(4) CapBnd(bounding set)：Bounding 集合是 Inheritable 集合的超集，如果某个 Capability 不在 Bounding 集合中，即使它在 Permitted 集合中，该线程也不能将该 Capability 添加到它的 Inheritable 集合中。

(5) CapAmb(ambient capabilities set)：Linux 4.3 内核新增了一个 Capabilities 集合叫 Ambient，用来弥补 Inheritable 的不足。

文件的 Capabilities 通常保存在文件的扩展属性 security.capability 中，这些 Capabilities 可以决定哪些进程可以对该文件执行哪些操作。文件的 Capabilities 主要有以下三类。

(1) Permitted：进程可以拥有的 Capabilities 集合。

(2) Inheritable：可以被当前进程的子进程继承的 Capabilities 集合。

(3) Effective：进程实际使用的 Capabilities 集合(必须是 Permitted 集合的子集)。

通常用户更关心文件的 Permitted 集合，因为它决定了哪些进程可以对该文件执行哪些操作。进程的 Capabilities 可以使用命令行工具 setcap 来设置，也可以使用 cap_set_proc

和 cap_set_fd 等系统调用通过编程方式完成。文件的 Capabilities 同样需要命令行工具 setcap 来实现，用户可以为可执行文件赋予特定的 Capabilities 权限，这些权限会在文件被执行时由内核授予进程，这样用户可以以非 root 身份运行程序，仍然能执行一些通常需要更高权限的操作。

2. 访问控制列表

访问控制列表是一种为了增强传统的 Linux 权限管理而实施的权限机制。通过访问控制列表可以为文件或目录定义更精细的访问权限，允许针对特定的用户或用户组设置特定的访问权限。在支持访问控制列表的文件系统中，每个文件和目录都可以有一个相关的访问控制列表。这些访问控制列表存储在文件系统的扩展属性中，并且不会改变文件的基本权限模式，而是提供一种额外的权限控制层。为文件或目录设置访问控制列表，首先需要检查文件系统是否启用了访问控制列表，设置和查看访问控制列表主要使用两个命令 setfacl 和 getfacl。虽然访问控制列表提供了更精细的权限控制，但它们也增加了权限管理的复杂性。

3. SELinux 强制访问控制

SELinux 是一个在 Linux 内核中实现的强制访问控制机制，旨在防止恶意代码的传播和未经授权的访问。SELinux 将访问控制规则与每个对象关联，并通过强制访问控制机制确保这些规则的强制执行。即使用户具有足够的权限，如果 SELinux 规则不允许访问，操作系统也将阻止对特定对象的访问。SELinux 的设计理念是使用策略来强制实施访问控制规则，这样即使自主访问控制设置不正确，也可以确保访问的安全性。

SELinux 策略管理工具可以生成并管理安全策略，策略定义了一组规则和标签，用于标识和限制系统中主体对客体的访问行为。每个对象(如文件、进程等)都被分配了一个安全上下文，该上下文定义了哪些进程可以访问该对象以及如何进行访问。

SELinux 有禁用(disabled)模式、宽容(permissive)模式和强制(enforcing)模式三种工作模式。在禁用模式下，SELinux 被完全禁用，不提供任何安全策略；在宽容模式下，SELinux 会记录违反策略的行为，但不会阻止这些行为；在强制模式下，任何违反 SELinux 策略的行为都会被阻止并记录。

在 Linux 的访问控制方案中，访问控制列表的优先级高于传统的自主访问控制机制，但低于 SELinux 的强制访问控制机制(如果存在的话)，即在权限检查时，系统会首先应用 SELinux 的策略进行访问控制检查，然后检查访问控制列表，最后再应用传统的 Linux 权限。

5.4.3 Linux 安全模块

LSM 是从 2.6 版内核开始增加的一个通用的访问控制框架。以 Linus Torvalds 为代表的内核开发人员对 LSM 提出了三点要求。

(1) 通用性强：当使用一个不同的安全模型的时候，只需要加载一个不同的内核模块。

(2) 简单高效：对 Linux 内核影响最小，不会带来额外的系统开销，运行高效。

(3) 简化结构：能够将 POSIX.1e Capabilities 逻辑功能分离出来，成为可选的安全模块。

LSM 能够使各种安全模型以可加载内核模块的形式呈现，大多数强制访问控制策略均为 LSM 框架模块，如 SELinux 等，这样用户可以根据其需求选择安全模块加载到 Linux 内核，从而大大提高了 Linux 安全访问控制机制的灵活性和易用性。

LSM 为了实现上述要求，对内核代码进行了修改，如图 5.16 所示，主要包括在内核关键数据结构中增加安全域；在内核代码管理安全域和执行访问控制的关键点插入钩子函数调用；提供了注册和注销安全模块的函数。

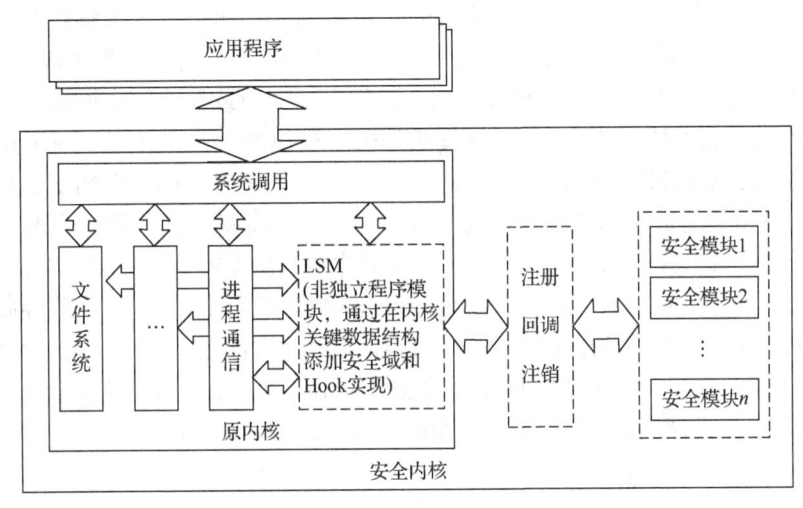

图 5.16　LSM 结构示意图

安全域的核心思想是将安全信息和内核内部对象进行关联，建立关联的直接方法就是为内核关键数据结构增加特殊字段"安全域"。安全域字段内容是控制策略用来实施访问控制的重要信息，不同的控制策略关注的安全信息也不同。为了保证 LSM 的通用性，LSM 将安全域设置成一个 void * 空指针，如表 5.3 所示，该指针可以指向编程者定义的任意数据结构。

表 5.3　内核安全域

内核数据结构	安全域	内核对象
linux_binprm	void *security	可执行程序
super_block	void *s_security	文件系统
inode	void *i_security	管道、文件、套接字
file	void *f_security	打开的文件
task_struct	void *security	进程控制块
sock	void *sk_security	网络层套接字
msg_msg	void *security	单个消息
kern_ipc_perm	void *security	信号量、共享内存段

LSM 提供了一系列对安全域进行初始化的钩子函数。钩子(hook)函数是一种在操作系统或应用程序中预设的回调(callback)函数，当特定事件发生或条件被满足时，钩子函数会被触发调用。例如，打开文件时会调用 file_alloc_security()钩子函数，来为文件分配安全上下文；读写文件时会调用 file_permission()函数，判断是否具有访问权限；在关闭文件时会调用 file_free_security()函数，来销毁文件的安全域。钩子是全局变量 security_ops 中的一个函数指针，security_ops 指向一个类型为 security_operations 的结构体，这个结构体中定义了一组安全钩子函数，这些函数可以被 LSM 框架在不同的内核操作中调用，以实现各种安全策略的检查和决策。具体来说，security_operations 结构体包含了多个函数指针，每个函数指针都对应一个特定的安全检查点。例如，当内核需要决定是否允许一个进程访问某个文件时，它会调用 security_ops 结构体中对应的函数来进行判断。

LSM 加载使用或卸载一个安全模块时，首先需要注册或注销安全模块，完成安全模块的初始化或清理过程。注册是让内核知道该安全模块的存在，并可以调用其提供的安全钩子函数。当模块被卸载时，模块会从 LSM 框架中注销自己的安全钩子函数，确保所有与安全模块相关的资源都被正确释放，从而避免内存泄漏或其他潜在问题。

从图 5.17 中可以看出 LSM 在 Linux 安全体系中所处的位置，钩子函数被插入访问内核对象 inode 节点与 DAC 检查之间，然后通过钩子函数调用系统中启用的访问控制模块，检查是否可以访问。若有多个访问控制模块，会根据初始化的优先顺序执行，都允许访问才能进一步访问 inode 节点。使用 LSM Hook 框架进行内核安全审计和元数据捕获，安全开发人员只需要按照既定的调用规范编写 LSM 模块，并加载进 Linux 内核即可。

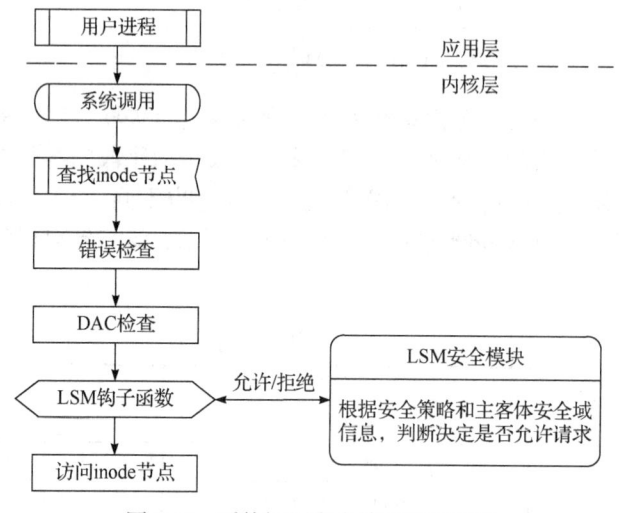

图 5.17 系统调用安全检查流程路线

Linux Kernel 2.6 把 LSM 正式加入内核中之后，大量 LSM 应运而生，如 SELinux(Fedora、CentOS 等发行版默认)、AppArmor(Ubuntu、Debian 等发行版默认)等，这些安全模块从根本上改变了 Linux 系统的访问控制问题，使 Linux 系统应用越来越广泛。

习 题 五

1. 名词解释

访问控制、主体、客体、访问控制策略、自主访问控制、强制访问控制、角色、访问令牌、安全描述符、活动目录、组策略

2. 简答题

(1) 自主访问控制与强制访问控制有什么不同？
(2) 强制访问控制是如何保护数据的机密性和完整性的？
(3) 角色与组的区别是什么？
(4) 制定访问控制时需要遵守的基本原则是什么？
(5) Windows 系统的安全体系结构包括哪些内容？
(6) Windows 系统是如何实现访问控制的？
(7) LSM 的工作机制是什么？

3. 辨析题

(1) 有人说"身份认证是访问控制的重要手段"，你认为正确与否，为什么？
(2) 有人说"Windows Server 的活动目录就是操作系统的目录的网络版"，你认为正确与否，为什么？

第6章 网络威胁

本章学习要点
- 了解网络威胁的种类及特点
- 了解计算机病毒、蠕虫、木马的概念及特征，重点掌握防范方法
- 掌握勒索病毒的原理及特征
- 了解网络入侵的特征，重点掌握其防范方法
- 了解诱骗类威胁的基本特征及其防范方法

微课视频

6.1 概　　述

互联网自 21 世纪初，在世界各国都得到了前所未有的发展，人与人、国与国之间的距离在不断缩小，从"地球村"到"世界是平的"，都意味着人类越来越意识到互联网的含义。然而，随着网络发展而衍生出来的网络安全问题也时刻在威胁"地球村"的"村民"。互联网具有开放和无国界等特点，在安全性上也同样存在着开放性和无国界性，也就是说互联网的安全威胁需要全世界来共同应对，没有哪个国家、哪个组织能够独善其身。

"威胁"一词可以解释为：用威力逼迫恫吓使人屈服。"网络威胁"从字面上来讲，就是网络安全受到威胁、存在着危险。随着互联网的不断发展，网络安全威胁也呈现出一种新的趋势，已经从最初的病毒，如 CIH、"大麻"等传统病毒，逐渐发展为包括特洛伊木马、后门程序、流氓软件、间谍软件、广告软件、网络钓鱼、垃圾邮件等，而且目前的网络威胁往往是集多种特征于一体的混合型威胁。网络上盛行的"勒索软件"就是利用网络进行传播，并企图窃取用户的私密信息，进而对用户进行威胁的。威胁互联网健康发展的还有"流氓软件"，它会在用户不知不觉的情况下强制安装，甚至窃取用户的资料，谋取经济利益，严重地威胁互联网安全。

目前，网络安全威胁形式多种多样，为了更深入地了解其特征、进行有效防御，我们需要进行更准确的分类分析。从攻击发起者的角度来看，网络威胁可分为两大类：一类是主动攻击型威胁，如网络监听和黑客攻击等，这些威胁都是对方人为通过网络通信连接进行的；另一类就是被动型威胁，一般是用户通过某种途径访问了不当的信息而遭受到的攻击，如使用了带病毒的软盘、光盘、U 盘或访问了带病毒、木马或恶意软件的网页、图片和邮件等。对于第一类的主动攻击型网络威胁，网络用户需要加固自己的信息系统，如部署防火墙、入侵检测系统及防病毒软件，另外需要升级操作系统，为各种软件打上补丁来修补漏洞；而针对第二类被动型威胁，则需要网络用户提高网络安全意识，养成良好、健康的上网习惯，不访问不良网站，安装软件的时候要注意防止捆绑软

件入侵，并且定时对系统进行诊断，查杀恶意软件。

网络安全威胁也可以依据攻击手段及破坏方式进行分类：第一类是以传统病毒、蠕虫、木马等为代表的计算机病毒；第二类是以黑客攻击为代表的网络入侵；第三类是以间谍软件、广告软件、网络钓鱼软件为代表的欺骗类威胁。下面分别介绍这三类网络安全威胁及其防范方法。

6.2 计算机病毒

6.2.1 病毒概述

早在 1949 年，计算机的先驱约翰·冯·诺依曼(John von Neumann)就在他的论文《复杂自动装置的理论与组织》(Theory and Organization of Complicated Automata)中从理论上论证了当今计算机病毒的存在论。20 世纪 60 年代初，美国贝尔实验室的三位程序员编写了一个名为《磁芯大战》的游戏，游戏中通过复制自身来摆脱对方的控制，这就是"病毒"的第一个雏形。这三个年轻人是道格拉斯·麦基尔罗伊(Douglas McIlroy)、维克多·维索特斯克(Victor Vysottsky)和罗伯特·莫里斯(Robert T. Morris)，罗伯特·莫里斯就是后来制造了"莫里斯蠕虫"的罗伯特·塔潘·莫里斯(Robert Tappan Morris)的父亲。

1983 年，美国南加利福尼亚大学的弗雷德·科恩(Fred Cohen)研制出一种在运行过程中可以复制自身的破坏性程序，第一次验证了计算机病毒的存在。1984 年 9 月，在国际信息处理联合会计算机安全技术委员会上，弗雷德·科恩公开发表了论文《计算机病毒：原理和实验》(Computer Viruses: Theory and Experiments)，第一次从理论和实践两个方面完整阐述了计算机病毒。

1986 年，在巴基斯坦有两个以编程为生的兄弟，他们为了打击那些盗版软件的使用者，设计出了一个名为 Brain 的病毒，这就是世界上流行的第一个真正的病毒。

1988 年罗伯特·塔潘·莫里斯编写了莫里斯蠕虫，当时他还是康奈尔大学的研究生，据说最初的目的是测量获得互联网的大小，因此莫里斯蠕虫被编写成能不断自我复制并通过网络传播，这也是第一个通过网络传播的蠕虫病毒。

《中华人民共和国计算机信息系统安全保护条例》中明确定义：计算机病毒，是指编制或者在计算机程序中插入的破坏计算机功能或者毁坏数据，影响计算机使用，并能自我复制的一组计算机指令或者程序代码。这个定义具有法律性、权威性。根据这个定义，计算机病毒可以理解为一种计算机程序，它不仅能破坏计算机系统，还能够传染其他系统。计算机病毒和医学上的病毒很相似，也具有医学上病毒的一些特征，下面分析计算机病毒的这些特征。

(1) 非授权性：计算机病毒和一般计算机程序一样可存储和执行，一般程序的执行是合法的、被授权的，而病毒则是在用户未知(未授权)的情况下执行。

(2) 寄生性：计算机病毒可以寄生在其他程序之中，当执行这个程序时，病毒发作，而在未启动这个程序之前，它是不易被人发觉的。这一特征是传统计算机病毒的特有之处，目前的网络病毒，更多地以独立文件形式存在。

(3) 传染性：计算机病毒不但本身具有破坏性，更有害的是具有传染性，计算机病毒通过各种渠道从被感染的计算机扩散到未被感染的计算机，计算机病毒可有很多传染渠道，如磁盘、U盘以及网络等。是否具有传染性是判别一个程序是否为计算机病毒的最重要条件。

(4) 潜伏性：有些病毒像定时炸弹一样，让它什么时间发作是预先设计好的。例如，"黑色星期五"病毒，不到预定时间一点都察觉不出来，等到条件具备的时候一下子就爆炸开来，对系统进行破坏。

(5) 破坏性：计算机中毒后，可能会导致正常的程序无法运行、存储资料被窃取、磁盘文件受到破坏，甚至系统崩溃。

(6) 可触发性：病毒因某个事件或数值的出现而发作的特性称为可触发性。病毒的这些触发条件可能是时间、日期、文件类型或某些特定数据等。

随着计算机和网络技术的发展，计算机病毒也出现了一些新的发展趋势。

1. 无国界

新病毒层出不穷，电子邮件已成为病毒传播的主要途径。病毒家族的种类越来越多，且传播速度大大加快，传播空间大大延伸，呈现出无国界的趋势。据统计，以前通过磁盘等有形媒介传播的病毒，从国外发现到国内流行，传播周期需要6～12个月，而互联网的普及，使病毒的传播已经没有国界，如"红色代码""求职信""蠕虫王"等恶性病毒，通过互联网在几天甚至在更短的时间内就可传遍整个世界。

2. 多样化

随着软件的多样性发展，病毒的种类也呈现出多样化态势，病毒不仅有引导型病毒、可执行文件型病毒、宏病毒、混合型病毒，还出现了专门感染特定文件的高级病毒。特别是Java、Visual Basic和ActiveX的网页技术逐渐得到广泛使用后，一些人就利用这些技术来撰写病毒。

3. 破坏性更强

新病毒的破坏性更强，手段比过去更加狠毒和阴险，它可以修改文件(包括注册表)、通信端口，修改用户密码，挤占内存，还可以利用恶意程序实现远程控制等。

4. 智能化

人们一般认为"只要不打开电子邮件的附件，就不会感染病毒"，但新一代计算机病毒却令人震惊，例如，大名鼎鼎的Verona病毒是一个真正意义上的"超级病毒"，它不仅主题众多，而且集邮件病毒的几大特点于一身，令人无法设防。最严重的是它将病毒写入邮件原文，一旦用户收到了该病毒邮件，无论是无意间用Outlook打开了该邮件，还是仅仅使用了预览功能，病毒都会自动发作，并将一个新的病毒邮件发送给邮件通讯录中的地址，从而迅速传播。

5. 更加隐蔽化

和过去的病毒不一样，新一代病毒更加隐蔽，主题会随用户的传播而改变，而且许多病毒还会将自己伪装成常用的程序，或者将病毒代码写入文件内部，而文件长度不发生任何改变，使用户不会产生怀疑。例如，猖狂一时的"欢乐时光"病毒本身虽是附件，却呈现为卡通的样子迷惑用户。还有像"矩阵(matrix)"等病毒会自动隐藏、变形，甚至阻止受害用户访问反病毒网站和向反病毒地址发送电子邮件。

计算机病毒可以根据工作原理和传播方式划分成传统病毒、蠕虫病毒和木马三类。传统病毒是指寄生于宿主文件内，以可移动介质为传播途径的计算机病毒；蠕虫病毒是指利用网络进行复制和传播，以独立智能程序形式存在的计算机病毒；木马与一般的病毒不同，它不会自我繁殖，也并不"刻意"地去感染其他文件，它通过伪装吸引用户下载并安装在用户计算机内，向施种木马者提供打开被种者计算机的门户，使施种者可以任意毁坏、窃取被种者的文件，甚至远程操控被种者的计算机，后面介绍的勒索病毒实质上是木马的一种。

6.2.2 传统病毒

传统的计算机病毒鼎盛时期是 20 世纪 80 年代中期到 90 年代末，随着互联网的不断发展，它们逐渐被网络蠕虫以及一些以网络为传播途径的病毒所取代。传统病毒的代表有 Brain、大麻、磁盘杀手、CIH 等。传统病毒一般由三个主要模块组成，包括启动模块、传染模块和破坏模块。当系统执行了感染病毒的文件时，病毒的启动模块开始驻留在系统内存中。传染模块和破坏模块的发作均为条件触发，当满足了传染条件时，病毒开始传染其他文件；满足了破坏条件后，病毒就开始破坏系统。

下面以 CIH 病毒为例说明传统病毒的工作原理，为研究如何防治病毒提供帮助，CIH 是第一例感染 Windows 95/98 环境下 PE 格式(PE 就是 portable executable 的缩写，PE 格式是微软 Win32 环境可执行文件的标准格式)的 EXE 文件(即可执行文件)的病毒，病毒发作时直接攻击和破坏计算机硬件系统。该病毒通过文件复制进行传播。计算机开机以后，如果运行了带病毒的文件，其病毒就驻留在 Windows 核心内存中，以后只要运行了 PE 格式的 EXE 文件，这些文件就会感染上该病毒。

CIH 病毒由三个部分组成，分别是初始化驻留模块、传染模块和破坏模块。一个 EXE 文件感染了 CIH 病毒，它的入口地址将会被指向 CIH 病毒的驻留内存程序，当执行这个程序时，首先调入内存的是 CIH 病毒的驻留部分。这样 CIH 病毒开始在内存中执行初始化，CIH 病毒会检测是否已经有 CIH 驻留内存，如果没有，则启动 CIH 病毒的初始化模块。

图 6.1 为 CIH 病毒模块流程图，图中"初始化驻留模块"部分给出了 CIH 的驻留部分在初始化过程中完成的工作，主要步骤包括以下几步。

(1) 修改中断描述符表(IDT)基地址，运行 CIH 的程序取得系统最高级特权(Ring 0 级)。

(2) 请求系统两个页面大小的内存分配，从感染文件中取出全部 CIH 的程序代码块，组合后加载入申请的内存中。

(3) 调用 INT20 的 IFSMgr-In-stallfileSystemApiHook 子程序，在 Windows 内核文件处理函数中挂钩子，来截取文件调用操作。

(4) 完成驻留内存，进入工作模式，等待传染模块触发或激活破坏模块。

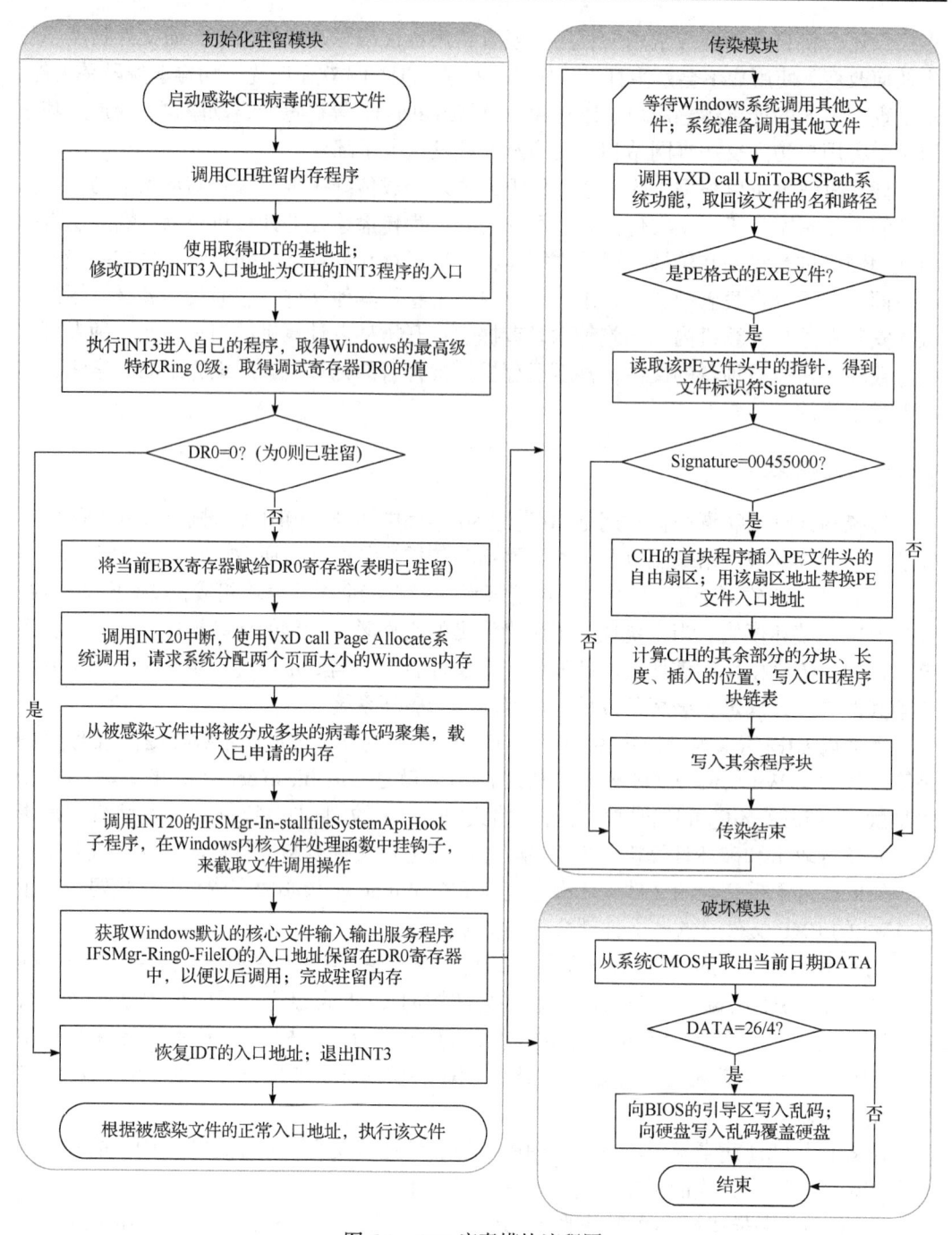

图 6.1 CIH 病毒模块流程图

在图 6.1 中，可以清楚地看到三部分之间的关系，当初始化驻留模块完成后，CIH 病毒就进入了工作模式。病毒传染是触发模式，当有 Windows 系统调用文件时，CIH 传染模块将被激活；如果是 4 月 26 日，则破坏模块将发作，直接后果是修改 BIOS，使用垃圾代码覆盖硬盘。

对于 CIH 的防治，建议使用杀毒软件来处理，当然，也可以手工检测文件是否感染了 CIH 病毒，一般可以在文件中查找特征字符串"CIH v"，如果找到，表明该文件已经感染了 CIH 病毒，直接将该文件删除，消除病毒。对于非专业人员，不建议手工清除病毒，主要原因是其过程比较复杂，如果处理不好可能导致 CIH 病毒向其他 PE 格式的 EXE 文件传染。

6.2.3 蠕虫病毒

蠕虫病毒产生于 20 世纪 80 年代后期，鼎盛时期却是从 20 世纪 90 年代末开始，而且迅速成为计算机病毒的主流。这类病毒的代表包括莫里斯蠕虫、红色代码、尼姆达(Nimda)、求职信、熊猫烧香、SQL 蠕虫王等。

作为病毒，蠕虫当然具有病毒的共同特征，但它与传统病毒有一定的区别。传统病毒是需要寄生的，通过感染其他文件进行传播。蠕虫病毒一般不需要寄生在宿主文件中，这一点与传统病毒存在差别。蠕虫病毒具有传染性，它是通过在互联网环境下复制自身进行传播的。蠕虫病毒的传染目标是互联网内的所有计算机，传播途径主要包括局域网内的共享文件夹、电子邮件、网络中的恶意网页和大量存在漏洞的服务器等。可以说蠕虫病毒是以计算机为载体，以网络为攻击对象。

蠕虫和普通病毒不同的另一个特征是蠕虫病毒往往能够利用漏洞。一般来说，漏洞可以分为软件漏洞和人为缺陷，软件漏洞主要指程序员由于编程习惯不规范、错误理解或想当然，在软件中留下存在安全隐患的代码，如缓冲区溢出漏洞、微软 IE 和 Outlook 的自动执行漏洞等。人为缺陷主要指的是计算机用户的疏忽，这就是所谓的社会工程学(social engineering)问题，如当收到一封标题为求职信息的邮件时，大多数人都会抱着好奇的心理去点击它，求职信病毒就会顺利侵入，蠕虫病毒的攻击和传播主要就是利用漏洞完成的。

下面以尼姆达蠕虫病毒为例分析一下蠕虫病毒。2001 年 9 月 18 日，尼姆达病毒在全球蔓延，它能够通过多种传播渠道进行传播，传染性极强，同时破坏力也极大。尼姆达蠕虫病毒的传播几乎涵盖了目前病毒传播的所有途径，如图 6.2 所示，传播途径主要包括以下几种。

1) 攻击 Web 服务器，用户通过网页感染

尼姆达病毒会检测互联网，试图找到 Web 服务器，找到之后蠕虫便会利用已知的系统漏洞来攻击该服务器，如果成功，蠕虫将会修改该站点的 Web 页信息，并上传病毒。Web 服务器中毒后，当用户浏览该站点时，不知不觉便被病毒感染。Web 服务器的漏洞主要包括 Microsoft IIS Unicode 解码目录遍历漏洞、Microsoft IIS CGI 文件名错误解码漏洞以及红色代码 II 病毒遗留的漏洞。

2) 构造带病毒的邮件，群发传播病毒

尼姆达病毒利用消息应用程序接口(MAPI)函数调用，从用户的邮件地址簿和用户 Web Cache 文件夹中的 HTM(或 HTML)文件搜索 E-mail 地址，并向这些地址发送包含病毒的邮件。这些邮件包含一个名为 readme.exe 的 Base64 编码可执行的二进制文件(运行该文件系统将被传染尼姆达病毒)，由于 IE5.5 SP1 及以前版本存在 Automatic Execution of

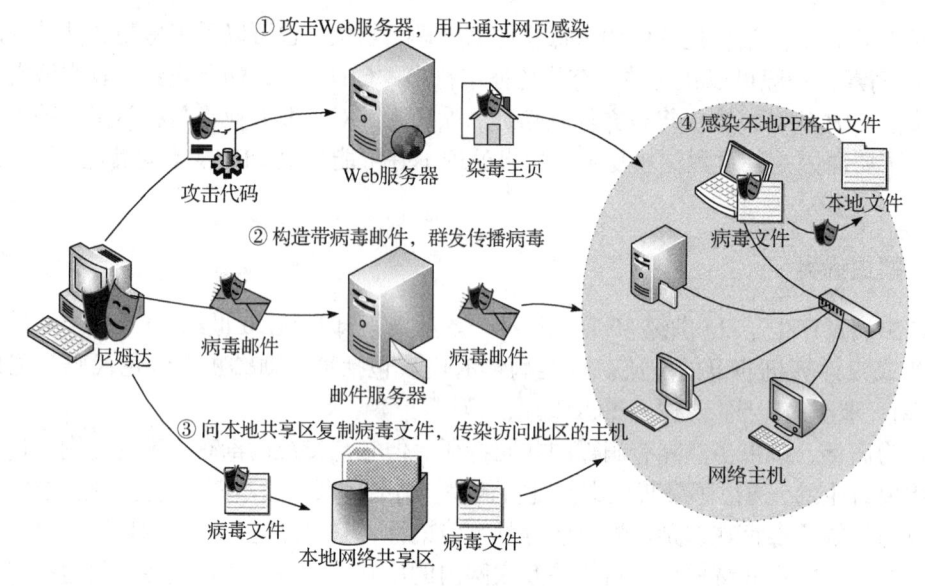

图 6.2 尼姆达病毒传播途径

Embedded MIME Types 安全漏洞,当读取 HTML 格式的邮件时就会自动运行邮件附件,所以用户无须打开附件文件,readme.exe 也能够自动运行,从而感染整个系统。

3) 向本地共享区复制病毒文件,传染访问此区的主机

尼姆达病毒还会搜索本地网络的文件共享,无论它是在文件服务器上还是在终端客户机上,一旦找到,便安装一个名为 Riched20.dll 的隐藏文件到每一个.doc 和.eml 文件的目录中,当用户通过 Word、写字板、Outlook 打开.doc 或.eml 文档时,这些应用程序将寻找并加载 Riched20.dll 文件,从而使机器感染。

4) 感染本地 PE 格式文件

尼姆达病毒也会感染本地 PE 格式的 EXE 文件,这一点与传统病毒类似,当用户执行这些被感染的文件时,病毒就会发作。

尼姆达病毒是一个精心设计的蠕虫病毒,其结构复杂堪称近年来之最。如图 6.3 所示,尼姆达病毒激活后,使用其副本替换系统文件;将系统的各驱动器设为开放共享的,降低系统安全性;创建 Guest 账号并将其加入管理员组中,安装 Guest 用户后门。由于尼姆达病毒通过网络大量传播,产生大量异常的网络流量和大量的垃圾邮件,网络性能势必受到严重影响。

受到尼姆达病毒感染的用户应重新安装系统,以便彻底清除其他潜在的后门。如果不能立刻重装系统,可以参考下列步骤来清除蠕虫或者防止被蠕虫攻击。

(1) 下载 IE 和 IIS 的补丁程序到受影响的主机上。
(2) 安装杀毒软件和微软的红色代码 II 清除程序。
(3) 备份重要数据。
(4) 断开网络连接(如拔掉网线)。
(5) 执行杀毒工作,清除可能的红色代码 II 蠕虫留下的后门。
(6) 安装 IE 和 IIS 的补丁。

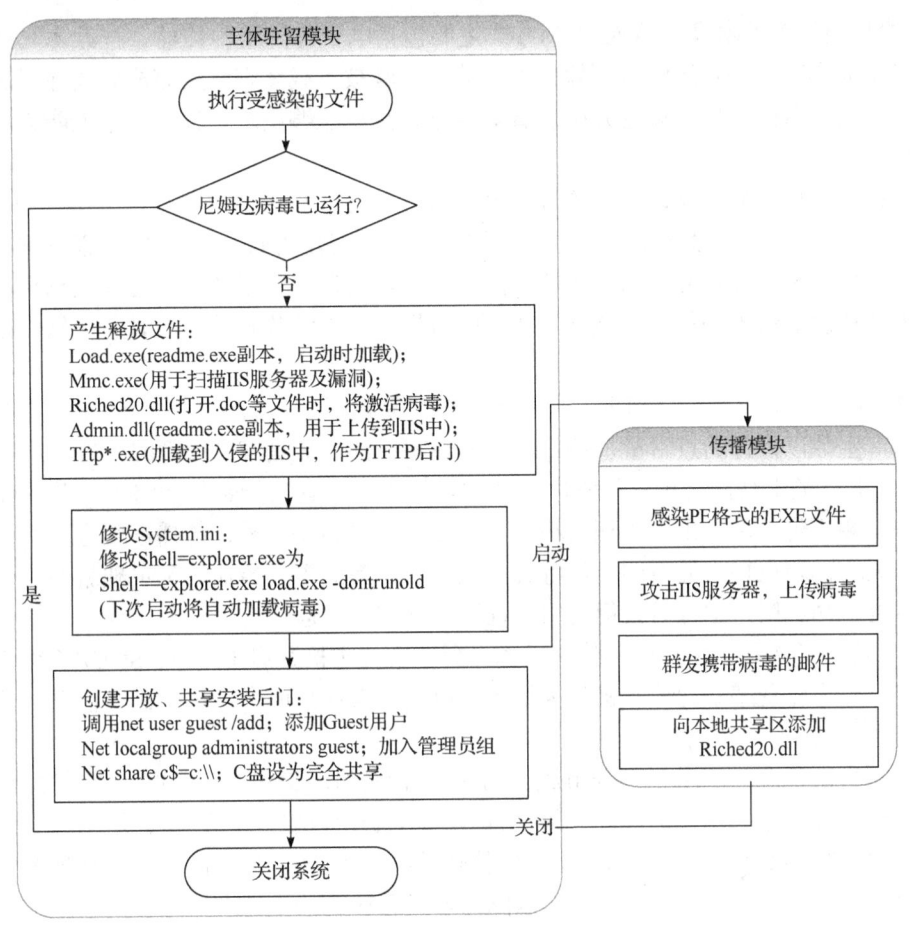

```
                    ┌─────────────────────────┐
                    │     主体驻留模块         │
                    │  ┌──────────────────┐   │
                    │  │ 执行受感染的文件 │   │
                    │  └────────┬─────────┘   │
                    │           ↓             │
                    │    ╱尼姆达病毒已运行?╲  │
                    │    ╲                 ╱  │
                    │           │否            │
                    │           ↓             │
                    │  ┌──────────────────────────────────┐
                    │  │产生释放文件：                     │
                    │  │Load.exe(readme.exe副本，启动时加载);│
                    │  │Mmc.exe(用于扫描IIS服务器及漏洞);  │
                    │  │Riched20.dll(打开.doc等文件时，将激活病毒);│
                    │  │Admin.dll(readme.exe副本，用于上传到IIS中);│
                    │  │Tftp*.exe(加载到入侵的IIS中，作为TFTP后门)│
                    │  └──────────────┬───────────────────┘
                    │                 ↓
```

图 6.3 尼姆达病毒程序模块图

(7) 重新启动系统，再次运行杀毒软件以确保完全清除蠕虫。

由于尼姆达病毒修改和替换了大量的系统文件，因此手工清除可能比较烦琐而且不易清除干净。建议使用最新版本的反病毒厂商的杀毒软件来进行清除工作。建议在杀毒之前备份系统中的重要数据，以避免数据丢失。

6.2.4 木马

木马病毒的名字源于古希腊特洛伊战争中著名的"木马计"，顾名思义，它就是一种伪装潜伏的网络病毒。世界上第一个计算机木马是出现在 1986 年的 PC-Write 木马，它伪装成共享软件 PC-Write 的 2.72 版本(事实上，编写 PC-Write 的 QuickSoft 公司从未发行过 2.72 版本)，一旦用户信以为真运行该木马程序，那么他的下场就是硬盘被格式化。随着互联网的普及，木马病毒逐渐演变出善于潜伏伪装和多渠道传播两种特征，并成为黑客窃取信息的主要工具四处泛滥。

木马是具有隐藏性的、传播性的、可被用来进行恶意行为的程序，因此，它也被看作一种计算机病毒。木马一般不会直接对计算机产生危害，主要以控制计算机为目的，当然，计算机一旦被木马所控制，后果将不堪设想。

木马的传播(种木马或植入木马)方式主要包括电子邮件附件传播、挂载木马的网页访问以及捆绑了木马程序的应用软件下载等。木马被下载并安装后完成修改注册表、驻留内存、安装后门程序、设置开机加载等操作，甚至能够使杀毒程序、个人防火墙等防范软件失效。

根据木马病毒的功能，它大致可以分为以下几类。

(1) 盗号类木马。盗号类木马通常采用记录用户键盘输入、Hook 应用程序进程等方法获取用户的密码和账号。窃取到的信息一般通过发送电子邮件或向远程控制程序直接提交的方式发送给木马作者。盗号类木马的目标一般为游戏软件、即时通信软件以及网上交易系统等。

(2) 网页点击类木马。网页点击类木马会恶意模拟用户点击广告等动作，在短时间内可以产生数以万计的点击量。病毒作者的编写目的一般是赚取高额的广告推广费用。

(3) 下载类木马。这种木马程序的体积一般很小，其功能是从网络上下载其他病毒程序或安装广告软件。由于体积很小，下载类木马更容易传播，传播速度也更快。通常功能强大、体积也很大的后门类病毒，如灰鸽子、黑洞等，传播时都单独编写一个小巧的下载类木马，用户中毒后会把后门主程序下载到本机运行。

(4) 代理类木马。用户感染代理类木马后，会在本机开启 HTTP、SOCKS 等代理服务功能。黑客将受感染的计算机作为跳板，以被感染用户的身份进行黑客活动，达到隐藏自己的目的。

木马病毒程序一般由三部分组成，第一部分是控制端程序(客户端)，它是黑客用来控制远程计算机中的木马的程序；第二部分是木马程序(服务器端)，它是木马病毒的核心，是潜入被感染的计算机内部、获取其操作权限的程序；第三部分是木马配置程序，它通过修改木马名称、图标等来伪装以隐藏木马程序，并配置端口号、回送地址等信息来确定反馈信息的传输路径。

下面以灰鸽子为例来分析木马的工作原理。灰鸽子的植入是灰鸽子攻击目标系统关键的一步，是后续攻击活动的基础。如图 6.4 所示，灰鸽子的植入方法可以分为两大类，即被动植入和主动植入。被动植入是指通过人工干预方式才能将灰鸽子程序安装到目标

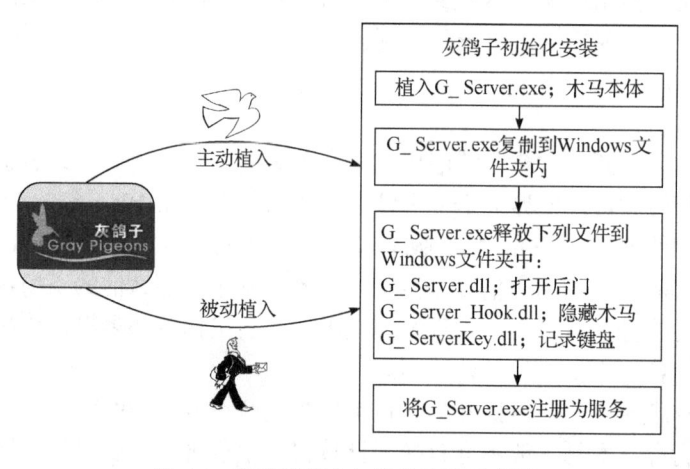

图 6.4　灰鸽子植入初始化安装示意图

系统中，植入过程必须依赖于受害用户的手工操作；而主动植入则是主动攻击方法，是将灰鸽子程序通过程序自动安装到目标系统中，植入过程无须受害用户的操作。被动植入主要通过社会工程方法将灰鸽子伪装成合法的程序，以达到降低受害用户警觉性、诱骗用户的目的。

图 6.4 中给出了灰鸽子初始化安装的过程，植入用户计算机内的木马程序 G_Server.exe 运行后,将自己复制到 Windows 文件夹内(98/XP 下为系统盘的 Windows 目录，2k/NT 下为系统盘的 Winnt 目录)，然后再从体内释放 G_Server.dll 和 G_Server_Hook.dll 到 Windows 目录下。G_Server.exe、G_Server.dll 和 G_Server_Hook.dll 这三个文件相互配合，组成了灰鸽子服务器端。有些灰鸽子会多释放出一个名为 G_ServerKey.dll 的文件。Windows 文件夹内的 G_Server.exe 还将自己注册成服务，以便以后每次开机都能自动运行。G_Server.exe 这个名称并不固定，它是可以定制的，如当定制服务器端文件名为 A.exe 时，生成的文件就是 A.exe、A.dll 和 A_Hook.dll。

G_Server.exe 是灰鸽子木马的初始化程序，被注册成服务后，系统每次启动后将自动加载运行。G_Server.exe 会在启动 G_Server.dll、G_Server_Hook.dll 和 G_ServerKey.dll 等程序之后自动退出。G_Server.dll 文件实现后门功能，与控制客户端进行通信。G_ServerKey.dll 文件用来记录键盘操作。G_Server_Hook.dll 则用来隐藏木马，灰鸽子的隐藏技术主要包括隐藏文件、隐藏进程和隐藏通信。

(1) 隐藏文件：为了达到隐藏文件的目的，灰鸽子拦截了对 API 函数的调用，因此，在正常模式下，木马程序文件和它注册的服务项均被隐藏，也就是说，即使设置了"显示所有隐藏文件"也看不到它们。

(2) 隐藏进程：灰鸽子程序为了隐藏进程，会通过事先修改 API 函数的入口地址的方法来欺骗试图列举本地所有进程的程序，即通过修改列举进程 API 函数的入口地址，使其他程序在调用这些函数的时候，首先转向木马程序，木马程序中需要做的工作就是在列表中将自己的进程信息去掉，从而实现进程的隐藏。

(3) 隐藏通信：灰鸽子实现隐藏通信的方法主要是采用通信端口复用技术和反弹端口技术。通信端口复用技术是指将自己的通信直接绑定到正常用户进程的端口，接收数据后，根据包格式判断是不是自己的，如果是自己的，自己处理，否则通过 127.0.0.1 地址交给真正的服务器应用进行处理，这样就达到了利用正常的网络连接隐藏木马通信的目的。反弹端口技术是指木马程序启动后主动连接客户，为了隐蔽起见，控制端的被动端口一般设置为 80 端口。对于内部网络到外部网络的访问请求，防火墙一般不进行过于严格的检查，加上其连接请求有可能伪造成对外部资源的正常访问，因此可以非常容易地通过防火墙。

上面主要介绍的是灰鸽子的服务器端程序，黑客控制灰鸽子是通过操纵客户端来实现的。客户端程序主要包括两个功能：一个是定制生成服务器端程序；另一个是控制远程的服务器端。黑客首先利用客户端程序配置生成一个服务器端程序文件，服务器端文件的名字默认为 G_Server.exe，然后开始在网络中传播并植入这个程序。当木马植入成功后，系统启动时木马就会加载运行，然后反弹端口技术主动连接客户控制端。灰鸽子的客户控制端程序主要包括以下功能。

(1) 对远程计算机文件进行管理：模仿 Windows 资源管理器，可以对文件进行复制、粘贴、删除、重命名、远程执行等，可以上传、下载文件或文件夹，操作简单易用。

(2) 远程控制命令：查看远程系统信息、查看剪切板、进程管理、窗口管理、插件功能、服务管理、共享管理、代理服务、微软磁盘操作系统(MS-DOS)模拟、关机、重启。

(3) 捕获屏幕，实时控制：可以连续地捕获远程计算机屏幕，并把本地的鼠标及键盘操作传送到远程被控制端，实现实时控制功能。

(4) 注册表模拟器：远程操作注册表就像操作本地注册表一样方便。

可见网络计算机一旦被植入了灰鸽子木马，任何悲惨的事情都有可能发生。而入侵者在满足自身的私欲之后，可自行删除灰鸽子文件，这一过程用户根本无法察觉，其危害远远超出了我们的想象。

6.2.5 勒索病毒

勒索病毒泛指一切通过锁定被感染者计算机系统或文件并施以敲诈勒索的计算机病毒。它们通过系统漏洞、电子邮件、挂马网页、软件捆绑等方式进行传播，一旦感染，磁盘上几乎所有格式的文件都会被加密，造成用户大量的重要文件无法使用甚至外泄，严重影响日常工作和生活。

近几年来，勒索病毒攻击事件频繁发生，且在数量上逐年增多。勒索软件如此盛行的背后是巨大利益的驱动。2020 年，全球因勒索软件造成的总损失高达 25 万亿美元，勒索病毒一般采用加密货币进行交易，加密货币由于其本身的特殊性，很难被第三方监管，更难以追踪和溯源，导致执法人员很难抓到犯罪者。

勒索病毒发展到今天，经历了萌芽期、成长期和成熟期。1989 年第一个勒索病毒 PC Cyborg 的诞生，标志着勒索病毒的萌芽期开始。当年，世界卫生组织艾滋病会议的参加者收到了一个以"艾滋病信息-入门软盘"命名的磁盘，当打开磁盘查看时，病毒就把系统文件替换成含病毒的文件，并在开机时开始计数，一旦系统启动达到 90 次，木马就会隐藏磁盘的目录，C 盘全部文件也会被加密，从而导致系统无法启动，这时计算机屏幕会弹出一个窗口要求用户向 PC Cyborg Corporation 邮寄 189 美元，付款方可解锁。这是已知的历史上第一个勒索病毒 PC Cyborg，也被称为 AIDS Trojan。

2013 年是勒索病毒发展的一个重要的分水岭，CryptoLocker 病毒作为首个采用比特币作为勒索金支付手段的加密勒索病毒出现，勒索病毒进入了成长期。这些病毒使用 AES 和 RSA 等加密算法对特定文件类型进行加密，使破解变得几乎不可能。同时，它们要求用户使用虚拟货币支付赎金，以增加交易的匿名性并防止被跟踪。这个时期被认为是勒索病毒的成长期。

2017 年，WannaCry 勒索病毒席卷了全球 150 多个国家，其传染能力之所以如此强，主要是因为黑客组织 The Shadow Brokers 把病毒攻击工具和用于加密的密码公布到了网上，并创建了一种全新的服务模式——勒索软件即服务(ransomware-as-a-service，RaaS)，勒索软件即服务是一个恶意软件销售商-客户通过订阅模式进行盈利的模型。勒索软件的制作者或运营者提供"服务"，允许其他人(即"客户")使用他们的勒索软件来攻击目标并索取赎金。这些"客户"通常不具备开发勒索病毒的技术能力，但通过勒索软件即服务模式，他们能够轻易地发起网络攻击。勒索软件即服务的运作模式标志着勒索病毒进入成熟期，由原来的个人攻击演变为产业化模式。

勒索病毒的攻击手段通常有两种，一种是直接暴力加密用户文件，以控制加密文件使用来要挟受害者；另一种是窃取用户密码或者秘密文件等隐私信息，以泄露隐私信息进行要挟。图6.5给出了一个勒索病毒常用的加密攻击方案。多数勒索病毒采用RSA2048非对称密码算法，密钥长度为2048位，Windows系统提供密码功能的API，病毒调用该算法对加密密钥实施加密保护。对文件的加密采用AES-128对称密码算法，采用128位数据分组加密，密钥长度为128位，并采用CBC加密方式。这两个加密算法的使用保证了被感染的计算机文件加密后，难以被破解还原。常见的加密攻击步骤如下：

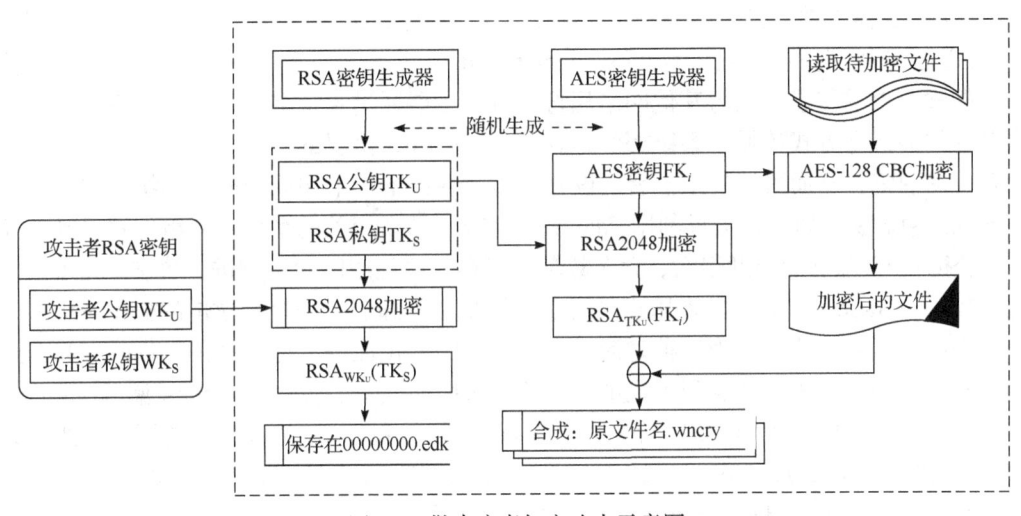

图 6.5 勒索病毒加密攻击示意图

(1) 攻击者生成一组全网使用的RSA2048公私密钥WK(WK_U，WK_S)，WK_U被植入勒索病毒程序中，攻击者自己保存私钥WK_S。

(2) 当某计算机感染了勒索病毒后，病毒成功激活运行，病毒内的RSA密码生成器模块运行生成主机RSA2048公私密钥TK(TK_U，TK_S)，使用WK_U加密TK_S，并将$RSA_{WK_U}(TK_S)$保存在00000000.edk文件中(WannaCry勒索病毒形成此扩展名加密文件)。

(3) AES密钥生成器随机生成AES-128密钥FK_i，使用密钥FK_i并采用CBC模式加密搜索到的本地文件，并与加密后的FK_i数据$RSA_{TK_U}(FK_i)$合并存储为与原文件同名的".wncry"密文文件(WannaCry勒索病毒形成此扩展名加密文件)。

(4) 重复第(3)步直到把搜索到的文件全部加密为止。

(5) 勒索病毒弹出提示界面，要求受害者交付比特币赎金，同时病毒程序将受害者信息及$RSA_{WK_U}(TK_S)$发送给攻击者。

(6) 攻击者确认收到赎金后，用他保存的私钥WK_S对$RSA_{WK_U}(TK_S)$进行解密还原TK_S，并发送给受害者主机，存入并更新00000000.edk文件。

(7) 受害人点击病毒界面的Decypt按钮，病毒程序读取00000000.edk中的TK_S，并逐一读取加密文件，使用TK_S解密$RSA_{TK_U}(FK_i)$中文件的AES加密密钥FK_i，使用FK_i

将密文文件解密还原出原文件。

勒索病毒经常攻击的文件类型如下。

(1) Office 文件：扩展名为 ppt、doc、docx、xlsx、sxi 等。

(2) 某些特定国家使用的 Office 文件：扩展名为 sxw、odt、hwp 等。

(3) 压缩文档和媒体文件：扩展名为 zip、rar、tar、mp4、mkv 等。

(4) 电子邮件和邮件数据库：扩展名为 eml、msg、ost、pst、deb 等。

(5) 数据库文件：扩展名为 sql、accdb、mdb、dbf、odb、myd 等。

(6) 开发者源代码和项目文件：扩展名为 php、java、cpp、pas、asm 等。

(7) 密钥和证书：扩展名为 key、pfx、pem、csr、gpg、aes 等。

(8) 多媒体文件：扩展名为 vsd、odg、raw、nef、svg、psd 等。

(9) 虚拟机文件：扩展名为 vmx、vmdk、vdi 等。

勒索病毒的传播方式与其他网络病毒一致，主要通过系统漏洞、电子邮件、挂马网页及软件捆绑等方式传播。系统漏洞是在硬件、软件、协议的具体实现或系统安全策略上存在的缺陷，从而可以使攻击者能够在未被授权的情况下访问或破坏系统。漏洞利用与时间息息相关，如果攻击者利用 0day 进行攻击，那么相关的系统或者组件是极其危险的。获得 0day 漏洞的难度很大，大多数勒索病毒一般利用已知漏洞进行攻击，如永恒之蓝、RIG、GrandSoft 等，如果用户没有及时修复相关漏洞，则遭受攻击的概率很大。

现在，居家办公已成为一种时尚，工作方式的转化促进了远程办公工具的兴起，进而导致了远程工具相关漏洞利用攻击事件的显著增加，除了传统的 Office 漏洞(如 CVE 2012-0158、CVE 2017-11882 等)，一些新的漏洞利用攻击事件也频繁出现，如 CVE-2019-19781、CVE-2019-11510 等，这些漏洞也成为勒索病毒的重要攻击手段。另外，远程桌面协议(remote desktop protocol，RDP)主要用于用户远程连接并控制计算机，通常使用 3389 端口进行通信。勒索病毒经常通过端口扫描发现开启 3389 端口的主机，如果用户使用了弱密码(如 123456)，病毒就可以进行远程连接并通过字典尝试多种方式组合，暴力破解用户名和密码。一旦拥有登录权限，勒索病毒就可以轻松传染该计算机。

勒索病毒一旦成功入侵用户计算机，为了尽可能扩大影响，很可能通过该计算机渗透同一网络中的其他计算机，横向移动渗透是勒索病毒经常实施的一种有效传播方法，也是出现大面积感染勒索病毒的重要原因，因为同一网络中的计算机很大概率存在相同的安全隐患。

为了防止勒索病毒的侵害，用户需要采取一系列的预防措施。首先，安装杀毒软件及防火墙，并定期进行全盘扫描。其次，使用强密码，防止勒索病毒暴力攻击密码。此外，不要随意打开或下载来自不明来源的邮件附件或软件，以避免病毒的传播。同时，还要及时更新计算机系统和应用程序，以确保系统的健壮性。最后，定期备份系统及数据也是一个重要的预防措施。

6.2.6 病毒防治

计算机病毒技术和病毒防治技术是在相互对抗中共同发展的，总体来说，病毒防治技术略滞后于计算机病毒技术，但由于许多安全厂商不断地研制、升级其防病毒产品，病毒防治技术能够有效地查杀绝大多数病毒。因此,对于大多数计算机用户来说,防治病毒首先需要选择一个有效的防病毒产品,并及时进行产品升级。

从病毒防治技术来看,它主要包括检测、清除、预防和免疫四个方面。其中检测和清除是根治病毒的有力手段,而预防和免疫也是保证计算机系统安全的重要措施。下面从这四个方面介绍病毒防治技术。

1. 检测

病毒检测在与病毒的对抗中起到至关重要的作用,能否及时、准确地发现病毒对保证计算机系统安全极其重要。病毒检测方法主要包括特征代码法、校验和法、行为监测法以及软件模拟法等,这些方法依据的原理不同,实现时所需的开销不同,检测范围不同,各有所长。

(1) 特征代码法。特征代码法是使用最为普遍的病毒检测方法,国外专家认为特征代码法是检测已知病毒的最简单、开销最小的方法。特征代码法查毒就是检查文件中是否含有病毒数据库中的病毒特征代码。采用病毒特征代码法的检测工具必须不断更新版本,否则检测工具便会老化,逐渐失去实用价值。特征代码法对从未见过的新病毒无法检测。

(2) 校验和法。对正常状态下的重要文件进行计算,取得其校验和,写入文件中保存,以后定期检查这些文件的校验和与原来保存的校验和是否一致,不一致则可能感染了病毒,这种方法叫校验和法,它既可发现已知病毒,又可发现未知病毒。由于病毒感染并非文件内容改变的唯一的非他性原因,文件内容的改变也有可能是正常程序引起的,所以校验和法使用不当,可能会出现误报。

(3) 行为监测法。利用病毒的特有行为特征来监测病毒的方法,称为行为监测法。通过对计算机病毒的观察研究总结,可以得出一些行为是病毒的共同行为,而且比较特殊。当一个可疑程序运行时,监测其行为,如果发现了病毒行为,则立即报警。行为监测法的优点是可发现未知病毒。

(4) 软件模拟法。软件模拟法是为了对付多态型病毒而提出的。这种病毒每次感染都改变其特征代码,改变的方法是每次传染时,采用随机方法对病毒主体进行加密,放入宿主程序的代码互不相同,因此特征代码法无法检测多态型病毒。软件模拟法通过模拟病毒的执行环境,为其构造虚拟机,然后在虚拟机中执行病毒引擎解码程序,安全地将多态型病毒解开并还原其本来面目,再加以扫描。软件模拟法的优点是可识别未知病毒、病毒定位准确、误报率低;缺点是检测速度受到一定影响、消耗系统资源较多。

上述几种病毒检测方法,主要是专业人员或防病毒产品检测病毒时采用的技术,对于普通使用者来说,也可以根据计算机中毒后可能出现的症状来判断计算机是否感染了病毒。计算机中毒的主要症状包括以下几种。

(1) 计算机系统运行速度减慢;
(2) 计算机系统经常无故发生死机;
(3) 计算机系统中的文件长度发生变化;
(4) 计算机存储的容量异常减少;

(5) 文件丢失或文件损坏；
(6) 计算机屏幕上出现异常显示；
(7) 计算机系统的蜂鸣器出现异常声响；
(8) 磁盘卷标发生变化；
(9) 系统不识别硬盘；
(10) 对存储系统进行异常访问；
(11) 键盘输入异常；
(12) 文件的日期、时间、属性等发生变化；
(13) 文件无法正确读取、复制或打开；
(14) 命令执行出现错误；
(15) Windows 操作系统无故频繁出现错误；
(16) 系统异常重新启动；
(17) 一些外围设备工作异常；
(18) 出现异常的程序驻留内存等。

2. 清除

清除病毒主要分为使用防病毒软件和手工清除病毒两种方法。防病毒软件由安全厂商精心研制，可以有效查杀绝大多数计算机病毒，建议多数用户采用防病毒软件来清除病毒。防病毒软件对检测到的病毒一般采取三种处理方案，分别是清除、隔离和删除。

清除是指在发现文件感染病毒时，采取清除病毒并保留文件的动作。例如，Word 文档中毒，我们一般选择清理其中的病毒并保留文件本身。目前大多数病毒是可以成功清除的，这个动作也被大多数杀毒软件列为发现病毒后的默认动作。

隔离是指在发现病毒后，无法确认清除动作会带来什么后果，又不想直接删除文件，所以采取监视病毒并阻止病毒运行的方法，相当于把罪犯抓进了监狱不能再做坏事一样。诺顿杀毒软件比较喜欢这个动作，隔离可以有效地防止病毒继续蔓延，并在合适的时机提醒用户进行其他动作。

如果某类病毒清除失败、删除失败、隔离失败，让它为所欲为会严重侵害其他文件及整个系统，对个人用户来讲，格式化硬盘、重建系统可能就是最后的有效选择。

手工清除病毒一般需要具有一定的专业知识，了解病毒的特点，有针对性地采取相应的措施，彻底清除病毒。清除传统病毒相对简单，首先要准备一个确保安全的启动磁盘，其目的是保证启动后，内存中没有病毒存在；其次，使用有关软件(如 Debug 等)查看可能感染病毒的文件，确认病毒存在；最后，手动剔除病毒代码、删除文件或使用未感染病毒的文件覆盖原文件。对于引导型病毒，由于病毒感染了系统盘的引导扇区，所以必须使用相同类型的引导扇区进行覆盖。

目前大多数 Windows 操作系统下的病毒为蠕虫病毒或木马等网络病毒，对于这类病毒的清除过程大致如下。

1) 结束所有可疑进程

运行中的病毒会因为文件正在使用而无法被删除，因此在清除病毒之前必须中止病毒的运行。在手工清除病毒之前，首先应该断开网络，关闭所有应用程序。使用 netstat-an 命令分析机器上是否有后门程序在运行。在命令行模式下，可以使用 tasklist/m 来查看当前运行的进程，使用 tasklist/v 查看进程对应的程序是否真实。病毒通常会使用一个和系统程序相似或相同的名称，如 rundll32.exe 或 svchost.exe。此外，还可以通过查看可执行文件的路径、数字签名、图标和文件大小等信息判断它们是否为病毒。有的病毒不止一个进程，相互守护，或者它以 DLL 注入形式存在，在这种情况下，应该使用 ntsd-c q-p PID 强制杀死进程。其中 PID 为进程标识符。

2) 删除病毒文件并恢复注册表

系统被病毒感染后，往往无法正常工作，病毒文件也无法删除。在这种情况下，应该进入安全模式再进行上述操作。病毒文件通常会以隐藏文件或系统文件的形式出现，使用命令行通常可以更彻底地删除所有文件。另外，还需要查清楚病毒修改注册表的情况，并加以恢复。

3) 内核级后门的清除

上面提到两步操作仅用于遭受 Ring 3 级病毒(用户态)感染的情况。如果 Windows 遭到了 Ring 0 级的病毒感染(如 hxdef、ntrootkit 等内核级后门)，那么整个系统将是不可信任的。一旦系统感染了这类病毒，哪怕有的应用程序并没有感染病毒，它们的输出也依然会被病毒控制，用户可能得到虚假的文件列表、服务列表、进程列表和注册表键值。这些病毒将使前文所述的所有用户态命令完全失败。对于这类病毒，采用手工清除方式，不仅十分复杂，而且存在风险，因此重新安装系统或许是最好的选择。

4) 重启后扫描

如果完成了上述三步，随后需要重新启动系统，并使用带有最新病毒库的防病毒软件对全盘进行扫描(这一步非常重要，做不好的话会前功尽弃)。

3. 预防

目前许多人没有养成定期进行系统升级维护的习惯，这是造成病毒感染率高的重要原因之一。提高病毒防范意识是预防计算机病毒攻击的首要因素，如果培养良好的防范意识，并充分发挥杀毒软件的防护能力，完全可以将大多数病毒拒之门外。下面介绍一些预防病毒的注意事项。

1) 安装防毒软件

鉴于现今病毒无孔不入，安装一套防毒软件很有必要。首次安装时，一定要对计算机做一次彻底的病毒扫描，尽管麻烦一点，但可以确保系统尚未受到病毒感染。另外，建议打开防毒软件的自动升级服务，保证病毒定义码或防病毒引擎是最新的。定期扫描计算机也是一个良好的习惯。

2) 注意软盘、光盘以及 U 盘等存储媒介

在使用软盘、光盘、U 盘或移动硬盘等存储媒介之前，一定要对它们进行计算机病毒扫描，不怕一万，就怕万一。

3) 关注下载安全

下载一定要从比较可靠的站点进行，下载后也必须不厌其烦地进行病毒扫描。

4) 关注电子邮件安全

来历不明的邮件坚决不要打开，遇到形迹可疑或不是预期中的朋友来信中的附件，不要轻易运行，除非自己已经知道附件的内容。禁用 Windows Scripting Host，很多蠕虫病毒正是钻了这个"空子"，使用户无须点击附件，就可自动打开一个被感染的附件。

5) 使用基于客户端的防火墙

基于客户端的防火墙可以增强计算机对黑客和恶意代码的攻击的抵御能力。同时需要经常对自己的计算机进行病毒和安全漏洞扫描。

6) 警惕欺骗型病毒

欺骗型病毒将自己装扮成各种吸引人的图片、视频甚至杀毒软件等网络资源，利用人性的弱点，以子虚乌有的说辞或表演来打动用户，记住：天下没有免费的午餐，一旦发现，尽快删除。

7) 备份

虽然我们可以使用公认最好的防病毒软件，但也不能确保计算机不被病毒感染，而且很多时候，我们只能采用删除文件、格式化磁盘或重装系统等手段来彻底清除病毒，这时数据备份及系统备份就非常必要，我们无法保证计算机不受病毒侵害，但我们可以做好备份，保证在受到病毒侵害时，将病毒带来的损失降到最小。

4. 免疫

计算机病毒免疫可以解释为：提高计算机系统对计算机病毒的抵抗力，从而达到防止病毒侵害的目的。计算机病毒免疫主要包括两个方面：一是提高计算机系统的健壮性；二是给计算机注射"病毒疫苗"。提高计算机系统的健壮性是根本，一个健壮的计算机系统能够有效地抵御许多病毒，特别是蠕虫病毒。提高系统健壮性的主要途径包括以下几种。

(1) 及时升级操作系统，保证系统安装最新的补丁，从而减少漏洞。

(2) 安装防病毒软件，及时升级病毒定义文件和防病毒引擎。

(3) 定期扫描系统和磁盘文件。

(4) 打开个人防火墙。

(5) 使用软盘或 U 盘写保护。

(6) 重要的数据信息写入只读光盘。

给计算机注射"病毒疫苗"是指伪装系统或文件已被该病毒感染，从而达到免于被病毒传染的目的。注射"病毒疫苗"实施免疫的主要方法包括以下几个方面。

(1) 感染标识免疫：根据大多数病毒在实施传染后会在被传染对象中添加传染标志，作为今后是否要传染它的判断条件这一特点，人为地在正常对象中加上病毒感染标识，使计算机病毒误以为已经感染该计算机从而达到免疫的目的。

(2) 文件扩展名免疫：在计算机系统中，只有扩展名为 com、exe、sys、bat 及 dll 等的文件才能执行，这些可执行文件就成为文件型病毒的传染对象。如果将扩展名改为非 com、exe、sys、bat 等形式，就能够防止文件型病毒的入侵。但是这样导致了用户的不便，为此也可以将系统默认的可执行文件的后缀名改为非 com、exe、sys、bat 等形式。

这样就可以防止以扩展名为传染条件的文件型病毒的侵入。

(3) 外部加密免疫：在文件的存取权限和存取路径上进行加密保护，以防止文件被非法阅读和修改。外部加密免疫的方法有加密文件名、加密文件属性、加密首簇号、设置文件访问权限等，这些都能够在一定程度上防范病毒的入侵而起到免疫作用，因为计算机病毒的入侵必须拥有对文件的写权限并实施写操作。

(4) 内部加密免疫：对文件内容加密变换后进行存储，在使用时再进行解密，这样即使一个可执行文件在静态下感染了病毒，也永远不会被激活去传染其他对象。

6.3 网络入侵

1980年，研究者首次提出了"入侵"的概念，并指出"入侵"是指在非授权的情况下，试图存取信息、处理信息或破坏系统，以使系统不可靠或不可用的故意行为。网络入侵一般是指具有熟练编写、调试和使用计算机程序的技巧的人，利用这些技巧来进行非法或未授权的网络或文件的访问，进入内部网的行为。对信息的非授权访问一般被称为破解(cracking)。

早期 hacking 这个词用来指那些熟练运用计算机的高手对计算机技术的运用，而那些计算机高手则被称为黑客(hacker)。随着时间的推移，媒体宣传导致 hacking 变成了入侵的含义，而黑客则变成对网络入侵者的称谓。那么如何界定黑客呢？一般认为企图入侵他人的计算机或网络的人为黑客。该定义几乎涵盖了所有现代网络系统的入侵，从计算机网络到电话系统。本节讨论的是针对计算机网络的入侵。

网络入侵一般需要经过三个阶段：前期准备、实施入侵和后期处理。前期准备阶段需要完成的工作主要包括明确入侵目的、确定入侵对象以及选择入侵手段。入侵目的一般可分为控制主机、使主机瘫痪和使网络瘫痪；入侵对象一般分为主机和网络两类；入侵手段多种多样，可以根据目的和后果分为五大类，分别是拒绝服务攻击、口令攻击、嗅探攻击、欺骗类攻击和利用型攻击。属于主机类的 Web 站点由于对外提供网络服务，需要公开其网络地址或链接，所以已成为被入侵的重灾区，Web 攻击成为网络安全界需要防范的头号威胁。实施入侵阶段是真正的攻击阶段，主要包括扫描探测和攻击。扫描探测主要用来收集信息，为下一步攻击奠定基础；攻击就是根据入侵目的，采用相应的入侵手段向入侵对象实施入侵。后期处理主要是指由于大多数入侵攻击行为都会留下痕迹，如被系统日志记录在案，攻击者为了清除入侵痕迹而进行现场清理，如对系统日志进行修改，以免被管理员发现。

6.3.1 拒绝服务攻击

拒绝服务(denial of service，DoS)攻击是一种最悠久、最常见的攻击形式，也称业务否决攻击。严格来说，拒绝服务攻击并不是某一种具体的攻击方式，而是攻击所表现出来的结果最终使目标系统因遭受某种程度的破坏而不能继续提供正常的服务，甚至导致物理上的瘫痪或崩溃。具体的操作方法是多种多样的，可以是单一的手段，也可以是多种方式的组合利用，其结果都是一样的，即使合法用户无法访问到所需的信息。

通常拒绝服务攻击可分为两种类型：第一类攻击是利用网络协议的缺陷，通过发送一些非法数据包使主机系统瘫痪，如 Ping of Death；第二类攻击是通过构造大量网络流量使主机通信或网络堵塞，使系统或网络不能响应正常的服务，如 Smurf 攻击。下面介绍一下几种典型的拒绝服务攻击。

1. Ping of Death

根据 TCP/IP 的规范，一个包的长度最大为 65536 字节。尽管一个包的长度不能超过 65536 字节，但利用多个 IP 包分片的叠加却能做到构造长度大于 65536 字节的 IP 数据包。攻击者可以通过修改 IP 分片中的偏移量和段长度，使系统在接收到全部分段后重组报文时总的长度超过 65535 字节。一些操作系统在对这类超大数据包的处理上存在缺陷，当安装这些操作系统的主机收到了长度大于 65536 字节的数据包时，会出现内存分配错误，从而导致 TCP/IP 堆栈崩溃，造成死机，这就是 Ping of Death 攻击。

2. Tear Drop

IP 数据包在网络传递时，数据包可能被分成多个更小的 IP 分片。攻击者可以通过发送两个(或多个)IP 分片数据包来实现 Tear Drop 攻击。第一个 IP 分片包的偏移量为 0，长度为 N，第二个分片包的偏移量小于 N，未超过第一个 IP 分片包的尾部，这就出现了偏移量重叠现象。一些操作系统无法处理这些偏移量重叠的 IP 分片的重组，TCP/IP 堆栈会出现内存分配错误，造成操作系统崩溃。

3. SYN Flood

SYN Flood 攻击是一种常见的拒绝服务攻击方式，主要用来攻击开放了 TCP 端口的网络设备。要了解 SYN Flood 攻击的原理，需要先解释一下 TCP 连接的建立过程。TCP 连接的建立过程被称为三次握手，首先客户端向服务器发起连接请求(SYN 报文)，服务器端在收到这个连接请求之后，会回应一个应答报文(SYN ACK)，客户端收到这个 SYN ACK 报文之后，再发送第三个 ACK 报文，这个交互过程完成之后，服务器和客户机两端就认为这个 TCP 连接已经正常建立，可以开始使用这个连接来传送数据了。服务器端在回应 SYN ACK 报文的时候实际上已经为这个连接分配了足够的资源，如果没有接收到客户端返回的 ACK 报文，这部分资源会在一定时间之后释放，以便提供给其他连接请求使用。

SYN Flood 攻击就是利用了这个原理，攻击者伪造 TCP 的连接请求，向被攻击的设备正在监听的端口发送大量的 SYN 连接请求报文，被攻击的设备按照正常的处理过程，回应这个请求报文，同时为它分配相应的资源。攻击者本意并不需要建立 TCP 连接，因此服务器根本不会接收到第三个 ACK 报文，现有分配的资源只能等待超时释放。如果攻击者能够在超时时间到达之前发出足够多的攻击报文，使被攻击的系统所预留的所有 TCP 缓存都被耗尽，那么被攻击的设备将无法再为正常的用户提供服务，攻击者也就达到了攻击的目的(拒绝服务)。

4. Smurf 攻击

Smurf 攻击是以最初发动这种攻击的程序 Smurf 来命名的,这种攻击方法结合使用了 IP 地址欺骗和互联网控制消息协议(ICMP)。一台网络主机通过广播地址将 ICMP Echo 请求包发送给网络中的所有机器,网络主机接收到请求数据包后,会回应一个 ICMP Echo 响应包,这样,发送一个包会收到许多的响应包。如图 6.6 所示,Smurf 构造并发送源地址为受害主机地址、目的地址为广播地址的 ICMP Echo 请求包,收到请求包的网络主机会同时响应并发送大量的信息给受害主机(因为它的地址被攻击者假冒了),致使受害主机崩溃。

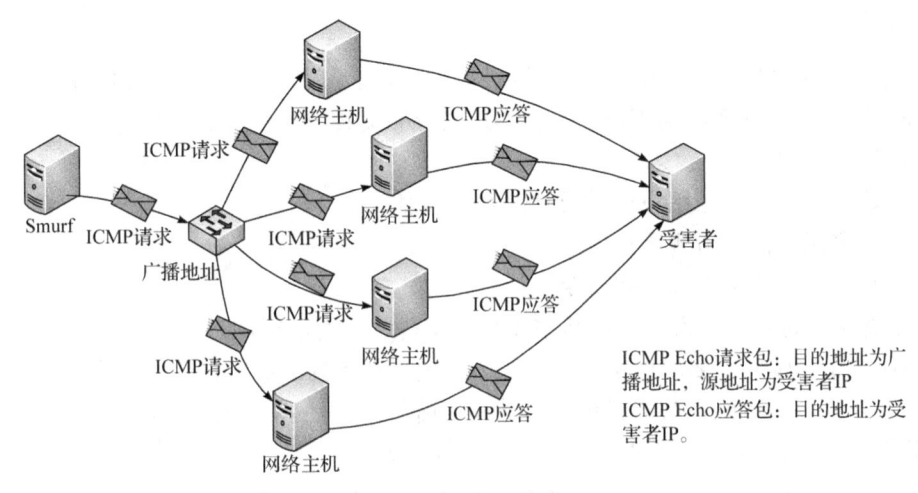

图 6.6 Smurf 攻击

如果 Smurf 攻击将回复地址设置成受害网络的广播地址,则网络中会充斥大量的 ICMP Echo 响应包,导致网络阻塞。

5. 电子邮件炸弹

电子邮件炸弹是古老的匿名攻击之一,实施攻击的特殊程序称为 E-mail Bomber。互联网服务商给多数用户的邮箱容量是有限的,如果用户在短时间内收到成千上万封电子邮件,而每封电子邮件的容量也比较大,那么经过一轮邮件炸弹轰炸后,电子邮箱的容量可能被占满,那么其他人发给用户的电子邮件将会被丢失或者被退回,这时用户的邮箱已经失去了作用;另外,这些电子邮件炸弹所携带的大容量信息不断在网络上来回传输,很容易堵塞网络;而且邮件服务器需要不停地处理大量的电子邮件,如果承受不了这样的疲劳工作,服务器随时有崩溃的可能。

分布式拒绝服务攻击手段是在传统的拒绝服务攻击基础之上发展起来的分布式攻击方式,单一的拒绝服务攻击一般是采用一对一方式的,当被攻击目标 CPU 速度低、内存小或者网络带宽小时,它的效果是明显的。随着计算机与网络技术的发展,计算机的处理能力迅速增强,内存大大增加,同时也出现了千兆级别的网络,这加大了拒绝服务攻击的困难程度。分布式拒绝服务攻击就是很多拒绝服务攻击源一起攻击某台服务器或网络，迫使服务器停止提供服务或网络阻塞。分布式拒绝服务攻击需要众多攻击源，而黑客获得攻击源的主要途径就是传播木马，网络计算机一旦中了木马，这台计算机就会被后台操作的人控制，也就成了所谓的"肉鸡"，即黑客的帮凶。使用"肉鸡"进行分布式拒绝服务攻击还可以在一定程度上保护攻击者，使其不易被发现。

对于拒绝服务攻击来说，主要的防御应从三个方面加强：①及时为系统升级，减少系统漏洞，很多拒绝服务攻击对于新的操作系统已经失效，如 Ping of Death 攻击；②关掉主机或网络中不必要的服务和端口，如对于非 Web 主机关掉 80 端口；③局域网应该加强防火墙和入侵检测系统的应用和管理，过滤掉非法的网络数据包。

6.3.2 口令攻击

口令攻击是黑客常采用的攻击和控制网络主机的手段之一，口令攻击是指通过猜测或其他方法获得目标系统的用户口令，夺取目标系统控制权的过程。口令攻击过程一般包括以下几个步骤。

(1) 获取目标系统的用户账号及其他有关信息。
(2) 根据用户信息猜测用户口令。
(3) 采用字典攻击方式探测口令。
(4) 探测目标系统的漏洞，伺机取得口令文件，破解取得用户口令。

上述各个步骤并不要求严格按顺序执行，也可能单独或组合使用，但步骤(1)是很多攻击者首先要做的事情。获取目标系统的用户账号及其他有关信息一般可以利用一些网络服务来实现，如 Finger、Whois、LDAP 等信息服务。

Finger 是 UNIX 系统中用于查询用户情况的实用程序。UNIX 系统保存了每个用户的详细资料，包括 E-mail 地址、账号、在现实生活中的真实姓名、登录时间、未阅读的信件、最后一次阅读 E-mail 的时间以及外出时的留言等资料。当用 Finger 命令查询时，系统会将上述资料显示在终端上。

Whois 服务是一个在线的"请求/响应"式服务。Whois Server 运行在后台监听 43 端口，当互联网用户搜索一个域名(或主机、联系人等其他信息)时，Whois Server 接收用户请求的信息并据此查询后台域名数据库。如果数据库中存在相应的记录，它会将相关信息如所有者、管理信息以及技术联络信息等反馈给用户。

LDAP 的目录中存放着各类信息，如电子邮件地址、邮件路由信息、人力资源数据、公用密钥、联系人列表等。

对于那些不重视口令安全性的用户，步骤(2)往往是行之有效的攻击方法。由于得到了很多用户信息，攻击者可以猜测用户可能的口令，因此使用对于用户来说有意义的、便于记忆的数据作为口令将是危险的，例如，用户名、用户名变形、生日、电话、电子邮件地址等。

用户常常采用一个英语单词做口令，因此攻击者也经常使用字典攻击的方法来破解用户口令，字典攻击的原理是：使用一些程序，自动地从计算机字典中取出一个单词，作为用户的口令输入远端的主机，申请进入系统。如果口令错误，就按序取出下一个单词，进行下一个尝试，并一直循环下去，直到找到正确的口令或字典的单词试完为止。由于这个破译过程由计算机程序来自动完成,几个小时就可以把字典的所有单词都试一遍。

步骤(4)也是攻击者喜欢使用的一种攻击方法。攻击者扫描目标系统,寻找可能存在的系统漏洞,伺机夺取目标中存放口令的文件 shadow 或 passwd。在 UNIX 操作系统中,用户的基本信息存放在 passwd 文件中,而所有的口令则经过 DES 密码加密后存放在一个称为 shadow 的文件中,并处于严密的保护之下。老版本的 UNIX 没有 shadow 文件,它所有的口令都存放在 passwd 文件中。一旦攻击者夺取口令文件,他们就会用破解 DES 密码的程序来还原文件内容,从而取得用户的口令。

除了上述几个攻击步骤,攻击者还可能采用穷举暴力攻击的方法来攻击口令。系统中可以用作口令的字符有 95 个,也就是 10 个数字、33 个标点符号、52 个大小写字母。如果口令采用任意 5 个字母加上一个数字或符号,则可能的排列数约为 163 亿个,即

$$52^5 \times 43 = 16348773376$$

这个数字对于每秒可以进行上百万次浮点运算的计算机并不是什么困难的问题,也就是说,一个 6 位的口令不是安全的,一般建议使用 10 位以上并且是字母、数字加上标点符号的混合体。

防范口令攻击的方法也很简单,只要做到以下几点,口令就会比较安全。

(1) 口令的长度不少于 10 个字符。
(2) 口令中要有一些非字母。
(3) 口令不在英语字典中。
(4) 不要将口令写下来。
(5) 不要将口令存于计算机文件中。
(6) 不要选择易猜测的信息做口令。
(7) 不要在不同系统上使用同一口令。
(8) 不要让其他人得到口令。
(9) 经常改变口令。
(10) 永远不要对自己的口令过于自信。

6.3.3 嗅探攻击

嗅探攻击也称网络嗅探,是指利用计算机的网络接口截获目的地为其他计算机的数据包的一种手段。网络嗅探的工具被称为嗅探器(sniffer),是一种常用的收集网络上传输的有用数据的方法,这些数据可以是网络管理员需要分析的网络流量,也可以是黑客喜欢的用户账号和密码,或者一些商用机密数据等。嗅探攻击一般是指黑客利用嗅探器获取网络传输中的重要数据。网络嗅探也被形象地称为网络窃听。

为了了解嗅探原理,我们需要了解以太网卡(也称网络适配器或网络接口)的工作模式。每块以太网卡都有一个唯一的 48 比特的硬件地址,即媒体访问控制(media access control)地址,通常称为以太网地址或硬件地址,该地址出厂时已经被生产厂家写入网卡内。在以太网中,所有的通信都是广播的,使用以太帧的形式传输,每个以太帧的头部包含着以太网地址,在正常情况下,以太网卡只响应以下两种数据报文。

(1) 与自己的硬件地址相匹配的数据帧。
(2) 发向所有机器的广播数据帧。

接收到数据帧后，网卡内的处理器会检查接收到数据帧的目的以太网地址，依据网卡设置的接收模式判断该不该接收。如果是上述两种数据报文，以太网卡会产生一个硬件中断，CPU 执行中断服务程序将帧中所包含的数据传送给协议栈进行进一步处理。

以太网卡共有四种工作模式。
(1) 广播模式：该模式下的网卡能够接收网络中的广播数据。
(2) 组播模式：设置在该模式下的网卡能够接收组播数据。
(3) 直接模式：在这种模式下，只有目的网卡才能接收发给该地址的数据。
(4) 混杂模式：在这种模式下，网卡能够接收一切通过它的数据，而不管该数据是否是传给它的。

在共享网络环境中，如果攻击者获得其中一台主机的 root 权限，并将其网卡置于混杂模式，这就意味着不必打开配线盒来安装窃听设备，就可以对共享环境下的其他计算机的通信进行窃听，在共享网络中，网络通信没有任何安全性可言。目前，采用"共享技术"的网络设备集线器已经被采用交换方式的交换机所取代，在多数局域网络中，利用混杂模式进行监听已经不可能了，这就意味着攻击者不得不考虑如何在交换网络中进行窃听。交换网络下的窃听是利用地址解析协议(address resolution protocol，ARP)欺骗实现的。

首先，介绍一下 ARP。在局域网中，网络中实际传输的是"帧"，帧里面是有目标主机的以太网地址的。在以太网中，一个主机要和另一个主机进行直接通信，必须要知道目标主机的以太网地址，但这个目标主机的以太网地址是如何获得的呢？它就是通过 ARP 获得的。所谓"地址解析"就是主机在发送帧前将目标 IP 地址转换成目标以太网地址的过程。ARP 维护着 ARP 地址缓存表，结构如表 6.1 所示。

表 6.1 ARP 地址缓存表

IP 地址	以太网地址	地址类型
192.168.1.100	00-30-48-31-26-98	动态
192.168.1.101	00-00-00-00-01-89	动态
192.168.1.102	00-24-dc-b8-47-f0	动态
192.168.1.255	ff-ff-ff-ff-ff-ff	静态

当主机 A 希望访问 IP 地址为 192.168.1.102 的主机 B 时，会首先查询其 ARP 地址缓存表，如果缓存内存在 192.168.1.102 的对应项，则直接取出其以太网地址，构造数据报文发送给主机 B。如果找不到，系统将以广播的形式进行 ARP 请求，目的以太网地址是 ff-ff-ff-ff-ff-ff，请求内容是查询 192.168.1.102 主机的以太网地址。当 192.168.1.102 主机接收到该 ARP 请求后，就发送一个 ARP 的应答数据包，其中包含自己的以太网地址。获得主机 B 的 IP 地址-以太网地址对应关系后，主机 A 将对应关系保存到 ARP 地址缓存表中，并把 IP 地址转化为以太网地址，访问主机 B。

ARP 并不只在发送了 ARP 请求并接收 ARP 应答后，添加 ARP 地址缓存，当主机接收到 ARP 应答数据包的时候，就使用应答数据包内的数据对本地的 ARP 缓存进行更新或添加。ARP 欺骗就是利用了 ARP 的这一特点。

图 6.7 是 ARP 欺骗示意图，图中主机 D 给局域网中的所有主机发送 ARP 应答数据包，其内容是 192.168.1.3 主机 C 的以太网地址是 ee-ee-ee-ee-ee-ee，这样主机 A 和主机 B 接收后更新其 ARP 地址缓存表，而主机 C 则显示 IP 地址冲突。主机 A 和主机 B 均无法与主机 C 通信。

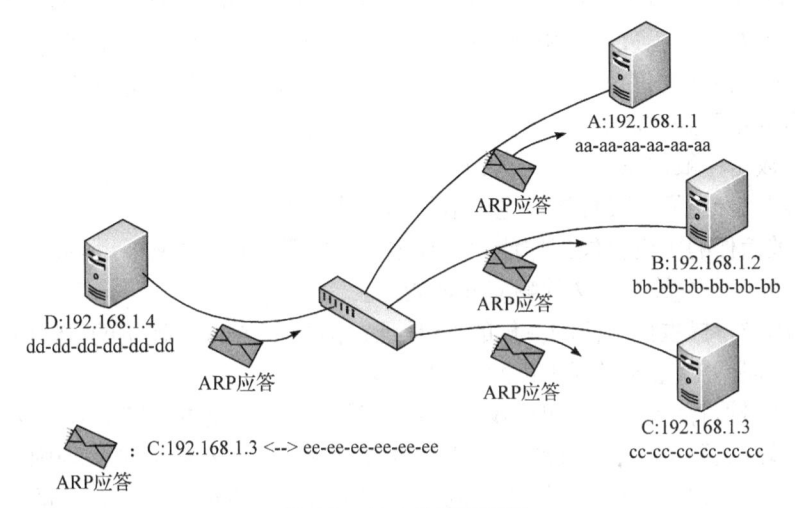

图 6.7 ARP 欺骗示意图

如果主机 D 想监听主机 A 和主机 C 之间的通信内容，D 可以给 A 发送 ARP 应答，告诉 A：192.168.1.3 主机的以太网地址是 dd-dd-dd-dd-dd-dd。再给 C 发送 ARP 应答，告诉 C：192.168.1.1 的以太网地址是 dd-dd-dd-dd-dd-dd。A 想要发送给 C 的数据实际上发送给了 D，D 在嗅探到数据后将此数据转发给 C；C 回应 A 的数据也发送给了 D，D 嗅探之后转发给 A，这样就可以保证 A 和 C 的通信不被中断，同时达到了嗅探的目的。

防范嗅探攻击的主要方法包括以下四点。

(1) 检测嗅探器。由于嗅探器需要将用于嗅探的网卡设置为混杂模式才能工作，所以可以采用检测混杂模式网卡的方法来检测嗅探器是否存在，AntiSniff 就是一个能够检测混杂模式网卡的工具。

(2) 安全的拓扑结构。嗅探器只能在当前网络段上进行数据捕获。这就意味着，将网络分段工作进行得越细，嗅探器能够收集的信息就越少。

(3) 会话加密。会话加密提供了另外一种解决方案，使用户不用担心数据被嗅探，因为即使嗅探器嗅探到数据报文，也不能识别其内容。

(4) 地址绑定。在客户端使用 ARP 命令绑定网关的真实以太网地址；在交换机上进行端口与以太网地址的静态绑定；在路由器上进行 IP 地址与以太网地址的静态绑定；用静态的 ARP 信息代替动态的 ARP 信息。

6.3.4 欺骗类攻击

欺骗类攻击是指构造虚假的网络消息，发送给网络主机或网络设备，企图用假消息替代真实信息，实现对网络及主机正常工作的干扰与破坏。常见的假消息攻击有 IP 欺骗、ARP 欺骗、DNS 欺骗、伪造电子邮件等。

1. IP 欺骗

IP 欺骗简单地说就是一台主机设备冒充另外一台主机的 IP 地址，与其他设备通信。IP 欺骗主要是基于远程过程调用(remote procedure call，RPC)的命令实现的，如 rlogin、rcp、rsh 等，这些命令仅仅根据信源 IP 地址进行用户身份确认，以便允许或拒绝用户 RPC。IP 欺骗的目的主要是获取远程主机的信任及访问特权。

IP 欺骗攻击一般由以下五个步骤组成。

(1) 选定目标主机并发现被该主机信任的其他主机。

(2) 使被信任的主机丧失工作能力，攻击者一般可以使用 SYN Flood 攻击等手段，使被信任主机丧失对数据报文的响应处理能力。

(3) 使用被目标主机信任的主机的 IP 地址，伪造建立 TCP 连接的 SYN 请求报文，试图以此数据报文建立与目标主机的 TCP 连接。

(4) 序列号取样和猜测。如果攻击者可以截获目标主机的 SYN-ACK 数据包，则可以直接计算出目标主机接收的 TCP 序列号，来伪造 TCP 数据包；否则只能采取猜测计算的方法，攻击者先与目标主机的一个端口(如 SMTP)建立起正常的连接，这个过程重复若干次，并将目标主机的初始序列号(ISN)存储起来，攻击者需要估计他的主机与被信任主机之间的往返时间(RTT)，然后可以预测 ISN 的大小，并计算可能的 TCP 序列号。

(5) 使用被目标主机信任的主机的 IP 地址和计算出的 TCP 序列号，构造 TCP 连接的 ACK 报文，发送给目标主机，建立起与目标主机基于地址验证的应用连接。如果成功，攻击者可以使用一种简单的命令放置一个系统后门，以进行非授权操作。

2. ARP 欺骗

ARP 欺骗也是攻击者常用的欺骗攻击手段之一，主要内容已在 6.3.3 节中做了介绍，这里不再累述。

3. DNS 欺骗

DNS 是一个可以将域名和 IP 地址相互映射的分布式数据库。由于它是互联网的核心服务之一，充当着极为重要的角色，其安全与否对整个互联网的安全性有着重要的影响。DNS 欺骗的目的是冒充域名服务器，把受害者要查询的域名对应的 IP 地址伪造成欺骗者希望的 IP 地址，这样受害者就只能看到攻击者希望的网站页面，这就是 DNS 欺骗的基本原理。

DNS 的工作过程是当用户需要 DNS 服务时，向本地 DNS 服务器发出 DNS 请求，在请求数据包内包含查询 ID 和端口号，本地 DNS 服务器发现没有相应的记录，则转向上级 DNS 发出查询包,当本地 DNS 从上级得到 DNS 信息后,以 DNS 应答包的方式传给用户,并依据缓存机制更新自己的缓存记录。在客户机收到 DNS 服务器发过来的 DNS 应答之后,会去查询收到的数据包中的查询 ID 和端口号,判断是否和自己发出去的一致,如果一致则认为它为正确的应答;不一致则将该应答包都抛弃。由于这一认证机制过于简单,因此成为攻击者利用的缺陷。DNS 欺骗主要有两种形式:监听式主机欺骗和 DNS 服务器污染,它们都是利用上述缺陷实施攻击。

监听式主机欺骗是指通过监听受害者的 DNS 请求信息,伪造 DNS 响应信息发送给受害者,使受害者无法访问到正确的网站。欺骗过程如图 6.8(a)所示,欺骗者监听受害者的 DNS 请求信息,如果在交换网络环境中需要以 ARP 地址欺骗辅助,欺骗者通过以一定的频率向受害者发送伪造 ARP 应答包,来改写目标机 ARP 缓存表中的内容,使受害者以为欺骗者是 DNS 服务器,欺骗者以中间人的形式在用户和 DNS 之间进行监听。欺骗者配合嗅探器软件监听 DNS 请求包,取得查询 ID 和端口号,利用取得的查询 ID 和端口号伪造 DNS 应答包,并立即发送给受害者。受害者收到后确认查询 ID 和端口号无误,以为收到正确的 DNS 应答包,而实际地址很可能被导向攻击者想让用户访问的恶意网站,用户的信息安全受到威胁。受害者再次收到 DNS 服务器发来的 DNS 应答包,由于晚于伪造的 DNS 应答包,因此被用户抛弃。

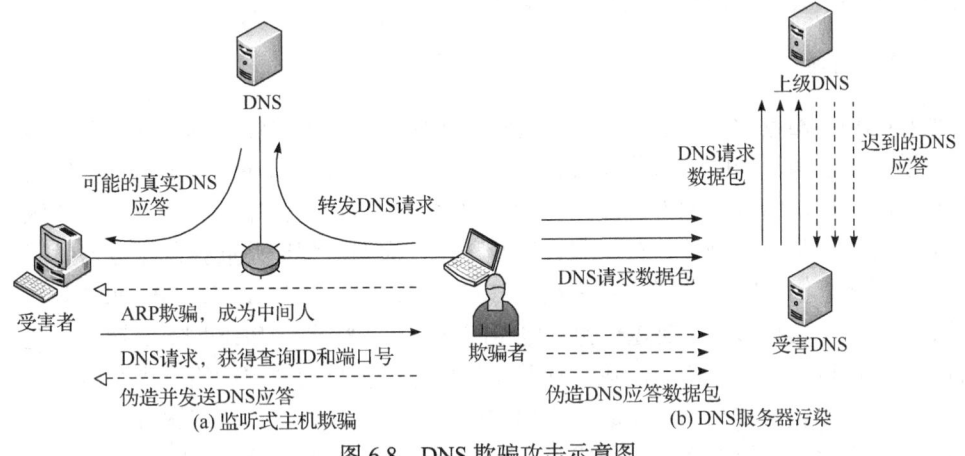

图 6.8 DNS 欺骗攻击示意图

DNS 服务器污染是指欺骗者通过伪造 DNS 查询过程,欺骗 DNS 服务器,使其以错误的域名信息添加或更新原内容,从而无法提供正确的域名服务。欺骗攻击过程如图 6.8(b)所示,欺骗者向目标 DNS 服务器发送大量的 DNS 请求包,如果服务器没有相关域名信息,则会转而向上级服务器发送同样数量的查询包。欺骗者再向攻击目标发送相同数量的伪造 DNS 应答包,如果欺骗者计算的 ID 号和端口号正确,则服务器被欺骗接收伪造的 DNS 应答包,并把这些伪造信息写入自己的缓存中,在缓存生存周期内,凡是以这台服务器为 DNS 服务器的客户机访问同样域名的网站都会被导向错误的地址。

4. 伪造电子邮件

由于 SMTP 并不对邮件的发送者的身份进行鉴定,因此攻击者可以冒充其他邮件地址来伪造电子邮件。攻击者伪造电子邮件的目的主要包括：①攻击者想隐藏自己的身份，匿名传播虚假信息，如造谣中伤某人；②攻击者想假冒别人的身份，提升可信度，如冒充领导发布通知；③伪造用户可能关注的发件人的邮件，引诱收件人接收并阅读，如传播病毒、木马等。

对于欺骗类攻击的防范方法主要包括以下几种。

(1) 抛弃基于地址的信任策略，不允许使用 r 类远程调用命令。

(2) 配置防火墙，拒绝网络外部与本网内具有相同 IP 地址的连接请求；过滤掉入站的 DNS 更新。

(3) 地址绑定，在网关上绑定 IP 地址和以太网地址；在客户端使用 ARP 命令绑定网关的真实以太网地址命令。

(4) 使用 PGP 等安全工具并安装电子邮件证书。

6.3.5 利用型攻击

利用型攻击是通过非法技术手段，试图获得某网络计算机的控制权或使用权，达到利用该机从事非法行为的一类攻击行为的总称。利用型攻击常用的技术手段主要包括：口令猜测、木马病毒、僵尸病毒以及缓冲区溢出等。口令猜测和木马病毒已经在前面做过介绍，下面主要介绍僵尸病毒和缓冲区溢出。

1. 僵尸病毒

僵尸(bot)病毒也称僵尸程序，是通过特定协议的信道连接僵尸网络服务器的客户端程序，被安装了僵尸程序的机器称为僵尸主机，而僵尸网络(botnet)是由这些受控的僵尸主机依据特定协议组成的网络。僵尸病毒的程序结构与木马程序基本一致，主要区别在于多数木马程序是被控制端连接的服务器端程序，而僵尸程序是向控制服务器发起连接的客户端程序。僵尸网络常用的协议包括 IRC(internet relay chat)、HTTP、P2P 等。僵尸病毒的传播和木马相似，主要途径包括电子邮件、含有病毒的 Web 网页、捆绑了僵尸程序的应用软件以及利用系统漏洞攻击加载僵尸病毒等。目前僵尸网络是黑客最青睐的作案工具之一，黑客经常利用其发起大规模的网络攻击，如分布式拒绝服务攻击、海量垃圾邮件等，因此，僵尸网络的威胁成为一个国际网络安全界十分关注的问题。

2. 缓冲区溢出

缓冲区溢出是指当计算机向缓冲区内填充数据位数时超过了缓冲区本身的容量，溢出的数据覆盖了合法数据。缓冲区溢出是一种非常普遍、非常危险的程序漏洞，在各种操作系统、应用软件中广泛存在。缓冲区溢出攻击，可以导致程序运行失败、系统宕机、重新启动等后果，更为严重的是可以利用它执行非授权指令，甚至可以取得系统特权并控制主机，进行各种非法操作。

缓冲区溢出的产生存在着必然性，现代计算机程序的运行机制、C 语言的开放性及编译问题是其产生的理论基础。首先，程序在 4GB 或更大逻辑地址空间内运行时，一般会被装载到相对固定的地址空间，使攻击者可以估算用于攻击的代码的逻辑地址；其次，程序调用时，可执行代码和数据共同存储在一个地址空间(堆栈)内，攻击者可以精心编制输入的数据，通过运行时缓冲区溢出，得到运行权；最后，CPU 执行函数调用时的返回地址和 C 语言函数使用的局部变量均在堆栈中保存，而且 C 语言不进行数据边界检查，当数据被覆盖时也无法被发现。

一般来说，缓冲区溢出漏洞是程序员写程序时的马虎所致。在很多的服务程序中，大意的程序员使用了像 strcpy()和 strcat()等不能进行有效位检查的函数，攻击者利用这一问题，设计编写一些代码，并将该代码设法加载到缓冲区有效载荷末尾，这样，当发生缓冲区溢出时，返回指针指向恶意代码，从而获得系统的控制权。下面的程序是一个包含着缓冲区溢出漏洞的 C 语言程序 example.c。

```
#include <stdio.h>
#include <string.h>
void Sayhello(char* name)
{
char tmpName [8];
strcpy(tmpName, name);
printf("Hello %s\n", tmpName);
}
int main(int argc, char** argv)
{
 Sayhello(argv[1]);
return 0;
}
```

图 6.9(a)为程序执行时栈段分配情况，其内容为 main()函数调用 Sayhello()子函数。在 Linux 系统中，程序执行时，其返回地址以及函数的局部变量均存放在堆栈中，堆栈段的分配是从高地址向低地址生长，而变量存放则是由低地址向高地址生长。

下面的内容是在 Linux 环境下 example.c 程序的执行情况：

```
$ ./ example computer
Hello computer
$ ./ example computerssssssss
Hello computerssssssss
Segmentation fault (core dumped)
```

当执行命令 example computer 时，情况似乎一切正常，而接下来改变输入参数后，再执行 example computerssssssss，就会出现程序分段错误，出错的原因就是缓冲区溢出。图 6.9(b)是调用 Sayhello()之前的堆栈缓冲区情况，图 6.9(c)为正常调用 Sayhello()的堆栈情况，图 6.9(d)为当输入参数 "computerssssssss" 执行后，堆栈的情况，可以看出 Sayhello()的实际参数 name 超出了局部变量 tmpName 的规定长度后，覆盖了 Sayhello()的返回main()的地址，因此，当执行完 Sayhello()后无法执行地址为 "ssss" 的指令代码（"ssss"为非法地址)，所以出现程序分段错误，即缓冲区溢出。由于缓冲区溢出允许更改函数的返回地址，这样攻击者就可以通过精心设计，制造缓冲区溢出，并将程序的执行流程导向其事先准备好的具有攻击性的程序代码，获得系统的程序执行权。

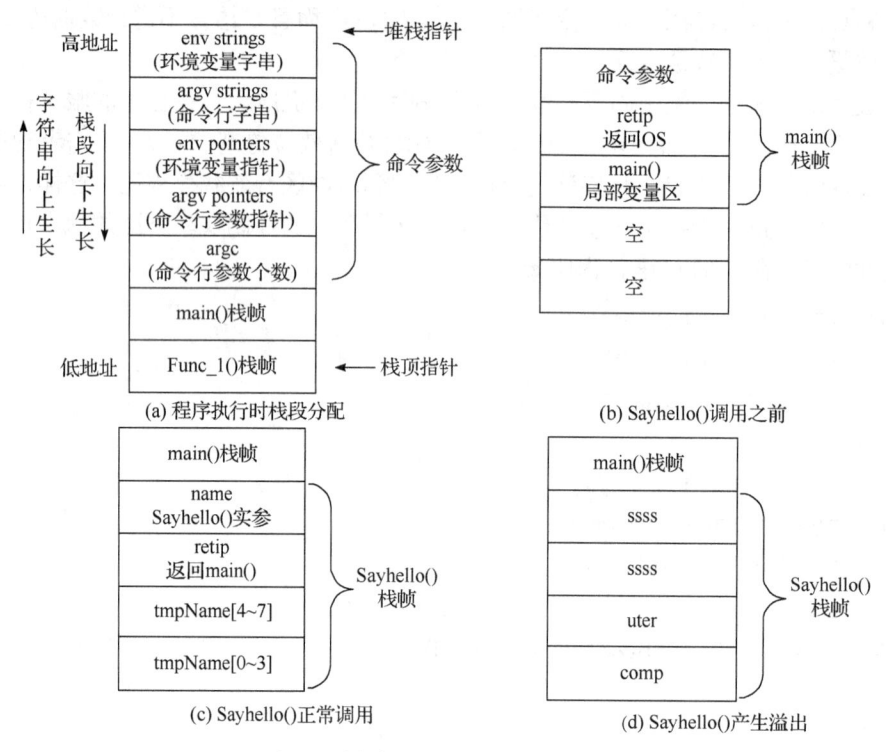

图 6.9 缓冲区溢出的栈结构示意图

针对利用型攻击的防范，首先要及时更新系统，减少系统漏洞(包括缓冲区溢出的漏洞)，以有效地阻挡木马、僵尸以及缓冲区溢出类的入侵；其次要安装防病毒软件，以有效防范木马、僵尸等病毒入侵；另外，更为重要的是要加强安全防范意识，主动地了解安全知识，有意识地加固系统，对不安全的电子邮件、网页进行抵制，这样才能较好地防范此类攻击。

6.3.6 Web 攻击

Web 攻击是指针对网站、Web 应用或 Web 服务器的恶意行为，旨在破坏、篡改或非法访问目标系统的数据和功能。这些攻击通常由黑客或恶意用户发起，利用软件或系统操作平台等的安全漏洞来实施。Web 攻击可以分为主动攻击和被动攻击，主动攻击指攻击者通过访问 Web 应用，把攻击代码加入请求中，从而获取服务器的资源，攻击的目标是服务器。被动攻击指攻击者从用户下手，诱导用户触发设置好的陷阱，把攻击代码嵌入 HTTP 请求中，让用户在不知不觉中中招，从而非法获取用户的 Cookie 等个人信息，然后伪装成用户给服务器发送请求，从而骗过服务器的身份验证。常见的 Web 攻击类型包括：跨站脚本(cross-site scripting，XSS)攻击、跨站请求伪造(cross site request forgery，CSRF)攻击及结构化查询语言(structured query language，SQL)注入攻击等。

1. XSS 攻击

XSS 攻击是指攻击者利用网页开发时留下的漏洞，通过巧妙的方法注入恶意指令代码到网页，使用户加载并执行攻击者恶意编写的程序。根据 XSS 攻击实现的原理可将它分为反射型 XSS 攻击、存储型 XSS 攻击和 DOM(document object mode)型 XSS 攻击。

最常见的反射型 XSS 攻击，主要用于将恶意的脚本附加到统一资源定位符(URL)地址的参数中，诱使受害者打开该恶意 URL。图 6.10 给出了反射型 XSS 攻击的实施过程，首先用户正常登录 Web 应用程序，登录成功后会得到一个会话信息的 Cookie；攻击者将含有攻击代码的 URL 发送给被攻击人，并诱使其打开该恶意 URL；Web 应用程序执行用户发出的请求，如果 Web 应用程序有漏洞，则它会将请求中的攻击代码发回给受害者浏览器；浏览器会执行该 URL 中所含的攻击者的恶意代码，攻击者将达到攻击目的，如得到受害者的 Cookie 信息，利用这些信息来劫持用户的会话，以该用户的身份直接访问 Web 应用程序。

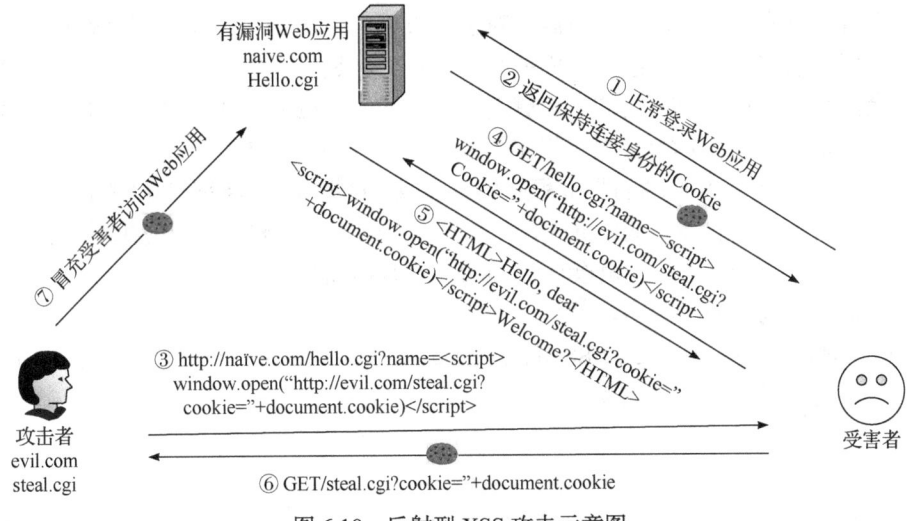

图 6.10 反射型 XSS 攻击示意图

存储型 XSS 攻击多出现于 Web 应用程序提供数据的情况，Web 应用程序会将用户输入的数据信息保存在服务器的数据库或其他文件形式中，网页进行数据查询展示时，会从数据库中获取数据内容，并将数据内容在网页中进行输出展示，但并没有经过 HTML 实体编码，这些数据可能是恶意脚本，会对其他用户造成危害。存储型 XSS 攻击最为常见的场景就是在留言板、评论、博客、新闻发布等平台实施攻击。

存储型 XSS 攻击又被称为持久型 XSS 攻击，其攻击过程如图 6.11 所示，此类攻击的特点是恶意代码存储在服务器上，因此具有持久性，并且可能影响到任何访问受感染页面的用户。存储型 XSS 攻击的危害非常大，因为它允许攻击者执行任意的 JavaScript 代码，这可能导致用户数据的泄露、会话劫持、网站功能的篡改或其他恶意活动。

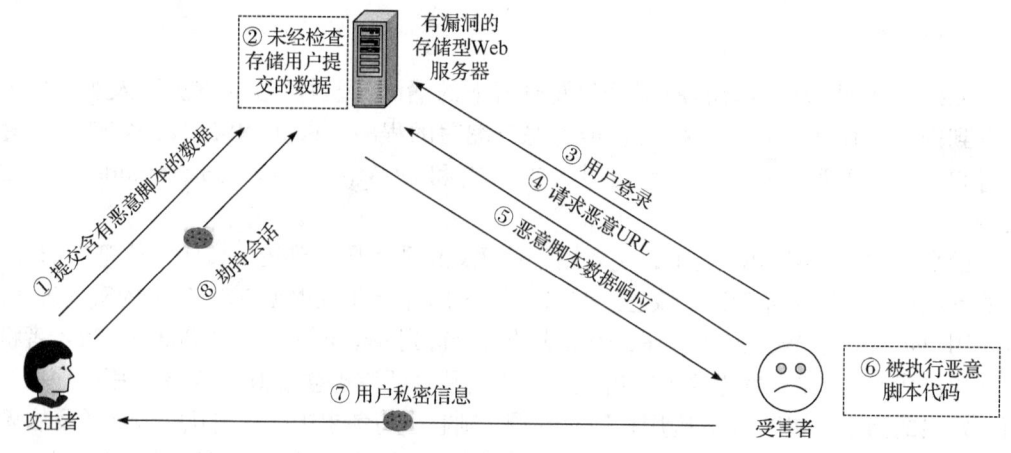

图 6.11 存储型 XSS 攻击示意图

DOM 型 XSS(DOM-based XSS)攻击实质上也是一种反射型 XSS 攻击，攻击者会精心构造 URL，并诱使用户点击。与反射型 XSS 攻击的区别是 DOM 型 XSS 攻击的攻击代码并没有经过服务器中转，服务器是对正常页面的响应，只是在浏览器处理这个响应时，浏览器才会将恶意代码嵌入页面并执行。DOM 是一个与平台、编程语言无关的接口，它允许程序或脚本动态地访问和更新文档内容、结构和样式，处理后的结果能够成为显示页面的一部分。DOM 中有很多对象，其中一些是用户可以操纵的，如 URL、location、refelTer 等。客户端的脚本程序可以通过 DOM 动态地检查和修改页面内容，它不依赖于提交数据到服务器端，而从客户端获得 DOM 中的数据在本地执行，如果 DOM 中的数据没有经过严格确认，就会产生 DOM 型 XSS 漏洞。

一个典型的例子如下所述。

HTTP 请求 http://www.DBXSSed.site/welcome.html?name=zhangsan 使用以下的脚本打印出登录用户 zhangsan 的名字，即

```
<SCRIPT>
var pos=docmnent.URL.indexOf("name=")+5;
document.write(document.URL.substring(pos,document.URL.1ength));
</SCRIPT>
```

如果这个脚本用于请求 http://www.DBXSSed.site/welcome.html?name=<script>alert("XSS") </script>，就会导致 XSS 攻击的发生，alert("XSS")被执行。当用户点击这个链接时，服务器返回包含上面脚本的 HTML 静态文本，用户浏览器把 HTML 文本解析成 DOM，DOM 中的 document 对象 URL 属性的值就是当前页面的 URL。在脚本被解析时，这个 URL 属性值的一部分被写入 HTML 文本，而这部分 HTML 文本却是 JavaScript 脚本，被解释执行，从而导致 DOM 型 XSS 攻击发生。

为了防范 XSS 攻击，可以采取以下措施。

(1) 对用户输入进行严格的过滤和验证，防止恶意代码注入。

(2) 使用安全的编码方式，如 HTML 实体编码、JavaScript 编码等，对输出内容进行编码处理，避免恶意代码被执行。

(3) 设置合适的权限策略和安全过滤器，限制恶意代码的传播和执行。

(4) 定期更新和维护网站的安全性与稳定性，及时修复已知的漏洞和安全问题。

2. CSRF 攻击

CSRF 攻击是指用户 C 正常登录 Web 应用系统 A 后，用户 C 主动(或攻击者借助少许的社会工程诡计，诱使用户)访问恶意 Web 应用系统 B，Web 应用系统 B 返回一个恶意链接，让受害者去访问执行攻击者希望的对 Web 应用系统 A 的某个操作。Web 应用系统 A 收到用户 C 的操作请求，同时相信"导致此操作的请求来自它的一个可信用户"，从而 Web 应用系统 A 完成了恶意 Web 应用系统 B 希望执行的一个操作(如改变账户口令、转移金融资产等)。

图 6.12 给出了 CSRF 攻击的攻击流程，CSRF 攻击的特点是攻击一般发起在第三方网站，而不是被攻击的网站。被攻击的网站无法防止攻击发生，攻击者利用受害者在被攻击网站的登录凭证，冒充受害者提交操作；而不是直接窃取数据，整个过程中，攻击者并不能获取到受害者的登录凭证，仅仅是"冒用"。

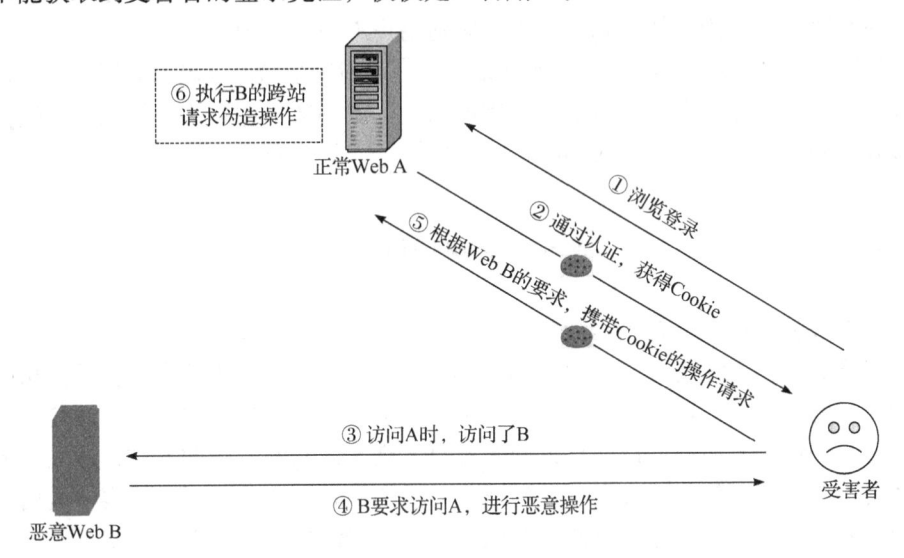

图 6.12 CSRF 攻击的攻击流程

3. SQL 注入攻击

SQL 是用于管理关系数据库的标准编程语言。SQL 被广泛应用于各种数据库系统中，如 MySQL、Oracle、SQL Server、PostgreSQL 等。通过 SQL，用户可以查询、更新、管理和操作数据库中的数据。

SQL 注入攻击的原理主要是利用应用程序未对用户输入数据的合法性进行严格判断的缺陷或过滤不严的安全漏洞，攻击者在 Web 应用程序中事先定义好的查询语句的结尾添加额外的 SQL 语句，以此来达到欺骗数据库服务器执行非授权的任意查询，从而进一步得到相应的数据信息的目的。

具体来说，当应用程序使用用户输入来构造 SQL 查询语句时，如果未对输入进行充分的验证和过滤，攻击者就可以输入恶意的 SQL 代码片段。这些恶意代码会被数据库服务器误认为是正常的 SQL 指令而运行，导致原有的 SQL 结构被破坏，进而执行攻击者意图的操作。一个简单的例子，在 PHP 代码中编写如下语句：

```
$query="SELECT*FROM user WHERE username='Peter' AND password='". $_POST["pw"]." ' ";
//"."是字符串连接符
$result = mysql_query($query);
//$result 是返给用户的变量，内容为 user 中的全部内容
```

这是用 PHP 进行 MySQL 语句查询的一个经典代码，用户向语句传入密码参数，如果密码正确则返回 Peter 的用户数据；如果密码错误则不返回数据。一个正常的用户只会尝试不同的密码组合，但是 SQL 注入攻击者会在 pw 参数中填入：' OR '1'='1，如此，SQL 语句变为 SELECT * FROM user WHERE username = 'Peter' AND password = ' ' OR '1'='1'，攻击者用单引号闭合了待输入的 password 字符串，又使用 OR 语句强行使 WHERE 逻辑为真，这样即使在不知道密码的情况下，也可以返回数据。SQL 注入就是如此，攻击者影响了查询语句的结构，使语句违背本意得到用户不该得到的结果。

为了防止 SQL 注入攻击，开发者应该采取一系列安全措施，包括对用户输入进行严格的验证和过滤、使用参数化查询或预编译语句、限制数据库用户的权限等。这些措施可以有效地防止恶意代码的注入和执行，保护数据库的安全。

6.4 诱骗类威胁

诱骗类威胁是指攻击者利用社会工程学的思想，利用人的弱点(如人的本能反应、好奇心、盲目信任、贪便宜等)，通过网络散布虚假信息，诱使受害者上当受骗，从而达到攻击者目的的一种网络攻击行为。准确地说，社会工程学不是一门科学，而是一门艺术和窍门，它利用人的弱点，以顺从人们的意愿、满足人们的欲望的方式，让人们上当受骗。社会工程学的窍门也蕴含了各式各样的灵活的构思与变化因素。现实中运用社会工程学的犯罪很多，如利用短信息诈骗获取银行信用卡信息、利用电话以知名人士的名义去推销诈骗等，都运用了社会工程学方法。

近年来，更多的黑客转向利用人的弱点即社会工程学方法来实施网络攻击。利用社会工程学手段，突破信息安全防御措施的诱骗类攻击事件，已经呈现出上升甚至泛滥的趋势。常见的诱骗类威胁主要有在免费的下载软件中捆绑流氓软件、在免费的音乐中包含病毒、网络钓鱼等。其中，网络钓鱼的危害日益明显，已成为近期最严重的网络威胁之一。

6.4.1 网络钓鱼

phishing 是单词 fishing(钓鱼)和 phone(电话，因为黑客起初以电话作案)的综合体，所以被称为网络钓鱼。phishing 是指攻击者通过伪造以假乱真的网站和发送诱惑受害者按攻击者意图执行某些操作的电子邮件等方法，使受害者"自愿"交出重要信息(如银行

账户和密码)的手段。

1. 电子邮件诱骗

电子邮件服务是合法的互联网经典服务，攻击者选择电子邮件进行诱骗攻击，网络安全措施很难防范。攻击者进行电子邮件诱骗，一般需要经过以下几个步骤。

(1) 选定目标用户群。攻击者会通过一些方法获得大量的有效电子邮件地址。常见的方法包括以下几种。

①网站收集：利用类似网站爬虫的程序在基于网站的电子邮件站点上扫描公共地址簿。

②邮件地址字典：使用特殊的程序将词语和常用的名字随机组合来构造邮件账户名(如 Bob + Smith)，试着将这个邮件账户名和主要的互联网服务提供商连在一起，于是就得到了 bobsmith@gmail.com、bobsmith@msn.com、bobsmith@163.com 等电子邮件地址。

③商业电子邮件列表：从一些网络公司那里购买电子邮件地址。

(2) 构造欺骗性电子邮件。欺骗性电子邮件一般会包含一个容易混淆的链接，指向一个假冒目标机构公开网站的远程网页，冒充成一个被受害者所信任的组织机构。受骗者往往会在假冒目标机构的"官方"网站的网页接口中输入他们的机密信息，以致泄露自己的重要数据。

(3) 搭建欺骗性网站。攻击者需要建立域名和网页内容都与真正的被受害者所信任的组织机构网站极为相似的网站，以便获得受害者的信任，从而得到受害者的重要信息。

(4) 群发邮件，等待上当的受害者。

2. 假冒网站

建立假冒网站，骗取用户账号、密码实施盗窃，这是对用户造成最大经济损失的恶劣手段。攻击者建立起域名和网页内容都与真正的网上银行、网上证券交易等重要部门网站极为相似的假冒网站，攻击者通过各种传播方式给用户发送一些链接，诱使用户点击，引诱用户输入账号、密码等信息，进而通过真正的网上银行、网上证券系统或者伪造银行储蓄卡、证券交易卡盗窃资金。

为了迷惑用户，攻击者有意把网站域名注册成与真实机构的域名很相似，例如，比银行网站域名多写或少写一个字母，这种做法往往会使很多粗心的用户上当受骗。例如，新闻媒体曾经报道过的一个非法网站，网址为"http://www.1cbc.com.cn"，而真正的银行网站是"http://www.icbc.com.cn"，攻击者利用数字"1"和字母"i"非常相近的特点，来蒙蔽粗心的用户。

3. 虚假的电子商务

攻击者建立电子商务网站，或在比较知名、大型电子商务网站上发布虚假的商品销售信息。网上交易多是异地交易，通常需要汇款。不法分子一般要求消费者先付部分款，再以各种理由诱骗消费者付余款或者其他各种名目的款项，得到钱款或被识破时，不法分子就销声匿迹。例如，不法分子在易趣、淘宝网上，发布虚假的商品销售信息，以所谓"免税商品""慈善义卖"的名义出售各种产品，很多人会在低价的诱惑下上当受骗。

6.4.2 对于诱骗类威胁的防范

诱骗类威胁不属于传统信息安全的范畴，采用传统信息安全办法解决不了非传统信息安全的威胁。一般认为，解决非传统信息安全威胁需要运用社会工程学来反制。防范诱骗类威胁的首要方法是加强安全防范意识，其实，任何欺骗都存在弱点，甚至有明显的欺骗特征，只要用户有足够的安全防范意识，多问几个"为什么"，减少那种"天上掉馅饼"的心理，那么绝大多数诱骗行为都不能得逞。另外，用户还应该注意以下几点。

(1) 确认对方身份：如果一个不认识的个人声称来自某合法机构，请设法直接向该机构确认他的身份。

(2) 慎重对待个人信息：除非你能够确定某人有权得到此类资料，否则不要提供个人信息或者自己所在机构的信息给他，包括自己所在机构的组织结构和网络方面的信息。

(3) 谨防电子邮件泄密：不要在电子邮件中泄露私人的或财务方面的信息，不要回应征求此类信息的邮件，也包括不要点击此类邮件中的链接。

(4) 注意网站的 URL 地址：恶意网站看起来可以和合法网站一样，但是它的 URL 地址可能使用了修改过的拼写或域名(例如，将.com 变为.net)。

如果确信已经泄露了私人重要信息(如网络账户、密码等)，应该立即向有关人员报告泄露的具体情况，以便他们能够对可疑的或不正常的活动提高警惕；如果确信财务账号信息泄露，请迅速联系财务机构并关闭可能被侵害的账号；观察账号中任何无法解释的收费；考虑将攻击报告交给警方，并发送一份报告给相关安全机构。

习 题 六

1. 名词解释

计算机病毒、蠕虫、木马、拒绝服务攻击、缓冲区溢出、网络嗅探、网络钓鱼

2. 简答题

(1) 传统病毒与蠕虫有什么区别？
(2) 木马的传播途径有哪些？
(3) 常见的勒索病毒攻击步骤包括哪几步？
(4) 防病毒应该注意哪些事项？
(5) SYN Flood 攻击的原理是什么？
(6) Smurf 攻击的原理是什么？
(7) ARP 欺骗的原理是什么？
(8) DNS 欺骗是如何实现的？
(9) XSS 攻击分为几种类型，有什么区别？
(10) CSRF 攻击的攻击原理是什么？

(11) 缓冲区溢出有哪些危害?

3. 辨析题

(1) 有人说"与传统病毒一样,蠕虫病毒的破坏就是使计算机系统无法正常工作",你认为正确与否,为什么?

(2) 有人说"像 Ping 一样的程序,被执行时不会对计算机系统造成损害,因此没有危害性",你认为正确与否,为什么?

第 7 章 网 络 防 御

本章学习要点
- 了解防火墙技术的基本概念及思想，重点掌握 IPtables 的技术原理
- 了解入侵检测技术的基本思想，重点掌握 Snort 的技术原理
- 掌握 Web 应用防火墙技术原理
- 了解 VLAN、IPS、IMS 及云安全的技术原理

微课视频

7.1 概　　述

第 6 章着重讨论了网络威胁，然而，随着互联网的不断发展，网络攻击技术也不断发展，形式呈现多样化，这也促使网络防御技术必须不断更新换代、不断发展，以适应网络安全的新形势。网络防御是一个综合性的安全工程，不是几个网络安全产品能够完成的任务。防御需要解决多层面的问题，除了安全技术之外，安全管理也十分重要，实际上，提高用户群的安全防范意识、加强安全管理所能起到的效果远远高于应用几个网络安全产品。

从技术层面上看，网络安全防御体系应该是多层次、纵深型，这种防御体系可以有效地提高入侵攻击者被检测到的概率，同时降低攻击的成功概率，从而能够较好地防御各种网络入侵行为。目前网络安全防御技术主要包括防火墙、入侵检测系统(intrusion detection system，IDS)、虚拟局域网(virtual local area network，VLAN)、防病毒技术等。

图 7.1 为网络安全防御体系示意图，可以看到防火墙通常作为网络安全防御体系的第一道防线，部署在网络的出入口处或不同安全等级网络区域的连接路径上，是网络安

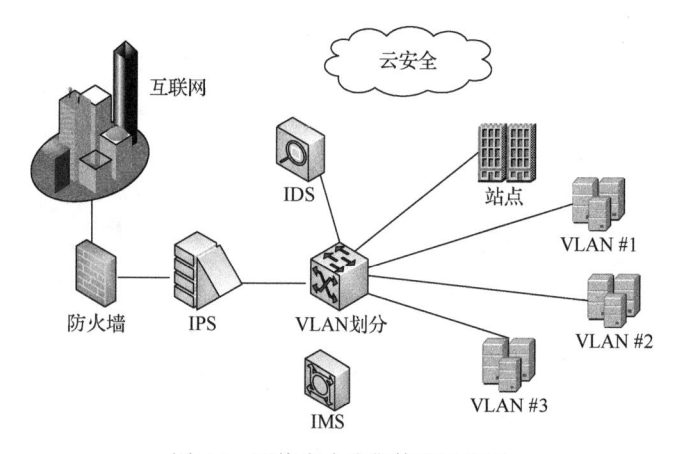

图 7.1 网络安全防御体系示意图

全的网关设备。防火墙的工作机制是依据安全规则检查每一个通过防火墙的数据包,只有符合安全规则的数据包才能通过。入侵检测系统一般部署在网络内部,用于对网络内部的数据进行检测,当发现具有攻击特征的数据报文时,发出报警信息。VLAN 的工作原理是将局域网中的各节点从逻辑上划分成多个网段(即多个 VLAN),每一个 VLAN 都包含一组有着相同需求的节点,每个 VLAN 与物理上形成的局域网有着相同的属性。VLAN 内部的广播和单播流量都不会转发到其他 VLAN 中,从而有助于控制流量、简化网络管理、提高网络的安全性。

防病毒系统是网络防御体系中的重要一环,主要包括两种形式,一种是基于网络的防病毒系统,另一种是目前广泛使用的主机防病毒软件,防病毒技术主要包括病毒检测引擎和病毒特征库两项核心技术,其中病毒检测引擎决定着系统的性能,而病毒特征库则与病毒检测的漏报率和误报率密切相关。随着云计算、云存储的出现,一种全新的理念:云安全(cloud security)也诞生了,它融合了并行处理、网格计算、未知病毒行为判断等新兴技术和概念,通过网状的大量客户端对网络中的特定数据和异常行为进行收集、整理,并传送到云服务器端进行自动分析和处理,再把解决方案分发到每一个客户端。

上述网络安全防御技术从不同的层面对网络进行防御,它们的合理部署及使用构建出了多层次、纵深型的防御体系,能够有效地防御许多网络攻击入侵。然而网络攻击入侵技术不断发展变化,网络入侵者越来越多地利用开放的服务端口(如 HTTP、SMTP、POP3、DNS 等)发起攻击,手段更加隐蔽,传统的防火墙和入侵检测系统因功能的局限性,很难进行有效的防御及阻断,因此,网络入侵防御系统(intrusion prevention system,IPS)作为新一代的网络安全防御技术,已经从概念逐步成为现实。

IPS 串接在网络关键路径上,保证受保护的网络的所有数据都经过 IPS 设备,从这一点上看它更像防火墙的部署,而从工作机制上看它比较接近入侵检测系统,IPS 融合了"基于特征的检测机制"和"基于原理的检测机制",这种融合不仅仅是两种检测方法的简单组合,而是细分到对攻击检测防御的每一个过程中,在抗躲避的处理、协议分析、攻击识别等过程中都包含了动态与静态检测的融合,因此,一般来说,IPS 可以看成防火墙和入侵检测系统的融合。

IPS 之后,另一个全新的概念——入侵管理系统(intrusion management system,IMS)已经开始引起人们的关注。IMS 可以理解为一个过程管理,在入侵事件的各个阶段实施预测、检测、阻断、关联分析和系统维护等工作。

网络防御技术不断发展,先进理念也不断产生,IPS、IMS 不会是网络防御的终极武器,云安全也不会是对付病毒、木马的无敌杀手。在网络攻防中,防御技术始终处于被动地位,但面对不断完善的纵深型防御体系以及各种防御技术的配合补充,入侵攻击的实施势必更加困难。

7.2 防 火 墙

防火墙指的是一个由软件和硬件设备组合而成、在内部网络和外部网络之间构造的安全保护屏障,保护内部网络免受外部非法用户的入侵。简单地说,防火墙是位于两个或多个网络之间、执行访问控制策略的一个或一组系统,是一类防范措施的总称。

7.2.1 防火墙概述

防火墙作为网络安全防御体系中的第一道防线,其主要的设计目标是有效地控制内外网之间的网络数据流量,做到御敌于外。为了实现这一设计目标,在防火墙的结构和部署上必须着重考虑两个方面:一是内网和外网之间的所有网络数据流必须经过防火墙;二是只有符合安全政策的数据流才能通过防火墙。第一方面要求防火墙必须位于内外网络的阻塞点,这样才能保证所有内外网之间的网络数据流经过防火墙。阻塞点可以理解为连通两个或多个网络的唯一路径上的点,当这个点被删除后,各网络之间不再连通,可见如果防火墙宕机了,则内外网之间的节点不再能够互相访问。第二方面涉及如何对流经防火墙的数据流进行过滤检查,这就要求防火墙具有审计和管理的功能,同时具有可扩展性和健壮性,这部分工作一般由软件系统来实现。

从应用对象上来看,防火墙可以分为企业防火墙和个人防火墙两大类,企业防火墙的主要作用是保护整个企业网络免受外部网络的攻击;而个人防火墙则是保护个人计算机系统的安全。防火墙从存在形式上可以分为硬件防火墙和软件防火墙,硬件防火墙由于采用特殊的硬件设备,从而具有较高的性能,一般可以作为独立的设备部署在网络中,企业防火墙多数是硬件防火墙;而软件防火墙则是一套需要安装在某台计算机系统上来执行防护任务的安全软件,个人防火墙都是软件防火墙。

防火墙作为重要的网络安全设备主要有以下作用。

(1) 网络流量过滤。网络流量过滤是防火墙最主要的功能,通过在防火墙上进行安全规则配置,可以对流经防火墙的网络流量进行过滤。安全规则是依据安全策略精心设计的,防火墙严格执行安全检查,这样,只有符合安全规则的网络流量才能通过,大大提高了局域网的安全性。

(2) 网络监控审计。如果所有的访问都经过防火墙,那么防火墙就能记录下这些访问并生成网络访问日志,同时也能提供网络使用情况的统计数据。当出现可疑的网络访问时,防火墙能及时地发出警报,并提供可疑访问的详细信息。另外,防火墙也可以作为收集一个网络的使用情况的绝佳点,将所收集的有关信息提供给其他安全模块,必要时也可以根据需要阻断网络连接访问,与其他安全模块形成联动系统。

(3) 支持网络地址翻译(network address translation,NAT)部署。目前,很多防火墙支持 NAT 技术,NAT 是用来缓解地址空间短缺的主要技术之一。由于防火墙处于内外网的阻塞点上,所以它是实施 NAT 部署的理想场所。

(4) 支持隔离区(demilitarized zone,DMZ),也称"非军事化区",它是为了解决安装防火墙后外部网络不能访问内部网络服务器的问题而设立的一个非安全系统与安全系统之间的缓冲区,这个缓冲区位于企业内部网络和外部网络之间的小网络区域内,在这个小网络区域内可以放置一些必须公开的服务器设施,如企业 Web 服务器、FTP 服务器和论坛等。目前,多数防火墙支持建立 DMZ。

(5) 支持虚拟专用网络(virtual private network,VPN)。一些防火墙还支持互联网重要技术之一的 VPN 技术,通过 VPN 技术,企业可以将分布在各地的局域网有机地连成一个整体，不但省去了租用专用通信线路的费用，而且为信息共享提供了安全技术保障。

图 7.2 为一个典型的企业防火墙应用示意图。该企业网络中由于应用了防火墙，一举解决了网络流量过滤及审计、地址短缺、远程安全内网访问以及 DMZ 部署问题。可见防火墙在企业网络构建中起到十分重要的作用，同时由于其支持的多项网络技术，也可以简化网络的拓扑结构。

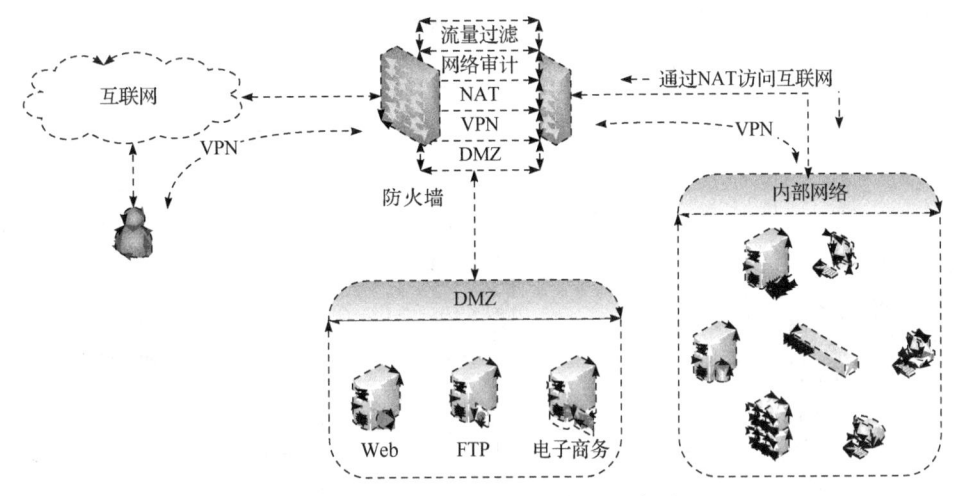

图 7.2 典型的企业防火墙应用示意图

当然防火墙也不是万能的，它也存在局限性，它只是网络安全方案中一个重要的组成部分。它主要的局限性包括以下几点。

(1) 防火墙无法检测不经过防火墙的流量，如通过内部提供拨号服务接入公网的流量。

(2) 防火墙不能防范来自内部人员的恶意攻击。

(3) 防火墙不能阻止被病毒感染的和有害的程序或文件的传递，如木马。

(4) 防火墙不能防止数据驱动式攻击，如一些缓冲区溢出攻击。

7.2.2 防火墙的主要技术

依据防火墙的技术特征，常见的防火墙可以分为包过滤防火墙、代理防火墙和个人防火墙。这三类防火墙的侧重点不同，因而采用的技术路线也有较大的区别。

如图 7.3 所示，包过滤防火墙是面向网络底层数据流进行审计和管控的，因此其安全策略主要根据数据包头的源地址、目的地址、端口号和协议类型等标志来制定，可见其主要工作在网络层和传输层。如图 7.4 所示，代理防火墙是基于代理(proxy)技术，使防火墙参与到每一个内外网络之间的连接过程，防火墙需要理解用户使用的协议，对内部节点向外部节点的请求进行还原审查后，转发给外部服务器；外部节点发送来的数据也需要进行还原审查，然后封装转发给内部节点。代理防火墙主要工作在应用层，有时也称应用级网关。

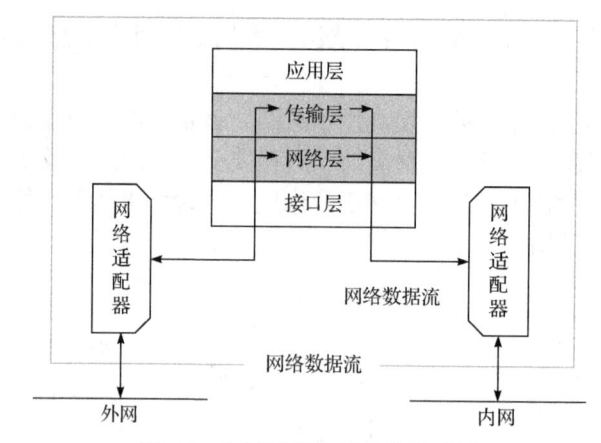

图 7.3 包过滤防火墙工作示意图

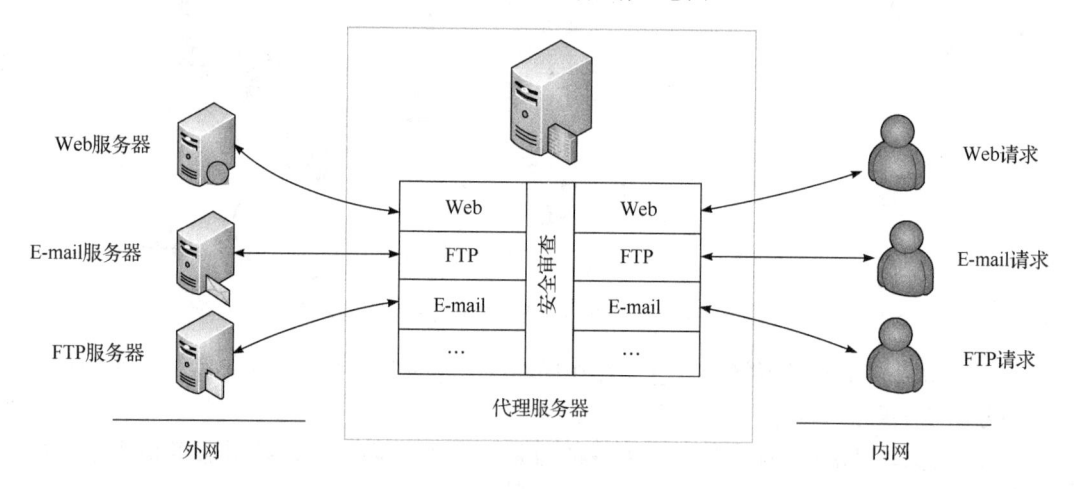

图 7.4 代理防火墙工作示意图

个人防火墙是目前普通用户最常使用的一种,常见的如天网个人防火墙。个人防火墙是一种能够保护个人计算机系统安全的软件,它可以直接在用户的计算机上运行,有效地帮助普通用户对系统进行监控及管理,使个人计算机免受各种攻击。

防火墙发展到今天,有很多成熟的技术已经得到广泛应用,有一些已成为业内标准,下面简单地介绍其中一些主要技术。

1) 访问控制列表

访问控制列表实际上就是一系列允许和拒绝匹配规则的集合。简单地说,就是利用这些规则来告诉防火墙哪些数据包允许通过、哪些数据包被拒绝。表 7.1 为一个访问控制列表,其中规则 1 拒绝 192.168.10.11 访问外网的 80 端口(Web 服务);规则 2 允许内网的所有节点访问 202.106.85.36 的 80 端口,访问控制列表可以清晰地体现防火墙的访问控制策略。读者可能会注意到两条规则存在交集,如果 192.168.10.11 要访问 202.106.85.36 的 80 端口,是否会被允许呢?答案是拒绝,关键在于规则 1 的顺序高于规则 2,一旦规则 1 匹配成功,系统不需要继续执行匹配。可见规则的顺序非常重要。

表 7.1 访问控制列表

顺序	方向	源地址	目的地址	协议	源端口	目的端口	是否通过
规则 1	出	192.168.10.11	*.*.*.*	TCP	任何	80	拒绝
规则 2	出	*.*.*.*	202.106.85.36	TCP	任何	80	接受

2) 静态包过滤

静态包过滤是指防火墙根据定义好的包过滤规则审查每个数据包，以便确定其是否与某一条包过滤规则匹配。如图 7.5(a)所示，包过滤规则基于数据包的包头信息进行制定，并存储在访问控制列表中。包头信息中包括 IP 源地址、IP 目标地址、传输协议(TCP、UDP、ICMP 等)、TCP/UDP 目标端口、ICMP 消息类型等。

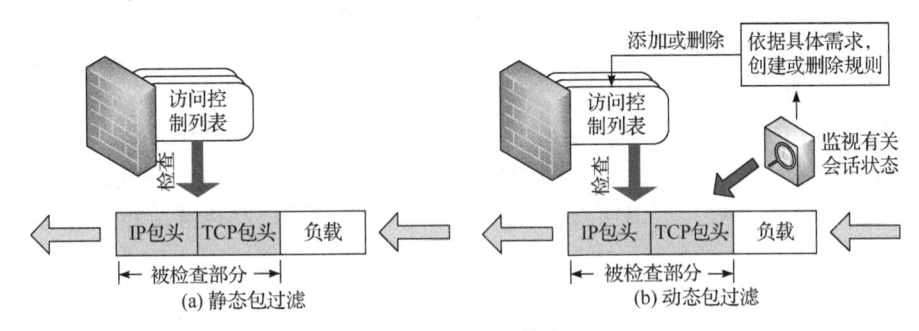

图 7.5 包过滤技术

3) 动态包过滤

动态包过滤是指防火墙采用动态配置包过滤规则的方法，如图 7.5(b)所示，根据需求动态地添加或删除访问控制列表中的过滤规则，并通过对其批准建立的每一个连接进行跟踪，更加灵活地实现对网络连接访问的控制。当一个合法用户请求访问外网时，向防火墙发出连接请求，防火墙审核通过后，向访问控制列表中添加放行该用户访问的规则，该用户可以建立访问外网的会话，当防火墙接收到该用户结束访问的通知或检测到会话结束或超时的时候，将自行删除为该用户创建的规则。实际上静态包过滤是依据数据包的包头信息进行管控的，而动态包过滤是基于会话，动态建立和删除过滤规则。

4) 应用代理网关

应用代理网关被认为是最安全的防火墙技术，如图 7.4 所示，应用代理网关防火墙彻底隔断内网与外网的直接通信，内网用户对外网的访问变成防火墙对外网的访问，外网返回的消息再由防火墙转发给内网用户。所有通信都必须经应用层代理软件转发，访问者任何时候都不能与外部服务器建立直接的 TCP 连接，应用层的协议会话过程必须符合代理的安全策略要求。虽然应用代理网关加强了防火墙的安全性，但也存在较严重的缺陷，首先，应用代理网关防火墙必须能够理解繁杂的应用层协议和不断产生的新协议，才能较好地为用户服务；其次，为了应付大量的网络连接并还原到应用层，防火墙的工作量势必大幅度提升，从而影响性能，甚至成为网络瓶颈。可见应用代理网关只适合那些用户较少，同时应用服务较少的网络。

5) 电路级网关

电路级网关(circuit gateway)的初步结构是于 1989 年提出的。其工作原理与应用代理网关基本相同，代理的协议以传输层为主，在传输层上实施访问控制策略，在内外网络之间建立一个虚拟电路，进行通信。由于代理传输层协议，应用电路级网关不需要审计应用层数据，而只是检查内网主机与外网主机之间的传输层数据来确定该会话是否合法，因此，其所要处理的工作远少于应用代理网关，但安全性低于应用代理网关。

6) NAT

NAT 属于接入广域网(WAN)技术，是一种将私有地址转化为合法 IP 地址的转换技术，它被广泛应用于各种类型的网络连接互联网的工程中。原因很简单，NAT 不仅完美地解决了 IP 地址不足的问题，还能够有效地避免来自网络外部的攻击，隐藏并保护网络内部的计算机，同时对于内网用户来说，整个地址翻译过程是透明的。

实际上，NAT 就是把内部网络中的 IP 包头内部 IP 地址信息用可以访问外部网络的真实 IP 地址信息来替换。根据 NAT 的工作方式，它可以分为静态 NAT 和动态 NAT 两种。如图 7.6(a)所示，静态 NAT 是指将内部网络的私有 IP 地址转换为真实 IP 地址，IP 地址映射是一对一的，是事先由管理员配置好的，某个私有 IP 地址只转换为某个真实 IP 地址。借助于静态 NAT，可以实现具有内部私有 IP 地址的内网机器对外部网络(如互联网)的访问。

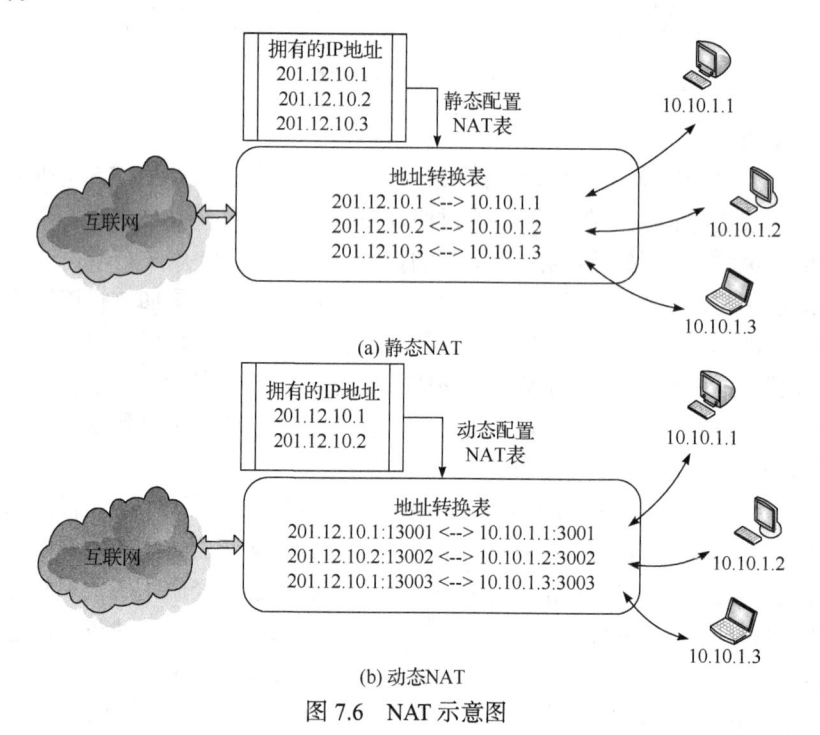

图 7.6　NAT 示意图

图 7.6(b)为动态 NAT 示意图，动态 NAT 是指将内部网络的私有 IP 地址转换为真实 IP 地址时，IP 地址转换是随机的。实际上，它首先为 NAT 系统的 IP 地址缓冲池配置一个或多个真实 IP 地址，当内部私有 IP 地址访问外网时，NAT 系统随机从 IP 地址缓冲池

中取出一个真实的 IP 地址为这次访问进行地址翻译。如果同时需要进行的访问多于缓冲池中的地址，可以借助端口号(目前的动态 NAT 多数为这种情况)，实际上就是将一个内部 IP 地址映射成一个真实 IP 地址加一个端口号，确保完成地址翻译。

7) VPN

VPN 可以理解成虚拟出来的企业内部专线，也称虚拟私有网。VPN 是通过一个公用网络(通常是互联网)建立一个临时的、安全的连接，也可以理解为一条穿过公用网络的安全、稳定的隧道，两台分别处于不同网络中的机器可以通过这条隧道进行连接访问，就像在一个内部局域网中一样。

VPN 的实现主要依赖隧道技术。隧道技术可以理解为用一种协议传输另外一种协议(两种协议可以是同层次的)，即用一种协议完成对另一种协议的数据报文封装、传输和解封三个过程。如图 7.7 所示，隧道技术的基本过程是在源局域网与公网的接口处将数据作为负载封装在一种可以在公网上传输的数据格式中，在目的局域网与公网的接口处将数据解封，取出负载并转发到最终目的地。一般可以将被封装的数据包在公共互联网上传递时所经过的逻辑路径称为隧道。

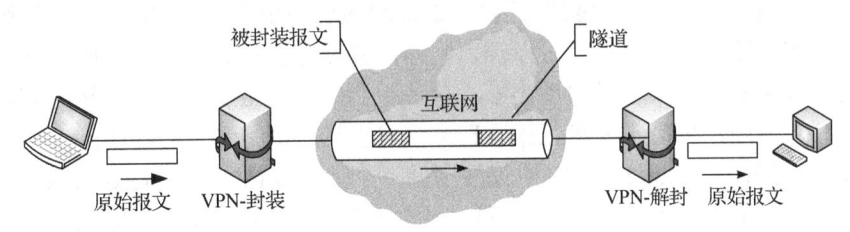

图 7.7 隧道示意图

根据 VPN 应用的类型，VPN 的服务大致可分为三类：Access VPN、Intranet VPN 及 Extranet VPN，分别用于帮助远程用户、分支机构及商业伙伴和公司的内部网络建立起可信的安全连接，这种连接对于应用层服务来说是透明的。图 7.8 中，①为 Access VPN，

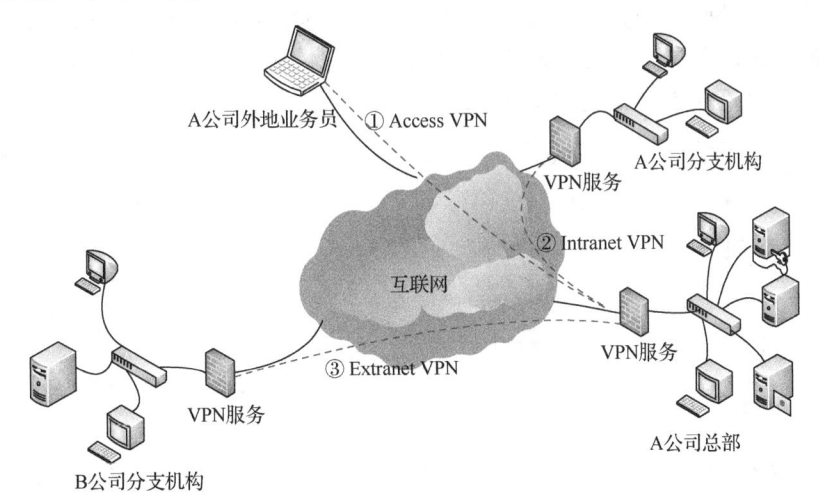

图 7.8 VPN 示意图

又称虚拟专用拨号网(virtual private dial-up network，VPDN)，是指企业员工或企业的小分支机构通过公网远程拨号的方式构筑的虚拟网；②为 Intranet VPN，即企业的总部与分支机构间通过 VPN 进行网络连接，其最大的特点就是可以为总部及各分支机构提供整个企业网络的访问权限；③为 Extranet VPN，其目的是通过一个使用专用连接的共享基础设施，将客户、供应商、合作伙伴或兴趣群体连接到企业内部网，其特点是支持对外部用户进行相应访问权限的设定。

随着防火墙技术不断发展，集成度不断提高，其已成为网络中不可或缺的重要设备，但它不是万能的，不能解决网络的所有安全问题，因此，防火墙必须与其他安全技术相结合，才能更好地保护网络安全。

7.2.3 Netfilter/IPtables 防火墙

2001 年，在 Linux 正式公布的版本号为 2.4 的内核中推出了一套 Netfilter/IPtables 包过滤机制，被业内称为第三代 Linux 防火墙。Netfilter/IPtables 的设计思想是采用两层结构，如图 7.9 所示，处于内核层的 Netfilter 组件是内核的一部分，由一些信息包过滤表组成，这些表包含内核用来控制信息包过滤处理的规则集；IPtables 组件位于用户层，是一种管理包过滤规则的工具，可以插入、修改和删除包过滤表中的规则。同时包过滤规则改变后即生效，无须重新启动内核。这一机制的应用给底层的网络特性扩展带来了极大的便利，使用户更易于理解工作原理，当然也具有更为强大的功能。

Netfilter 是嵌入 Linux 内核 IP 协议栈中的一个通用架构。如图 7.10 所示，它提供了一系列的表，每个表由若干链组成，而每条链中可以有一条或数条规则(rule)。可以这样理解，Netfilter 是表的容器，表是链的容器，而链又是规则的容器。在 Netfilter 表中主要包括三个功能表：数据包过滤表 filter、网络地址转换表 NAT 和数据包处理表 mangle。数据包过滤表 filter 用于检查数据包的内容信息，决定放行还是丢弃该数据包；网络地址转换表 NAT 用于数据包地址翻译；数据包处理表 mangle 提供了修改数据包某些字段值的方法，用于 IP 网络中的流量控制和服务质量的实现。数据包过滤表 filter 包含 input、forward 和 output 三个链，分别用于处理目的地址是本地的数据包、目的地址不是本地的数据包和由本地产生的数据包的情况。

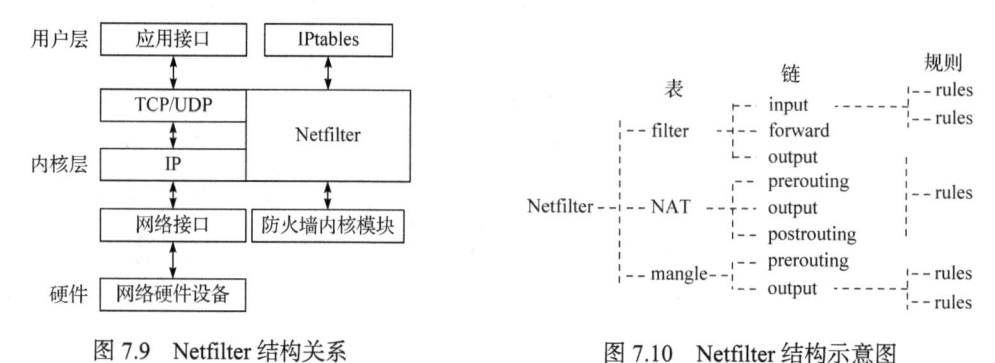

图 7.9　Netfilter 结构关系

图 7.10　Netfilter 结构示意图

实际上 Netfilter 的具体实现是依靠在网络处理流程的若干位置放置一些钩子来实现的，如图 7.11 所示，在协议栈中放置的钩子主要包括五个，具体如下：

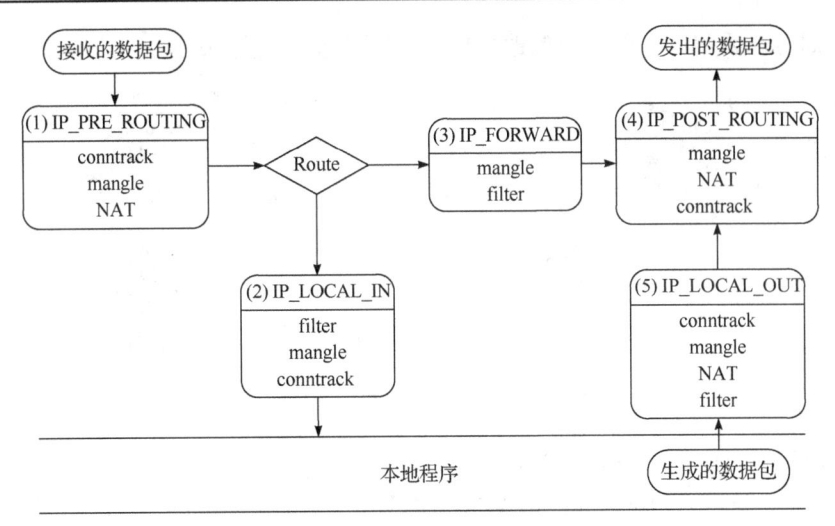

图 7.11　Netfilter 程序流程架构

(1) IP_PRE_ROUTING：处于数据包从数据链路层进入网络层的钩子点。
(2) IP_LOCAL_IN：处于数据包从网络层进入传输层的钩子点。
(3) IP_FORWARD：处于数据包在网络层转发的钩子点。
(4) IP_POST_ROUTING：处于数据包从网络层进入数据链路层的钩子点。
(5) IP_LOCAL_OUT：处于数据包从传输层进入网络层的钩子点。

每个钩子允许注册一些处理函数，称为钩子函数。系统依据这些钩子函数的优先级，形成一条钩子函数指针链。当数据包到达某个钩子点时，被依次提交给指针链上的钩子函数处理。数据包过滤模块 filter 只在 IP_LOCAL_IN、IP_FORWARD 和 IP_LOCAL_OUT 三个点上注册钩子函数，每个钩子函数对应一张包过滤表，并依据该表对数据包的信息进行检查处理。每张包过滤表都包含 0 个或多个规则，一个规则包含 0 个或多个匹配条件和一个目标动作。这些规则表是由 IPtables 负责管理的，这也是 IPtables 名字的由来。

包过滤表中的规则是通过 IPtables 命令来进行管理的。一条 IPtables 命令是由五个基本部分组成的：

IPtables 命令 = 工作表 + 使用链 + 规则操作 + 目标动作 + 匹配条件

(1) 工作表：指定该命令针对的表，默认表为 filter。
(2) 使用链：指定表下面的某个链，实际上就是确定哪个钩子点。
(3) 规则操作：包括添加规则、插入规则、删除规则、替代规则、列出规则。
(4) 目标动作：有两个，即 ACCEPT(继续传递数据包)、DROP(丢弃数据包)。
(5) 匹配条件：指过滤检查时，用于匹配数据包头信息的特征信息串，如地址、端口等。

Netfilter/IPtables 可以作为 Linux 主机的防火墙使用，当然也可以用作局域网防火墙来守护内部局域网。如图 7.12 所示，一台 Linux 系统机器可以通过配置 Netfilter/IPtables 作为防火墙，放置在内外网之间的阻塞点上。当然，这台机器要作为防火墙使用，必须具备两块网卡，分别连接内外网，并具有数据包转发功能，这样的机器也称双宿主机。假设网络管理员希望内网中只有 202.10.13.0/24 网段的用户可以访问外网，同时又只能使用 TCP，则可以采用如下的命令修改规则，实现管理员的想法。

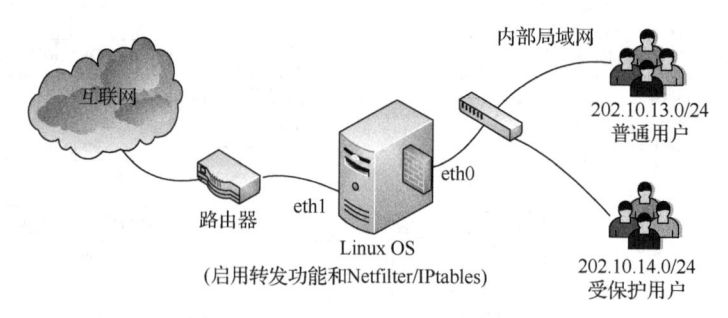

图 7.12　Netfilter/IPtables 典型应用

```
iptables -P FORWARD DROP
iptables -A FORWARD -p tcp -s 202.10.13.0/24 -j ACCEPT
iptables -A FORWARD -p tcp -d 202.10.13.0/24 -j ACCEPT
```

第一条命令是设置防火墙 forward 链的默认策略为 DROP，这样，如果一个数据包没有规则允许它转发，则会被丢弃，如果规则数为 0，将禁止转发任何数据包；第二、三条命令的作用是向包过滤表 filter 的 forward 链上添加规则，规则允许转发 202.10.13.0/24 网段的主机发出或接收 TCP 的 IP 数据包。使用链上的规则存在着优先级顺序关系，因而形成一条规则队列，匹配时顺序执行。当一个规则匹配成功后，就执行该规则的目标动作并结束匹配，否则转向下一条规则。如果所有规则均匹配失败，则执行使用链的默认策略。

IPtables 还可以完成其他一些功能，如 NAT 功能等，这里不再详细叙述，总之，随着 Netfilter/IPtables 的不断升级和完善，其功能势必日益强大。

7.3　入侵检测系统

IDS 是一种对网络传输进行即时监视，在发现可疑传输时发出警报或者采取主动反应措施的网络安全系统。一般认为防火墙属于静态防范措施，而 IDS 为动态防范措施，是对防火墙的有效补充。假如防火墙是一幢大楼的门禁，那么 IDS 就是这幢大楼里的监视系统。

7.3.1　入侵检测概述

1980 年，詹姆斯·P. 安德森(James P. Anderson)为美国空军做了一份题为 "Computer security threat monitoring and surveillance" 的技术分析报告，在报告中第一次详细阐述了入侵检测的概念，此报告被公认为是入侵检测的开山之作。1984～1986 年，乔治敦大学的 Dorothy Denning 和 SRI 公司的 Peter Neumann 研究出了一个实时入侵检测系统模型，称为入侵检测专家系统(intrusion detection expert system，IDES)。IDES 模型定义了以下六个基本组成元素。

(1) 主体(subject)：系统上活动的实体，如用户。

(2) 客体(object)：系统资源，如文件、设备、命令等。

(3) 审计记录(audit record)：是指由｛主体，活动，客体，异常条件，资源使用情况，时间戳｝构成的六元组。活动(action)是主体对客体的操作，对操作系统而言，这些操作包括读、写、登录、退出等；异常条件(exception-condition)是指系统对主体异常活动的报告，如违反系统读写权限；资源使用情况(resource-usage)是系统资源的消耗情况，如 CPU、内存使用率等；时间戳(timestamp)是活动发生的时间。

(4) 活动轮廓(activity profile)：主体正常活动的有关特征信息，具体实现依赖于检测方法。

(5) 异常记录(anomaly record)：由事件(event)、时间戳、轮廓(profile)组成，用以表示异常事件的发生情况。

(6) 活动规则：组成策略规则集的具体数据项，用以匹配检测审计记录中是否存在违反规则的活动。

如图 7.13 所示，IDES 模型的工作原理是首先定义好活动规则，形成策略规则集，统计分析系统主体的活动记录，形成活动轮廓。将需要检测的数据分别传送给模式匹配器和轮廓特征引擎，模式匹配器依据策略规则集的内容检测数据源，若发现有违反安全策略规则的活动，则报警；轮廓特征引擎分析抽取数据源中的主体活动轮廓，并与异常检测器一起判断是否发生了异常现象，若发生则报警。显然在 IDES 模型中已经给出了研究设计 IDS 的基本方向。

1990 年，加利福尼亚大学戴维斯分校的学者开发出了第一个可以直接将网络数据流作为审计数据来源的网络安全监控(network security monitor，NSM)系统。从 20 世纪 90 年代到现在，IDS 的研发呈现出百家争鸣的繁荣局面，并在智能化和分布式两个方向取得了长足的进展。

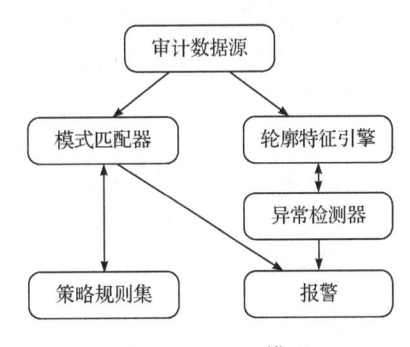

图 7.13　IDES 模型

目前 IDWG(Intrusion Detection Working Group，IETF 下属的研究机构)和 CIDF(Common Intrusion Detection Framework，一个美国国防部赞助的开放组织)负责组织开展对 IDS 进行标准化及其他的研究工作。CIDF 提出了一个 IDS 的通用模型，如图 7.14 所示，它将一个 IDS 分为以下组件：事件产生器(event generator)，用 E 盒表示；事件分析器(event analyzer)，用 A 盒表示；响应单元(response unit)，用 R 盒表示；事件数据库(event database)，用 D 盒表示。CIDF 模型的工作流程为 E 盒通过传感器收集事件数据，并将信息传送给 A 盒和 D 盒；A 盒对事件数据进行检测分析；D 盒存储来自 A 盒、E 盒的数据，并为额外的分析提供信息；R 盒从 A 盒、E 盒中提取数据，D 盒启动适当的响应。A 盒、E 盒、D 盒及 R 盒之间的通信都基于通用入侵检测对象(generalized intrusion detection objects，GIDO)和通用入侵规范语言(common intrusion specification language，CISL)。

CIDF 将 IDS 需要分析的数据统称为事件，它可以是网络中的数据包，也可以是从系统日志等其他途径得到的信息。事件产生器的目的是从整个计算环境中获得事件，并为系统的其他部分提供此事件,因此事件发生器提供的数据(事件)的准确性、全面性和代表性极其重要。没有准确、全面、有代表性的数据输入,IDS 也就失去了价值。事件分析器则是 CIDF 中另一个重要的核心组件,如果不能对事件进行有效的分析,就不可能得到正确的结论,IDS 也就没有意义。实际上,CIDF 已经为 IDS 定义了基本组成结构和工作流程,为 IDS 的发展奠定了良好的基础。

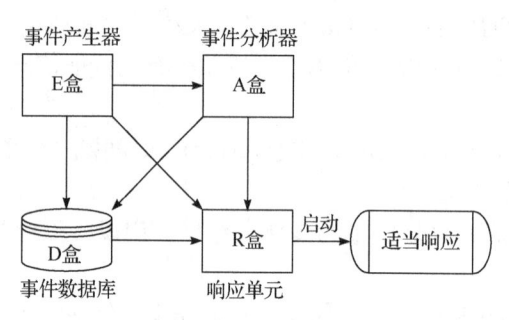

图 7.14 CIDF 模型

下面介绍入侵检测经常用到的几个重要概念。

(1) 事件:当网络或主机遭到入侵或出现较重大的变化时,称为发生安全事件,简称事件。IDS 的最主要功能就是及时检测到事件的发生,特别是那些可能给网络或主机带来安全威胁的事件。

(2) 报警:当发生事件时,IDS 通过某种方式及时通知管理员事件的情况。

(3) 响应:当 IDS 报警后,网络管理员对事件及时做出处理。IDS 可以和其他安全设备一起,依据报警信息自动采取安全措施阻断入侵行为,称为联动响应。这也是 IDS 响应的常见形式。

(4) 误用:不正当使用计算机或网络,并对计算机安全或网络安全造成威胁的一类行为。

(5) 异常:对网络或主机的正常行为进行采样、分析,描述出正常的行为轮廓,建立行为模型,当网络或主机上出现偏离行为模型的事件时,称为异常。

(6) 入侵特征:也称攻击签名(attack signature)或攻击模式(attack pattern),一般指对网络或主机的某种入侵攻击行为(误用行为)的事件过程进行分析、提炼,形成可以分辨出该入侵攻击事件的特征关键字,这些特征关键字称为入侵特征。

(7) 感应器:布置在网络或主机中,用于收集网络信息或用户行为信息的软硬件。感应器应该布置在可以及时取得全面数据的关键点上,其性能直接决定 IDS 检测的准确率。

由于 IDS 的数据源具有准确、全面和有代表性等特点,因此,它不仅可以有效发现入侵行为,还能够帮助管理员了解网络系统的状况及出现的任何变动,为网络安全策略的制定提供帮助。一般来说,IDS 的工作过程主要分为三个部分:信息收集、信息分析和结果处理。

(1) 信息收集:入侵检测的第一步是信息收集,收集内容包括系统和网络的数据及用户活动的状态和行为。信息收集工作一般包括由放置在不同网段的感应器来收集网络中的数据信息(主要是数据包)和由主机内的感应器来收集该主机的信息。

(2) 信息分析：将收集到的有关系统和网络的数据及用户活动的状态和行为等信息送到检测引擎，检测引擎一般通过三种技术手段进行分析，即模式匹配、统计分析和完整性分析。当检测到某种入侵特征时，会通知控制台出现了安全事件。

(3) 结果处理：当控制台接到发生安全事件的通知后，将会报警，也可依据预先定义的相应措施进行联动响应。例如，可以重新配置路由器或防火墙、终止进程、切断连接、改变文件属性等。

IDS 作为网络或主机系统的重要安全措施，功能是多方面的，具体来说，主要功能包括以下几个方面。

(1) 监测并分析用户、系统和网络的活动变化。
(2) 核查系统配置和漏洞。
(3) 评估系统关键资源和数据文件的完整性。
(4) 识别已知的攻击行为。
(5) 统计分析异常行为。
(6) 进行操作系统日志管理，并识别违反安全策略的用户活动。

7.3.2 入侵检测系统分类

随着互联网技术的发展，网络入侵手段也变得更加复杂，如果只采用单一的方法进行检测，则无法保证网络和主机的安全。目前 IDS 有许多类型，片面地谈论哪种 IDS 更好是没有价值的，对于不同类型的网络实体，采用不同类型的 IDS 加以保护才是解决之道。目前关于 IDS 的分类有很多种，本节给出常见的两种分类方法。

1. 以数据源为分类标准

以数据源为分类标准，IDS 一般分为两类：主机型入侵检测系统(host-based intrusion detection system，HIDS)和网络型入侵检测系统(network-based intrusion detection system，NIDS)。

1) HIDS

HIDS 主要通过分析系统的审计数据来发现可疑的活动，其结构模型如图 7.15 所示，数据来源主要是操作系统的事件日志、应用程序的事件日志、系统调用、端口调用和安全审计记录等。顾名思义，HIDS 只能用来检测该主机上发生的入侵行为，主要检测内

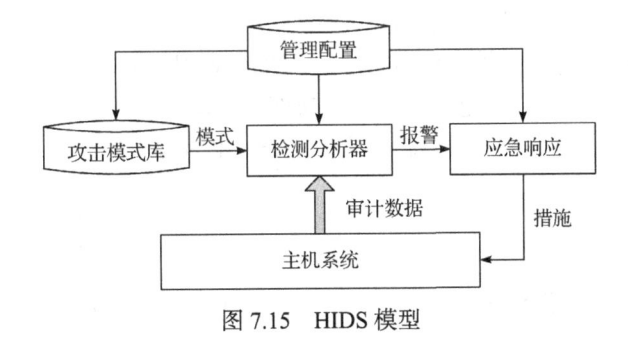

图 7.15　HIDS 模型

部授权人员的误用以及成功避开传统的系统保护方法而渗透到网络内部的入侵活动，检测准确性较高。在检测到入侵行为后可及时与操作系统协同阻止入侵行为的继续。

随着针对应用层的攻击手段增多以及加密环境应用的普及，HIDS 的优势逐渐明显。其优点主要包括：性价比较高，不需要增加专门的硬件平台，当主机数量较少时，性价比尤其突出；准确率高，HIDS 主要监测用户在系统中的行为活动，如对敏感文件、目录、程序或端口的访问，这些行为能够准确地反映系统实时的状态，便于区分正常的行为和非法的行为；对网络流量不敏感，不会因为网络流量的增加而丢掉对网络行为的监视；适合加密环境下的入侵检测。

HIDS 的缺点也十分明显，与操作系统平台相关，可移植性差；需要在每个被检测主机上安装入侵检测系统，维护较复杂；难以检测针对网络的攻击，如消耗网络资源的拒绝服务攻击、端口扫描等。

2) NIDS

如图 7.16 所示，NIDS 主要通过部署在网络关键位置上的感应器(多数为计算机)捕获网上的数据包，并分析其是否具有已知的入侵特征模式，来判别是否为入侵行为。当 NIDS 发现某些可疑的现象时，向一个中心管理站点发出报警信息。

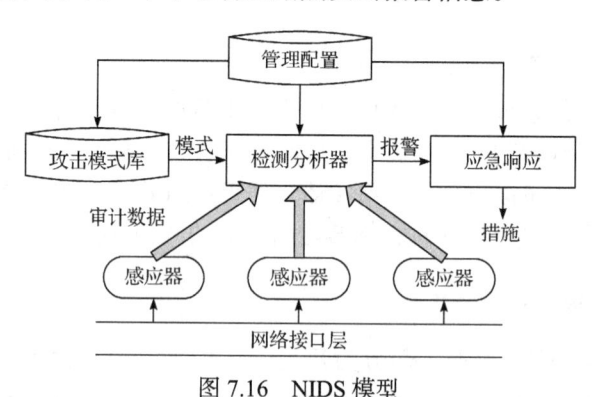

图 7.16 NIDS 模型

NIDS 的优点主要包括：对用户透明，隐蔽性好，使用简便，不容易遭受来自网络的攻击；与被检测的系统平台无关；利用独立的计算机完成检测工作，不会给运行关键业务的主机带来额外的负载；攻击者不易转移证据。

NIDS 的缺点主要包括：无法检测到来自网络内部的攻击及内部合法用户的误用行为；无法分析所传输的加密数据报文；NIDS 需要对所有的网络报文进行采集分析，主机的负荷较大，且易受拒绝服务攻击。

HIDS 和 NIDS 具有互补性，HIDS 能够更加精确地监视主机中的各种活动，适应特殊环境，如加密环境；NIDS 能够客观地反映网络活动，特别是能够监测到主机系统审计的盲区。因此，一些入侵检测系统采用了 NIDS 和 HIDS 的混合形式，来提高对内部网络的保护力度。

2. 以检测技术为分类标准

以检测技术为分类标准，IDS 一般可分为两类：基于误用检测(misuse detection)的 IDS

和基于异常检测(anomaly detection)的 IDS。

1) 基于误用检测的 IDS

如图 7.17 所示,误用检测是事先定义出已知的入侵行为的入侵特征,将实际环境中的数据与之匹配,根据匹配程度来判断是否发生了误用攻击,即入侵攻击行为。

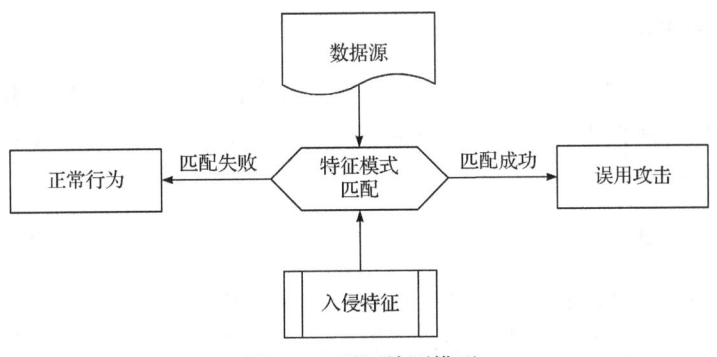

图 7.17　误用检测模型

大部分入侵行为都是利用已知的系统脆弱性来实施的,因此通过分析入侵过程的特征、条件、顺序以及事件间的关系,可以具体描述入侵行为的特征信息。误用检测有时也被称为特征分析(signature analysis)或基于知识的检测(knowledge-based detection)。这种方法由于依据具体特征库进行判断,所以检测准确度很高。误用检测的主要缺陷首先在于检测范围受已有知识的局限,无法检测未知的攻击类型;其次,将具体入侵手段抽象成知识也具有一定的困难,而且建立的入侵特征库也需要不断更新维护。

2) 基于异常检测的 IDS

如图 7.18 所示,异常检测是根据使用者的行为或资源使用状况的程度与正常状态下的标准特征(活动轮廓)之间的偏差来判断是否遭到入侵的,如果偏差高于阈值,则发生异常。

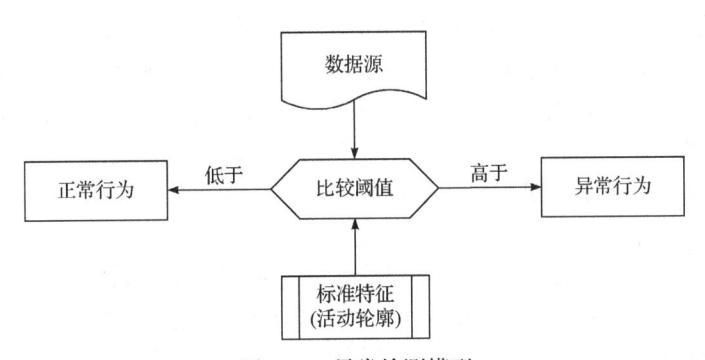

图 7.18　异常检测模型

异常检测不依赖于某个具体行为是否出现,通用性较强。但是对于基于异常检测的 IDS 来说,得到正常行为或状态的标准特征以及确定阈值具有较大的难度。首先,不可能对整个系统内的所有用户行为进行全面的描述,而且每个用户的行为是经常改变的,如某人因为工作紧急,一段时间内夜间上网频繁;其次,资源使用情况也可能由于某种特定因素发生较大的变化，如世界杯期间视频点播流量剧增。因此基于异常检测的 IDS 漏报率低，而误报率高。

误用检测技术和异常检测技术各有优势，又都有不足之处。在实际系统中，考虑到两者的互补性，往往将它们结合在一起使用，以达到更好的效果。

7.3.3 入侵检测技术

入侵检测技术研究具有综合性、多领域性的特点，技术种类繁多，涉及许多相关学科。下面从误用检测技术、异常检测技术、入侵诱骗技术和响应技术四个方面分析一下入侵检测的主要技术方法。

1. 误用检测技术

误用检测是一种比较成熟的入侵检测技术，目前大多数入侵检测系统都是基于误用检测的思想来设计实现的。实现误用检测的方法主要包括专家系统、特征分析、状态转换分析、模型推理和完整性分析等。

1) 专家系统

这里的专家主要指具有丰富的经验和知识的安全专家，首先需要总结安全专家关于入侵检测方面的知识，并以规则结构的形式表示出来，形成专家知识库。规则结构一般采用条件判断形式：if-then 结构，if 部分是构成入侵所要求的条件；then 部分是发现入侵后采取的相应措施。专家系统主要存在的问题是全面性问题和效率问题，全面性问题是指难以取得专家的全部知识，同时少数专家的知识也不具有全面性；效率问题是指所需处理的数据量可能很大，逐一判断效率较低。

2) 特征分析

特征分析是目前商业软件主要采用的方法，也称模式匹配。特征分析就是将收集到的信息与已知的误用模式数据库进行比较，从而发现违背安全策略的行为。该过程可以很简单(如通过字符串匹配来寻找一个简单的条目)，也可以很复杂(如利用正规的数学表达式来表示安全状态的变化)。该方法的一大优点是只需收集相关的数据集合，显著减轻了系统负担，且技术已相当成熟。它与病毒防火墙采用的方法一样，检测准确率和效率都相当高。但是，该方法存在的弱点是需要不断升级以对付不断出现的黑客攻击手法，且不能检测到从未出现过的黑客攻击手段。

3) 状态转换分析

将入侵过程看作一个行为序列，该行为序列导致系统从初始状态转入被入侵状态。分析时，需要针对每一种入侵方法确定系统的初始状态和被入侵状态，以及导致状态转换的转换条件(导致系统进入被入侵状态必须执行的操作/特征事件)；然后用状态转换图来表示每一个状态和特征事件。该方法主要存在的问题是难以分析过分复杂的事件，也不能检测与系统状态无关的入侵。

4) 模型推理

模型推理是通过建立误用脚本模型，根据样本来推理以判断是否发生了误用行为，方法的核心是建立误用脚本数据库、分析器和决策器，首先收集入侵攻击样本信息，如攻击行为目的、攻击行为可能的步骤、对系统的特殊操作等；根据这些信息将每个入侵攻击描述成一个入侵行为序列，并加入误用脚本数据库。检测时先将这些误用脚本的子集看作系统面临的攻击，然后分析器根据当前的系统态势信息产生一个需要验证的攻击脚本子集，并提交给决策器，由其完成匹配误用脚本数据库。每个误用脚本项包含一个误用行为概率，概率的高低是判断发生误用攻击的重要依据。随着误用脚本被确认的次数变化，其概率将不断被刷新。这种方法的优点是以数学未确定推理理论作为基础，对于专家系统难以处理的未确定中间结论，用脚本模型推理解决。然而，不足之处是创建每一种误用脚本模型的开销较大，此外，用决策器进行误用行为判断并不是十分完美。

5) 完整性分析

完整性分析主要关注某些特定对象是否被更改，这些对象主要包括重要的日志、文件及目录等内容。完整性分析利用强有力的加密机制，如消息摘要函数等，能识别特定对象及其微小的变化。其优点是不管模式匹配方法和统计分析方法能否发现入侵，只要攻击导致了文件或其他对象的任何改变，它都能够发现。这种方式主要应用于 HIDS，缺点在于完整性分析一般以定时批处理形式来实现，很少用于实时处理。

2. 异常检测技术

异常检测是一种与系统相对无关、通用性较强的入侵检测技术。异常检测的思想最早由 Denning 提出，即通过监视系统审计记录上系统使用的异常情况，可以检测出违反安全的事件。通常异常检测都与一些数学分析方法相结合，但存在着误报率较高的问题。异常检测主要针对用户行为数据、系统资源使用情况进行分析、判断。常见的异常检测方法主要包括统计分析、预测模型、系统调用监测以及基于人工智能的异常检测技术等。

1) 统计分析

统计分析是最早出现的异常检测技术，IDES 中所包含的异常检测模块属于这个类别。IDES 所使用的统计分析技术支持对每一个系统用户和系统主体建立历史统计模式，所建立的模式被定期更新，这样可以及时反映出用户行为随时间推移而产生的变化。检测系统维护一个由行为模式组成的规则知识库，每个模式采用一系列系统度量来表示特定用户的正常行为。Denning 的模型定义了三种度量，即事件计数器、间隔定时器和资源测量器，并提出了五种统计模型，即可操作模型、均值和标准差模型、多变量模型、马尔可夫过程模型及时间序列模型。

基于统计的异常检测方法在检测盗用者和外部入侵者时都有非常好的效果，但是也存在一些缺点。首先，未考虑事件的发生顺序，因此难以检测利用事件顺序关系的攻击；其次，当攻击者意识到被监控后，可能会利用统计轮廓的动态自适应性，通过缓慢改变其行为，来训练正常特征轮廓，最终使检测系统将其异常活动判为正常；最后，难以确定评判正常和异常的阈值，阈值太低或太高易出现误报或漏报。

2) 预测模型

为了克服 Denning 模型未考虑事件发生顺序的缺点，1990 年研究者提出了预测模型。预测模型使用动态规则集合来检测入侵，这些规则根据所观察事件的序列关系和局部特性归纳产生序列模式。归纳机制利用基于时间的推理可以从对一个过程的观察中发现瞬态模式(瞬间状态模式)。这种瞬态模式一般存在可重复性,可用于精确预测,瞬态模式用规则来表示,并加入规则库,库中的规则随观察的数据动态地修改,最终只有高质量的规则留在规则库中,而低质量的规则最终会被消去。

通过识别过去所观察的事件序列的规律,预测模型能够推理出在下一时刻输入数据流中某些特定事件比其他事件更可能发生。这种方法的优点是:首先,适合检测基于时间关系的入侵,这类入侵用其他方法较难检测到;其次,高质量的规则能使用归纳的方法自动产生,低质量的规则最终从系统中消失,这有助于建立高度自适应的安全审计系统。该方法的缺点是,规则产生若不充分,容易导致高的误报率;另外,计算量比较大。

3) 系统调用监测

系统调用监测方法是监视由特权程序进行系统调用的操作来进行异常检测。一般认为存储在磁盘上的程序代码不运行就不会对系统造成损害,系统的损害主要是由执行了系统调用的特权程序所引起的。一个程序的正常行为可由其执行轨迹的局部特征来表示,与这些特征的偏离可认为是发生了安全事件。程序执行时存在两个重要特点:一个是程序正常执行时,轨迹的局部特征具有一致性;另一个是当入侵者利用程序的安全漏洞时,会产生一些异常的局部特征。这种方法适用于基于主机的异常检测系统。

4) 基于人工智能的异常检测技术

近几年来,在异常检测技术中大量地引入了人工智能技术,这有效地提高了异常检测的性能。这些人工智能技术主要包括数据挖掘、神经网络、模糊证据理论等,这些技术并不局限于异常检测,同时也大量应用在误用检测系统中。数据挖掘主要用来在大量的数据集合中确定具有代表性的特征模式。该技术用于异常检测中时主要是寻找可以代表异常行为的特征模式,而传统的异常检测方法则是简单地列举出所有的正常模式。数据挖掘的关键在于只有使用一组完备的异常类例子去训练系统,才能有效地挖掘出异常特征模式。

神经网络具有自学习、自适应能力,用代表正常用户行为的样本点来训练神经网络,通过反复多次学习,神经网络能从数据中提取正常的用户或系统活动的模式,并编码到网络结构中,检测时将审计数据输入学习好的神经网络并得到处理结果,即可判定用户的行为是否正常。

由于入侵检测的评判标准具有一定的模糊性,因此可以将模糊证据理论引入入侵检测中,建立一种基于模糊专家系统的入侵检测框架模型。该模型吸收了误用检测和异常检测的优点,能较好地降低漏报率和误报率。

3. 入侵诱骗技术

入侵诱骗是指通过伪装成具有吸引力的网络主机来吸引攻击者,同时对攻击者的各种攻击行为进行分析,进而找到有效的应对方法。它也具有通过吸引攻击者,从而保护重要的网络服务系统的目的。常见的入侵诱骗技术主要有蜜罐(honeypot)技术和蜜网(honeynet)技术等。

1) 蜜罐技术

"蜜罐"这一概念最初出现在 1990 年出版的一本小说 *The Cuckoo's Egg* 中,在这本小说中描述了作者作为一个公司的网络管理员,如何追踪并发现一起商业间谍案的故事。蜜网项目组(The Honeynet Project)的创始人给出了对蜜罐的权威定义:蜜罐是一种安全资源,其价值在于被扫描、攻击和攻陷。这个定义表明蜜罐并无其他实际作用,因此所有流入或流出蜜罐的网络流量都可能预示了扫描、攻击和攻陷。蜜罐的核心价值就在于对这些攻击活动进行监视、检测和分析。

蜜罐有两种形式:一种是真实系统蜜罐,实际上就是一个真实运行的系统,并带有可入侵的漏洞,它所记录下的入侵信息往往是最真实的;另一种是伪装系统蜜罐,它是运行于真实系统基础上的仿真程序,它可以伪造出各种"系统漏洞",入侵这样的"漏洞",只能在一个程序框架里打转,即使成功"渗透",对于系统本身也没有损害。利用蜜罐技术可以迷惑入侵者,从而保护真实的服务器,同时也可以诱捕网络罪犯。

2) 蜜网技术

蜜网是在蜜罐技术基础上逐步发展起来的一个新的概念,又称诱捕网络。蜜网技术实质上还是一类高交互蜜罐技术,其主要目的是收集黑客的攻击信息。但与传统蜜罐技术的差异在于蜜网构成了一个黑客诱捕网络体系架构,在这个架构中,可以包含一个或多个蜜罐,同时保证了网络的高度可控性,并提供多种工具来完成对攻击信息的采集和分析。此外,蜜网可以通过采用虚拟操作系统软件来实现,如 VMware 和 User Mode Linux 等,这样可以在单一的主机上实现蜜网的体系架构,即虚拟蜜网。虚拟蜜网的引入使架设蜜网的代价大幅降低,也较容易部署和管理,但同时也带来了更大的风险,黑客有可能识别出虚拟操作系统软件,并可能攻破虚拟操作系统,从而获得对整个虚拟蜜网甚至真实主机的控制权。

4. 响应技术

入侵检测系统的响应技术可以分为主动响应和被动响应。主动响应是系统自动阻断攻击过程或以其他方式影响攻击过程;而被动响应只是报告和记录发生的事件。

1) 主动响应

主动响应的一种表现形式就是采取反击行动,但它一直以来没有成为常用的响应形式,主要原因是存在一些客观方面的顾虑。因为入侵者的常用攻击方法是利用一个被黑掉的系统作为攻击的平台,另外,反击行动也可能会涉及法律法规等问题。所以当检测到入侵时,一般会利用防火墙和网关阻止来自入侵 IP 地址的数据包,也可以采取网络对话的方式阻断网络连接,即向入侵者的计算机发送 TCP 的 Reset 包,或发送 ICMP 的 Destination Unreachable(目标不可达)数据包,或发送邮件给入侵主机所在网络的管理员请求协助处理。

修正系统环境也是主动响应的一种手段,主要是提高分析引擎对特定模式的敏感度,增大监视范围,更好地收集信息,以便堵住导致入侵发生的漏洞,目前被广泛应用。

2) 被动响应

被动响应主要指当 IDS 检测到入侵时就会向系统管理员发出警报和通知。被动响应无法阻止入侵行为,只能起到缩短系统管理人员反应时间的作用。

7.3.4 Snort 系统

Snort 系统是一个开放源代码的轻量级网络入侵检测系统，高效、稳定，在全世界范围内被广泛安装和使用。Snort 遵循 CIDF 模型，使用误用检测的方法来识别、发现违反系统和网络安全策略的网络行为。

图 7.19 为 Snort 的体系结构示意图，从图中可以看出，Snort 系统包括数据包捕获模块、预处理模块、检测引擎和输出模块四部分，每个模块对入侵检测都很关键。第一个是数据包捕获模块，将数据包从网络适配器中以原始状态捕获，并送交给预处理模块；预处理模块对数据包进行解码、检查及相关处理后将它们交给检测引擎；检测引擎对每个包进行检验以判断是否存在入侵；最后一个模块是输出模块，它根据检测引擎的结果内容给出相应的输出，即写日志或报警。

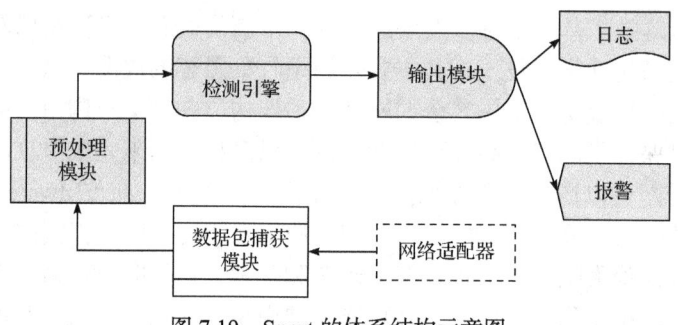

图 7.19 Snort 的体系结构示意图

1) 数据包捕获模块

数据包捕获模块实际上是借用系统提供的工具来进行捕包操作的，经常使用的捕包工具包括 libpcap 或 WinPcap(Windows 环境)，这些工具能够在物理链路层上捕获原始数据包。原始数据包是保持在网络上由客户端到服务器传输时未被修改的最初形式的包。包所有的协议头信息都保持完整，未被操作系统更改。典型的网络应用程序不会处理原始数据包，它们依靠操作系统为它们读取协议信息。Snort 则相反，它需要数据保持原始状态，因为它要利用未被操作系统剥去的协议头信息来检测某些形式的攻击。

2) 预处理模块

预处理模块是由若干个预处理器构成的。预处理器以插件的形式存在于数据包捕获模块和检测引擎之间。预处理器可以分为两类：一类负责对流量进行解码和标准化，处理后的数据包以特定的数据结构形式保存在数据堆栈内，以便检测引擎能准确匹配特征；另一类是对非基于特征的攻击进行检测，这也是十分必要的。

Snort 的预处理插件都是在检测引擎处理数据之前对数据包进行处理的，源文件名都以 spp-开头，主要包括三类插件：①模拟 TCP/IP 堆栈功能的插件，如 IP 碎片重组、TCP 流重组插件；②各种解码插件，如 HTTP 解码插件、Unicode 解码插件等；③规则匹配无法进行攻击检测时所用的插件，如端口扫描插件、ARP 欺骗检测插件等。一般可以根据各预处理插件文件名判断此插件的功能。预处理流程可以通过配置文件 Snort.conf 进行调整，根据需要添加或删除预处理程序。

3) 检测引擎

检测引擎是 Snort 的核心部件，主要功能是规则分析和特征检测。当数据包从预处理器送过来后，检测引擎依据预先设置的规则检查数据包，一旦发现数据包中的内容和某条规则相匹配，就通知输出模块进行报警。

Snort 将所有已知的入侵行为以规则的形式存放在规则库中，并以三维链表结构进行组织。如图 7.20 所示，每一条规则由规则头和规则选项两部分组成。规则头对应于规则树节点(rule tree node，RTN)，包含规则动作选项、数据包类型、源地址、源端口、目的地址、目的端口、数据流动方向等内容。规则选项对应于规则选项节点(optional tree node，OTN)，包含报警信息和匹配内容等选项。为了便于进行规则检查，如图 7.20 所示，Snort 首先将规则按照规则动作选项分为 Alert、Log、Pass、Activate 和 Dynamic 五类，对应五个规则链表(rule list node，RLN)，每个 RLN 指向一个 RLH(rule list head)节点。每个 RLH 包含四个指针，分别指向 IP、TCP、UDP 和 ICMP 四棵规则协议树。RLH 具有可扩展性，可根据需要添加规则协议树。每棵规则协议树包含一个 RTN 链表，每个 RTN 又连接一个 OTN 链表。实际上，每条规则是由 RTN 和一个 OTN 链表组成的，即若干具有相同 RTN 信息的规则聚合成共享一个 RTN 的 OTN 链表。图 7.20 中的 right 和 Next 是同级指针，而 down 和 Iplist 等为从属指针。

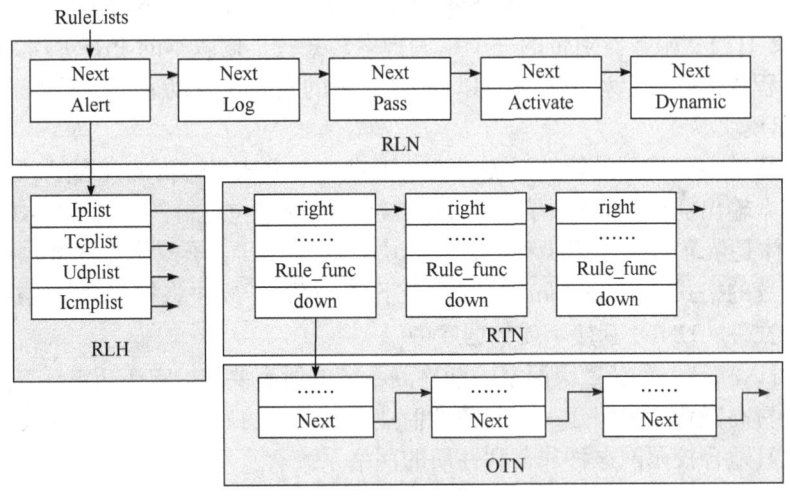

图 7.20 Snort 的三维规则链表结构

Snort 启动时，首先建立三维规则链表，当数据包到达检测引擎时，Snort 将从左至右遍历三维规则链表，进行规则匹配，当匹配成功后则执行规则动作，并停止遍历。当进入 RLH 时，Snort 根据数据包协议选择 RLH 指针，即选择规则树进入 RTN 链。如果在 RTN 链中找到相匹配的 RTN，则向下与 OTN 进行匹配。每个 OTN 包含一组用来实现匹配操作的函数指针。当数据包与某个 OTN 匹配时，即判断此数据包为攻击数据包。

下面是一个简单的规则：

Alert tcp any any->10.1.1.0/24 80(content: "/cgi-bin/phf"; msg: "PHF probe!";)

在这个规则中，括号左面为规则头，括号中间的部分为规则选项，规则选项中冒号前的部分为选项关键字(option keyword)。规则头由规则行为、协议字段、地址和端口信息组成。Snort 定义了五种可选的行为：Alert、Log、Pass、Activate、Dynamic，其语义如下。

(1) Alert：使用设定的警告方法生成警告信息，并记录这个数据报文。
(2) Log：使用设定的记录方法来记录这个数据报文。
(3) Pass：忽略这个数据报文。
(4) Activate：进行 Alert，然后激活另一个 Dynamic 规则。
(5) Dynamic：等待被一个 Activate 规则激活，被激活后就作为一条 Log 规则执行。

当前 Snort 支持的协议字段主要有 IP、TCP、UDP 和 ICMP 等，将来可能会支持更多的协议。地址和端口信息的格式为：IP 地址/网络掩码+端口号。规则选项由选项关键字组成，中间用冒号分隔。选项关键字 msg 表示打印一条警告信息到报警或日志中；content 是在数据包负载中搜索的模式，这个字段是 Snort 的一个重要特征。这条规则的含义是：当在任何发往 10.1.1.0/24 子网主机 80 端口的 TCP 数据包负载中，如果发现子串 "/cgi-bin/phf"，则此数据包为攻击数据包，Snort 将报警并输出 "PHF probe!"，表示此数据包为对本地网络 Web 服务器的 PHF 服务的探测攻击。PHF 是早期美国国家超级计算机应用中心(National Center for Supercomputing Applications, NCSA)开发的 Web 服务器和 Apache HTTP 服务器附带的一个示例脚本，某些早期版本的 PHF 脚本存在输入验证漏洞，远程攻击者可以利用此漏洞以 httpd 进程的权限在主机上执行任意系统命令。

4) 输出模块

输出模块的主要作用是能够以更灵活、更直观的方式将输出的内容呈现给用户，其组成包含多个输出插件。Snort 可以对每个被检测的数据包进行三种处理：Alert、Log 和 Pass。其具体是依靠日志子模块和报警子模块完成的，日志子模块允许将收集到的数据包信息以可读的格式或以 tcpdump 格式记录下来。报警子模块将报警信息发送到 syslog、用户指定的文件、UNIX 套接字或数据库中。

Snort 可以满足一个轻量级网络入侵检测系统的所有要求。它小巧灵活，能力强，在一些不想花费高额费用来组建一个完整的商业系统的地方，它完全可以取代商业入侵检测系统，尤其适合校园网这种非营利性质的网络系统。

7.4 其他网络防御技术

7.1 节中提到过网络防御应该具有多层次、纵深型的特点，也可以理解为网络防御的理念应该贯穿于整个网络设计与实现当中，每一个环节的疏失都可能带来安全隐患。前面讲过的防火墙和 IDS 是重要的网络防范技术，但它们不可能解决所有的安全问题。随着网络入侵技术的不断发展，入侵攻击也不再只是外部对内部的攻击，入侵形式也变得更加隐蔽且多种多样，因此网络防御技术必须要不断发展以适应纷繁复杂的安全形势。

7.4.1 VLAN 技术

VLAN 目前已逐步成为网络防御的重要技术之一。1999 年，IEEE 颁布了用以实现 VLAN 标准化的 802.1Q 协议标准草案，其中对 VLAN 的定义为：VLAN 是由一些局域网网段构成的与物理位置无关的逻辑组，而每个逻辑组中的成员具有某些相同的需求。通过 VLAN 的定义可知，VLAN 是用户和网络资源的逻辑组合，是局域网为用户提供的一种服务，并不是一种新型局域网。

VLAN 技术的出现，使管理员可以根据实际应用需求，把同一物理局域网内的不同主机逻辑地划分成不同的广播域，每一个 VLAN 都包含一组有着相同需求的计算机工作站。每一个 VLAN 的帧都有一个明确的标识符，指明发送这个帧的工作站属于哪一个 VLAN。由于 VLAN 是从逻辑上划分的，所以同一个 VLAN 内的各个工作站可以在不同物理局域网网段。由 VLAN 的特点可知，一个 VLAN 内部的广播和单播流量都不会转发到其他 VLAN 中，即使是两台计算机有着同样的网段，但由于它们没有相同的 VLAN 号，它们各自的广播流也不会相互转发，这有助于控制流量、简化网络管理、提高网络的安全性。

1. VLAN 的划分方式

从技术角度讲，VLAN 的划分方式有不同的划分原则，常见的划分方式包括基于端口、基于网卡以太网地址和基于 IP 子网等几种方法。

1) 基于端口的 VLAN 划分

基于端口的 VLAN 划分是把一个或多个交换机上的几个端口划分成一个逻辑组，这是最简单、最有效的划分方法。该方法只需网络管理员对网络设备的交换端口进行重新分配即可，不用考虑该端口所连接的设备。分配到同一 VLAN 的各网段上的所有节点都在同一个广播域中，可以直接通信，不同 VLAN 节点间的通信则需要通过路由器或三层交换机(就是支持三层路由协议的交换机)进行。

基于端口的 VLAN 的划分简单、有效，但其缺点是当用户从一个端口移动到另一个端口时，网络管理员必须对 VLAN 成员进行重新配置。

2) 基于网卡以太网地址的 VLAN 划分

网卡以太网地址其实就是指网卡的标识符，每一块网卡的以太网地址都是唯一且固化在网卡上的。以太网地址可以使用 12 位 16 进制数表示，前 6 位为网卡的厂商标识(OUI)，后 6 位为网卡标识(NIC)。网络管理员可按以太网地址把一些节点划分为一个逻辑子网，使网络节点不会因为地理位置的变化而改变其所属的网络，从而解决了网络节点的变更问题。对于连接到交换机的工作站来说，在它们初始化时，相应的交换机要在 VLAN 的管理信息库(MIB)中检查以太网地址，从而动态地将该端口配置到相应的 VLAN 中。

这种方式存在的问题是当用户更换网卡时，需要重新设置。另外，随着网络规模的扩大，网络设备、用户的增加，网络管理的难度也加大了。

3) 基于 IP 子网的 VLAN 划分

基于 IP 子网的 VLAN 划分,则是通过所连计算机的 IP 地址,来决定其所属的 VLAN。

与基于以太网地址的 VLAN 划分不同,即使计算机因为更换了网卡或其他原因导致以太网地址改变,只要它的 IP 地址不变,就仍可以加入原先设定的 VLAN。因此,与基于以太网地址的 VLAN 相比,基于子网的划分方法能够更为简便地改变网络结构。但这种 VLAN 划分方式可能受到 IP 地址盗用攻击。

2. VLAN 的安全性

VLAN 的安全性主要体现在广播风暴防范、信息隔离以及控制 IP 地址盗用等方面。

1) 广播风暴防范

当网络上的设备越来越多时,广播信息所占用的时间也会越来越长,长到一定程度时,就会对网络上的正常信息传递产生影响,轻则造成传送信息延迟,重则造成网络设备从网络上断开,甚至造成整个网络的堵塞、瘫痪,这就是广播风暴,它也是影响网络安全性能的一个重要原因。

对于网络广播风暴的控制主要有物理网络分段和 VLAN 的逻辑分段两种方式,后者更灵活,效率更高。同一 VLAN 处于相同的广播域,通过 VLAN 的划分可以有效地阻隔网络广播,缩小广播域,从而控制广播风暴。处于不同 VLAN 的计算机将有不同的子网掩码和网关,因此不同 VLAN 之间的通信要经过路由的控制。可见,规划设计好各个 VLAN 的成员,将网络内频繁通信的用户尽可能地集中于同一 VLAN 内,就可以减少网间流量,既有效节约了网络带宽,又提高了网络效率。

2) 信息隔离

VLAN 建立后,同一个 VLAN 内的计算机之间便可以直接通信,不同 VLAN 间的通信则要通过路由器进行路由选择、转发,这样就能够有效地隔离基于广播的信息(如机器名、DHCP 信息等),防止非法访问,大大提高了网络系统的整体安全性。此外,通过路由访问控制列表、以太网地址分配、屏蔽 VLAN 路由信息等技术,可以有效控制用户的访问权限和逻辑网段大小,将不同需求的用户群划分在不同 VLAN 中,从而提高网络的整体性能和安全性。

3) 控制 IP 地址盗用

企业、校园等局域网具有终端用户节点数量多的特点,用户数量的增多使网络 IP 地址的盗用也相应增加,严重影响了网络的正常使用。建立 VLAN 后,该 VLAN 内任何一台计算机的 IP 地址都必须在分配给该 VLAN 的 IP 地址范围内,否则将无法通过路由器的审核,也就不能进行通信,因此使用 VLAN 能有效地将 IP 地址的盗用控制在本 VLAN 之内。

3. VLAN 存在的问题

使用 VLAN 技术可以提升网络的安全性,但其本身也存在一些固有的问题,这些问题主要包括容易遭受欺骗攻击和硬件依赖问题。欺骗攻击主要包括以太网地址欺骗、ARP 欺骗以及 IP 盗用转网等问题;硬件依赖是指 VLAN 的组建要使用交换机,并且不同主机之间的信息交换要经过交换机,所以 VLAN 的安全性在很大程度上依赖于所使用的交换机,以及对交换机的配置。

虽然 VLAN 并非完美的网络技术，但这种用于网络节点逻辑分段的方法正越来越多地为企业所使用。VLAN 的出现打破了传统网络的许多固有观念，使网络结构变得更加灵活、方便，提高了网络维护的便利性。同时还因为对不同 VLAN 根据需要设定了不同的访问权限，而提高了网络的整体安全性。

7.4.2 IPS 与 IMS

随着网络攻击技术的不断提高，传统的防火墙加 IDS 的解决方案已表现出力不从心的态势。在这种情况下，IPS 和 IMS 应运而生。这些新技术目前虽然还不够成熟，但它们都具有良好的发展前景。

1. IPS

IPS 一般认为是在防火墙和 IDS 的基础上发展起来的，但它不是 IDS 的升级产品。目前网络安全界对 IPS 的理解不尽相同，但有一个观点是一致的，即 IPS 采用串联的方式部署在内外网络之间的关键路径上，其工作方式是采用基于包过滤的存储转发机制。IPS 技术可以深度感知并检测流经的网络流量，对恶意数据包进行丢弃以阻断攻击，保护网络带宽资源。

如图 7.21 所示，IPS 的构成应该包括流量分析器、检测引擎、响应模块、流量调整器等主要部件。各主要部件完成的功能如下。

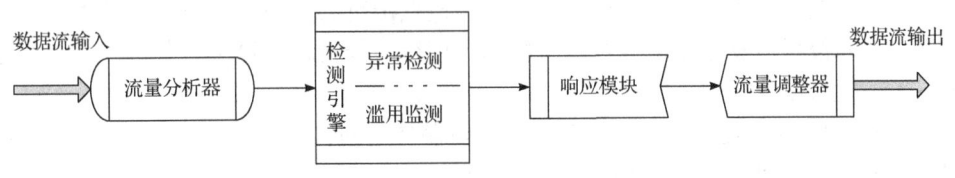

图 7.21　IPS 结构示意图

(1) 流量分析器：首先截获网络数据包并处理异常情况，异常数据包不一定是恶意攻击，但通过合适的方式处理掉，就可以为检测引擎省去一些不必要的处理工作；其次，流量分析器还需要完成识别处理数据包异常等工作。例如，流量分析器可以根据它对目标系统的了解，进行数据包的分片重组，还可以处理协议分析或校正异常等，从而识别并排除数据包异常攻击。此外，流量分析器还要执行类似防火墙的访问控制，根据端口号 IP 地址阻断非法数据流。

(2) 检测引擎：IPS 中最有价值的部分，一般都基于异常检测模型和误用检测模型，识别不同属性的攻击。IPS 存在的最大隐患是有可能引发误操作，这种"主动性"误操作会阻断合法的网络连接，造成数据丢失。为了避免发生这种情况，IPS 应采用多种检测方法，最大限度地正确判断各种已知的和未知的攻击。IPS 检测引擎还可能细化到针对缓冲区溢出、分布式拒绝服务攻击/拒绝服务攻击、网络蠕虫的检测。

(3) 响应模块：需要根据不同的攻击类型制定不同的响应策略，如丢弃数据包、中止会话、修改防火墙规则、报警、日志等。

(4) 流量调整器：主要完成两个功能，即流量分类和流量优化。IPS 可以根据协议进行数据包分类,未来也许可以提供根据用户或应用程序进行数据包分类的功能,通过为数据包设置不同的优先级,优化数据流的处理。

从设计角度来看,IPS 与 IDS 相比具有许多先天优势。

(1) 同时具备检测和防御功能。IDS 只是检测和报警,而 IPS 则可以做到检测和防御兼顾,而且是在入口处就开始检测,及时阻挡可疑数据包,内部网络的安全性也大大提高了。

(2) 可检测到 IDS 检测不到的攻击行为。IPS 在应用层的内容检测基础上加上了主动响应和过滤功能,填补了网络安全产品线的基于内容的安全检查的空白。

(3) 黑客较难破坏入侵攻击数据。由于 IPS 在检测攻击行为时具有实时性,因此可在入侵发生时予以检测和防御,避免入侵攻击行为记录被破坏。

(4) 具有双向检测、防御功能。IPS 可以对内网与外网之间的两个方向的攻击入侵行为进行检测和防御。

虽然 IPS 具有上述优势,但作为串联接入网络的 IPS 所面临的最大问题是处理速度必须与数千兆或者更大容量的网络流量保持同步,否则将成为网络传输瓶颈。可见 IPS 必须同时具有高性能、高可靠性和高安全性。

2. IMS

一般认为 IMS 是一个针对整个入侵过程进行统一管理的安全服务系统。IMS 在入侵行为发生前要考虑网络中存在什么漏洞,判断可能出现的攻击行为和面临的入侵危险;在行为发生时或即将发生时,不仅要检测出入侵攻击行为,还要进行阻断处理,终止入侵行为;在入侵行为发生后,进行深层次的入侵行为分析,通过关联分析,来判断是否还存在下一次入侵攻击的可能性。

实际上 IMS 应该是一个融合了多种安全防御技术的管理系统,如图 7.22 所示,可以依据入侵事件的时间点把 IMS 运行分为入侵前、入侵、入侵后三个阶段,这三个阶段互

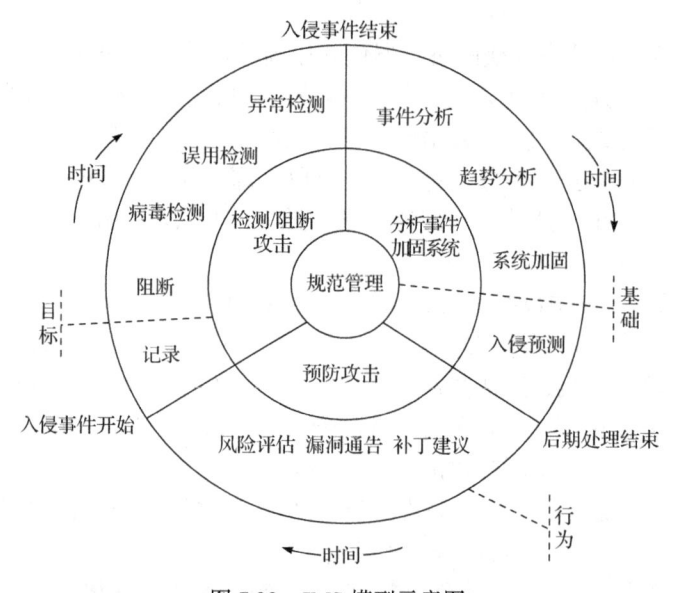

图 7.22 IMS 模型示意图

相衔接。各阶段的目标分别为预防攻击、检测/阻断攻击和分析事件/加固系统。可见 IMS 应该具有自我学习、自我完善的功能，这是一个较为理想的网络防御体系。IMS 概念的提出与相应产品及服务的出现，可以帮助用户建立一个动态的纵深防御体系，从整体上把握网络安全。

实现 IMS 的关键在于能否有效地整合各种安全系统，首要问题是建立统一的规范，主要包括通信协议、接口以及事件描述等。在具体实施过程中，IMS 还应该具有规模部署、入侵预警、精确定位以及监管结合四大典型特征，这些特征本身就具有一个明确的层次关系。第一是规模部署，它是实施入侵管理的基础，一个有组织的规模部署的完整系统的作用，要远远大于多个单一功能系统的叠加。IMS 对于网络安全的监控可以实现从宏观的安全趋势分析到微观的事件控制。第二是入侵预警，这要求 IMS 必须具有全面的检测途径，并以先进的检测技术来实现高准确度和高性能，入侵预警是 IMS 的核心。第三是精确定位，入侵预警之后就需要进行精确定位，这是能否圆满地解决问题的关键，可以帮助系统阻断入侵攻击的继续。IMS 要求做到对外定位到边界，对内定位到设备。第四是监管结合，就是把检测提升到管理级别，形成自我完善的全面保障体系。监管结合最重要的是落实到对资产进行安全管理，通过 IMS 可以实现对资产风险的评估和管理。监管结合是在系统中加入人的因素，需要有良好的管理手段来保证人员能够有效地完成工作，保证应急体系的高效执行。

网络安全防护技术发展到 IMS 阶段，已经不再局限于某类简单的产品，它是一个网络整体动态防御的体系。对于入侵行为的管理体现在检测、防御、协调、管理等各个方面，通过技术整合，可以实现"可视+可控+可管"，全方位保护网络安全。

7.4.3　Web 应用防火墙

根据国家信息安全漏洞库(CNNVD)的统计，Web 网站的黑客攻击约占所有网络攻击的 70%以上。Web 攻击可造成用户重要数据被窃取，甚至服务器被完全控制等后果，给用户带来巨大的损失。Web 应用防火墙(Web application firewall，WAF)作为专业 Web 防护工具越来越受到人们的关注，已经得到广泛使用。

根据国际上公认的定义，WAF 是指通过执行一系列针对 HTTP/HTTPS 的安全策略专门为 Web 应用提供保护的一款产品。WAF 通过一系列规则来约束 HTTP 连接。通常这些规则覆盖常见的各种 Web 攻击，如 XSS 攻击和 SQL 注入攻击。

图 7.23 为 WAF 的典型逻辑结构示意图，其中协议解析模块的输出就是检测模块的操作对象，解析力度直接影响 WAF 防御效果。检测模块输出结果中标注"N"的表示检测未命中，转给下个模块；标注"Y"的表示检测命中，直接转至处理操作模块，处理操作逻辑是合规(或经过处理后合规)的有效负载转发给 Web 应用，拦截违规负载。WAF 检测的数据来源主要包括以下四部分。

(1) HTTP 请求：这是 WAF 最主要的数据来源。WAF 会拦截所有进入 Web 应用程序的 HTTP 请求，并对这些请求进行深度解析和检查。这包括请求的 URL、HTTP 方法(GET、POST 等)、请求头以及请求体中的数据。WAF 会分析这些数据以识别任何潜在的恶意行为或攻击模式。

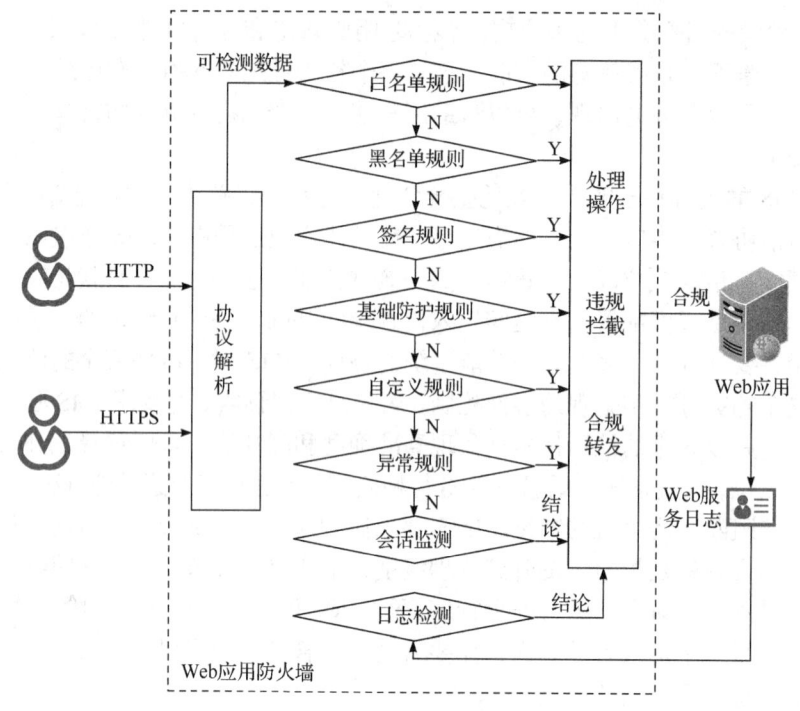

图 7.23 WAF 的典型逻辑结构示意图

(2) HTTPS 流量：对于通过 HTTPS 传输的数据，WAF 也需要进行解密和分析。这通常需要在 WAF 和 Web 服务器之间建立信任关系，并配置 SSL/TLS(secure sockets layer/transport layer security)解密，以便 WAF 能够检查加密的 HTTPS 流量。解密后的 HTTPS 流量会被 WAF 当作普通的 HTTP 流量进行分析。

(3) 用户会话信息：WAF 会跟踪和管理用户会话，以识别会话劫持、身份验证漏洞等安全问题。用户的会话信息，如会话 ID、登录时间、活动等，也是 WAF 进行分析的重要数据来源。

(4) 服务器日志：WAF 还可以从 Web 服务器的访问日志中获取数据。

图 7.23 还给出了 WAF 常见的检测处理模块，这些模块的工作目标各不相同，但可以按照一定优先级进行排列，保证 WAF 工作的高效性，各模块具体功能如下。

(1) 白名单和黑名单规则：WAF 可以根据 IP 地址、用户代理等标识创建白名单或黑名单规则。白名单规则允许特定来源的请求通过，而黑名单规则则阻断来自特定来源的请求。

(2) 签名规则：这种规则基于对已知攻击的特征进行匹配来检测和阻止相似的攻击。签名规则是一种基于模式匹配的方法，具有较高的准确性和有效性。例如，如果一种特定的 SQL 注入攻击模式被识别出来，WAF 可以创建一个签名规则来匹配并阻止这种模式的请求。

(3) 基础防护规则：这些规则针对常见的 Web 攻击，如 SQL 注入攻击、XSS 攻击、CSRF 攻击等。

(4) 自定义规则：WAF 允许管理员根据特定需求创建自定义规则。这些规则可以检测过滤特定的 URL、请求方法、请求头、请求体等内容。

(5) 异常规则：这类规则基于正常行为的统计模型，通过检测与正常行为差异较大的请求来识别潜在的攻击，与 IDS 的异常检测技术相似。

(6) 会话监测：WAF 一般还关注会话的安全，对会话的创建、维护和销毁进行跟踪，以检测会话劫持等攻击。此外，Web 应用防火墙通常还提供验证码等多因素身份验证机制，以增强会话的安全性。

(7) 日志检测：有的 WAF 还可获取 Web 服务器的访问日志，这些日志记录了所有对 Web 应用程序的访问请求，包括成功的请求和被拒绝的请求。WAF 可以利用这些日志数据进行行为分析，以识别任何异常或可疑的活动。

WAF 根据其部署方式及保护对象可以分为网络、主机和云三类。网络 WAF 以硬件设备或虚拟机的形式部署在 Web 服务器和互联网之间，作为代理服务器来拦截和处理所有的 HTTP 请求和响应，可以为多个 Web 应用提供保护。主机 WAF 是一种以软件形式安装在 Web 服务器上的 WAF，通常作为 Web 应用程序的一个模块或插件集成，并直接处理 Web 应用程序的输入和输出。云 WAF 是基于云计算的安全服务，用户无须安装任何硬件或软件，只需通过 DNS 重定向将 Web 应用程序的流量引导至云 WAF 服务器，由云 WAF 进行过滤和防御。虽然上述三类 WAF 部署方式不同，但从检测处理逻辑上看三者基本一致。

WAF 是保护 Web 应用程序安全的重要组成部分，尽管 WAF 具有许多优势，但也存在一些局限性，鉴于此，WAF 一般都结合其他安全措施使用，并定期更新规则及改进算法。

7.4.4 云安全

近年来，随着大数据和人工智能的不断发展，基于网络的计算形式不断变化，从云计算、边缘计算到雾计算等新的概念不断产生，令人目不暇接。云计算是一种基于互联网的计算方式，通过大规模的数据中心，共享软硬件资源及计算能力等服务，用户可以按需申请各种消费服务资源，如云计算、云存储及云安全等基于互联网的数据处理服务。云计算具有虚拟化、动态扩展和性价比高等特点，主要解决资源利用率不高、物理资源设备难以集中管理和高效使用等问题。由于用户端和云端之间通过网络连接和使用，所以云计算高度依赖网络带宽，当网络阻塞并产生高延迟时就会出现服务质量差等问题。

边缘计算和雾计算的产生都是应物联网(internet of things，IoT)的发展需要，万物互联时代，海量的物联网设备及传感器被应用到各种场景，同时产生大量的计算任务。边缘计算是通过在数据源附近的网络边缘执行数据处理来优化云计算系统的方法，核心思想就是通过在数据源处或附近执行分析和知识生成来减少传感器和中央数据中心之间所需的通信带宽。雾计算与云计算类似，是一种分布式的计算模型，作为云数据中心和物联网设备/传感器之间的中间层，它提供了计算、网络和存储设备，让基于云的服务可以离物联网设备和传感器更近。图 7.24 给出了云、雾、边缘、端之间的层次关系，实际上雾与云及雾与边缘之间的层次关系比较模糊，有时雾被看成私有云，有时也可以看成边缘部分，更多时候人们更倾向于直接谈论云、边、端，把雾层根据相关设备的特点划入云或者边缘。

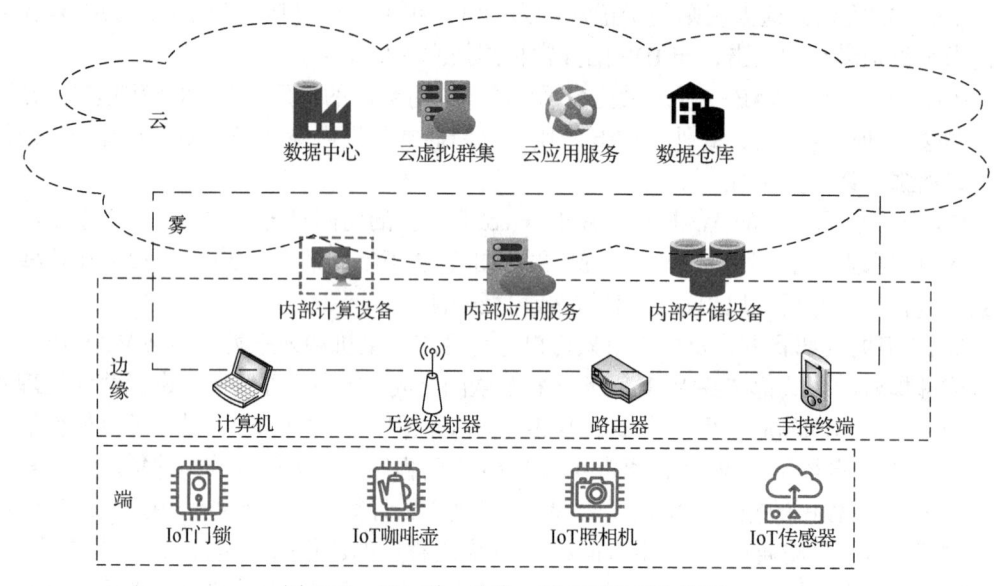

图 7.24 云、雾、边缘、端之间的层次关系

雾计算及边缘计算的安全问题与传统的系统安全问题类似，采用经典的安全技术基本上可以解决。在云计算的架构下，由于数据中心网络和业务场景复杂多变，因此安全性方面与传统的信息系统安全有较大的区别，如多个虚拟机租户间并行业务的安全运行、公有云中海量数据的安全存储等。常见的云计算安全问题主要涉及以下几个方面。

(1) 身份安全问题：云计算通过网络提供弹性可变的 IT 服务，用户需要登录到云端来使用应用与服务，系统需要确保使用者身份的合法性，才能为其提供服务。如果非法用户取得了用户的身份，就会危及合法用户的数据和业务。

(2) 业务共享安全问题：云计算的底层架构是通过虚拟化技术实现资源共享调用的，优点是资源利用率高，但是共享会引入新的安全问题，一方面需要保证用户资源间的隔离，另一方面需要面向虚拟机、虚拟交换机、虚拟存储等虚拟对象的安全保护策略，这与传统的硬件上的安全策略完全不同。

(3) 数据安全问题：数据安全性是用户最为关注的问题，广义的数据不仅包括客户的业务数据，还包括用户的应用程序，甚至是整个业务系统。数据安全问题包括数据丢失、泄露、被篡改等。一般认为数据离用户越近越安全，而云架构下的数据存储在离用户很远的数据中心，因此需要采用更为有效的保护措施，如访问控制、冗余备份、加密存储及虚拟机安全等来确保数据的安全。

云服务是非常流行的基于云计算的应用服务，即让服务器端(即"云"端)承担问题计算或数据存储任务，然后运算结果返回给用户，云安全服务就是基于强大的云计算能力解决用户端的安全问题。在云安全服务中，云杀毒就是建立防病毒模型，利用云计算的算力，去查杀客户端的病毒，同时让客户端将可疑文件或特征信息上传到云上，进一步训练模型，达到更为理想的杀毒效果。

目前，各安全厂商采用的方案不尽相同，但大多数都将可疑信息上传云平台，通过分析处理确定准确数据样本，并通过学习训练得到新的防病毒模型，并共享解决方案。如图7.25所示，多数基于云计算的病毒查杀方案是通过网状的大量客户端对网络中软件行为进行异常监测，获取互联网中木马、恶意程序的最新信息，传送到服务器端进行自动分析、处理及模型训练，再把病毒和木马的解决方案分发到每一个客户端。

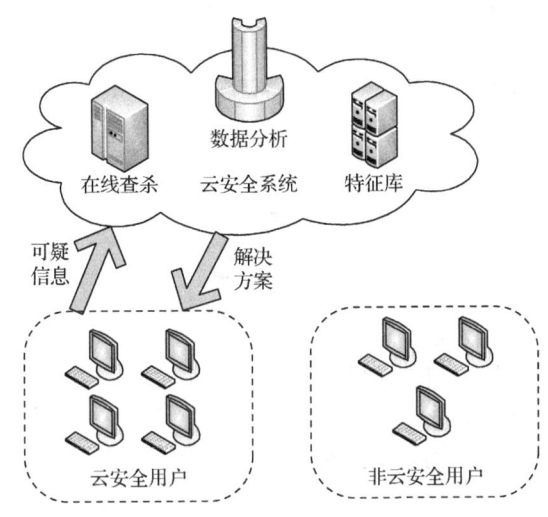

图 7.25 云安全示意图

与传统的杀毒软件模式不同，云杀毒更加强调主动和实时，将互联网打造成一个巨大的"杀毒软件"，参与者越多，每个参与者就越安全，整个互联网就会更安全。与传统终端杀毒模式相比，云杀毒具有如下特点：①快速感知，捕获新的威胁，云杀毒服务的客户数据中心凝聚了互联网的力量，整合了所有可能参与的人，效率大大提高了；②云杀毒的客户端具有更专业的感知能力。

建立云杀毒服务系统并使之能够有效运行，需要解决以下四个问题。

(1) 需要海量的客户端：只有拥有海量的客户端，才能对互联网上出现的病毒、木马、挂马网站有最灵敏的感知能力，在第一时间做出反应。

(2) 需要专业的反病毒技术和经验：如果没有反病毒技术和经验的积累，就无法实现云杀毒系统及时处理海量的上报信息，训练学习生成防病毒方案，并将处理结果共享给"云安全"系统的每个成员。

(3) 需要大量的资金和技术投入：建立庞大的云计算系统，需要大量的服务器和网络带宽等硬件条件，这需要大量的资金投入。

(4) 开放的系统：真正的云安全服务系统应该满足云的原始定义，即资源共享。因此，云安全系统必须是一个开放性的系统，其获得的信息应该最大限度地被广大用户所使用。

云安全服务也存在一些隐忧，在云计算模式下，所有的业务处理都将在服务器端完成，服务器一旦出现问题，就会导致所有用户的应用无法运行，数据无法访问。一般来说，云服务的规模十分庞大，在出现问题之后，很容易导致用户对云服务产生怀疑，动摇用户对云服务的信心。由此可见，可靠性和安全问题能否圆满解决直接决定了云服务系统的成败。

习 题 七

1. 名词解释

防火墙、包过滤、VPN、IDS、蜜罐、NAT、IPS、IMS、云安全

2. 简答题

(1) 静态包过滤与动态包过滤有什么区别？
(2) DMZ 的主要功能是什么？
(3) 简述 VPN 的工作原理。
(4) 代理网关与电路级网关有什么区别？
(5) Netfilter/IPtables 是如何工作的？
(6) 误用检测与异常检测有什么区别？
(7) 什么是 CIDF 模型，它包含哪些内容？
(8) Snort 是如何工作的？
(9) Web 应用防火墙的技术原理是什么？

3. 辨析题

(1) 有人说"防火墙的包过滤技术发展到应用层，就可以取代入侵检测系统"，你认为正确与否，为什么？

(2) 有人说"异常检测存在误报率较高的问题，没有实际意义，不应该再进行研究"，你认为正确与否，为什么？

第8章 网络安全协议

本章学习要点
- 了解 IPSec 协议规范，重点掌握其工作方式
- 了解 SSL 协议规范，重点掌握 SSL 握手协议
- 了解 SET 协议规范，重点掌握其安全机制
- 了解区块链技术的各种应用场景，重点掌握区块链的运行机制

微课视频

8.1 概　　述

许多网络攻击都是由网络协议(如 TCP/IP)的固有漏洞引起的，因此，为了保证网络传输和应用的安全，各种类型的网络安全协议不断涌现。网络安全协议是以密码学为基础的消息交换协议，也称密码协议，其目的是在网络环境中提供各种安全服务。网络安全协议是网络安全的一个重要组成部分，通过网络安全协议可以实现实体认证、数据完整性校验、密钥分配、收发确认以及不可否认性验证等安全功能。

国际互联网依赖的 TCP/IP 协议族存在着明显的安全脆弱性，因此一些安全厂商和有关机构针对这些安全问题，推出了许多网络安全协议，表 8.1 为常用的一些网络安全协议。这些网络安全协议的推出有效地弥补了 TCP/IP 存在的问题。

表 8.1　网络安全协议

网络层次	安全协议	内容
应用层	SET	涵盖了信用卡在电子商务交易中的交易协定、信息保密、资料完整及数据认证、数据签名等
	S-HTTP	全拼为 secure-hyper text transfer protocol，为保证 WWW 的安全，由 EIT(Enterprise Integration Technology Corp.)开发的协议。该协议利用 MIME(multipurpose internet mail extensions)，基于文本进行加密、报文认证和密钥分发等
	SSH	全拼为 secure shell，对 UNIX 系统的 rsh / rlogin 等的 r 命令加密而采用的安全技术
	SSL-Telnet SSL-SMTP SSL-POP3	以 SSL 为基础，分别对 Telnet、SMTP 和 POP3 等的应用进行加密
	PET	全拼为 privacy enhanced telnet，使 Telnet 具有加密功能。在远程登录时，对连接本身进行加密的方式
	PEM	全拼为 privacy enhanced mail，由 IEEE 标准化的具有加密签名功能的邮件系统(RFC 1421～1424)

续表

网络层次	安全协议	内容
应用层	S/MIME	全拼为 secure / multipurpose internet mail extensions。利用 RSA 数据安全公司提出的 PKCS(public-key cryptography standards)的加密技术实现 MIME 的安全功能(RFC 2311~2315)
	PGP	全拼为 pretty good privacy。Philip Zimmermann 开发的带加密及签名功能的邮件系统 (RFC 1991)
传输层	SSL	在 Web 服务器和浏览器之间进行加密、报文认证及签名校验密钥分发的加密协议
	TLS	IEEE 标准,是将 SSL 通用化的协议(RFC 2246)
	SOCKS v5	防火墙及 VPN 用的数据加密及认证协议(IEEE RFC 1928)
网络层	IPSec	IETF 标准,提供机密性和完整性等
链路层	PPTP	全拼为 point to point tunneling protocol,点对点隧道协议
	L2F	全拼为 layer2 forwarding,第二层转发协议
	L2TP	全拼为 layer2 tunneling protocol,第二层隧道协议,综合了 PPTP 及 L2F 协议

网络安全协议的设计是为了保证网络中不同层次的安全,基本上与 TCP/IP 协议族相似,也分为四层,即链路层、网络层、传输层和应用层。针对链路层(网络接口层)的安全协议常见的有 L2TP、L2F、PPTP。L2F 协议是由 Cisco、Nortel 等公司设计的;PPTP 协议是由 Microsoft、Ascend、3COM 等公司支持的,Windows NT 4.0 以上版本中支持此协议;L2TP 协议是由 IETF 起草并由 Microsoft、Ascend、Cisco、3COM 等公司参与制定的。这三种协议主要应用于构建 Access VPN,即企业员工或企业的小分支机构通过公网远程拨号的方式连接进入企业网络,其本质是使用隧道技术构建 VPN。针对网络层的安全协议主要是 IPSec,它是 IETF 为 IP 安全推荐的一个协议。IPSec 是一种开放标准的框架结构,通过使用加密等安全服务,确保在 IP 网络上进行保密且安全的通信。针对传输层的安全协议主要包括安全套接字层(secure socket layer,SSL)协议、传输层安全性(transport layer security,TLS)协议和 SOCKS v5 等。SSL 是由 Netscape 研发的,用以保障在互联网上数据传输过程的安全性。SSL 利用数据加密(encryption)技术,可确保数据在网络传输过程中不会被截取及窃听。目前 SSL 已被广泛应用于 Web 浏览器与服务器之间的身份认证和加密数据传输,TLS 是 SSL 的通用版,是 IEEE 的标准。SOCKS v5 是一个需要认证的防火墙协议,当 SOCKS 和 SSL 协议配合使用时,可建立高度安全的 VPN。

针对应用层的安全协议目标是保护各种特定环境下的数据传输,由于目的不同,因此种类繁多。PGP 协议和 SET 协议就是特色鲜明的两个应用层安全协议。PGP 协议的创始人是美国的 Phil Zimmermann。他的创造性在于他把 RSA 公钥体系的方便性和传统加密体系的高速度结合起来,并且在数字签名和密钥认证管理机制上进行了巧妙的设计。可以用它对邮件保密以防止非授权者阅读,它还能将邮件加上数字签名从而使收信人可以确认邮件的发送者，并能确信邮件没有被篡改。它可以提供一种安全的通信方式，而事先并不需要任何保密的渠道来传递密钥。它的功能强大，有很快的速度，而且它的源代码是免费的。SET 是 IBM、Visa 和 MasterCard 等公司于 1997 年 5 月 31 日共同推出的用于电子商务的行业规范，其实质是一种应用在互联网上、以信用卡为基础的电子付款系统规范，目的是保证网络交易的安全。

网络安全协议都是建立在密码体制基础上的，运用密码算法和协议逻辑来实现加密和认证。密钥管理是网络安全协议的核心技术之一，主要分为人工管理和协商管理两种形式。人工管理是指由管理员直接设置用户的密钥；协商管理则是指采用公开密钥机制，通信双方通过会话协商产生密钥。由于密钥管理需要进行协商、计算和存储，因此无论哪种方式，密钥管理都需要通过应用层服务来实现。

由于各种网络安全协议所处的网络层次不同，因此存在包含关系，如网络层使用了 IPSec，那么传输层再使用 SSL 加密，实际上意义不大，因为二次加密数据虽然安全强度更高，但同样会造成资源的浪费。当然，某些特殊应用的情况除外，如使用了 IPSec，无法代替 SET 中的某些功能。

8.2 IPSec

1994 年，互联网体系结构委员会(Internet Architecture Board, IAB)发表了一篇名为《互联网体系结构中的安全问题》的报告。报告陈述了人们对安全的渴望，阐述了安全机制的关键技术，其中主要包括保护网络架构免受非法监视及控制以及保证终端用户之间使用认证和加密技术进行安全通信等。同年，IETF 专门成立了 IP 安全协议工作组，来制定和推动一套称为 IPSec 的 IP 安全协议标准。1995 年，IPSec 细则在互联网标准草案中颁布，1998 年 11 月它被提议为 IP 安全标准。

IPSec 是一个标准的第三层安全协议，但它不是独立的安全协议，而是一个协议族。IETF 为 IPSec 一共定义了 12 个标准文档即 RFC，这些 RFC 对 IPSec 的各个方面都进行了定义，包括体系、密钥管理、基本协议以及实现这些基本协议需要进行的相关操作。

IPSec 对于 IPv4 是可选的，对于 IPv6 是强制性的。IPSec 提供了一种标准的、健壮的以及包容广泛的机制，可用它为 IP 及上层协议(如 UDP 和 TCP)提供安全保证。目前，IPSec 是 VPN 中安全协议的标准，得到了广泛应用。IPSec 具有以下优点。

(1) IPSec 在传输层之下，对于应用程序是透明的。
(2) IPSec 对终端用户是透明的，因此不必对用户进行安全机制的培训。
(3) IPSec 可以为个体用户提供安全保障，可以保护企业内部的敏感信息。

8.2.1 IPSec 协议族的体系结构

IPSec 是一个复杂的安全协议体系，其中 RFC2401 定义了 IPSec 的基本结构，所有具体的实施方案均建立在它的基础之上。IPSec 的体系结构如图 8.1 所示，它主要包括两个基本协议，分别为封装安全有效负荷(encapsulating security payload, ESP)协议和认证头(authentication header, AH)协议。这两个协议的有效工作依赖于四个要件，这些要件也在 RFC2401 中做了较详细的解释，分别为加密算法、认证算法、解释域(domain of interpretation，DOI)以及密钥管理。

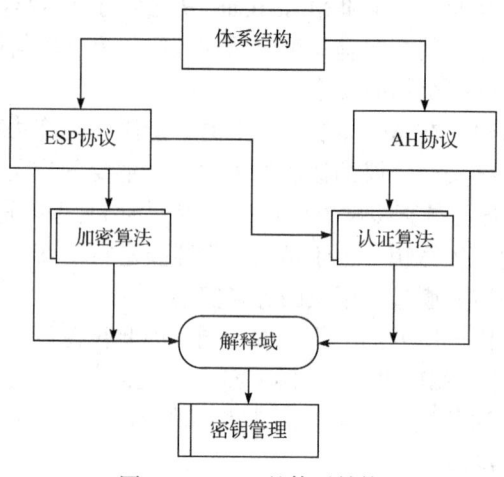

图 8.1　IPSec 的体系结构

1. 基本协议

IPSec 使用两种安全协议来加强 IP 的安全性。其中 ESP 协议被 RFC2406 定义为对 IP 数据报文实施加密和可选认证双重服务，它提供了数据保密性、有限的数据流保密性、数据源认证、无连接的完整性以及抗重放攻击等服务。ESP 协议通过对 IP 数据包实施加密，可以在数据包传输过程中保证其内容的机密性，ESP 协议还可以通过验证算法选项来确保数据的完整性。

AH 协议被 RFC2402 定义为对 IP 数据报文实施认证服务，主要提供数据源认证、无连接的完整性以及一个可选的抗重放攻击服务。AH 协议通过对 IP 数据包进行签名确保其完整性，虽然数据包的内容没有加密，但是可以向接收者保证数据包的内容未被更改，还可以向接收者保证包是由发送者发送的。

AH 协议和 ESP 协议都支持认证功能，但二者的保护范围存在着一定的差异。AH 协议的作用域是整个 IP 数据包，包括 IP 头和承载数据，而 ESP 协议认证功能的作用域只是承载数据，不包括 IP 头。因此，从理论上讲，AH 协议所提供认证服务的安全性要高于 ESP 协议的认证服务。

2. 基本要件

IPSec 的两个基本协议(ESP 协议和 AH 协议)是依靠四个基本要件的支持来提供安全服务的。在真实的 IPSec 应用中，这些基本要件均以程序或程序包的形式出现，为 IPSec 提供加密、认证、密钥管理以及机制策略等方面的支持。

1) 加密算法

加密算法要件用于描述各种能用于 ESP 的加密算法，IPSec 要求任何实现都必须支持 DES，也可使用 3DES、IDEA、AES 等其他算法。

2) 认证算法

认证算法要件用于 AH 和 ESP，以保证数据完整性及进行数据源身份认证。IPSec 用 HMAC-MD5 和 HMAC-SHA-1 作为默认认证算法，同时也支持其他认证算法，以提高安全强度。

3) 解释域

解释域是一个描述 IPSec 所涉及的各种安全参数及相关信息的集合。通过对它的访问可以得到相关协议中各字段含义的解释，可以被与 IPSec 服务相关的系统参考调用。

4) 密钥管理

密钥管理主要负责确定和分配 AH 和 ESP 中加密和认证使用的密钥，有手工和自动两种方式。IPSec 默认的自动密钥管理协议是因特网密钥交换(internet key exchange, IKE)协议。

3. 安全关联

安全关联(security association, SA)是一个 IPSec 单向连接所涉及的安全参数和策略的集合，它决定了保护什么、如何保护以及谁来保护通信数据，规定了用来保护数据包安全的 IPSec 协议类型、协议的操作模式、加密算法、认证方式、加密和认证密钥、密钥的有效存在时间以及防重放攻击的序列号等，是 IPSec 的基础。AH 和 ESP 均使用 SA，而且 IKE 协议的一个主要功能就是建立和维护 SA。一个 SA 定义了两个应用实体(主机或网关)间的一个单向连接，如果需要双向通信，则需要建立两个 SA。

1) SA 的工作原理

在 SA 对 IP 数据包的处理过程中，有两个重要的数据库起到了关键作用，分别是安全策略数据库(security policy database, SPD)和安全关联数据库(security association database, SAD)。SPD 保存着定义的处理策略，每条策略指出以何种方式为 IP 数据报文提供何种服务；SAD 则保存应用实体中所有的 SA。

图 8.2 为 SA 的工作原理示意图，IPSec 对数据包进行处理时，要查询 SPD 和 SAD。为了提高速度，SPD 的每一条记录都有指向 SAD 中相应记录的指针，反之亦然。对即将发送的 IP 数据包进行处理时，先查询 SPD，确定应为数据包使用的安全策略，如果检

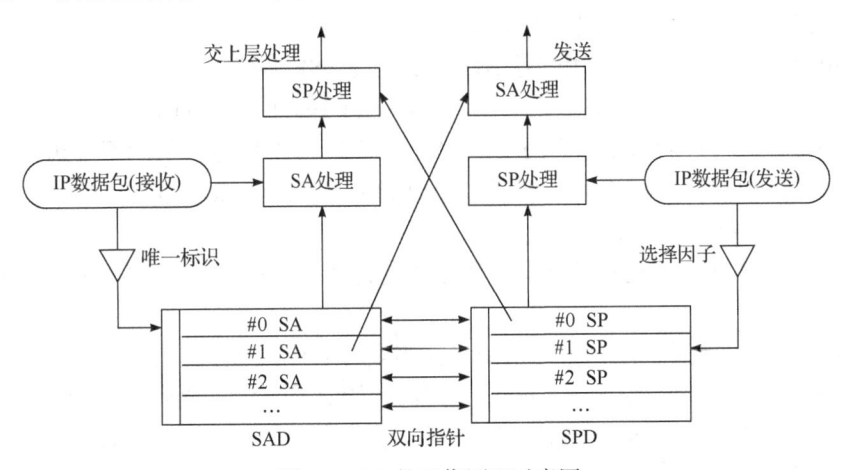

图 8.2 SA 的工作原理示意图

索到的安全策略是应用 IPSec，则获得指向 SAD 中相关的 SA 指针。若 SA 有效，则取得处理所需参数，实施 AH 协议或 ESP 协议；若 SA 未建立或无效，则将数据包丢弃，并记录出错信息。

对于接收到的 IP 数据包，先查询 SAD。如果得到有效的 SA，则对数据包进行还原，然后取得指针指向的 SPD 中的安全策略(SP)，验证为该数据包提供的安全保护是否与策略配置相符。若相符，则将还原后的数据包交给 TCP 层或转发。若不相符、要求应用 IPSec 但未建立 SA 或 SA 无效，则将数据包丢弃，并记录出错信息。

SAD 中的每个 SA 是通过三元组 < 安全参数索引,IP 目的地址,安全协议标识 > 来唯一标识并检索的。这个三元组的含义如下。

(1) 安全参数索引(security parameter index，SPI)：一个与 SA 相关联的位串。一般在 IKE 确立一个 SA 时，产生一个伪随机导数作为该 SA 的 SPI，SPI 也可以人为设定。

(2) IP 目的地址：目前 IPSec 仅支持使用单播地址来表示 SA 的目的地址。

(3) 安全协议标识：标识该 SA 是一个 AH 协议的 SA 还是 ESP 协议的 SA。

SPD 中的安全策略是通过选择因子来确定的，选择因子是从网络层和传送头内提取出来的，主要包括：目的地址、源地址、名字、协议、上层端口等。

2) SPD

SPD 是 SA 处理的核心之一，每个 IPSec 实现必须具有管理接口，允许用户或系统管理员管理 SPD。SPD 有一个排序的策略列表，针对接收数据和发送数据有不同的处理策略。SPD 的处理方式主要有三种：丢弃(discard)、绕过 IPSec(bypass IPSec)、应用 IPSec(apply IPSec)。

(1) 丢弃：指 IP 数据包不被处理，只是简单地丢弃。

(2) 绕过 IPSec：指 IP 数据包不需要 IPSec 保护，而在载荷内增添 IP 头，然后分发 IP 包。

(3) 应用 IPSec：指对 IP 数据包提供 IPSec 保护。

3) SAD

SAD 中的任意 SA 都被定义了以下参数(即 SAD 的字段)。

(1) 目的 IP 地址：SA 的目的地址，可为终端用户系统、防火墙和路由器等网络系统。目前的 SA 管理机制只支持单播地址的 SA。

(2) IPSec 协议：标识 SA 用的是 AH 协议还是 ESP 协议。

(3) SPI：32 比特的安全参数索引，可以标识同一个目的地的不同 SA。

(4) 序号计数器：32 比特，用于产生 AH 或 ESP 头的序号，仅用于发送数据包。

(5) 序号计数器溢出标志：标识序号计数器是否溢出。如果溢出，则产生一个审计事件，并禁止用 SA 继续发送数据包。

(6) 抗重放窗口：32 比特计数器，用于决定进入的 AH 或 ESP 数据包是否为重发，仅用于接收数据包。

(7) AH 信息：指明认证算法、密钥、密钥生存期等与 AH 相关的参数。

(8) ESP 信息：指明加密和认证算法、密钥、初始值、密钥生存期等与 ESP 相关的参数。

(9) SA 的生存期：一个特定的时间间隔或字节计数。超过这一间隔后，必须终止此次 IPSec 连接或建立一个新的 SA 来代替原来的 SA。

(10) IPSec 协议模式：指明是隧道、传输还是混合方式(通配符)，这些内容在后面讨论。

(11) 路径最大传输单元(path MTU)：指明预计经过路径的最大传输单元及延迟变量。

8.2.2 IPSec 的工作方式

1. IPv4 与 IPv6 数据包结构

IP 作为互联网中的核心协议，目前采用的是 1975 年推出的 IPv4 标准(RFC791)，IPv4 存在着地址短缺和安全性较差等问题。IETF 于 1997 年制定了 IPv6。IPv6 并不是推翻了 IPv4 的所有思路和结构，而是继承了 IPv4 运行的主要优点，并根据 IPv4 的问题进行了很大幅度的修改和功能扩充，一般认为 IPv6 是用来取代 IPv4 的下一代网络协议。IPSec 在 IPv6 中被定义为必选项，是 IPv6 的安全标准，当然也可以实施在 IPv4 中，保护 IPv4 传输过程中的安全性。

在实施 IPSec 时，IPv4 和 IPv6 存在着一些区别，主要集中在对两种协议数据包的封装上。IPv4 与 IPv6 数据包结构如图 8.3 所示，IPv4 数据包包括协议头和数据负载，而 IPv6 数据包包括 IPv6 基本包头、扩展头和数据负载。IPv4 与 IPv6 的包头结构如图 8.4 所示，这里不再详述。

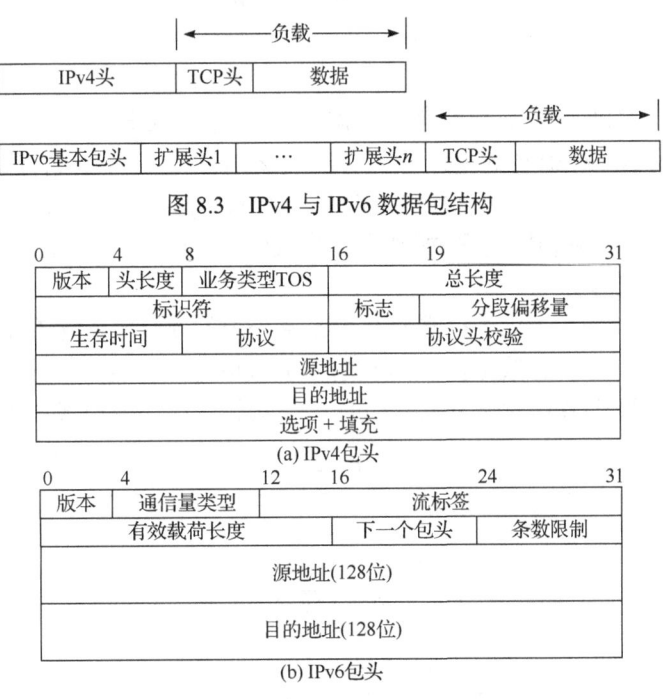

图 8.3 IPv4 与 IPv6 数据包结构

图 8.4 IPv4 与 IPv6 的包头结构

IPv6 增加了扩展头，其原理为：大多数 IP 包只需要进行简单的处理，因此有基本包头的信息就足够了，当网络层存在需要额外信息的信息包时，就可以把这些信息编码到扩展头上。IPv6 协议头的设计原则是力图将协议头开销降到最低，将一些非关键字段和可选字段移出协议头，置于 IPv6 协议头之后的扩展头中，因此尽管 IPv6 的地址长度是 IPv4 的四倍，但协议头却仅为 IPv4 的两倍，改进后 IPv6 协议头在中转路由器中处理效率更高。

2. IPSec 的工作模式

IPSec 标准定义了 IPSec 操作的两种模式：传输模式(transport mode)和隧道模式(tunnel mode)，AH 协议和 ESP 协议都可以以这两种模式工作。在传输模式下，AH 协议和 ESP 协议主要为上一层的协议提供保护；在隧道模式下，AH 协议和 ESP 协议则可用于封装整个 IP 数据报文。

如图 8.5 所示，两种工作模式可以这样理解，传输模式是只对 IP 数据包的有效负载进行加密或认证，此时继续使用以前的 IP 头部，只对 IP 头部的部分域进行修改，而 IPSec 协议头部插入 IP 头部和传输层头部之间；隧道模式是对整个 IP 数据包进行加密或认证，此时需要新产生一个 IP 头部，IPSec 头部被放在新产生的 IP 头部和以前的 IP 数据包之间，从而组成一个新的 IP 头部。

传输模式保护	IP头	IPSec头	数据		
隧道模式保护	新IP头	IPSec头	原始IP头	数据	

图 8.5 传输模式与隧道模式

3. AH 协议

AH 协议用于提供 IP 数据包的数据完整性、数据包源地址认证和一些有限的抗重放攻击服务。AH 协议不仅对 IP 包的包头进行认证，还要对 IP 包的内容进行认证，但由于 IP 包中的部分域(如生存周期，IPv6 中称为"跳数"，即 IPv4 中的 TTL)、AH 校验值等是可变化的，因此 AH 协议只对在传输过程中不变的内容或可以预测变化的内容进行认证。

1) AH 协议的工作原理

如图 8.6 所示，AH 协议对 IP 数据包的封装分为传输模式和隧道模式。在传输模式下，AH 协议首先对整个 IP 数据包(可变内容一般被填充"0"后参与计算)进行认证计算，然后生成 AH 头，插入 IPv4 数据包的 IP 包头后，或以扩展头的形式加入 IPv6 数据包内。

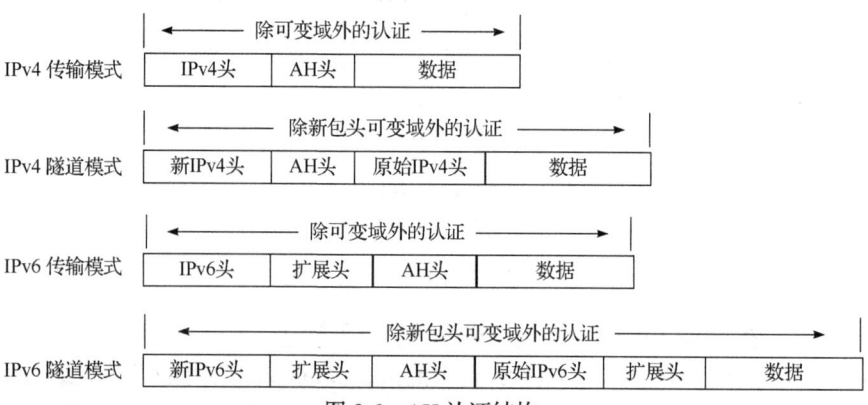

		←── 除可变域外的认证 ──→			
IPv4 传输模式	IPv4头	AH头	数据		
		←── 除新包头可变域外的认证 ──→			
IPv4 隧道模式	新IPv4头	AH头	原始IPv4头	数据	
		←── 除可变域外的认证 ──→			
IPv6 传输模式	IPv6头	扩展头	AH头	数据	
		←── 除新包头可变域外的认证 ──→			
IPv6 隧道模式	新IPv6头	扩展头	AH头	原始IPv6头	扩展头	数据

图 8.6 AH 认证结构

在隧道模式下，新的 IP 包头产生以后，AH 协议对整个 IP 数据包(含新的 IP 包头，可变内容填充"0")进行认证计算，然后生成 AH 头，插入新的 IPv4 包头后，或以扩展头的形式加入新的 IPv6 包头中。目前，计算认证数据的算法主要有 MD5 算法和 SHA-1 算法等。

2) AH 头格式

如图 8.7 所示，AH 头部主要包括六个部分。

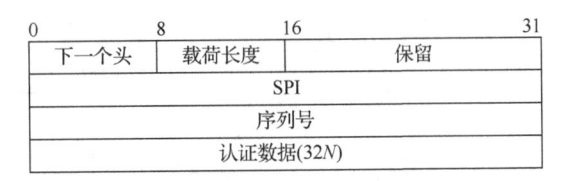

0	8	16	31
下一个头	载荷长度	保留	
SPI			
序列号			
认证数据(32N)			

图 8.7　AH 头格式

(1) 下一个头(8 位)：用来标记下一个扩展头的类型；在传输模式下，指明上一层协议的类型，UDP 的协议值为 17，TCP 的协议值为 6。在隧道模式下，值为 4 表示 IPv4，值为 41 表示 IPv6。

(2) 载荷长度(8 位)：表示认证头数据的长度减 2，以字(字长 32 位)来计，例如，认证头的固定长度部分为 3 个字，认证数据长度为 3 个字，则认证头总长度为 6，载荷长度为 4。

(3) 保留(16 位)：备用。

(4) SPI(32 位)：用来标识安全关联。

(5) 序列号(32 位)：用来防止 IP 包的重放攻击，收发双方同时保留一个序列号计数器，每收发一个 IP 包，序列号将递增 1，当递增到 2^{32} 后复位。

(6) 认证数据($32N$ 位)：认证数据域的长度可变，但必须是 32 的整数倍，默认为 3 个字(96 位)。

认证数据也称完整性校验值(integrity check value，ICV)，是一种 MAC 或 MAC 算法生成的截断码。计算主要使用 HMAC(hash message authentication code)算法，常用的包括 HMAC-MD5-96 和 HMAC-SHA-1-96；这两种算法均是先进行散列计算，然后截取前 96 位作为 ICV。参与散列计算的数据包括 IP 包头(可变部分被置 0)、AH 头(认证数据被置 0)和整个上层协议数据。

4. ESP 协议

ESP 协议主要提供 IP 数据包的数据加密服务，此外，也提供数据包完整性认证、防重放攻击以及支持 VPN 等服务。ESP 协议提供的数据包完整性认证与 AH 协议提供的数据包完整性认证有所区别，AH 协议提供对整个 IP 包，包括包头和包内容的完整性认证，而 ESP 协议提供的完整性认证则只关心 IP 包的内容部分。

1) ESP 协议的工作原理

ESP 协议的工作方式与 AH 协议一样，也分为传输模式和隧道模式。如图 8.8 所示，在传输模式下，ESP 协议首先对 IP 数据包的负载部分进行有效填充，并添加 ESP 尾，构造成长度为字长整数倍的规整数据块，然后对其进行加密，并在密文数据块之前插入 ESP 头；如果选择 ESP 协议的认证服务，则对 ESP 头和密文数据块一起进行认证计算，然后将认证数据添加在数据包尾部。ESP 协议针对 IPv4 包和 IPv6 包的具体操作基本一致，如图 8.8(a)和图 8.8(c)所示。

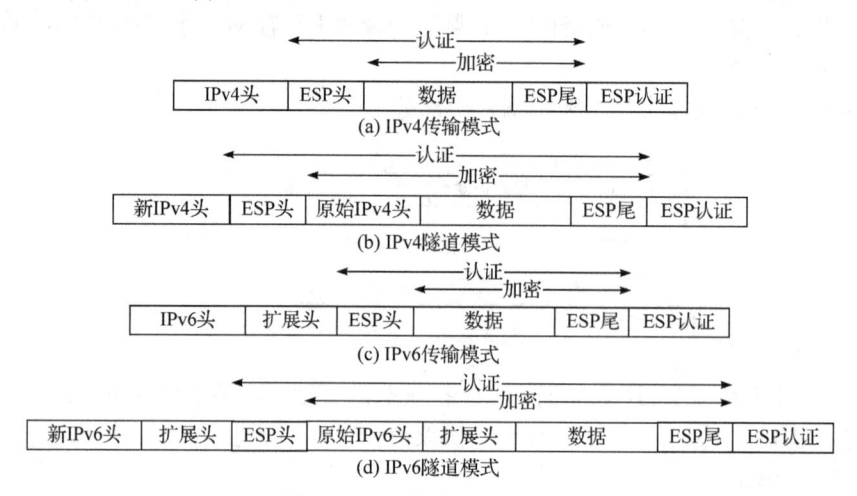

```
              ←——认证——→
              ←—加密—→
      ┌─────┬─────┬────┬─────┬──────┐
      │IPv4头│ESP头│数据│ESP尾│ESP认证│
      └─────┴─────┴────┴─────┴──────┘
              (a) IPv4传输模式

              ←————认证————→
              ←———加密———→
  ┌──────┬─────┬───────┬────┬─────┬──────┐
  │新IPv4头│ESP头│原始IPv4头│数据│ESP尾│ESP认证│
  └──────┴─────┴───────┴────┴─────┴──────┘
              (b) IPv4隧道模式

              ←———认证———→
              ←——加密——→
  ┌─────┬────┬─────┬────┬─────┬──────┐
  │IPv6头│扩展头│ESP头│数据│ESP尾│ESP认证│
  └─────┴────┴─────┴────┴─────┴──────┘
              (c) IPv6传输模式

              ←————认证————→
              ←———加密———→
┌──────┬────┬─────┬───────┬────┬────┬─────┬──────┐
│新IPv6头│扩展头│ESP头│原始IPv6头│扩展头│数据│ESP尾│ESP认证│
└──────┴────┴─────┴───────┴────┴────┴─────┴──────┘
              (d) IPv6隧道模式
```

图 8.8　ESP 加密及认证结构

在隧道模式下，ESP 协议首先对整个原始 IP 数据包进行有效填充，并添加 ESP 尾，构造成长度为字长整数倍的规整数据块，然后对其进行加密，并在密文数据块之前插入 ESP 头；如果选择 ESP 协议的认证服务，则对 ESP 头和密文数据块一起进行认证计算，然后将认证数据添加在数据包尾部；最后在前面添加新 IP 包头。ESP 协议针对 IPv4 包和 IPv6 包的具体操作如图 8.8(b)和图 8.8(d)所示。

ESP 协议标准规定任何兼容 ESP 协议的具体实现必须支持 DES 算法，并按 CBC 加密。DOI 文档定义了其他加密算法，包括 3DES、RC5、IDEA 等。另外，ESP 协议规定如果需要初始向量，则必须从载荷数据域头部提取，初始向量通常作为密文的开头，并且不会被加密。与 AH 协议相同，ESP 协议使用的 MAC 认证算法主要包括 HMAC-MD5-96 和 HMAC-SHA-1-96。

2) ESP 协议的封装格式

如图 8.9 所示，ESP 封装包主要包括七个部分。

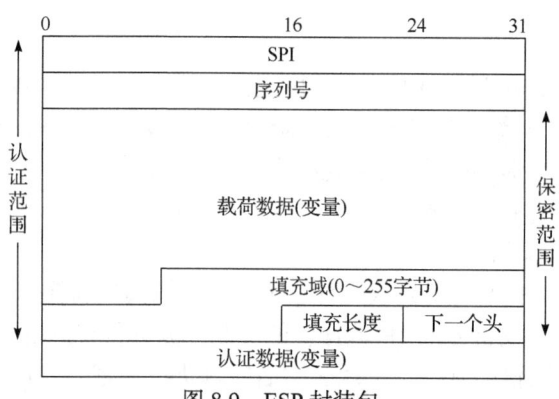

```
     0              16        24        31
   ┌──────────────────────────────────────┐
   │                 SPI                  │
   ├──────────────────────────────────────┤
   │                序列号                 │
   ├──────────────────────────────────────┤
认 │                                      │ 保
证 │           载荷数据(变量)              │ 密
范 │                                      │ 范
围 │                                      │ 围
   ├──────────────┬───────────────────────┤
   │              │ 填充域(0~255字节)     │
   │              ├───────────┬───────────┤
   │              │ 填充长度  │ 下一个头  │
   ├──────────────┴───────────┴───────────┤
   │            认证数据(变量)             │
   └──────────────────────────────────────┘
```

图 8.9　ESP 封装包

(1) SPI：用来标识安全关联。
(2) 序列号：与 AH 相同，用来防范 IP 包的重放攻击。
(3) 载荷数据：被加密的传输层数据(传输模式)或整个原始 IP 包(隧道模式)。
(4) 填充域：提供规整化载荷数据，并隐藏载荷数据的实际长度。
(5) 填充长度：填充数据的长度。
(6) 下一个头：用来标记载荷中第一个包头的类型，具体值与 AH 相同。
(7) 认证数据：针对 ESP 包中除认证数据域外的内容进行完整性计算，得到的完整性校验值，具体计算方法与 AH 相同。

5. 抗重放攻击服务

在 IPSec 安全体制中，除了提供加密和认证服务之外，还考虑了抗重放攻击问题。重放攻击是指攻击者发送一个目的主机已接收过的包，对目标系统进行欺骗，主要用于身份认证过程。重放攻击主要分为以下几种。
(1) 简单重放攻击：攻击者简单地复制一条消息，以后再重新发送它。
(2) 反向重放攻击：攻击者复制一条消息，只修改源/目的地址，然后反向发送给消息源(消息发送者)。

抵御重放攻击的主要方法包括以下几种。
(1) 序列号：使用一个序列号来对每一个消息报文进行编号，仅当收到的消息报文序列号顺序合法时才接收。
(2) 时间戳：A 接收一个消息，仅当该消息包含一个时间戳，该时间戳在 A 看来足够接近 A 所知道的当前时间时才接受。
(3) 盘问/应答(challenge/response)方式：A 期望从 B 获得一个新消息，首先发给 B 一个临时值(challenge)，并要求后续从 B 收到的消息(response)包含正确的临时值或对其正确临时值的变换值。

由于 IP 是无连接、不可靠的服务，协议本身不能保证数据包按顺序传输，也不能保证所有数据包均被传输，这就为重放攻击提供了条件。IPSec 为了抵御重放攻击，在 SA 中定义了序号计数器和抗重放窗口。序号计数器提供了设置 IPSec 包中序列号域的值，当新 SA 建立后，发送方将序号计数器的初值置为 0，每发送一个包，计数器的值加 1 并置于序列号域中，直至 $2^{32}-1$。如需提供抗重放服务，则发送方不允许重复计数，当序列号达到 2^{32} 时，原 SA 必须终止并产生新的 SA 继续工作。

抗重放窗口 W 实际上就是某个特定时间接收到的数据包序号是否合法的上下界，同时窗口具有滑动功能。如图 8.10 所示，当目的主机接收到一个 IPSec 数据包时，如果其序列号 sn 在窗口左侧(即 sn < $N-W$+1)，则为重放攻击，丢弃此数据包。如果其序列号 sn 在窗口 W 内(即 $N-W$ < sn < N+1)，则检查该序列号的相应位置是否被标记(即之前是否已接收过此序列号的数据包)，若未被标记，则接收此数据包，并在该序列号的相应位置标记；若已被标记，则为重放，丢弃此数据包。如果其序列号 sn 在窗口右侧(即 sn > N)，且数据包通过 MAC 验证，则窗口需向右滑动，sn 为窗口右边界，并标记此序列号位置。

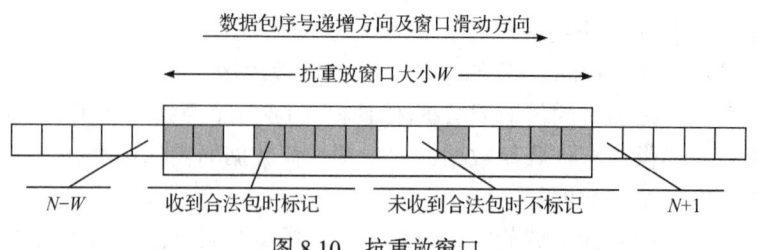

图 8.10 抗重放窗口

8.2.3 IKE

IPSec 在提供认证或加密服务之前，必须针对安全协议、加密算法和密钥等内容进行协商，并建立 SA，这个过程可以手工进行或自动完成。当应用局限于小规模、相对静止的环境时，管理员可以为每个系统配置自己的密钥和其他安全参数；在大型分布式系统中，则需要使用自动系统来完成各个节点的密钥等安全参数的配置。IPSec 默认的自动密钥管理协议是 IKE。

IKE 是一个多用途的安全信息交换管理协议，被定义为应用层协议，主要用于安全策略协商以及加密认证基础材料的确定，SNMPv3、OSPFv2 及 IPSec 等都采用 IKE 进行密钥交换。实际上 IKE 是三个协议的混合体，这三个协议分别是 ISAKMP、Oakley 和 SKEME。

ISAKMP 是互联网安全关联和密钥管理协议的英文缩写，即 internet security association and key management protocol。ISAKMP 设计了一个用于通信双方完成认证和密钥交换的通用框架，在此框架下可以协商和确定各种安全属性、密码算法、安全参数、认证机制等，这些协商的结果统称为安全关联。Oakley 是一种以 Diffie-Hellman 算法为基础的自由形态的协议，允许他人依据本身的需要来改进协议状态。IKE 在 Oakley 的基础上进行有效的规范化，形成了可供用户选择的多种密钥交换模式。安全密钥交换机制(secure key exchange mechanism，SKEME)是由密码专家设计的另一种密钥交换协议，它采用公开密钥加密的手段来实现匿名性、防抵赖和密钥更新等服务，可以提供密码生成所需的基础材料和协商共享数据的策略。

IKE 对 IPSec 的支持就是在通信双方之间，建立起共享安全参数及密钥(即 SA)。IKE 建立 SA 的过程分为两个阶段：第一阶段，协商创建一个通信信道(IKE SA)，并对该信道进行验证，为双方进一步的 IKE 通信提供机密性、消息完整性以及消息源验证服务；第二阶段，使用已建立的 IKE SA 建立 IPSec SA。

在第一阶段中，IKE 定义了两种信息交换模式，即对身份进行保护的"主模式"(main mode)和根据 ISAKMP 文档制定的"野蛮模式"(aggressive mode)。如图 8.11 所示，基于主模式的信息交换过程分为三步，共需要传递 6 个消息。

(1) 策略协商，即确定 IKE SA 中必需的有关算法和参数，包括加密算法、散列算法、认证方法以及 DH(Diffie-Hellman)组的选择。IKE 基于密钥材料长度定义了 5 个 DH 组，每组包含两个全局参数和算法标识，前三组分别是 768 位、1024 位和 1536 位的模取幂运算，后两组为字段长度为 155 位和 185 位的模拟 DH 的椭圆曲线运算，各 DH 组的密

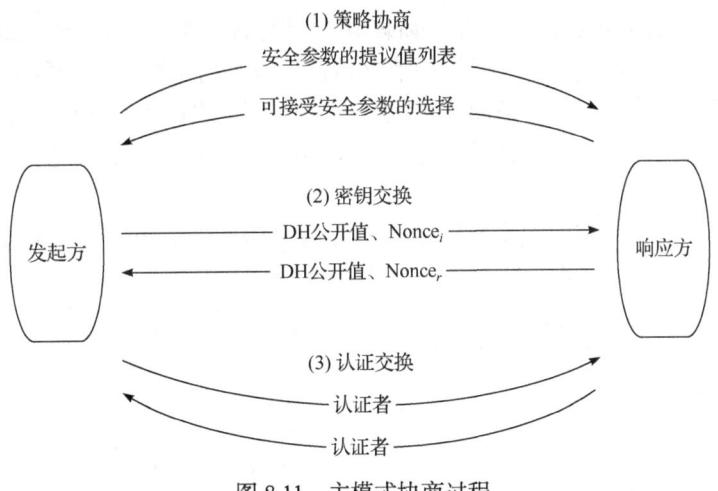

图 8.11 主模式协商过程

钥安全强度随组号递增。策略协商的第一个消息是发起方传送给响应方的策略方案选项，包括发起方支持的加密算法列表、散列算法列表、认证方法列表及 DH 组选择列表。第二个消息为响应方从发起方的各列表中确定的选择信息。策略协商的两个消息以明文形式传输，没有消息认证。

(2) 密钥交换，即双方交换 DH 算法所需要的密钥生成基本材料，即 DH 公开值 g^x，还有用于防范重放攻击的一次性随机数 Nonce，随后各自计算主密钥。各消息均以明文传输。

(3) 认证交换，通信双方需要构造"认证者"，并发送给对方，验证通过，则 IKE SA 成功建立。认证者是通信双方使用前两步协商得到的密钥对双方交换的信息进行散列计算得到的散列值(或经过数字签名)，双方交换的信息包括 DH 公开值、Nonce、SA 内容以及身份标识符(ID)等信息，通过验证认证者的完整性，可以表明通信传输过程是完整的。

野蛮模式也经常使用在第一阶段中，原因在于其协商相对简单。如图 8.12 所示，野蛮模式只交换三条消息，第一条为发起方传送给响应方的安全参数提议列表，包括加密算法、散列算法、认证方法、DH 组等信息，同时也传递 DH 公开值以及认证数据；第二条消息为响应方发送给发起方的可接受安全参数的选择、DH 公开值、认证数据以及验证载荷等。验证载荷是使用协商得到的安全参数及密钥对接收到的所有信息进行加密散列计算，得到的数据结果即为可验证信息，可作为发起方现场操作的证据。第三条消息为发起方传送给响应方的验证载荷，同时 IKE SA 成功建立。

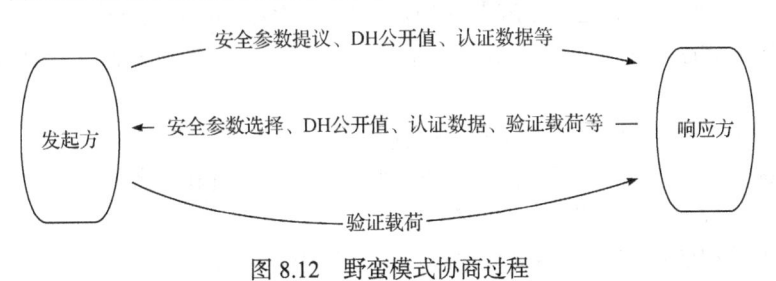

图 8.12 野蛮模式协商过程

第二阶段中，IKE 已经拥有了第一阶段建立起的 IKE SA，所以通信双方的进一步协商采用 SA 保护，任何没有 SA 保护的消息将被拒收。通常在第二阶段至少要建立两条 SA，一条用于发送数据，另一条用于接收数据。此阶段 IKE 使用三种信息交换方式，分别是快速模式(quick mode)、新组模式(new group mode)和 ISAKMP 信息交换(ISAKMP info exchange)。

如图 8.13 所示，快速模式主要用于交换 IPSec SA 信息，共分为三步实现。第一步，发起方向响应方传送自己的认证者信息、建议的 SA 参数列表、Nonce、DH 公开值等；第二步，响应方回传自己的认证者信息、SA 的选择、Nonce、DH 公开值等；第三步，发起方计算生成一个认证者信息传送给响应方，使响应方通过验证确信发起方已经正确地计算出会话密钥等 SA 信息，此时 IPSec SA 成功建立。

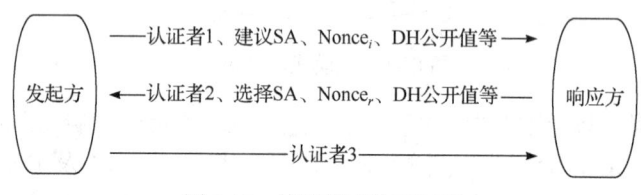

```
发起方  ——认证者1、建议SA、Nonce_i、DH公开值等→   响应方
        ←——认证者2、选择SA、Nonce_r、DH公开值等——
        ————————认证者3————————→
```

图 8.13　快速模式协商过程

新组模式主要用于实现通信双方交换协商新的 DH 组，属于一种请求/响应交换方式。发起方发送提议的 DH 组的标识符及其特征，如果响应方能够接受提议，就用完全一样的消息应答。

ISAKMP 信息交换的主要功能是实现通信一方向对方发送错误及状态提示消息，这并非真正意义上的交换，而只是发送单独一条消息，不需要确认。

当两个实体进行 IPSec 连接时，如果已经创建了 IKE SA，就可以直接通过第二阶段，交换创建新的 IPSec SA；如果还没有创建 IKE SA，就要通过两个阶段交换创建新的 IKE SA 及 IPSec SA。IKE 规定系统实现必须支持主模式和快速模式，以此来实现各系统之间的兼容性。

8.3　SSL 协议

SSL 协议是 Netscape 公司于 1994 年提出的一种用于保证客户端与服务器之间数据传输安全的加密协议，其目的是确保数据在网络传输过程中不被窃听及泄密。最初发布的 1.0 版本很不成熟，到了 2.0 版本的时候，基本上可以解决 Web 通信的安全问题。1996 年发布了 SSL v3.0，技术上更加成熟和稳定，成为事实上的工业标准，得到了多数浏览器和 Web 服务器的支持。1997 年 IETF 基于 SSL v3.0 发布了 TLS v1.0，也可以看作 SSL v3.1。

SSL 协议提供的服务主要有以下几种。
(1) 认证用户和服务器，确保数据发送到正确的客户机和服务器。
(2) 加密数据以防止数据中途被窃取。
(3) 维护数据的完整性，确保数据在传输过程中不被改变。

8.3.1 SSL 协议的体系结构

SSL 协议位于 TCP/IP 与应用层协议之间，实际上就是被分装在 TCP 数据包内。如图 8.14 所示，SSL 协议族是由四个协议组成的，分别是 SSL 记录协议(SSL record protocol)、SSL 握手协议(SSL handshake protocol)、SSL 转换密码规范协议(SSL change cipher spec protocol)和 SSL 报警协议(SSL alert protocol)。其中 SSL 记录协议被定义为在传输层与应用层之间，其他三个协议则为应用层协议。

SSL 握手协议	SSL转换 密码规范协议	SSL 报警协议	HTTP
SSL记录协议			
TCP			
IP			

图 8.14　SSL 协议结构

SSL 协议的双层协议(传输层与应用层之间的 SSL 记录协议、应用层的三个协议)构建了一个完整的通信结构，应用层的三个协议用于构建安全环境，而下层的 SSL 记录协议则完成数据的安全封装。构建安全环境涉及两个重要的概念：SSL 连接和 SSL 会话。

在 OSI 层次模型中，连接被定义为提供适当服务类型的一种传输通道。如图 8.15 所示，SSL 连接表示的是对等网络关系，即发起方(客户端)与接收方(服务器)之间的一条位于传输层之上的逻辑链路关系，具体的传输依靠其下层协议实现。连接是暂时的，使用结束之后立刻释放。连接依赖于一定的规范，而这些规范会在一个会话中被描述，即每个连接与一个会话有关。SSL 会话是发起方和接收方之间的安全关联，它描述了一个(或多个)连接共享的安全参数集合。会话是通过 SSL 握手协议创建的，一个会话可以被多个连接共享。由于会话协商需要很高的谈判代价，因此多个 SSL 连接共享一个 SSL 会话，能够有效地减少 SSL 会话的协商代价。

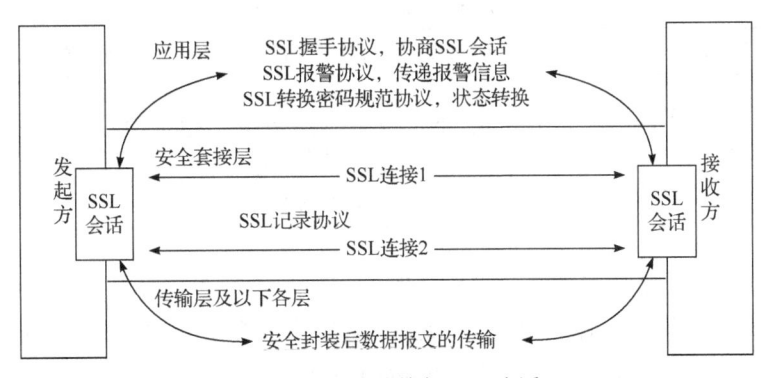

图 8.15　SSL 连接与 SSL 会话

SSL 会话与多种状态相关，状态可以理解为描述特定过程的特征信息集合。SSL 协议中最重要的两个状态是会话状态和连接状态。会话状态包含标识会话特征的信息和握手协议的协商结果，用来描述一个 SSL 会话的特征参数。表 8.2 为 SSL 会话状态的主要参数定义。客户端和服务器都需要保存已建立的所有会话状态，为各 SSL 连接提供数据服务。

表 8.2　SSL 会话状态的主要参数定义

字段名	定义
会话标识(session identifier)	服务器选择的一个任意字节序列，用以标识一个活动的或可激活的会话
对等证书(peer certificate)	用于鉴别实体身份的一个 X.509.v3 的证书，可为空
压缩算法(compression method)	加密前进行数据压缩的算法
密码规范(cipher spec)	指明数据加密的算法(无,或 DES 等)以及计算 MAC 的散列算法(如 MD5 或 SHA-1)，还包括其他参数，如散列长度
主密钥(master secret)	48 位密钥，在客户端与服务器之间共享
可恢复性(is resumable)	指明该会话是否可被用于初始化一个新连接

连接状态包含客户端和服务器在传输数据过程中使用的加密密钥、MAC 密钥、初始化位移量、一些客户端和服务器选择的随机数，主要用来描述与一个 SSL 连接相关联的特征参数。客户端和服务器只需在一个连接存在时记录该连接的状态，连接状态包含的参数提供给 SSL 记录协议层处理数据时使用。表 8.3 为 SSL 连接状态的主要参数定义。

表 8.3　SSL 连接状态的主要参数定义

字段名	定义
服务器和客户端随机数(server and client random)	服务器和客户端为每一个连接所选择的字节序列
服务器写 MAC 密码(server write MAC secret)	一个密钥，用于对服务器送出的数据进行 MAC 操作
客户端写 MAC 密码(client write MAC secret)	一个密钥，用于对客户端送出的数据进行 MAC 操作
服务器写密钥(server write key)	用于服务器进行数据加密，客户端进行数据解密的对称密钥
客户端写密钥(client write key)	用于客户端进行数据加密，服务器进行数据解密的对称密钥
初始化位移量 IV(initialization vectors)	当数据加密采用 CBC 方式时，每一个密钥保持一个 IV。该字段首先由 SSL 握手协议初始化，以后保留每次最后的密文数据块作为 IV
序列号(sequence number)	每一方为每一个连接的数据发送与接收维护单独的顺序号。当一方发送或接收一个转换密码规范协议报文时，序号置为 0，然后递增，最大为 $2^{64}-1$

SSL 会话还定义了待用状态和当前操作状态。当 SSL 握手协议建立起 SSL 会话后，会话就进入了当前操作状态，当前操作状态包含了当前 SSL 记录协议正在使用的压缩算法、加密算法和 MAC 算法以及加/解密的密钥等参数。当一个连接结束后，SSL 会话又从当前操作状态进入待用状态，待用状态包含了之前握手协议协商好的压缩算法、加密算法和 MAC 算法，以及用于加/解密的密钥等参数。可见 SSL 会话从建立开始不断地在

当前操作状态和待用状态之间切换，直到该会话结束。

8.3.2 SSL 协议规范

1. SSL 记录协议

SSL 记录协议为 SSL 连接提供了两种服务。
(1) 保密性：握手协议定义了共享的、可用于对 SSL 有效载荷进行常规加密的密钥。
(2) 消息完整性：握手协议定义了共享的、可用来形成报文的鉴别码的密钥。

SSL 记录协议的功能是根据当前会话状态指定的压缩算法、密码规范制定的对称加密算法、MAC 算法、密钥长度、散列长度、IV 长度等参数以及连接状态中指定的客户端和服务器的随机数、加密密钥、MAC 密钥、位移量以及消息序列号等内容，对当前的连接中要传送的高层数据实施压缩与解压缩、加密与解密、计算与校验 MAC 等操作。

如图 8.16 所示，SSL 记录协议对应用层数据文件的处理过程分为如下五个步骤。

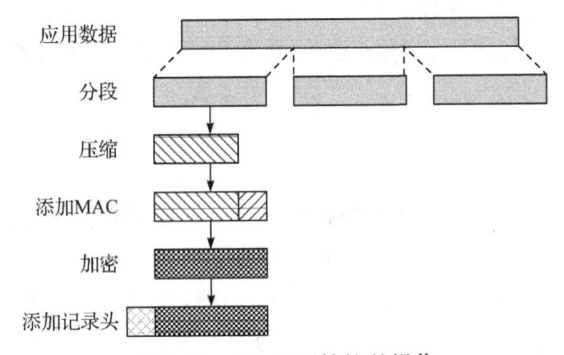

图 8.16 SSL 记录协议的操作

(1) 将数据文件分割成一系列的数据分段，对每个分段单独进行保护和传输，这样，当某些数据分段准备好后就可以立即发送，并且接收方接收后可以马上处理。
(2) 选择适当的压缩算法，对数据分段进行压缩，从而减少传输的数据量。
(3) 对压缩数据分段，进行 MAC 计算，产生 MAC 认证数据并级联到分段尾部。
(4) 采用适当的加密算法，对压缩的数据分段和 MAC 认证数据一同进行加密处理，形成密文负载。
(5) 在密文负载前添加记录头信息，形成完整的 SSL 记录。

记录头主要包括内容类型、长度以及 SSL 版本等信息，主要提供了接收方处理负载的必要信息。完整的 SSL 记录格式如图 8.17(a)所示，共包括以下六个部分。

(1) 内容类型(8 位)：用来指明封装数据的类型，已定义的类型包括转换密码规范协议、报警协议、握手协议和应用数据四类。
(2) 主版本(8 位)：指明 SSL 使用的主版本，如 SSL v3.0 的值为 3。
(3) 从版本(8 位)：指明 SSL 使用的从版本，如 SSL v3.0 的值为 0。
(4) 压缩长度(16 位)：明文负载(如压缩，则为压缩后负载)的字节长度。
(5) 负载(可变)：指待处理的明文数据经过压缩(可选)、加密后形成的密文数据。

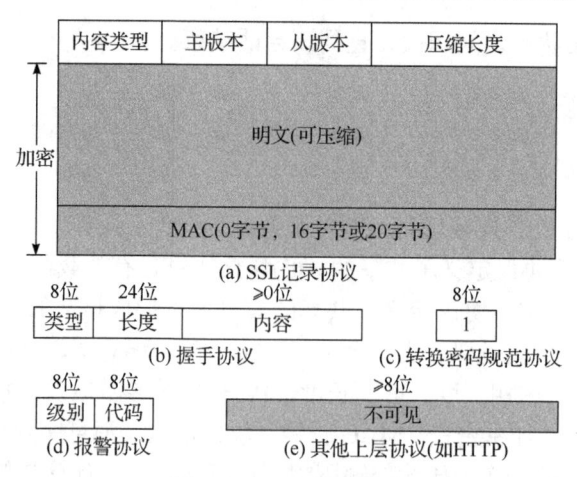

图 8.17 SSL 协议格式

(6) MAC(16 字节或 20 字节)：针对压缩后的明文数据进行计算得到的消息认证码。例如，基于 SHA-1 进行计算时，MAC 的长度为 20 字节，基于 MD5 进行计算时，MAC 的长度为 16 字节。

2. SSL 握手协议

SSL 中最复杂、最重要的部分是握手协议。这个协议用于建立会话、协商加密方法、鉴别方法、压缩方法和初始化操作，使服务器和客户端能够相互鉴别对方的身份、协商加密和 MAC 算法以及用来保护在 SSL 记录中发送数据的加密密钥。

SSL 握手协议的内容作为 SSL 记录协议的负载被包含于 SSL 记录中，其报文格式如图 8.17(b)所示，主要包括以下三个字段。

(1) 类型(1 字节)：为 10 种报文类型中的一种，具体报文类型如表 8.4 所示。

表 8.4 SSL 握手协议报文类型

报文类型	报文内容
hello_request	空
client_hello	版本、随机数、会话 ID、密码算法、压缩方法
server_hello	版本、随机数、会话 ID、密码算法、压缩方法
certificate	X.509 v3 证书链
server_key_exchange	参数、签名
certificate_request	类型、授权
server_done	空
certificate_verify	签名
client_key_exchange	参数、签名
finished	散列值

(2) 长度(3 字节)：以字节为单位的报文长度。

(3) 内容(大于等于 0 位)：与报文类型相关的参数，具体内容如表 8.4 所示。

SSL 握手协议通过在客户端和服务器之间传递消息报文，完成会话协商谈判。如图 8.18 所示，操作的整个过程分为四个阶段。

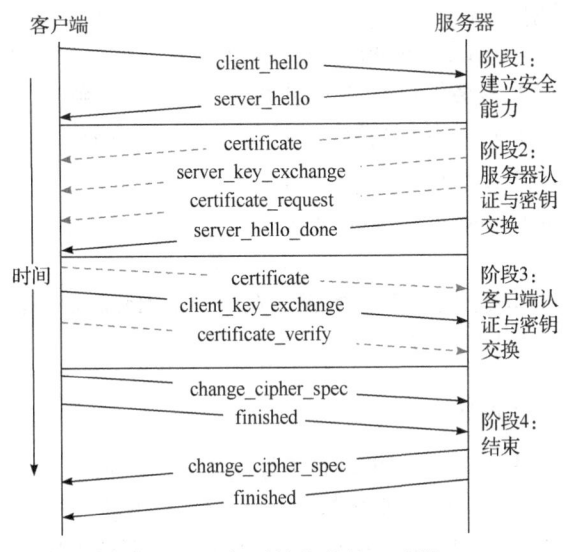

图 8.18　握手协议的处理过程

1) 第一阶段：建立安全能力

(1) 客户端向服务器发送一个 client_hello 消息，主要参数包括版本、随机数(32 位时间戳+28 字节随机序列)、会话 ID、客户支持的密码算法列表(CipherSuite)、客户支持的压缩方法列表，然后，客户端等待服务器的 server_hello 消息。

(2) 服务器发送 server_hello 消息，主要参数包括客户端建议的低版本以及服务器支持的最高版本、服务器产生的随机数、会话 ID、密码算法(服务器从客户端建议的密码算法中挑出一套)、压缩方法(服务器从客户端建议的压缩方法中挑出一个)。

2) 第二阶段：服务器认证与密钥交换

(1) 服务器发送自己的证书，消息包含一个 X.509 证书或者一条证书链。注：此消息报文为可选，除了匿名 DH 之外的密钥交换方法都需要此消息。

(2) 服务器发送 server_key_exchange 消息，消息包含一个签名，被签名的内容包括两个随机数以及服务器参数。注：此消息报文为可选，只有当服务器的证书没有包含必需的数据时，才发送此消息。

(3) 服务器发送 certificate_request 消息，注：此消息报文为可选，非匿名服务器可以向客户端请求一个证书。

(4) 服务器发送 server_hello_done，然后等待应答。

3) 第三阶段：客户端认证与密钥交换

(1) 如果服务器请求证书，则客户端发送一个 certificate 消息，若客户端没有证书，则发送一个 no_certificate 警告(使用 SSL 报警协议)。注：此消息报文为可选。

(2) 客户端发送 client_key_exchange 消息，消息的内容取决于密钥交换的类型。

(3) 客户端发送一个 certificate_verify 消息，其中包含一个用 master_secret 计算的签名，签名的内容包括第一条消息及之后的所有握手消息的 HMAC 值。注：此消息报文为可选。

4) 第四阶段：结束

(1) 客户端发送一个 change_cipher_spec 消息，并且把协商得到的密码规范复制到当前连接的状态之中，通知服务器已开始使用协商好的密码规范。

(2) 客户端用新的算法、密钥参数生成并发送一个 finished 消息，这条消息可以检查密钥交换和鉴别过程是否已经成功。

(3) 服务器同样发送 change_cipher_spec 消息，通知客户端已开始使用协商好的密码规范。

(4) 服务器用新的算法、密钥参数生成并发送一个 finished 消息。握手过程完成，客户端和服务器可以交换应用层数据。

3. SSL 转换密码规范协议

SSL 转换密码规范协议是 SSL 协议族中最简单的一个协议。其目的就是通知对方已将挂起(或新协商)的状态复制到当前状态中，用于更新当前连接使用的密码规范。协议报文包含 1 字节的信息，如图 8.17(c)所示，值为 1 表示更新使用新的密码规范。

4. SSL 报警协议

SSL 报警协议用来将 SSL 传输过程中的警报信息传送给对方。报警协议内容作为 SSL 记录协议的负载被包含在 SSL 记录中，并按照会话的当前操作状态指定的方式进行压缩和加密。该协议的每个报文由 2 字节组成，如图 8.17(d)所示，第一字节的值是警报级别，分为致命错误和警告两级。如果级别是致命错误，SSL 将立刻中止该连接。第二字节给出特定警报的代码信息。

主要的致命错误包括以下几种类型。

(1) 意外消息：接收到不正确的信息。

(2) MAC 记录出错：接收到不正确的 MAC。

(3) 解压失败：解压函数接收到不正确的输入。

(4) 握手失败：双方无法在给定的选项中协商出可以接受的安全参数集。

(5) 非法参数：握手消息中的某个域超出范围或与其他域出现不一致情况。

主要的警告包括以下几种类型。

(1) 结束通知：通知对方将不再使用此连接发送任何信息。

(2) 无证书：如果无适当证书可用，此消息可作为对方证书请求的响应发送。

(3) 证书出错：接收的证书被破坏，签名无法通过验证。

(4) 不支持的证书：不支持接收到的证书类型。

(5) 证书撤销：该证书被其签名者撤销。

(6) 证书过期：证书超过使用期限。

(7) 未知证书：处理证书时，出现其他错误，证书无法被接受。

8.3.3 HTTPS

从互联网诞生之日起，Web 服务就是互联网上最重要、最广泛的应用之一，HTTP 作为 Web 服务数据的主要传输规范，也成为互联网上最重要、最常见的应用层协议之一。但随着网络交易、网上银行等电子商务的兴起，Web 服务的安全性问题也日益突出。为了增强 Web 服务的安全性，Netscape 提出了 HTTPS，用来解决 HTTP 中的安全性问题。

HTTPS 是以安全为目标的 HTTP 通道，简单来讲，是 HTTP 的安全版，即在 HTTP 下加入 SSL 协议。SSL 一般以两种形式出现：一是将 SSL 嵌入操作系统内核，其安全机制对所有上层应用软件透明；二是在应用层以函数库形式出现，应用程序的通信部分源码需要按照 SSL 通信协议格式规范来编写，并连接 SSL 函数库，编译生成可执行代码。第一种形式实现 SSL 具有层无关特性，较为实用，HTTPS 也是基于此方式实现的。

HTTPS 的思想非常简单，就是客户端向服务器发送一个连接请求，然后双方协商一个 SSL 会话，并启动 SSL 连接，接着就可以在 SSL 的应用通道上传送 HTTPS 数据。需要注意的是，HTTPS 使用与传统 HTTP 不同的端口，互联网数字分配机构(Internet Assigned Numbers Authority，IANA)将 HTTPS 端口定为 443，以此来区分非安全 HTTP 的 80 端口，同时采用"https"来标识协议类型。

HTTPS 的主要作用可以分为两个：一个是建立一条信息安全通道，用来保证数据传输的安全；另一个就是确认网站服务器和客户端的真实性，这就需要 CA 证书及认证服务。HTTPS 的身份认证可以分为单向身份认证和双向身份认证。基于单向身份认证的 HTTPS 过程相对简单、认证时间短，主要通过验证服务器的 CA 证书来核实其身份，被多数非电子商务交易服务所采纳；而基于双向身份认证的 HTTPS 则更多地应用于电子商务交易中。HTTPS 的处理过程如图 8.19 所示，其身份认证部分是通过 SSL 握手协议实现的。

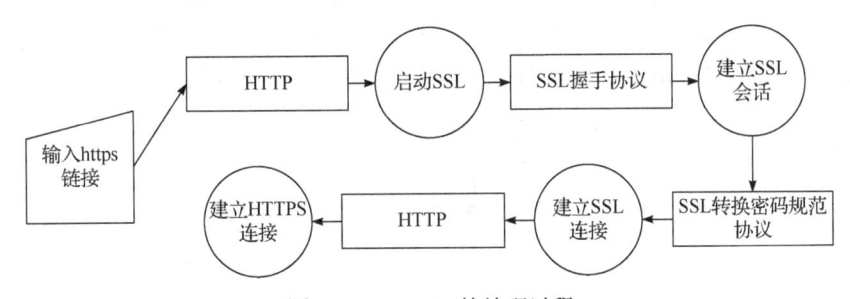

图 8.19 HTTPS 的处理过程

在 HTTPS 服务中，CA 证书的认证非常重要，主要体现在两个方面，即服务器的信任问题和客户端的信任问题。服务器的信任必须依靠 CA 证书解决，采用 HTTPS 的服务器必须从 CA 认证服务中心申请得到一个用于证明服务器身份的证书，只有服务器能够提供该证书时，客户端完成对 CA 证书的验证，才能信任此服务器。所以目前几乎所有的银行系统网站的关键应用都是采用 HTTPS 实现的。客户通过验证 CA 证书，实现对银行网站主机的信任。其实这样做效率很低，但是银行更注重安全性。

在一些电子商务交易过程中，有时也会要求客户端提供有效的 CA 证书，以保证电子交易的有效性。目前，多数用户的 CA 证书都是备份在 U 盘(即 U 盾)中的，并经过特殊的强加密处理及相应的密码身份验证来确保其安全性。

8.4 SET 协议

SET 协议是美国 Visa 和 MasterCard 两大信用卡组织发起，并于 1997 年 6 月 1 日联合 IBM、Microsoft、Netscope、GTE 等公司推出的用于电子商务的行业规范。其实质是一种应用在互联网上、以信用卡为基础的电子付款系统规范，目的是保证网络交易的安全。SET 协议妥善地解决了信用卡在电子商务交易中的交易规范、信息保密、资料完整性以及身份认证等问题。SET 协议已获得 IETF 标准的认可，是电子商务的发展方向。

8.4.1 电子商务安全

电子商务(electronic commerce)是指以网络技术为手段、以商务为核心，把原来传统的销售、购物渠道移到互联网上来，打破国家与地区有形或无形的壁垒，可以使销售达到全球化、网络化、无形化的模式。电子商务是互联网应用的重要趋势之一，是国际金融贸易中越来越重要的经营模式之一。电子商务可提供网上交易和管理等全过程的服务，因此它具有广告宣传、咨询洽谈、网上订购、网上支付、电子账户、服务传递、意见征询、交易管理等各项功能。其中服务传递是指对于已付了款的客户，应将其订购的货物尽快地传递到他们的手中。交易管理涉及商务活动全过程的管理，包括人、财、物、企业和企业、企业和客户及企业内部等各方面的协调和管理。网上支付是电子商务的重要环节，一般客户和商家之间可采用信用卡账号进行支付，采用电子支付手段可省去交易中很多人员的开销。

如图 8.20 所示，可以把电子商务过程分为三个部分，分别是广告洽谈、网上交易和服务传递，其中网上交易是电子商务平台的核心。然而，作为核心的网上交易面临的最大挑战是安全性，如果安全性问题得不到妥善解决，电子商务应用就只能是纸上谈兵。从网上交易角度来看，电子商务面临的安全问题综合起来包括以下几个方面。

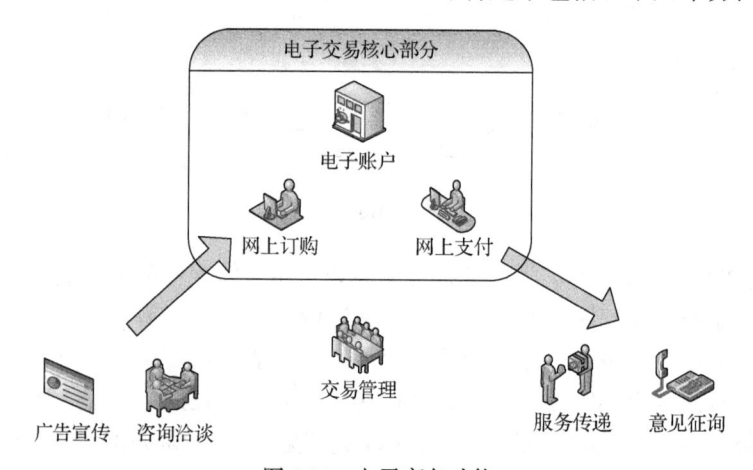

图 8.20 电子商务功能

(1) 有效性：电子商务以电子媒介的形式取代了纸张，那么保证信息的有效性就成为开展电子商务的前提。因此，要对网络故障、操作错误、应用程序错误、硬件故障、系统软件错误及计算机病毒所产生的潜在威胁加以控制和预防，以保证交易数据是有效的。

(2) 真实性：由于在电子商务过程中，买卖双方的所有交易活动都通过网络联系，无法直接核实对方身份。因此，要交易成功，首先必须确认对方的身份。对于商家而言，要考虑客户端不能是骗子，而客户端也会担心网上商店是否会进行欺诈，因此，核实交易主体的真实身份十分必要。

(3) 机密性：在电子商务中，许多信息直接代表着个人、企业或国家的商业机密。例如，信用卡的账号和用户名被人知悉，就可能被盗用而蒙受经济损失；订货和付款信息被竞争对手获悉，就可能丧失商机。因此在开放的网络环境下的电子商务活动，必须预防重要信息被非法窃取。

(4) 不可否认性：在电子交易过程中，各个重要环节都必须是不可否认的，即交易一旦达成，发送方不能否认他发送过有关的交易信息，接收方不能否认他接收过有关的交易信息。

针对上述几方面电子商务安全问题，目前主要采用的安全技术包括网络安全技术、加密技术、认证技术以及安全协议等。

(1) 网络安全技术：一个安全、可靠的电子商务系统平台应该建立在安全的网络环境中，网络环境的安全、可靠是成功进行电子商务的基础。常用的网络安全技术主要包括防火墙技术、入侵检测技术、防病毒技术以及虚拟专用网技术等。

(2) 加密技术：基于密码学基础，采用加密算法对重要的电子商务数据信息进行加密处理，确保只有被授权的合法用户才能得到并理解信息的真实内容。加密技术是保证电子商务安全的重要手段。

(3) 认证技术：电子商务安全的主要实现技术之一，使用数字签名、数字摘要、数字证书、CA 安全认证体系以及其他身份认证和消息认证等技术，确保满足电子商务中的身份认证、消息完整性、不可否认性以及防伪造等安全需求。

(4) 安全协议：实际上是综合了加密及认证等技术而设计出的具有规范信息交换功能的网络协议，是电子商务活动的核心内容。目前用于电子商务安全的协议主要有 SSL 协议和 SET 协议。

8.4.2 SET 协议概述

SSL 协议是国际上最早应用于电子商务的一种网络协议，直到今天还有很多网上商务平台在使用。然而，SSL 协议的设计目的只是保证网络节点之间的安全性，没有考虑电子交易过程中各环节的实际需求，因此采用 SSL 协议来实施电子商务安全存在着许多问题。SET 协议则是依据网络电子交易的特点，专门用于解决交易的安全问题，因此 SET 协议被国际公认为最安全的电子商务安全协议。

1. SET 协议的设计目标

SET 协议是以信用卡支付为基础的网络电子交易规范，试图解决交易各环节中的安全问题，满足交易各方的安全需求。SET 协议要达到的目标主要有五个。

(1) 保证交易信息在互联网上安全传输，防止数据被黑客或被内部人员窃取。

(2) 保证电子商务参与者信息的相互隔离。客户的资料加密或打包后通过商家到达银行，但是商家不能看到客户的账户和密码信息。

(3) 持卡人和商家相互认证，以确定通信双方的身份，一般由第三方机构负责为在线通信双方提供信用担保。

(4) 保证网上交易的实时性，使所有的支付过程都是在线的。

(5) 要求软件遵循相同的协议和报文格式，使不同厂家开发的软件具有兼容性和互操作功能，并且可以运行在不同的硬件和操作系统平台上。

2. SET 协议的组件结构

为了达到上述设计目标，SET 协议采用了基于认证的六组件结构。如图 8.21 所示，SET 协议的六组件分别是持卡人(cardholder)、商家(merchant)、发卡机构(issuer)、清算机构(acquirer)、支付网关(payment gateway)和认证中心(certificate authority)。

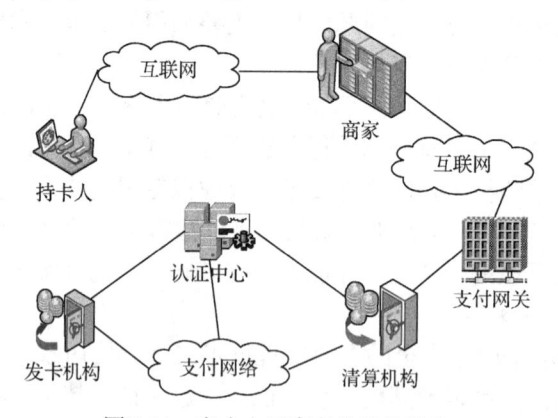

图 8.21 安全电子商务的组件结构

(1) 持卡人：指发卡机构(如 MasterCard、Visa)发行并授权使用的支付卡的持有者。

(2) 商家：指为持卡人提供所需商品或服务并接受支付卡消费的个人或组织。商家要求具有网络交易能力，并委托清算机构进行支付卡认证和收款。

(3) 发卡机构：指负责发放支付卡并为持卡人提供支付账务担保的金融机构，如银行。

(4) 清算机构：指为商家建立账户并为商家处理各种支付卡的认证和收款业务的金融机构，如银行。它主要提供与各发卡机构(为持卡人提供支付卡业务)之间的账务清算业务。

(5) 支付网关：指 SET 协议和各支付卡业务机构的支付网络接口，一般由清算机构或第三方提供该功能。

(6) 认证中心：指被持卡人、商家和支付网关信任，并为它们提供 CA 证书及认证服务的权威机构。SET 协议的成功依赖于认证中心的 CA 认证服务。

3. 基于 SET 协议的网络交易流程

电子商务的工作流程与现实购物的流程很相似，用户不需要掌握特殊的知识就可以进行网络交易。在进行网上交易前,顾客需要在一个支持电子支付和 SET 协议的金融机构开通一个支付卡账户,从而获得支付卡账号以及金融机构签发的数字证书;商家则要在清算机构建立账户,同时还需要从认证中心取得 CA 证书,并保存支付网关的公钥证书的备份。在进行网络交易时,流程一般包含以下几个步骤。

(1) 顾客(持卡人)通过互联网选定所要购买的物品,填写并提交订货单。订货单需包括在线商家、购买物品名称及数量、交货时间及地点等相关信息。

(2) 商家做出应答,告诉顾客所填订货单的货物单价、应付款数、交货方式等信息是否准确,是否有变化。

(3) 顾客选择付款方式,核定订单。此时 SET 协议开始介入。

(4) 顾客在验证商家的 CA 证书后,发送给商家一个包含完整订购信息和支付信息的订单。在 SET 协议中,订购信息和支付信息由顾客进行数字签名,利用双重签名技术保证商家看不到顾客的账号信息。

(5) 商家接受订单后,验证顾客的身份,并向其支付卡所在金融机构(一般为银行)请求支付授权。有关信息通过支付网关到清算机构,再到发卡机构确认。交易批准后,返回确认信息给商家。

(6) 商家发送订单确认信息给顾客。

(7) 商家发送货物或提供服务,至此,一个网上交易结束。

(8) 商家通知清算机构请求支付货款。清算银行经过一定时间间隔将钱从顾客账号转移到商家账号。

前两步与 SET 协议无关,从第(3)步开始,SET 协议起作用,一直到第(8)步。在处理过程中,SET 协议对通信协议、请求信息的格式以及数据类型的定义等内容进行了明确的规范。交易过程的每一步,顾客、商家、支付网关都通过认证中心来验证通信主体的身份,以确保通信的对方不是冒名顶替,所以也可以简单地认为 SET 协议充分发挥了认证中心的作用,以维护在任何开放网络上的电子商务参与者所提供信息的真实性和保密性。

8.4.3 SET 协议的安全机制

SET 协议的安全性主要依靠其采用的多种安全机制来保证,包括对称密钥密码、公开密钥密码、数字签名、消息摘要、电子信封、数字证书以及双重签名等。这些安全机制使 SET 协议解决了一直困扰电子商务发展的安全问题,包括机密性、完整性、身份认证和不可否认性,为电子交易环节提供了更高的信任度和可靠性。

1) CA 证书

为了确保交易过程的合法、可靠,SET 协议引入了 CA 证书机制。CA 证书就是一份文档,它记录了用户的公开密钥和其他身份信息。在 SET 协议中,最重要的证书是顾客(持卡人)证书和商家证书。此外,还包括支付网关证书、清算机构(银行)证书、发卡机构(银行)证书。这些证书均由一个权威的 CA 签发,如某金融机构的认证中心。

顾客证书是由 CA 中心(或金融机构)以数字签名形式签发的 X.509 证书。顾客证书中包括顾客的公钥和一些自然属性,还包括使用散列算法计算得到的顾客账号和账号有效期信息的摘要消息。

与顾客的证书相似,商家证书是由 CA 中心(或金融机构)以数字签名形式签发的 X.509 证书。证书中除了包括商家的公钥和一些属性之外,还包括可接受何种支付卡进行商业结算等信息。

在整个交易过程中,SET 协议的六组件实体可以通过数字证书证实自己的真实身份,同时可以提供自己的公钥给对方,以便交换重要的保密信息,如电子信封应用。

2) 电子信封

电子商务交易过程中所使用的密钥必须经常更换,SET 协议使用电子信封来传递更新的密钥。电子信封涉及两个密钥:一个是接收方的公开密钥;另一个是发送方生成的临时密钥(对称密钥),发送方使用接收方的公钥加密临时密钥,一般将这个被加密的密钥称为电子信封,接收方可以使用其私钥解密还原出临时密钥。

电子信封的具体使用过程如图 8.22 所示,由发送方生成专用对称密钥 K_S,用它将原文加密成密文,同时使用接收方的公钥加密专用密钥 K_S,将两部分密文连接在一起传送给接收方。接收方先解密得到 K_S,再用 K_S 将密文解密成原文。

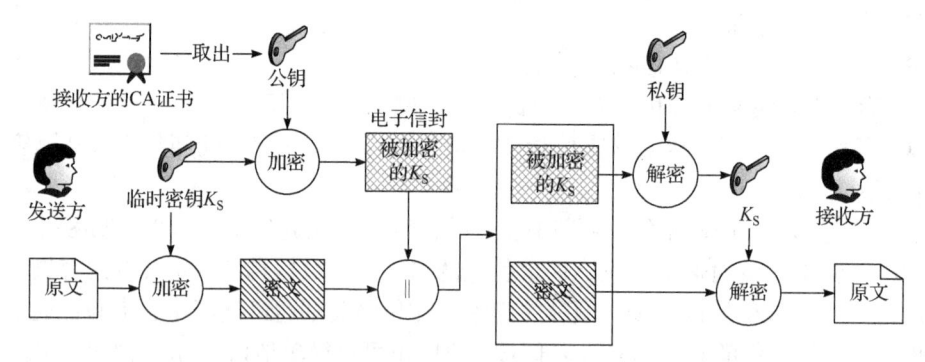

图 8.22 电子信封的具体使用过程

3) 双重签名

在 SET 协议的订购及支付过程中,需要在顾客、商家和银行(发卡机构)之间进行安全通信,交易过程中的核心内容是订购信息(order information,OI)和支付信息(payment information,PI)。顾客需要将 OI 和 PI 发送给商家,并由商家将 PI 转发给银行。然而,也可能出现某种伪造欺骗情况,即顾客发送给商家两个经过签名的消息:OI_1 和 PI_1,商家又设法得到顾客发来的另一个订购信息 OI_2,然后将 PI_1 和 OI_2 转给银行,伪称是一对交易信息,则顾客的利益可能会受到侵犯。另外,顾客也可以否认 OI_1 和 PI_1 之间的关联,给商家带来麻烦。为了杜绝此类欺诈情况,SET 协议采用双重签名(dual signature,DS)技术,将 OI 和 PI 这两部分的摘要信息绑定在一起,确保电子交易的有效性和公正性。同时分离 PI 与 OI,确保商家不知道顾客的支付卡信息,银行不知道顾客的订购细节。

双重签名的实现原理是首先生成 OI 和 PI 两条消息的摘要,将两个摘要连接起来,生成一个新的摘要,然后用顾客的私有密钥加密,即双重签名。具体实现过程如图 8.23 所示,顾客首先对 PI 进行散列计算,生成 PI 的消息摘要(PIMD),对 OI 进行散列计

算，生成 OI 的消息摘要(OIMD)；然后将 PIMD 和 OIMD 连接起来形成 PO(支付订购信息)，经散列计算得到 PO 消息摘要(POMD)；最后顾客使用其私钥 KR_C 对 POMD 加密生成双重签名 DS。这个过程可用公式表示为 DS = E_{KR_C} [$H(H(PI)\|H(OI))$]。

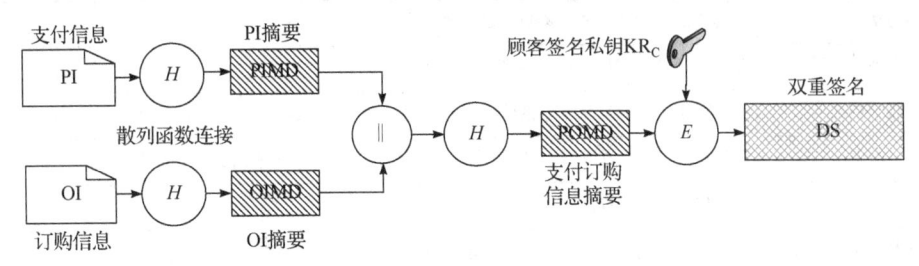

图 8.23 双重签名的构造过程

双重签名的使用过程为：首先顾客针对 PI 和 OI 生成 DS，将 DS、OI 和 PIMD 发送给商家，商家从顾客的证书中得到其公开密钥。这样商家虽然无法得到顾客的支付信息，但可通过计算来验证 DS 的真伪，首先计算得到 POMD=$H(PIMD\|H(OI))$，然后计算 POMD′=D_{KU_C} [DS]，其中 KU_C 为顾客的公开密钥。如果 POMD= POMD′，则商家可以认为该 DS 正确，批准实施进一步交易。其次，顾客需要生成一个对称密钥 K_S，使用银行的公钥加密 K_S，并使用 K_S 加密 DS、PI 和 OIMD，并通过商家将 E_{KU_b} [K_S]‖ E_{K_S} [DS ‖ PI ‖ OIMD]转发给银行，其中 KU_b 为银行的公开密钥。这样银行无法得到顾客与商家之间的订购信息，但同样可验证 DS 的真伪，首先解密得到相关信息，然后计算 POMD=$H(H(PI)\|OIMD)$ 和 POMD′=D_{KU_C} [DS]，如果 POMD= POMD′，则银行可以认为该 DS 正确，批准实施交易。

可见 SET 协议采用双重签名和加密技术，保证顾客传递给商家和银行的信息互相隔离，同时又确保信息的一致性，杜绝被顾客、商家和银行其中任意一方随意伪造。

8.4.4 交易处理

SET 协议为电子商务交易设计了多种类型的交易处理，如表 8.5 所示，这些交易处理可以各自完成相应的功能，相互衔接配合，共同构建了一个完整的电子商务交易业务平台。在这些交易处理中，持卡人注册和商家注册是进行安全交易的前提，购买请求、支付授权和支付获取是进行交易的核心，SET 协议的安全性也主要体现在这三部分。

表 8.5 SET 协议交易处理类型

类型	说明
持卡人注册	持卡人在交易之前必须到 CA 注册
商家注册	商家在交易之前必须到 CA 注册
购买请求	顾客发给商家的消息，包括给商家的 OI 和给银行的 PI
支付授权	商家和支付网关间交换的信息，验证顾客的支付卡能否支持本次购买
支付获取	商家向支付网关申请支付

续表

类型	说明
证书询问和状态	持卡人或商家发送给 CA，查询 CA 证书的请求状态，若请求通过，则收到证书
交易状态询问	顾客向商家查询目前交易进程的处理状态
撤销认可	商家在交易完成前，更改或部分更改认可请求
撤销获取	商家更正支付获取请求中的错误，如店员输入了不正确的交易数据
信用	商家在交易失败(如退货、破损等)时，向顾客的账号中退还已支付的费用
撤销信用	商家修正前一次向顾客的退还请求
支付网关证书请求	商家向支付网关发送请求，以获取与支付网关的会话密钥和签名证书
批管理	商家根据批处理命令与支付网关交换信息
出错信息	在交易中，由于规范不兼容或内容验证问题，接收者拒绝请求并发送出错消息

1) 购买请求

顾客在发起购买请求之前，需要浏览选择商品、提交采购内容，商家才发给顾客一份完整的订购单。接下来顾客和商家之间开始发起购买请求，购买请求处理包含四条消息：初始请求、初始应答、购买请求和购买应答。

初始请求是顾客为了建立与商家之间的基本信任关系而发出的第一条消息，包括顾客的支付卡品牌、对应此次请求/应答的标识 ID 和用于保证时限的临时值 Nonce。

初始应答是商家回应顾客初始请求的应答消息。包括从顾客的初始请求中得到的 Nonce、要求在下一条消息中包含的新 Nonce 和交易标识 ID，这部分消息将被商家使用其私钥签名。此外，初始应答还包括商家和支付网关的 CA 证书。

购买请求是顾客发送给商家具体的交易信息，主要内容包括 OI 和 PI。首先，顾客通过 CA 验证商家和支付网关的证书，然后生成购买请求消息发送给商家。具体的购买请求消息如下：

$$E_{K_S}[PI \| DS \| OIMD] \| E_{KU_b}[K_S] \| PIMD \| OI \| CA 证书_{顾客}$$

注：K_S 为顾客生成的用于与支付网关安全通信的临时对称密钥；DS 为顾客生成的双重签名；KU_b 为从支付网关的 CA 证书中得到的公开密钥；PI 和 OI 分别为支付信息和订购信息；OIMD 和 PIMD 分别为订购信息和支付信息的摘要。

购买应答是商家针对顾客的购买请求消息进行的相关响应处理。当商家收到购买消息后，首先验证顾客的 CA 证书，用顾客的公钥验证双重签名，这样可以确保订单信息的完整性，处理订购业务，并将 $E_{K_S}[PI \| DS \| OIMD] \| E_{KU_b}[K_S]$ 转发给支付网关请求验证及支付授权，构造购买应答消息回应顾客。购买应答消息主要包括：购买确认的应答分组、相对应的交易号索引以及商家的 CA 证书，前两部分将使用商家的私钥签名。

2) 支付授权

在顾客与商家的订购交易过程中，商家需要向支付网关申请支付授权，支付网关与发卡机构进行支付信息的确认，确保商家在完成交易后，可以收到有关支付款。支付授权包括两个消息：授权请求和授权应答。

授权请求是商家发送给支付网关的支付授权请求消息，包括以下三部分。

(1) 顾客生成的购买信息：包括 PI、DS、OIMD 和顾客与支付网关之间的电子信封。

(2) 商家生成的授权信息：使用商家私钥签名并用商家生成的临时密钥 K_S 加密的交易标识 ID(称为认证分组)和商家生成的电子信封(使用支付网关公钥加密的临时密钥 K_S)。

(3) 证书：顾客的 CA 证书、商家的 CA 证书。

收到商家发送的授权请求后，支付网关需要验证所有 CA 证书；解密商家生成的电子信封，解密认证分组并验证商家签名；解密顾客的电子信封，验证顾客生成的 DS；比较从商家得到的交易标识 ID 和从顾客得到的 PI 的交易标识 ID，最后请求并接收发卡机构的认证。

授权应答是支付网关从发卡机构获得授权后，返给商家的支付授权应答消息，包括以下三部分。

(1) 支付网关生成的授权相关信息：包括使用支付网关私钥签名，并用支付网关生成的临时密钥 K_S 加密的授权标识(也称授权认证分组)和支付网关生成的电子信封(使用商家公钥加密的临时密钥 K_S)。

(2) 授权获取标记信息：该信息用来保证以后的支付有效。

(3) 证书：支付网关的 CA 证书。

在商家得到支付网关的支付授权后，即可为顾客提供商品或服务。此时与顾客相关的交易环节全部结束，余下的工作就是商家向支付网关申请获得商品的支付款。

3) 支付获取

商家为了获得交易货款，与支付网关之间进行消息交换，包括获取请求和获取应答两部分。

获取请求是商家发给支付网关的请求消息，告知支付网关已为顾客提供了商品或服务，并向支付网关申请索取支付款。获取请求消息包括被签名加密的付款金额、交易标识部分以及在之前支付授权的消息中包含的授权获取标记信息和商家的证书。

当支付网关接收到获取请求消息后，验证相关信息，通过支付网络将结算信息发送给发卡机构，请求将顾客消费的资金款项转到商家在清算机构(银行)中的账户上。在得到发卡机构的资金转账应答后，支付网关生成获取应答消息并发送给商家，以便核对其在清算机构账户中的收款情况。支付获取应答消息包括被签名加密的获取应答报文以及支付网关的证书。商家将此获取应答保存下来，用于匹配商家在清算机构上的账户的支付账款信息。

8.4.5 SET 协议与 SSL 协议的比较

SSL 协议与 SET 协议都可以提供电子商务交易的安全机制，但是运作方式存在着明显的区别。不同点主要表现在以下几个方面。

1) 认证机制

在认证要求方面，早期的 SSL 协议并没有提供商家身份认证机制，虽然在 SSL 3.0

中可以通过数字签名和数字证书实现浏览器和 Web 服务器双方的身份验证，但仍不能实现多方认证；相比之下，SET 协议的安全要求较高，所有参与 SET 交易的成员(持卡人、商家、发卡机构、清算机构和支付网关)都必须提供数字证书进行身份识别。

2) 安全性

SET 协议规范了整个商务活动的流程，在持卡人、商家、支付网关、认证中心和支付卡结算中心之间的信息流方向以及必须采用的加密方法和认证方法都受到严密的 SET 标准规范，从而最大限度地保证了商务性、服务性、协调性和集成性，而 SSL 协议只对持卡人与网络商家的信息交换进行加密保护，可以看作保护数据传输过程的安全技术。从电子商务特性来看，它并不具备商务性、服务性、协调性和集成性，因此 SET 协议的安全性比 SSL 协议高。

3) 网络协议体系

在网络协议体系中，SSL 协议是基于传输层的通用安全协议，而 SET 协议位于应用层，对网络上其他各层协议都有涉及。

4) 应用领域

在应用领域方面，SSL 协议主要和 Web 应用一起工作，而 SET 协议是为信用卡交易提供安全，因此如果电子商务应用只是需要 Web 服务或电子邮件，则可以不使用 SET 协议。但如果电子商务应用是一个涉及多方交易的平台，则使用 SET 协议更安全、更通用些。

5) 应用代价

SET 协议提供了在企业对消费者(B2C)平台上信用卡在线支付的方式，不过由于其实现起来非常复杂，商家和银行都需要改造系统来实现相互操作，因此 SET 协议实现的代价远大于 SSL 协议。

可以看到，SET 协议和 SSL 协议各有其优点，同时它们也各自存在一定的倾向性。因此，无论考虑电子交易的安全性，还是应用的广泛性，都需要对 SET 协议或 SSL 协议进行进一步完善，可见在未来的电子商务应用中，SET 协议和 SSL 协议势必优势互补、共同发展，在不同层面保护电子商务的安全。

8.5 区块链技术

区块链技术起源于比特币，2008 年 11 月 1 日，中本聪(Satoshi Nakamoto)发表了《比特币：一种点对点的电子现金系统》(Bitcoin: A Peer-to-Peer Electronic Cash System)一文，阐述了基于 P2P 网络技术、加密技术、时间戳技术、区块链技术等的电子现金系统的架构理念。2009 年 1 月 3 日，第一个序号为 0 的创世区块诞生。2009 年 1 月 9 日出现序号为 1 的区块，并与序号为 0 的创世区块相连接形成了链，标志着区块链的诞生。

近年来，世界对比特币的态度起起落落，但作为比特币底层技术之一的区块链技术日益受到重视。区块链技术在金融、政务、能源、医疗、知识产权、司法、网络安全等行业领域的应用逐步展开，正成为驱动各行业技术创新和产业变革的重要力量。

全球社交巨头 Facebook 的加密货币项目 Libra 于 2019 年 6 月 18 日发布白皮书。Libra

的使命是：一方面构建一种简单且无国界的数字货币；另一方面构建一套为数十亿人服务的金融基础设施。绝大部分业内人士将 Libra 解读为一个开放、即时和低成本的全球性货币体系，大家对于 Libra 的担忧主要集中在对各国的货币政策的挑战，如果说 Libra 是美国和美元意志的全球延伸，那么 Libra 未来足以支持任何形式的跨国跨境、跨行业跨领域、多类型(B2B、B2C、C2C)的经济活动。近乎所有的虚拟经济都有可能迁入 Libra 平台，同时实体经济的相当一部分业务流程也有可能借助 Libra 平台部署业务系统。经济是世界各国发展的首要任务，Libra 平台有可能抢占各国经济发展的信息化与支付业务，从而使一个国家的经济运行在一个不受监管和控制的平台之上，后果不堪设想。

8.5.1 区块链体系结构

什么是区块链，简而言之，区块链是一种新的信息与网络技术，它采用加密、散列和共识机制来保证网络中每个节点所记录的信息(也称分布式账簿)真实有效。

共识机制就是所有记账节点之间怎么达成共识，去认定一个记录的有效性，这既是认定的手段，也是防止篡改的手段。区块链的共识机制具备"少数服从多数"以及"人人平等"的特点，其中"少数服从多数"并不完全指节点个数，也可以是计算能力、股权数或者其他的计算机可以比较的特征量。

如图 8.24 所示，分布式账簿指的是交易记账由分布在不同地方的多个节点共同完成，而且每一个节点均记录完整的账目，因此它们都可以参与监督交易合法性，同时也可以共同为其做证。与传统的分布式存储有所不同，区块链的分布式存储的独特性主要体现在两个方面：一是区块链每个节点都按照块链式结构存储完整的数据，传统分布式存储一般是将数据按照一定的规则分成多份进行存储；二是区块链每个节点存储都是独立的、地位等同的，依靠共识机制保证存储的一致性，而传统分布式存储一般是通过中心节点往其他备份节点同步数据。

图 8.24 区块链拓扑示意图

如图 8.25 所示，分布式账簿是由若干个记录组成的，每个记录就是一个区块，每个区块由区块头和区块体组成，后区块以前区块的区块头的散列值作为指针，形成链式结构的数据文件。区块头主要包含父区块散列值、版本号、时间戳、难度、Nonce、Merkle 根。父区块散列值是指用于链接上一个区块的键值；版本号用来标识交易版本和所参照的规则；时间戳用来记录该区块生成的时间；难度是给一道题目的难度系数打分，计算该题的目的是控制产生区块的时间；Nonce是一个用于证明工作量难度的随机数；Merkle根是用于验证区块体中交易的一个总的散列值。

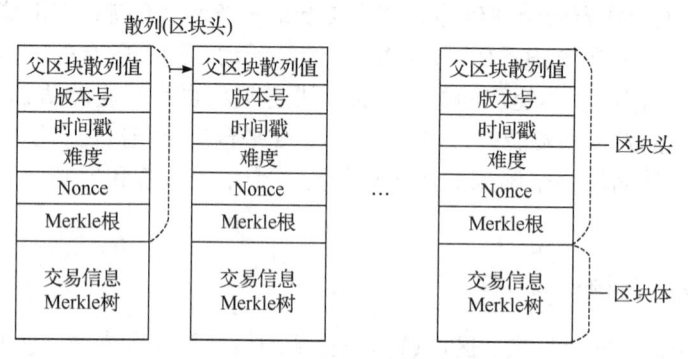

图8.25 区块链账簿结构示意图

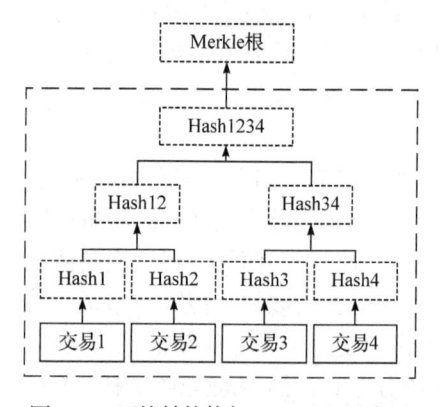

图8.26 区块结构体与Merkle根示意图

区块体用来存储实际数据，向区块链中写入数据被称为一次交易，一般把一定时间内的所有交易打包成为一个区块体的内容，对这些内容进行散列计算获得的散列值即为Merkle根。如图8.26所示，Merkle根的计算方法是将每笔交易计算出散列值，按时间顺序将各个交易的散列值再两两进行散列计算，与二叉树的形式相同，最终计算出的总散列值即为Merkle根。

区块链运行在互联网协议层中的应用层，依赖于底层的协议为它工作，绝大部分底层的区块链项目使用TCP。区块链网络间各个节点的通信采用P2P技术，利用P2P网络中节点间的发现、节点间的握手协议、节点间地址广播数据通信等技术解决各区块链节点间的通信问题。比特币的P2P网络也是基于TCP构建的，主网默认通信端口是8333；以太坊的P2P网络则是完全加密的，提供UDP和TCP两种连接方式，主网默认TCP端口是30303。

区块链P2P网络中的节点分为两种：全节点(full node)和轻节点(lightweight node)。全节点是指节点可以进行计算产生区块，全部由全节点组成的区块链网络称为全分布式结构网络。轻节点是指只存储区块链文件部分(多数只存储区块链头部)而不存储具体交易信息的节点，一般需要依附于全节点作为代理，完成相应的交易，由全节点和轻节点组成的网络称为半中心化结构网络。

节点建立连接后，就可以进行交互通信。节点间的交互遵循一些特定命令，这些命令封装在消息头部，消息体写的是消息内容。命令分为请求命令和数据交互命令，请求命令主要用于获取相邻节点的可用节点列表、协商双方通信时所需的相关信息等，数据交互命令提供了节点间进行数据传输的功能。节点间交互通信的第一步是握手操作，交换一下版本看是否兼容等，与SSL握手协议类似，以太坊区块链在握手过程中使用了对称加密，比特币则没有加密。握手完毕后，双方交互状态信息，建立长连接心跳机制。区块链网络中的区块同步有两种方法：第一种叫作 HeaderFirst，它要求区块头先同步，同步完成以后再从其他节点获得区块体；第二种叫作 BlockFirst，这种区块同步的方式比较简单粗暴，就是从其他节点获取的区块必须是完整的。第一种方法提供了较好的交互过程，减轻了网络负担。这两种同步方式会直接体现在节点交互协议上，它们使用的命令逻辑完全不同。区块链成功组网并建立了通信机制后，就可以依据区块链工作机制进行具体的工作。

8.5.2 区块链运行机制

图 8.27 是区块链层次结构，区块链的运行机制也是基于该层次实现的。数据层和网络层在 8.5.1 节中已经介绍过，这两层主要解决区块链数据存储和消息传播问题，它们是区块链的底层基础。

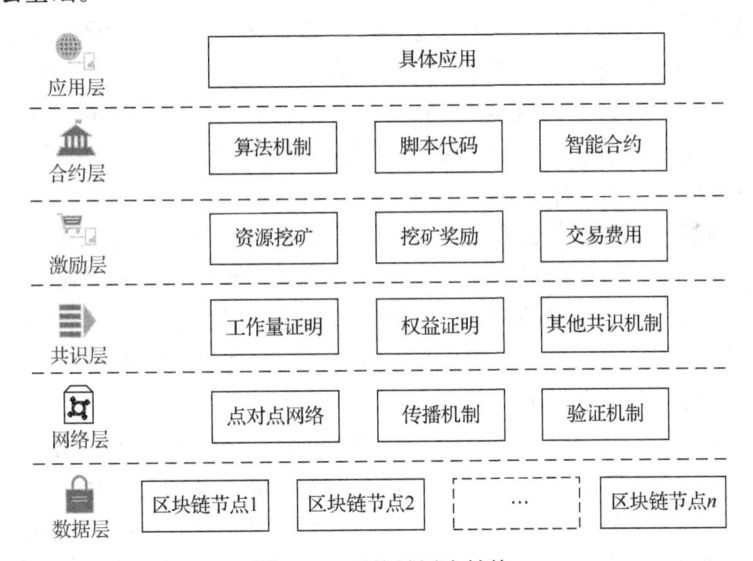

应用层	具体应用
合约层	算法机制　脚本代码　智能合约
激励层	资源挖矿　挖矿奖励　交易费用
共识层	工作量证明　权益证明　其他共识机制
网络层	点对点网络　传播机制　验证机制
数据层	区块链节点1　区块链节点2　…　区块链节点n

图 8.27　区块链层次结构

共识层主要解决信任共识问题。共识机制是为保证各节点间的数据一致性而采用的一种信任机制，它决定哪一个节点有权添加下一个区块，并确保所有节点都同意这个决定。向区块链上添加区块被看成一个交易，当某节点成功获得打包交易、添加区块的权力后，会获得一定数量的奖励。区块链网络的去中心化是通过分散的打包添加权(有时也称记账权)来体现的，没有任何机构能够控制或篡改网络中的数据，因为每个矿工（通常将可以获得记账权的节点称为矿工，争取获得记账权的过程称为挖矿）都有机会获得打包添加权。这个奖励机制也激励了矿工积极参与区块链网络的维护和发展，同时，交易费用也是矿工的重要收入来源之一。区块链的每一个区块都需要经过验证才能被打包添加到区块链中，验证过程主要包括以下几个步骤。

(1) 提议：某个节点提出一个新的区块，并将该区块广播给其他节点。
(2) 验证：其他节点对该区块进行验证，确保该区块的有效性和合法性。

(3) 投票：验证通过的节点对该区块进行投票，如果超过一定数量的节点同意，则该区块被接受并添加到区块链中。

(4) 同步：网络中所有节点同步更新自己的区块链，确保各节点的数据一致性。

目前比较流行的共识机制包括工作量证明(proof of work，PoW)、权益证明(proof of stake，PoS)和权威证明(proof of authority，PoA)等。它们的区别在于采用的验证方式、奖励机制等方面不同，无论采用哪种共识算法，都是为了保证区块链网络的安全性和可信度，下面分别介绍这几种共识机制。

PoW 通过计算机进行一系列的数学运算来解决问题，从而消耗时间和能源，以证明一段时间内的工作量。在区块链中，每个节点都可以获得记账权，但要求解决一道复杂的数学难题来决定谁来获得记账权。PoW 机制需要消耗大量的计算资源来求解数学难题，但其验证答案的正确性却相对容易。成功解决难题的节点将获得区块的记账权，并因此获得一定的奖励。

PoS 是基于数字货币持有者在网络中的权益比例来决定下一个区块记账人的选择方式的。在 PoS 机制下，持有更多货币的用户节点有更大的机会被选为记账人，因为他们有更多机会获利的动力。与 PoW 机制相比，PoS 机制具有更低的能源消耗和更高的可扩展性。PoS 机制将用户节点持有的数字货币锁定在钱包中，形成"权益"，并通过随机选择算法从持有权益的节点中选出一个来创建新的区块，获得奖励。

PoA 是一种基于信誉的共识算法。在 PoA 机制下，普通节点可以凭借个人信誉被选为区块的权威者，只要得到超过 50%的普通节点的选举票即可。拥有出块（指节点生成新的区块）、签名和上链权限的权威者会附加一个信誉信息，一旦信誉出现问题，其他权威者就可以通过投票的方式将其踢出权威者行列。PoA 机制最适合应用在私有链中，它强调了节点的信誉在决定记账权方面的重要性。

实用拜占庭容错(practical Byzantine fault tolerance，PBFT)共识机制的基本思想是客户端发送交易给主节点，主节点在接受交易后进行广播，其余节点在收到广播信息后进行验证与记录，当其余节点收到相同的交易数达到一定阈值后，向客户端回复，最终达成一致。PBFT 算法虽然能抵御一定量的恶意节点，但其可扩展性较差，适用于节点数较少的区块链系统。PBFT 算法的优点主要是效率高和节约能源。效率高是指 PBFT 算法的确认速度快，并发处理性能高；节约能源是指 PBFT 算法并不需要矿工通过挖矿实现共识，因此节约了大量电力资源。PBFT 算法存在两点不足：其一是当 1/3 甚至更多用户发生故障时，区块链系统就不能提供服务；其二是当区块链网络状态不稳定或者节点数增多时，区块链系统效率和稳定性会显著下降。前边提到的"矿工"是指那些通过提供计算资源来维护网络并验证交易的区块链网络节点。

总的来说，这几种共识算法在区块链网络中都有广泛的应用，它们各自有着不同的特点和适用场景。选择哪种共识算法主要取决于网络的具体需求，如安全性、能源消耗、可扩展性等因素。

激励层的主要功能是提供一定的激励机制，去鼓励网络中每个节点积极参与区块链中区块的生成和验证工作，以保证区块链的稳定运行。在区块链系统中，常见的激励机制主要包括矿工奖励、节点奖励和投票奖励等。矿工奖励是指在 PoW 共识机制中，矿工通过计算复杂的数学题来解决区块链上的问题,也就是"挖矿"。矿工成功挖矿后,将会获得一定数量的数字货币作为奖励。节点奖励是指在 PoS 共识机制中,持有一定数量的数字货币的节点可以参与共识过程,获取利息收益。投票奖励是指在 PoA 共识机制中,参与投票的节点会获得一定数量的数字货币作为奖励。这种奖励机制可以激励节点参与共识过程,进一步提高整个系统的安全性和稳定性。可见激励机制与共识机制密切相关,激励层的奖励策略必须建立在共识层的共识机制之上。

合约层是区块链核心代码的逻辑定义,提供应用层所需的程序调用的接口,利用该接口可以开发基于区块链的各种实际应用。合约层封装了各种脚本、程序和智能合约,它们在合约层的框架内协同工作,实现区块链系统的自动化和智能化。

智能合约是合约层的核心组件,它包含了一组规则和逻辑,当满足特定条件时,这些规则和逻辑会自动执行。智能合约通常用特定的编程语言(如 Solidity)编写,一旦被部署到区块链上,它们就可以被调用并执行预定义的操作,如转账、数据存储或其他与区块链交互的行为。智能合约则是实现自动化和条件执行的关键组件,它定义了区块链上交易和操作的规则和逻辑。智能合约的代码公开透明,一旦部署就不可更改,能够保证合约的安全性。智能合约的执行结果都会被记录在区块链上,对任何人都是透明的,不存在篡改、隐瞒信息等情况。合约层的脚本和程序一般被认为是智能合约的补充与完善,脚本可以视为智能合约的一部分或与之相关联的辅助工具,通常用于处理简单的逻辑判断和操作,如验证交易的有效性或执行预设的自动化任务。程序指的是更复杂的智能合约实现或与智能合约交互的外部应用。

应用层封装了用户的编程接口,定义了在区块链上使用的编程语言,允许用户使用常见的编程语言(如 JavaScript、Python 等)来编写和运行区块链应用程序,支持各种去中心化应用场景的实现,如金融、供应链、医疗、不动产等领域。

区块链依靠其独有的安全性和去中心化特点,展现出勃勃生机,尽管面临很多法律法规问题,但不妨碍区块链成为改变传统商业和社会模式的强大工具,未来发展不可限量。

习 题 八

1. 名词解释

IPSec、ESP、AH、安全关联、IPSec 隧道、重放攻击、抗重放窗口、SSL、SSL 会话、SET、双重签名

2. 简答题

(1) IPSec 的两个主要协议有什么区别?
(2) IPSec 的两种工作模式有什么区别?
(3) IPSec 是如何防范重放攻击的?
(4) SSL 是由哪些协议构成的?

(5) HTTPS 如何实现数据的安全性？

(6) SET 协议要解决的主要问题有哪些？

(7) SET 协议如何保证商家、顾客和银行之间数据隐私的安全性？

(8) 区块链框架的各层功能是什么？

3. 辨析题

(1) 有人说"IPSec 目前应用相对较少，是因为 SSL 可以完全替代 IPSec"，你认为正确与否，为什么？

(2) 有人说"SSL 可以解决网络交易的安全性问题，SET 协议又过于复杂，因此没有发展前景"，你认为正确与否，为什么？

第 9 章 内 容 安 全

本章学习要点
◇ 了解内容安全的内涵及意义
◇ 了解内容保护的概念，重点掌握 DRM 及数字水印的技术原理
◇ 了解隐私保护的思想，重点掌握安全多方计算和联邦学习的原理
◇ 了解内容监管的概念，重点掌握主要内容监管的技术原理
◇ 了解网络舆情管理的实施过程，自行学习舆情分析中机器学习技术的应用

微课视频

9.1 概 述

随着网络及信息化技术的发展与普及，各种信息化服务及网络应用越来越多，在为广大使用者提供便利及良好的服务的同时，也存在着大量的非法信息服务及网络应用，例如，盗版的音像制品及软件、非法的电子出版物、信用卡欺骗网站以及宣扬反动暴力及色情的网站等。这些非法的信息严重地阻碍了影视、出版、软件、金融以及电子商务等行业的发展，甚至危害到社会稳定及国家安全。

如图 9.1 所示，信息内容安全主要包含两方面内容：一方面是指针对合法的信息内容加以安全保护，如对合法的音像制品及软件的版权保护以及主体隐私信息的保护；另一方面是指针对非法的信息内容实施监管，如对网络色情信息的过滤等。

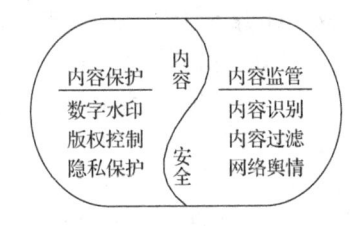

图 9.1 内容安全主要内容

9.1.1 内容保护概述

互联网的发展与普及使各种电子出版物的传播和交易变得越来越便捷，但随之而来的侵权盗版活动也呈日益猖獗之势。近年来，数字产品的版权纠纷案件越来越多，原因是数字产品被无差别地大量复制是轻而易举的事情，如果没有有效的技术措施及法律来阻止，这个势头势必更加严重。为了打击盗版犯罪，一方面要通过立法来加强对知识产权的保护，另一方面必须要有先进的技术手段来保障法律的实施。信息隐藏技术以其特有的优势，引起了人们的好奇和关注。人们首先想到的就是在数字产品中藏入版权信息和产品序列号，每件数字产品中的版权信息均表明了版权的所有者，它可以作为侵权诉讼中的证据，而为每件产品编配的唯一产品序列号也可以用来识别购买者，从而为追查盗版者提供线索。

目前信息隐藏还没有一个准确和公认的定义。一般认为，信息隐藏是信息安全研究领域中与密码技术紧密相关的一大分支。信息隐藏和信息加密都是为了保护秘密信息的存储和传输，使之免遭敌手的破坏和攻击，但两者之间有着显著的区别。信息加密是利用对称密钥密码或公开密钥密码把明文变换成密文，信息加密保护的是信息的内容。信息隐藏则不同，秘密信息被嵌入表面上看起来无害的宿主信息中，攻击者无法直观地判断他所监视的信息中是否含有秘密信息，换句话说，含有隐匿信息的宿主信息不会引起别人的注意和怀疑，同时隐匿信息又能够为版权者提供一定的版权保护。

现代信息隐藏技术是由古老的隐写术(steganography)发展而来的，在20世纪的两次世界大战中，德国间谍都使用过隐写墨水。早期的隐写墨水是由易于获得的有机物(如牛奶、果汁等)制成的，加热后颜色就会变暗，从而显现出来。后来，随着化学工业的发展，在第一次世界大战中人们制造出了复杂的化合物来做成隐写墨水和显影剂。在中国古代，人们曾经使用挖有若干小孔的纸模板盖在信件上，从中取出秘密传递的消息，而信件的全文则是为了打掩护。今天内容保护技术大多数都是基于密码学和隐写术发展起来的，如数据锁定、隐匿标记、数字水印和数字版权管理(digital rights management, DRM)等技术，其中最具有发展前景和实用价值的是数字水印和数字版权管理。

数据锁定是指出版商把多个软件或电子出版物集成到一张光盘上出售，盘上所有的内容均被分别进行加密锁定，不同的用户买到的均是相同的光盘，每个用户只需付款买他所需内容的相应密钥，即可利用该密钥对所需内容解除锁定，而其余不需要的内容仍处于锁定状态，用户是无法使用的。在互联网上，数据锁定技术可以应用于FTP服务器或Web站点上的数据保护，付费用户可以利用特定的密钥对所需要的内容解除锁定。

隐匿标记是指利用文字或图像的格式(如间距、颜色等)特征隐藏特定信息。例如，在文本文件中，字与字间、行与行间均有一定的空白间隔，把这些空白间隔精心改变后可以隐藏某种编码的标记信息以识别版权所有者，而文件中的文字内容不需要进行任何改动。

数字水印是镶嵌在数据中，并且不影响合法使用的具有可鉴别性的数据。它一般应当具有不可察觉性、抗擦除性、稳健性和可解码性。为了保护版权，可以在数字视频内容中嵌入水印信号。如果制定某种标准，可以使数字视频播放机能够鉴别水印，一旦发现在可写光盘上有"不许复制"的水印，表明这是一张经非法复制的光盘，因而拒绝播放。还可以使数字视频复制机检测水印信息，如果发现"不许复制"的水印，就不去复制相应内容。

数字版权管理技术是专门用来保护数字版权产品的。数字版权管理的核心是数据加密和权限管理，同时也包含了上述提到的几种技术。数字版权管理特别适合基于互联网应用的数字版权保护，目前已经成为数字媒体的主要版权保护手段。

2021年8月，《中华人民共和国个人信息保护法》的通过标志着主体隐私信息的安全性已经被纳入国家管理范围。隐私保护是指保护主体(个人或集体)的敏感信息不被未授权的第三方获取、利用或泄露的一系列措施和实践。这些敏感信息可能包括个人的身份信息、财务状况、健康状况，或者集体的商业机密、战略规划等。隐私保护的重要性不仅涉及主体的尊严及信息的价值，同时也是现代信息社会的一项基本伦理要求。

9.1.2 内容监管概述

在对合法信息进行有效的内容保护的同时,针对大量的充斥暴力、色情等非法内容的媒体信息(特别是网络媒体信息)进行内容监管也是十分必要的。互联网的发展与普及使其成为当今社会的主要信息传播媒介,一些人基于某种目的利用互联网进行非法的有害信息传播,例如,制造垃圾邮件,利用"钓鱼网站"实施支付卡欺骗,利用交友网站传播违法信息谋取利益,更有甚者利用网络传播虚假的信息,对社会安定造成严重影响。可见,对信息(特别是传播广、速度快的互联网信息)的内容实施有效监管十分必要。

当前,互联网已经成为违法信息传播的重灾区,针对网络信息进行有效的内容监管已经成为打击犯罪、稳定社会的首要任务。需要监管的网络信息内容主要涉及两类:一类是静态信息,主要是存在于各个网站中的数据信息,例如,挂马网站的有关网页、色情网站上的有害内容以及钓鱼网站上的虚假信息等;另一类是动态信息,主要是在网络中流动的数据信息,例如,网络中传输的垃圾邮件、色情及虚假网页信息等。无论是有害的网站静态信息,还是正在网络上传输的动态有害信息,都会对社会造成极大的危害,因此,必须对它们进行有效的监管。

针对静态信息的内容监管技术主要包括网站数据获取技术、内容分析技术、控管技术等,其中网站数据获取技术是指通过访问网站采集网站中的各种数据;内容分析技术是指对采集到的网站数据进行整理分析,判断其危害性,主要涉及协议分析还原、内容析取、模式匹配、多媒体信息分析以及有害程度判定等技术;控管技术是指对于违法的网站实施有效的控制管理,将其危害性降到最低程度,主要涉及阻断对有害网站的访问以及报警等技术。

对于动态信息进行内容监管所采取的技术主要包括网络数据获取技术、内容分析技术、控管技术等,其中网络数据获取技术是指通过在网络关键路径上设置数据采集点,以监听并捕获通过该路径的所有网络报文数据;内容分析技术和控管技术部分基本上与对静态信息采取的处理技术相同。

随着人类社会全面进入信息时代,网络传播已经成为主要传播途径,网络也成为反映社会舆情的主要载体,网民在各大平台上的发声,对社会可以产生巨大的影响。社会上发生的事往往会通过网络渠道进行传播,网络舆情是社会舆情在互联网上的映射,网络变成一个载体,通过一个事件就可以反映网民的情感、态度、观点、意见等。网络时代,"舆论"这一概念被逐步弱化,被"舆情"所取代。

舆情是指在一定的社会空间和历史时期内,围绕中介性社会事项(可以是人、事,也可以是价值、观念、制度、规范)的发生、发展和变化,作为舆情主体的民众对相关社会事项的群体性情绪、意愿、态度和意见的总和。网络舆情有两个显著的特性,分别是传播性和时效性。传播性主要体现在信息的扩散范围和速度上,由于互联网的全球性和开放性,网络舆情能够迅速传播到世界各地,引起广泛关注,网民的积极参与和互动会进一步推动舆情传播的速度和广度。时效性指的是舆情信息在网络上传播的速度和持续时间,由于互联网的即时性,网络舆情能够在极短的时间内形成并快速传播,汇聚成一股强大的舆论力量。但是由于网络信息更新迅速,一个舆情事件正常持续的时间一般较短,新的热点事件很快就会掩盖此前事件的关注与讨论,使网络舆情不断呈现"潮涌"的现象。

作为新媒体时代的产物,网络舆情必须进行正确的疏导并加以有效利用。舆情的发生往往会使一些潜在的危机提前暴露出来,通过对网络舆情的关注和分析,可以及时发现和预防危机,帮助企业和有关部门了解危机发生后的民众反应,从而制定更加合理和有效的措施解决社会问题,增强网民的信任和认同感。

9.2 版权保护

版权(又称著作权)保护是内容保护的重要部分,其最终目的不是"如何防止使用",而是"如何控制使用",版权保护的实质是一种控制版权作品使用的机制。互联网版权保护的关键是在促进网络发展和保护著作权人的利益间寻求平衡,当务之急除了完善有关立法之外,还需要进一步提高版权保护技术水平。

DRM 技术就是以一定安全算法实现对数字内容的保护,包括电子书(eBook)、视频、音频、图片等数字内容。DRM 技术的目的是从技术上防止数字内容的非法复制,或者在一定程度上使非法复制变得很困难,最终,用户必须在得到授权后才能使用数字内容。DRM 涉及的主要技术包括数字标识技术、加密技术以及安全存储技术等。DRM 技术主要包括两类:一类是采用数字水印的技术;另一类是以数据加密和防复制为核心的 DRM 技术。

9.2.1 DRM 概述

DRM 技术自产生以来,得到了工业界和学术界的普遍关注,被视为数字内容交易和传播的关键技术。国际上许多著名的计算机公司和研究机构纷纷推出了各自的产品和系统,如 Microsoft WMRM、IBM EMMS、Real Networks Helix DRM 以及 Adobe Content Server 等。国内的 DRM 技术发展同样很快,特别是在电子书以及电子图书馆方面,如北大方正 Apabi 数字版权保护技术、书生的 SEP(suresense electronic paper)技术、超星的 PDG(portable document format for graphics)技术等。另外,Microsoft 的 Windows XP 操作系统和 Office XP 等系列软件中也使用了 DRM 技术。

如图 9.2 所示,DRM 系统结构分为服务器和客户端两部分,DRM 服务器的主要功能是管理版权文件的分发和授权。首先,原始文件经过版权处理生成被加密的受保护文件,同时生成针对该受版权保护文件的授权许可,并且在受保护文件头部存放着密钥识别码和授权中心的 URL 等内容,另外还负责提供受版权保护的文件给用户,支持授权许可证的申请和颁发;DRM 客户端的主要功能是依据受版权保护文件提供的信息申请授权许可证,并依据授权许可信息解密受保护文件,提供给用户使用。用户可以从网络中下载得到受版权保护的文件,但如果没有得到 DRM 授权中心的验证授权,将无法使用这些文件。

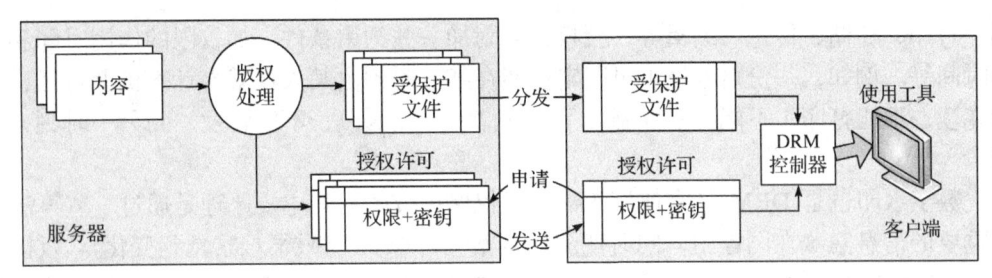

图 9.2　DRM 工作原理

目前 DRM 所保护的内容主要分为三类，包括电子书、音视频文件和电子文档。电子书是指利用计算机技术将文字、图片、声音、影像等内容合成的数字化信息文件，可以借助特定的软硬件设备进行阅读。音视频文件是指用于计算机等设备播放的数字化的视听媒体文件。电子文档是指人们在社会活动中形成的，以存储介质为载体的文字材料。上述三种信息内容的共同特点是便于复制及网络传播，同时也容易受到非法盗版的影响。

Adobe 在传统印刷出版领域一直有着深远的影响，Adobe 的便携式文档格式(PDF)早已成为电子版文档分发的公开实用标准。Adobe 公司的用于保护 PDF 格式电子书籍的版权方案的核心是 ACS(Adobe Content Server)软件，出版商可以利用 ACS 的打包服务功能对 PDF 电子书进行权限设置(如打印次数、阅读时限等)，从而建立数字版权管理。ACS 是一种保障电子书销售安全的 DRM 系统。

方正的 Apabi 数字版权保护技术也是具有很高的市场占有率的版权保护软件，主要由 Maker、Rights Server、Retail Server 和 Reader 四部分组成。Apabi Maker 是将多种格式的电子文档转化成 eBook 的格式，这是一种"文字+图像"的格式，可以完全保留原文件中字符和图像的所有信息，不受操作系统、网络环境的限制；Apabi Rights Server 主要用于出版社端服务器，提供数据版权管理和保护、电子图书加密和交易的安全鉴定；Apabi Retail Server 主要用于书店端服务器，提供的功能与 Apabi Rights Server 类似；Apabi Reader 是用来阅读电子图书的工具，通过浏览器，用户可以在网上买书、读书和下载，建立自己的电子图书馆。

Microsoft 公司于 1999 年 8 月发布了 Windows Media DRM。最新版本的 Windows Media DRM 10 系列包括服务器和软件开发包(SDK)，它可以更好地保护媒体文件的版权。软件开发者可以使用 Windows Media 版权管理 SDK，开发具有加密保护和发布许可证功能的媒体版权管理程序，以及具有获取许可证功能并可解密播放媒体文件的播放器程序。加密后的媒体文件可以用于流媒体播放或被直接下载到本地，消费者可以通过 DRM 兼容的播放器和兼容的播放设备来播放经过加密的数字媒体文件。

RMS(Rights Management Services)也是 Microsoft 公司开发的、适用于电子文档保护的数字内容管理系统。在企业内部有各种各样的数字内容文档，常见的是与项目相关的文案、市场计划、产品资料等，这些内容通常仅允许在企业内部使用。RMS 的结构与图 9.2 所示的结构类似，主要包括服务器和客户端两部分。客户端按角色不同又分为权限许可授予者和权限许可接受者。RMS 服务器主要存放在由企业确定的信任实体数据库内，信任实体包括可信任的计算机、个人、用户组和应用程序，对数字内容的授权包括读、复制、打印、存储、传送、编辑等，授权还可附加一些约束条件，如权限的作用时间和持续时间等。例如，一份财务报表可限定仅能在某一时刻由某人在某台计算机上打开，且只能读，不能打印，不能屏幕复制，不能存储，不能修改，不能转发，到另一时刻自动销毁。

数字水印也是 DRM 经常使用的数字版权保护技术，其主要原理是通过一些算法，把重要的信息隐藏在图像中，同时使图像基本保持原状(肉眼很难察觉到变化)。版权信息以数字水印的形式加入图像后，同样可以被 DRM 的有关软件检测到，如果发现是非法盗版，则拒绝播放。当然，数字水印还可以用于跟踪图像及视频被非法使用的情况等，目前已成为数字版权保护的一项重要技术。

9.2.2 数字水印

原始的水印(watermark)是指在制作纸张的过程中通过改变纸浆纤维密度的方法而形成的，"夹"在纸中而不是在纸的表面，迎光透视时可以清晰地看到有明暗纹理的图像或文字。由于制作水印需要很高的技术，因此人民币、购物券以及有价证券等都采用此方式制作，以防止造假。与传统水印用来证明纸币或纸张上内容的合法性一样，数字水印(digital watermark)也是用来证明一个数字产品的拥有权、真实性的。数字水印是通过一些算法嵌入在数字产品中的数字信息，例如，产品的序列号、公司图像标志以及有特殊意义的文本等。

数字水印分为可见数字水印和不可见数字水印。可见数字水印主要用于声明对产品的所有权、著作权和来源，起到广告宣传或使用约束的作用，例如，电视台播放节目时的台标既起到广告宣传作用，又可声明所有权。不可见数字水印应用的层次更高，制作难度也更大，应用面也更广。

1. 数字水印原理

一个数字水印(后简称为水印)方案一般包括三个基本方面：水印的形成、水印的嵌入和水印的检测。水印的形成主要是指选择有意义的数据，以特定形式生成水印信息，如有意义的文字、序列号、数字图像(商标、印鉴等)或者数字音频片段的编码。一般水印信息可以根据需要制作成可直接阅读的明文信息，也可以是经过加密处理后的密文。

如图 9.3 所示，水印的嵌入与密码体系的加密环节类似，一般分为输入、嵌入处理和输出三部分，输入包括原始宿主文件、水印信息和密码。嵌入处理完成的主要任务是对输入原始文件进行分析选择嵌入点，将水印信息以特定的方式嵌入一个或多个嵌入点，在整个过程中可能需要密码参与。输出则是将处理过的数据整理为带有水印信息的文件。

如图 9.4 所示，水印的检测一般分为两部分，分别是检测水印是否存在和提取水印信息。水印的检测方式主要分为盲水印检测和非盲水

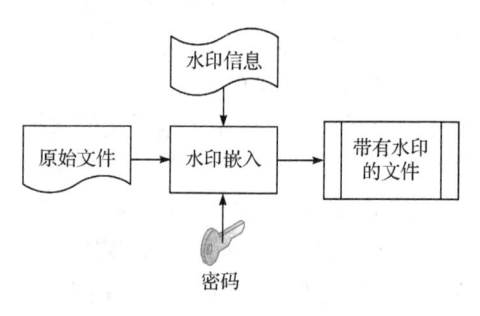

图9.3 水印嵌入模型

印检测，盲水印检测主要指不需要原始数据(原始宿主文件和水印信息)参与，直接检测水印信号是否存在；非盲水印检测是在原始数据参与的情况下进行水印检测。图 9.4 中，水印提取及比较主要针对不可见水印，一般可见水印可以直接由视觉识别。

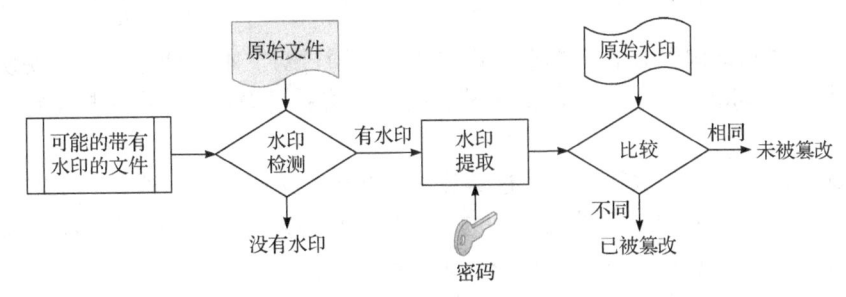

图 9.4　水印检测模型

数字水印的使用一般要以不破坏原始作品的欣赏价值和使用价值为原则，因此数字水印应具有以下基本特征。

(1) 隐蔽性(不可见水印)：指水印与原始数据紧密结合并隐藏其中，不影响原始数据的正常使用的特性。

(2) 鲁棒性：指嵌入的水印信息能够抵抗针对数字作品的各种恶意或非恶意的操作，即经过了各种攻击后还能提取水印信息。

(3) 安全性：未授权者不能伪造水印或检测出水印。密码技术对水印的嵌入过程进行置乱加强安全性，从而避免没有密钥的使用者恢复和修改水印。

(4) 易用性：指水印的嵌入和提取算法是否简单易用，主要指水印嵌入算法和水印提取算法的实用性和执行效率等。

数字水印技术虽然与传统的密码技术存在相似之处，但也有其固有的特点和研究方法，特别是在使用上与传统的加密技术存在着较明显的不同。例如，从传统的密码体制角度而言，如果加密的信息被破坏掉，仍可认为信息是安全的，因为信息并未泄露；但是在数字水印中，隐藏信息的丢失意味着版权信息的丢失，从而失去了版权保护的功能。因此，数字水印技术通常都要求较高的鲁棒性、安全性和隐蔽性。

2. 数字水印算法

近年来，数字水印技术研究取得了很大的进步，出现了许多优秀的数字水印算法，特别是针对图像数据以及音视频数据的算法。面向文本数据的数字水印技术虽然受到其特征的局限，但目前也有了很大的进展。

1) 面向文本的水印算法

纯文本文档指美国信息交换标准代码(ASCII)文本文档或计算机源代码文档。这样的文档没有格式信息，编辑简单，使用方便，但是因为这种类型的文档不存在可插入标记的可辨认空间，很难嵌入秘密信息，一般需要保护和认证的正式文档很少采用纯文本格式存储。

格式化的文档一般指除了文本信息本身之外，还有很多用来标记文字格式和版面布局的冗余信息，并可使用相关软件进行处理的文件，如 Word 文件、PDF 文件等。对于这类文档，可以把水印信息嵌入它们的文字的格式化编排中，如行、字间距、字体、文字大小和颜色等不足以被人眼发现的微小变化都可以用来进行信息的隐藏。常见的方法如下。

(1) 基于文档结构微调的文本水印算法：主要通过对文本文档空间域的变换来嵌入数据。文档的空间域不仅包括文本的字符、行、段落的结构布局，也包括字符的形状和颜色。

(2) 基于语法的文本水印算法：这类算法是在语法规则基础上建立起来的，主要有两类，一类按照语法规则对载体文本中的词汇进行替换来隐藏水印信息；另一类按照语法规则对载体文本中的标点符号进行修改来隐藏水印信息。

(3) 基于语义的文本水印算法：这类算法的基本原理是将一段正常的语言文字修改为包含特定词语(如同义词)的语言文字，在这个修改过程中水印信息被嵌入文本内。

(4) 基于汉字特点的文本水印算法：和英文相比，汉字是一种颇具特色的文字，其结构独特、字体多样，因此，中文文本中插入可辨认标记的空间较大。常见的基于汉字特点的文本水印有些针对汉字的笔画特征(如倾斜角度)进行修改以嵌入水印信息，还有些针对汉字的结构组合特征进行修改以嵌入水印信息，例如，将汉字看作二值图像，利用汉字结构中各部分的连通性嵌入水印信息。由于汉字结构的特殊性，汉字文本的水印信息嵌入具有比拼音文字更大的空间。

2) 面向图像的水印算法

相对于文本文档，图像的信息冗余性较大，人的感官对这些信息的掩蔽效应明显，可隐藏的信息量也就相对较大，因此水印更适合应用于图像。目前面向图像的水印算法主要分为两类，即空域水印算法和变换域水印算法。

空域水印算法主要是在图像的像素上直接进行的，通过修改图像的像素值来嵌入数字水印。空域水印算法嵌入的水印容量较大、实现简单、计算效率高。经典的最低有效位(least significant bit，LSB)空域水印算法是以人类视觉系统不易感知为准则的，在原始载体数据最不重要的位置上嵌入数字水印信息。该算法的优势是可嵌入的水印容量大，不足是嵌入的水印信息很容易被移除。

变换域水印算法与空域水印算法不同，变换域水印算法是在图像的变换域进行水印嵌入的，也就是将原始图像经过给定的正交变换，将水印嵌入图像的变换系数中。常用的变换有离散傅里叶变换(discrete Fourier transform，DFT)、离散余弦变换(discrete cosine transform，DCT)、离散小波变换(discrete wavelet transform，DWT)等。在变换域中嵌入的数字水印能量可以扩展到空间域的所有像素上，有利于实现水印的不可感知性，还可以增强水印的鲁棒性。

3) 面向音视频的水印算法

与图像相似，音视频存在着可用于水印信息嵌入的区域。目前的音视频水印嵌入方法主要集中于时间域和空间域两个方面。

根据音频水印载体类型，音频水印技术可以分为基于原始音频和基于压缩音频两种。基于原始音频的方法是在未经编码压缩的音频信号中直接嵌入水印。基于压缩音频的方法是指音频信号在压缩编码过程中嵌入水印信息,输出的是含水印的压缩编码的音频信号,其优点在于无须进行输入比特流的解码和再编码过程,对音频信号的影响较小。

视频可以认为是由一系列连续的静止图像在时间域上构成的序列,因此视频水印技术与图像水印技术在应用模式和设计方案上具有相似之处。数字视频水印主要包括基于原始视频的水印、基于视频编码的水印和基于压缩视频的水印。

4) NEC 算法

NEC 算法是由日本电气公司(Nippon Electric Company)旗下的 NEC 实验室的 Cox 等提出的,在数字水印算法中占有重要地位。Cox 认为水印信号应该嵌入那些人感觉最敏感的源数据部分,在频谱空间中,这种重要部分就是低频分量。这样,攻击者在破坏水印的过程中,不可避免地会引起图像质量的严重下降。水印信号应该由具有高斯分布的独立同分布随机实数序列构成。这使水印抵抗多拷贝联合攻击的能力大大增强。具体的实现方法是首先以密钥为种子来产生伪随机序列,该序列具有高斯 $N(0,1)$ 分布,密钥可以由作者的标识码和图像的散列值组成,对整幅图像进行 DCT,用伪随机高斯序列来叠加该图像的 1000 个最大的 DCT 系数(除直流分量外)。NEC 算法具有较强的鲁棒性、安全性、透明性等。

5) 生理模型算法

人的生理模型包括人类视觉系统(human visual system,HVS)和人类听觉系统(human auditory system,HAS)等。生理模型算法的基本思想是利用人类视觉的掩蔽现象,从 HVS 模型导出的可觉察差异(just noticeable difference,JND),利用 JND 描述来确定图像的各个部分所能容忍的数字水印信号的最大强度。人类视觉对物体的亮度和纹理具有不同程度的感知性,利用这一特点可以调节嵌入水印信号的强度。一般来说,背景越亮,所嵌入水印的可见性越低,即所谓的亮度掩蔽特性;背景的纹理越复杂,嵌入的水印可见性越低,即所谓的纹理掩蔽特性。考虑这些因素,在水印嵌入前应该利用视觉模型来确定与图像相关的调制掩模,然后再利用其来嵌入水印。

数字水印除了在版权保护方面具有卓越的表现之外,在认证方面也得到了广泛的应用,如在 ID 卡、信用卡等方面。此外,具有安全不可见性的数字水印在国防以及情报部门也得到了广泛的应用。

9.3 隐私保护

隐私保护在当今的数字时代是一个非常重要的话题。在大数据出现以前,隐私信息泄露会给人们的生活带来无尽的烦恼,随着互联网和大数据技术的发展,人们的一切生活行为将变得无所遁形,社会主体的各种数据都可能被上传到互联网上,包括个人信息、商业数据甚至组织机密等,这些数据的泄露可能会导致严重的后果,因此,隐私保护技术的研究和应用越来越受到人们的关注。

9.3.1 隐私保护概述

一般来说,隐私保护是指保护个人或集体的敏感信息不被非法获取、泄露或滥用,这里的敏感信息主要包括个人的身份信息、财务数据、健康记录等以及集体的商业机密和战略规划等数据。信息安全主要关注数据信息的机密性、完整性和可用性，而隐私保护则侧重于确保主体信息的机密性和匿名性，可以说隐私保护是信息安全领域的重要组成部分。

隐私保护技术是指为了保护主体隐私信息而采取的各种措施与机制，如加密、匿名化、差分隐私、同态加密、安全多方计算以及联邦学习等技术。加密是隐私保护的重要手段，通过一系列的密钥和算法将明文数据转化为密文，只有经过授权的用户才能对数据进行解密和查看，从而确保了个人隐私数据的安全性。匿名化是指对数据中的个人敏感信息进行屏蔽或替换。差分隐私是指在原始的查询结果中添加干扰数据后返回给查询者，这种方式可以在不影响统计分析的前提下，使攻击者无法定位到具体的自然人，有效防止个人隐私数据泄露。同态加密允许用户对密文进行特定代数运算并得到密文结果，从而保护了数据存储和运算过程中的数据隐私。安全多方计算可以在无可信第三方参与的情况下，允许一组互不信任的参与方在保护各自提供数据的隐私的同时进行协同计算，实现多方数据的联合分析和处理。联邦学习允许多个计算节点在无须共享各节点原始数据的情况下，各自基于统一算法模型对各自的数据进行模型训练，通过交互模型中间参数合作，完成多节点联合模型训练，原始数据不需要离开各自的节点。

对隐私保护技术及方法的评价主要从准确性、便利性及隐私性等几个方面进行。准确性反映了使用隐私保护方法后非授权者所能获得数据的准确程度；便利性是指实施隐私保护技术后给主体的工作或生活带来不便的程度；隐私性衡量的是保护方法对隐私信息的保护程度是否达到主体要求。

除了技术措施外，隐私保护还需要法律的支持和保障。我国已经制定了一系列保护个人隐私的法律法规，如《中华人民共和国网络安全法》、《中华人民共和国民法典》、《中华人民共和国个人信息保护法》以及《中华人民共和国治安管理处罚法》等，这些法律为隐私权提供了明确的保护依据和救济途径。总的来说，隐私保护是一个涉及技术、法律和伦理等多个方面的复杂问题，需要综合运用各种技术和法律手段来确保隐私信息的安全。

9.3.2 安全多方计算与联邦学习

在信息化时代，很多组织在运营过程中会收集和处理大量的个人信息，如员工数据、客户资料等。这些信息一旦泄露或被滥用，不仅会影响个人的权益，还可能对组织的声誉和运营造成严重影响。因此，组织需要建立健全的隐私保护制度，采取必要的技术和管理措施来保护个人信息的安全。随着人工智能和大数据技术的快速发展，人工智能已经渗透到人类生活和工作的方方面面，作为各种智能应用的基础，机器学习的数据安全问题越来越凸显。机器学习系统通常需要大量的数据进行训练和优化，其中可能包含用户的个人信息和敏感数据，如果这些数据泄露或被滥用，同样可能对用户的隐私造成严重威胁。目前很多组织机构需要进行交互，共享各自真实的样本数据来提升模型训练的效果，如何在数据孤岛互联的同时确保用户隐私是一个亟待解决的问题。

1. 安全多方计算

1982年，中国计算机科学家姚期智教授在论文《安全计算协议》(Protocols for secure computations)中以"百万富翁问题"为例，描述了如何在保护参与者隐私的前提下进行安全计算，两个百万富翁想知道他们两个谁更富有，但他们都不想让对方及其他第三方知道自己财富的任何信息，解决这个问题实际上就是要进行安全多方计算(secure multi-party computation，SMPC)。

安全多方计算可以描述为：在一个互不信任的多用户网络中，存在 n 个参与者 P_1，P_2，$\cdots$，P_n，每个参与者持有秘密数据 x_i，希望共同计算出函数 $f(x_1, x_2, \cdots, x_n) = (y_1, y_2, \cdots, y_n)$，$P_i$ 可以得到相应的结果 y_i，并且不泄露 x_i 给其他参与者。

平均薪水问题中，某公司 n 位职员想了解他们的平均薪水有多少，但又不想让其他人知道自己的薪水。设公司有 n 个职员 $A_1, A_2, \cdots, A_n$，他们的薪水分别为 $x_1, x_2, \cdots, x_n$。该问题可形式化地描述为：对 n 个秘密输入 $x_1, x_2, \cdots, x_n$，在不泄露各自秘密的情况下计算函数值 $f(x_1, x_2, \cdots, x_n) = (x_1+x_2+\cdots+x_n)/n$。

计算平均薪水可以执行如下协议：

(1) A_1 选择一个随机数 r，并加上他的薪水得 $r+x_1$ 发送给 A_2；

(2) A_2 加上他的薪水得 $r+x_1+x_2$ 发送给 A_3；

(3) $A_3, A_4, \cdots, A_{n-1}$ 继续执行与步骤(2)同样的操作；

(4) A_n 加上他的薪水得到 $r+x_1+x_2+\cdots+x_n$ 发送给 A_1；

(5) A_1 将 $r+x_1+x_2+\cdots+x_n$ 减去随机数 r，再除以总人数 n 便得到公司职员的平均薪水 $(x_1+x_2+\cdots+x_n)/n$；

(6) A_1 向 $A_2, A_3, \cdots, A_n$ 公布平均薪水的结果。

这个例子是一个简单的安全多方计算问题，大多数安全多方计算需要使用密码学工具方能实现，如同态加密、秘密共享、混合网络、比特承诺以及零知识证明等。

2. 联邦学习

2016年，谷歌研究人员 Brendan McMahan 等在论文"Communication-efficient learning of deep networks from decentralized data"中提出了联邦学习的训练框架，框架采用一个中央服务器协调多个客户端设备联合进行模型训练。联邦学习的出现激发了国内外众多从业人员对联邦学习技术与框架的探索热情。Facebook公司开发的深度学习框架PyTorch可以采取联邦学习技术实现用户隐私保护。微众银行推出 FATE(federated AI technology enabler)开源框架。平安科技、百度、同盾科技、京东科技及字节跳动等多家公司相继利用联邦学习技术打造智能化平台，展现出联邦学习在多领域、多行业的广阔应用前景。

联邦学习(federated learning，FL)可以看作一种特殊的分布式机器学习，客户端群在中央服务器的协调下联合训练一个模型，同时保持训练数据样本分散存储在客户端本地。联邦平均(federated averaging，FedAvg)算法是联邦学习中最流行的方法之一，核心思想是服务器将收集来的各客户机的模型根据各方样本数量用加权平均的方式进行聚合，得到下一轮的模型。通过这种方式，FedAvg 算法能够在保护数据隐私的同时，实现模型的训练和优化。

图 9.5 给出了两种典型架构的联邦学习训练过程。图 9.5(a)为客户端/服务器架构，首先，服务器选取一组满足条件的客户端后，分发给客户端一个训练程序和当前模型的权重参数，然后，客户端基于本地样本集进行模型训练，并上传训练得到的模型参数至服务器。服务器更新共享模型，多次迭代直至模型收敛。图 9.5(b)是对等架构，当参与方对原始模型进行训练后，需要将本地模型参数加密传输给其余参与联合训练的数据持有方。由于没有第三方服务器的参与，参与方之间直接交互，需要各参与方不断进行数据样本对齐操作，以及更多的加解密操作。在整个过程中，所有模型参数的交互都是加密的。目前主要采用安全多方计算、同态加密等技术实现对等架构的联邦学习。

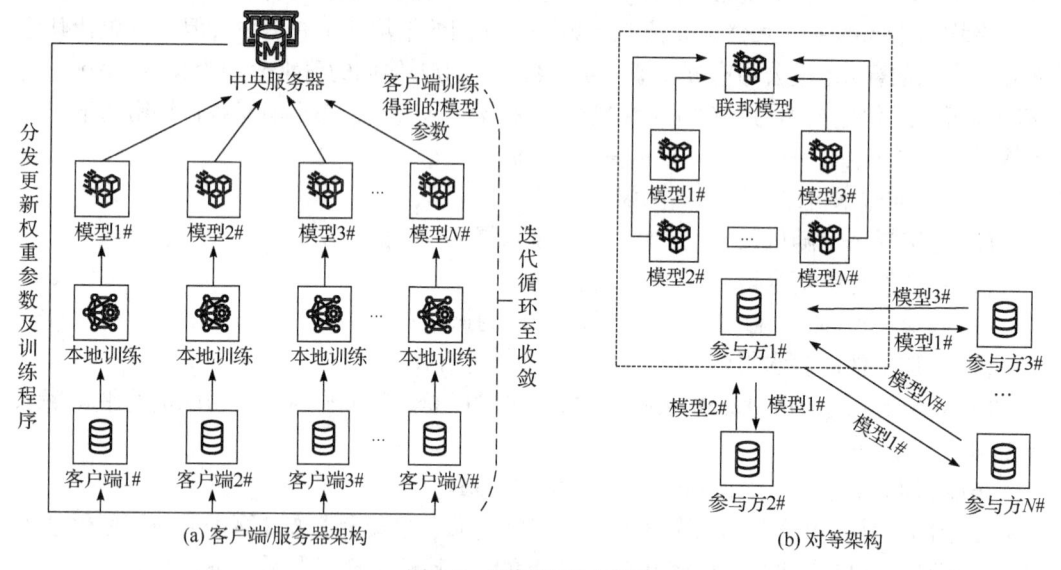

图 9.5　联邦学习示意图

联邦学习根据数据的类型可以划分为横向联邦学习(horizontal federated learning，HFL)、纵向联邦学习(vertical federated learning，VFL)和联邦迁移学习(federated transfer learning，FTL)。

横向联邦学习主要应用于各个参与方的数据集有相同的特征空间和不同的样本空间的场景中，可以理解为按样本划分的联邦学习。横向联邦学习系统常用的架构包括客户端/服务器架构和对等架构，横向联邦学习的本质是样本的联合，适用于参与者间工作方式相同但客户群不同，即样本特征重叠多、用户重叠少的场景。

纵向联邦学习适用于数据样本集具有相同的样本空间、不同的特征空间的参与方所组成的联邦学习场景，可以理解为按特征划分的联邦学习。实现纵向联邦学习涉及多个关键步骤，首先，需要识别并处理数据对齐问题，确保参与方之间的样本 ID 能够正确匹配；然后，参与方可以在本地进行模型训练，计算中间结果，这些中间结果随后被发送到一个协调者，用于进行安全的聚合计算；最后，聚合的结果被返回给各参与方，用于更新各自的模型。实际应用中，纵向联邦学习常用于解决不同参与方拥有关于同一用户的不同维度的数据的情况。例如，银行和电商的合作，银行拥有用户银行卡的收支行为与贷款信息，而电商掌握用户的商品浏览与购买历史信息。通过纵向联邦学习，双方可以在无须共享原始数据的前提下，完成风险管理、信用评估、精准营销等领域的合作，共同训练一个机器学习模型。

联邦迁移学习是联邦学习框架下的另一种应用。迁移学习的主要思想是利用一个或多个不同领域的知识来辅助目标领域的学习任务，而联邦学习则允许多个计算节点在不交换共享原始数据的情况下进行模型训练。联邦迁移学习适用于数据特征和样本都不完全相同的情况，每个参与方都拥有自己的本地数据集，这些数据集具有不同的分布和特征，参与方利用迁移学习技术共享模型参数或经验知识，改善各自在新任务上的性能。

很多时候，联邦学习与安全多方计算两种技术融合在一起，共同面对数据隐私保护问题。联邦学习技术促进了很多领域中人工智能的快速发展，在智慧城市方面，各部门在保护数据隐私的前提下，整合各方的数据进行安全分析，为市民提供更便捷的城市服务；智慧政务可以解决政务数据隐私和安全问题，提高政府服务效率和决策准确性；智慧医疗可以让多个医院的不同数据集进行联合训练，在保护患者隐私的同时提升医疗服务质量。

9.4 内容监管

内容监管是内容安全的另一个重要方面，如果监管不善，会对社会造成极大的影响，其重要性不言而喻。内容监管涉及很多领域，其中基于网络的信息已经成为内容监管的首要目标。一般来说，病毒、木马、色情、反动、严重的虚假欺骗以及垃圾邮件等有害的网络信息都需要进行监管。

9.4.1 网络信息内容监管

内容监管首先需要解决的就是如何制定监管的总体策略，总体策略主要包括监管的对象、监管的内容、对违规内容如何处理等。面对浩瀚的互联网信息，在不影响用户正常网络应用的条件下，对信息进行有效监管是一个非常复杂的问题。首先，如何界定违规内容(那些需要禁止的信息)，如果界定不够准确，可能殃及合法应用。其次，对于可能存在违规信息的网站如何处理，一种方法是通过防火墙禁止对该网站的全部访问，这样比较安全，但也会禁止其他有用内容；另一种方法是允许网站部分访问，只是对那些有害网页信息进行拦截，但这种方法存在拦截失败的可能性。可见，制定有效的监管策略是内容监管的首要任务，这部分涉及很多更深层次的问题。

如图 9.6 所示，内容监管系统模型可以分为监管策略和监管处理两部分。监管策略主要指依据监管需求制定的规则及规范，具体体现在内容监管系统的设计中，一般包括数据获取策略、敏感特征定义、违规定义以及处理策略等；监管处理主要指依据监管需求设计的对相关数据进行检查及联动处理的程序模块，一般包括数据获取、数据调整、敏感特征搜索、违规判定以及违规处理等。

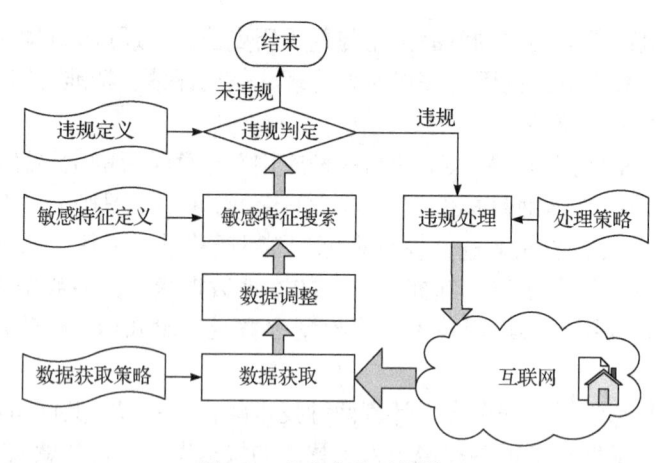

图 9.6 内容监管系统模型

1) 内容监管策略

内容监管需求是制定内容监管策略的依据，事实上可以认为内容监管策略是内容监管需求的形式化表示，并具体指导内容监管系统的各个模块的设计及实现，可见，详尽、合理的内容监管需求分析是内容监管系统成功研发的关键。在内容监管策略中，数据获取策略主要确定监管对象的范围、采用何种方式获取需要检测的数据；敏感特征定义是指用于判断网络信息内容是否违规的特征值，如敏感字符串、图片等；违规定义是指依据网络信息内容中包含敏感特征值的情况判断是否违规的规则；违规处理策略是指对于违规载体(网站或网络连接)的处理方法，如禁止对该网站的访问、拦截有关网络连接等。

2) 数据获取

针对网络上存在的静态数据和动态数据，数据获取技术主要分为主动式和被动式两种形式。主动式数据获取是指通过访问有关网络连接而获得其数据内容；被动式数据获取是指在网络的特定位置设置探针(用于采集网络数据报文的计算机)，获取流经该位置的所有数据。

网络爬虫是典型的主动式数据获取技术，如图 9.7 所示，网络爬虫实际上就是一个网页自动提取的程序。传统爬虫的工作原理是从一个或若干初始网页的 URL 开始，根据一定的网页分析算法，过滤与主题无关的链接，并将所需的链接保存在等待抓取的 URL 队列中。然后，根据一定的搜索策略从队列中选择下一步要抓取的网页 URL，被爬虫抓取的网页将被系统保存，并重复上述过程，直到满足某一条件时停止。一般来说，网络爬虫直接调用 Sockets 函数就可以完成网页数据的抓取，而其抓取的网页数据可以直接或间接提供给上层应用程序进行分析处理。被动式数据获取主要解决两个方面的问题，其一是探针位置的选择，如果获取的网络报文不具有全面性和代表性，那么随后的所有工作均没有意义，因此必须分析研究整个网络的拓扑结构，将探针(一个或多个)设置在可以获取所有需监管网络数据报文的关键点上。如图 9.8 所示，位置 1#和位置 2#处于内网和外网之间的连接处，可以获取所有出入内网的数据报文，在位置 3#设置探针可以获取出入子网 A 的数据报文。另外，所选择的关键点必须支持探针对出入数据报文的采集，如可以通过配置将流经特定网络设备(如路由器、交换机、防火墙等)的所有数据报文复制发送到探针的网络适配器(网卡)中，以便探针能够接收这些网络数据报文。

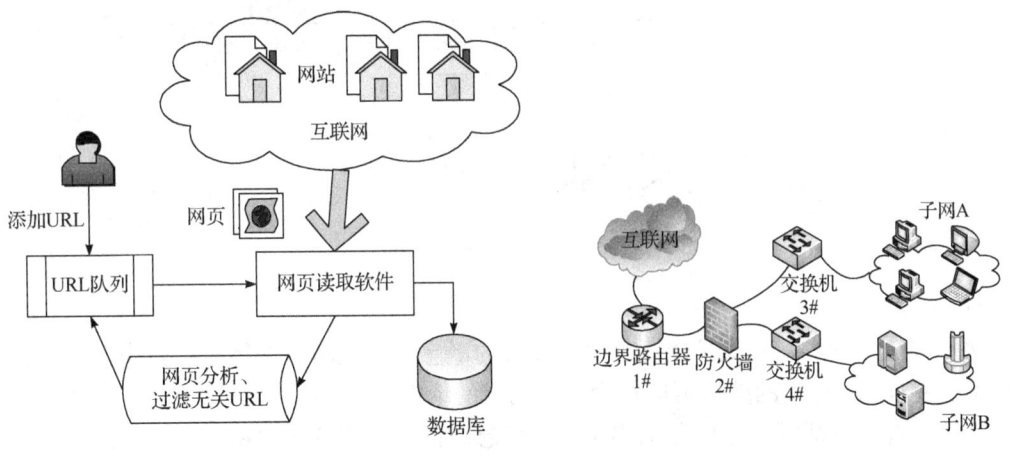

图 9.7　网络爬虫示意

图 9.8　探针位置的选择

其二是探针的报文采集，这部分主要解决网络适配器以及 TCP/IP 协议栈如何处理接收到的数据报文的问题。如图 9.9 所示，网络适配器必须工作在混杂模式下，这样才能保证所有接收到的数据报文被提交给协议栈。协议栈也要进行适当的配置，在对提交的数据报文进行 IP 数据分片重组、传输层协议还原等后，再提交给上一层数据调整处理模块进行相关处理。实际上协议栈提供了丰富的接口函数，程序员可以根据需要直接获取不同层次的数据报文，也可以针对协议栈进行相应的修改，以满足具体的需要。

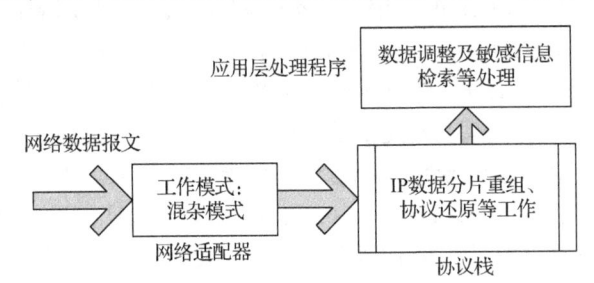

图 9.9　网络报文处理流程

3) 数据调整

数据调整主要指针对数据获取模块(主要是协议栈)提交的应用层数据进行筛选、组合、解码以及文本还原等工作，数据调整的输出结果用于敏感特征搜索等。

如图 9.10 所示，针对数据获取模块提交的数据，首先需要进行筛选，得到符合条件的数据，其他数据将被丢弃，如只选择 HTTP 数据。如果该数据分别存在于不同的 TCP 包内，这时就需要将这些数据进行整合，如数据经过特殊编码，还需要进行相应解码以便得到所需数据。对于那些特殊格式的数据，还需要去掉格式信息，提取具体的原始内容(指去掉格式的、可理解的数据内容)，这些内容就可以提交给上层模块处理。需要处理的格式可能是应用层协议格式或文件格式，如 HTTP 格式或 Word 格式等。下面的工作就是对提交的内容进行敏感特征搜索和违规判别，敏感特征搜索就是搜索违规证据。

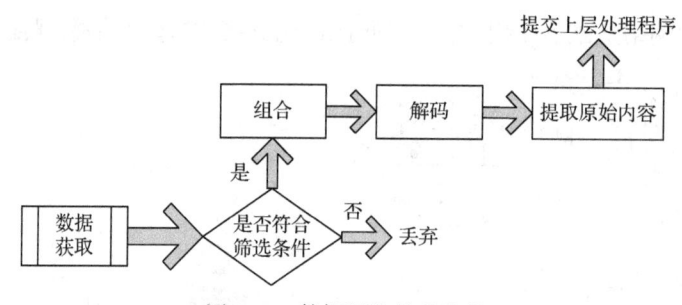

图 9.10 数据调整处理流程

4) 敏感特征搜索

敏感特征搜索实际上就是依据事先定义好的敏感特征策略,在待查内容中识别所包含的敏感特征值,搜索的结果可以作为违规判定的依据。敏感特征值可以是文本字符串、图像特征、音频特征等,它们分别用于不同信息载体的内容的敏感特征识别。目前基于文本内容的识别已经比较成熟并达到可实用化,而图像、音频特征的识别还存在着一些问题,如识别率较低、误报率较高等,难以实现全面、有效的程序自动监管,更多时候需要人的介入。

基于文本内容的敏感特征又分为敏感字符串和敏感表达式两种形式,但无论哪种形式,均以串匹配为核心技术。串匹配也称模式匹配,是指在一个字符串(母串)中查找是否包含某特定子串,子串被称为模式(pattern)或关键字。模式匹配可分为单模式匹配和多模式匹配。单模式匹配操作可定义为在一个文本串 Text 中查找某个特定的子串 pattern,如果在 Text 中找到等于 pattern 的子串,则称匹配成功,返回 pattern 在 Text 中出现的位置,否则匹配失败。BF(brute-force)、KMP(Knuth Morris Pratt)、BM(Boyer-Moore)及 BMH(Boyer Moor Horspool)等算法均为经典的单模式匹配算法。多模式匹配操作可定义为在一个文本串 Text 中查找某些特定的子串集 patterns。如果找到 patterns 中的某些子串,则称匹配成功,函数返回这些 patterns 在 Text 中出现的位置,否则匹配失败。目前比较常见的多模式匹配算法有 AC(Aho-Corasick)算法、ACBM(Aho-Corasick Boyer-Moore)算法、Manber-Wu 算法等。这些多模式匹配算法的主要特点就是通过一次扫描母串可以寻找到其包含的所有子串 pattern,其搜索速度与子串的数目无关,主要取决于对母串的扫描速度。

由于敏感特征一般包含多个关键字,因此多模式匹配算法以其高效性更多见于内容监管系统。敏感特征搜索的结果作为是否违规的主要依据,提供给违规判定及处理程序。

5) 违规判定及处理

违规判定程序的设计思想是将敏感特征搜索结果与违规定义相比较,判断该网络信息内容是否违规。违规定义实际上就是说明违规内容应具有的特征,即敏感特征。每个敏感特征由敏感特征值和特征值敏感度(某特征值对违规的影响程度,也可以看作权重)两个属性来描述。搜索敏感特征的结果一般包含两个指标,即敏感特征值的广度(包含相异敏感特征值的数量)和敏感特征值的深度(包含同一个特征值的数量)。违规判定算法就是针对上述内容进行有效计算,根据计算结果是否符合某个事先制定的标准来判定是否违规。有时违规判定程序很简单,例如,包含了某特征值即可判定为违规。

违规处理目前主要采用的方法与入侵检测相似，有报警、封锁 IP、拦截连接等。报警就是通知有关人员违规事件的具体情况，封锁 IP 一般是指利用防火墙等网络设备阻断对有关 IP 地址的访问，而拦截连接则是针对某个特定访问连接实施阻断，向通信双方发送 RST(reset)数据包阻断 TCP 连接就是常用的拦截方法。

9.4.2 垃圾邮件处理

垃圾邮件(spam)可以说是互联网带给人类最具争议性的副产品，它的泛滥已经使整个互联网不堪重负。垃圾邮件现在还没有一个非常严格的定义，一般来说，凡是未经用户许可就强行发送到用户的邮箱中的任何电子邮件都属于垃圾邮件。垃圾邮件也可以根据特点分为良性和恶性两种，良性垃圾邮件是各种宣传广告等对收件人影响不大的信息邮件；恶性垃圾邮件是指具有破坏性的电子邮件。随着垃圾邮件的问题日趋严重，多家软件商各自推出了反垃圾邮件的软件，如 Microsoft、Norton、瑞星等公司均推出了反垃圾邮件软件。

对于垃圾邮件的处理，目前主要采用的技术有过滤、验证查询和挑战等。过滤(filter)技术是相对来说最简单、最直接的垃圾邮件处理技术，主要用于邮件接收系统来辨别和处理垃圾邮件。目前大多数邮件服务器上的反垃圾邮件插件、反垃圾邮件网关、客户端上的反垃圾邮件功能等，都采用了过滤技术。验证查询技术主要指通过密码验证及查询等方法来判断邮件是否为垃圾邮件，常见的技术包括反向查询、雅虎的 DKIM(domain keys identified mail)技术、Microsoft 的 SenderID 技术、IBM 的 FairUCE(fair use of unsolicited commercial email)技术以及邮件指纹技术等。基于挑战的反垃圾邮件技术是指通过延缓邮件处理过程，来阻碍发送大量邮件。

图 9.11 为一个典型的基于过滤技术的反垃圾邮件系统。常见的系统的数据来源有三种形式，如果该系统配置在邮件服务器端，则数据采集点就是邮件服务器的邮件接收模块，也可以直接读取各用户信箱中的电子邮件；如果该系统配置在邮件服务器的客户端，则数据采集点应该是邮件客户端软件的接收模块；如果该系统配置连接网络设备(如提供数据流复制的防火墙)，则数据源就是经过该网络设备的数据流副本。前两种数据采集相对简单，只需要将接收到的电子邮件在被正常处理之前，先放到过滤系统中处理即可；而后一种则需要对数据包进行处理。如图 9.11 所示，上述三种形式在获得数据后，均将接收到的邮件放入待处理邮件队列中，接下来需要经过黑白名单过滤、内容过滤及邮件处理三个步骤。

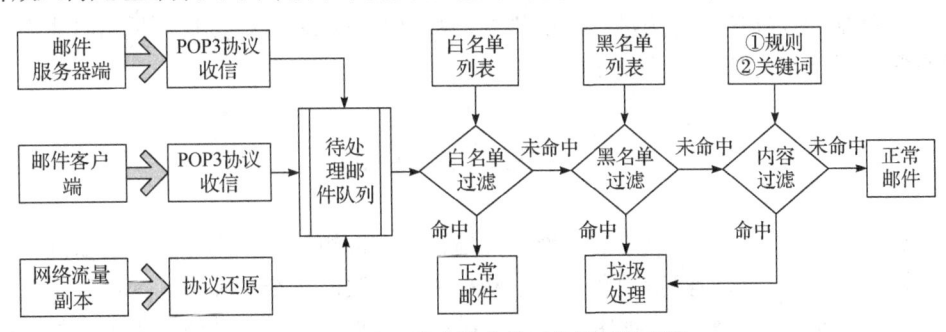

图 9.11 基于过滤技术的反垃圾邮件系统

1) 黑白名单过滤

黑名单(black list)是已知的垃圾邮件发送者的 IP 地址或邮件地址列表。现在有很多组织都在做垃圾邮件黑名单，即将那些经常发送垃圾邮件的 IP 地址(甚至 IP 地址范围)收集在一起，如目前影响较大的反垃圾邮件组织 Spamhaus 的 SBL(Spamhaus block list)，许多 ISP 正在采用一些组织的黑名单来阻止接收垃圾邮件。与黑名单相反，白名单是可信任的发送者的 IP 地址或者邮件地址列表，对于从白名单上的地址发送来的邮件可以完全接受。

黑白名单过滤相对简单，就是在黑名单或白名单中搜索邮件的发件人地址或 IP 地址，若搜索到即为命中，否则为未命中。

2) 内容过滤

内容过滤主要指针对邮件的收发件人地址、标题、正文及附件文件的内容进行搜索，查看是否包含垃圾邮件特征信息。常见的有关键词过滤、基于规则的过滤以及基于贝叶斯算法的过滤等。

关键词过滤技术首先需要创建一些与垃圾邮件关联的单词表，在邮件内容中搜索是否包含单词表中的关键词，以此来判断是否为垃圾邮件。这是最简单的垃圾邮件内容过滤方式，其基础是必须创建一个可以准确标识垃圾邮件特征的关键词列表。

基于规则的过滤技术首先需要建立一个过滤规则库，可以使用单词、词组、位置、大小、附件等特征信息形成过滤规则。像 IDS 一样，要使过滤器有效，就需要很好地维护一个有效的过滤规则库。

基于贝叶斯算法的过滤技术实际上就是基于评分(score)的过滤器，它的原理就是首先通过对大量的垃圾邮件样本进行机器学习，得到垃圾邮件的特征元素(最简单的元素就是单词，复杂点的元素就是短语)；同理，通过对大量正常邮件样本的机器学习，得到正常邮件的特征元素。一方面检查邮件中的垃圾邮件特征元素，针对每个特征元素给出一个正分数，另一方面就是检查正常邮件的特征元素，给出负分数。最后，每个邮件整体就得到一个垃圾邮件总分，通过这个分数来判断是否为垃圾邮件。

3) 邮件处理

一般来说，配置在邮件服务器端或邮件客户端的垃圾邮件系统可以将垃圾邮件直接丢弃或存进垃圾邮件文件夹，同时填写日志及黑名单列表等；正常邮件则直接传递给相关软件(如 Outlook 等)处理。如果垃圾邮件过滤系统配置以网络设备的数据流副本为数据源，则垃圾邮件处理还需实施进一步的措施，如拦截该邮件传输连接、填写日志及黑名单列表等；对于正常邮件则停止相关处理。

9.5 网络舆情

随着互联网技术和社交媒体的发展，舆情传播速度更快、范围更广，公众的参与度和互动性也更高了。这使舆情的影响力不断扩大，对政府、企业和个人都产生了深远的影响。不仅仅是战争、地震、灾害、科技突破等重大事件，一些看似并不起眼的小事都有可能成为引发广泛网络舆情的导火索。舆情参与者面对海量的信息难以做出理性判断，极有可能被一些不良利益驱动者利用，从而影响个人生活、集体利益、社会和谐甚至政体稳定，因此如何正确应用网络舆情是一项极其重要的工作。

9.5.1 网络舆情管理

网络上出现的任何一个新闻事件都可能演变成网络舆情，包括大众民生、科技、政治、经济、军事及外交等多层面，传播途径包括网站新闻、论坛、博客、社交网络等网络服务，主要载体为文字、图片、音视频等媒介形式，而且背景信息可能非常复杂，因此人工方法无法满足管理需求，必须采用先进的计算技术对网络舆情进行数据采集、舆情分析、预警与疏导等有效的管理。

1. 数据采集

数据采集是舆情管理的基础，主要涉及从各种网络渠道中抓取和收集与公众意见、情感、话题等相关的信息，主要步骤如下。

(1) 确定数据采集范围：确定拟监测的网络平台和渠道，如社交媒体、新闻网站、论坛、博客等。明确采集的时间范围，是实时监测还是历史数据采集。

(2) 选择合适的采集技术：针对不同平台可以选择不同的方式。可以编写或使用现有的网络爬虫程序，自动化地从目标网站上抓取数据；如果目标平台提供 API，可以通过 API 进行数据获取，这种方式通常比爬虫更加稳定和高效；利用市场上已有的舆情监测系统或数据服务平台，这些工具通常已经集成了数据采集功能。

(3) 设定过滤条件：针对拟监测的方向，设定关键词来过滤获得所需要的目标数据。

(4) 执行数据采集：具体实施数据采集，采集过程应遵守法律法规和平台的相关规定。

(5) 数据清洗处理：主要完成对所获数据的规范化，包括去除重复、缺失、无关或错误的信息。

2. 舆情分析

舆情分析是舆情管理工作的核心，具体工作又可分为话题识别、话题跟踪(topic tracking)及话题评估。

话题识别指发现之前未曾发现的事件，即把网络上关于同一事件的若干文档归类为一个话题，是一个无监督聚类过程。首先选择一个初始中心，通过聚类算法计算各文档的相似度，判别各文档所属的类别，每一类代表一个话题，后期即可对话题进行评估操作。

话题跟踪在新闻媒体分析、社交媒体监控、情报收集和信息检索系统中具有广泛的应用。它专注于对特定信息源(如新闻文章、社交媒体帖子、网络论坛讨论等)中已知话题的持续监测和更新。随着时间的推移，话题的内容、涉及的实体、事件进展、公众关注焦点等可能会发生变化。话题跟踪旨在捕捉这些变化，反映出话题在信息流中的动态发展过程，包括话题建模、文本相似度计算、使用机器学习或数据挖掘技术来识别新文本是否属于已知话题。随着新文本的加入，话题模型需要适时更新以反映话题的最新状态，可能包括词汇扩展、主题漂移检测、话题生命周期管理等。

话题评估是指针对特定话题进行系统性分析和评价的一系列方法与工具，它是舆情分析的核心环节。其目的是量化或定性地衡量话题的多个方面，包括但不限于其热度、影响力、受众情绪、趋势预测等。建立评估指标体系是话题评估的关键，因为它能帮助我们系统地、全面地对话题进行量化评估，从而更准确地把握话题的态势和影响。建立话题评估指标体系时需要考虑以下几个方面。

(1) 话题热度：常用的衡量热度的指标包括提及量、搜索量和讨论量。提及量是统计各大媒体、社交平台等渠道上关于该话题的提及次数；搜索量是通过搜索引擎数据来衡量公众对话题的关注度；讨论量是指计算社交媒体上用户参与讨论的频率。

(2) 话题影响力：影响力的主要参考指标一般包括传播范围和传播速度，传播范围指话题在地域、行业、社会群体中的传播广度。传播速度是指话题从出现到达到传播高峰所需的时间。此外，一般还需考量话题的关注度及参与讨论的人或机构的权威性。

(3) 受众情绪：衡量受众情绪时主要从情感倾向和情感强度两个方面考虑，情感倾向是指通过情感分析技术判断受众对话题的整体情感倾向(正面、负面、中性)。情感强度是指衡量受众情感的激烈程度，如愤怒、喜悦等。

(4) 趋势预测：指对话题未来发展的态势评估，主要方法包括发展趋势预测和突发事件监测。发展趋势预测是基于历史数据预测话题未来的发展趋势，包括热度、情感倾向等。突发事件监测指识别并跟踪与话题相关的突发事件，评估其对话题发展的影响。

(5) 话题参与者分析：主要衡量参与者类型及参与者活跃度。参与者类型指识别并分析参与话题讨论的不同类型的用户，如意见领袖、普通用户等。参与者活跃度是分析各类参与者在话题讨论中的活跃程度。

(6) 媒体影响力：指主要话题平台的报道转载情况，主要考虑媒体曝光度和社交平台影响。媒体曝光度指各大媒体对话题的报道频率和深度。社交平台影响是分析社交平台上的话题标签、转发量、点赞量等指标。

(7) 内容质量：主要从内容原创性和内容深度两方面来衡量。内容原创性指评估与话题相关的内容是否具有独特性和创新性；内容深度指衡量内容对话题分析的深入程度和信息丰富度。

3. 预警与疏导

预警与疏导是网络舆情管理的后续工作，主要包括舆情预警和舆情疏导两个环节。预警提醒有关单位部门"网络舆情事件已轻度发生或出现征兆"，疏导是后续舆情公关的重要手段。

(1) 舆情预警：是指在网络舆情事件的征兆出现时，为了化解或应对危机所需完成的必要工作，包括定量、定性分析预测网络舆情的发展趋势，做出范围、时间段、等级等预报。

(2) 舆情疏导：是指对网络舆情中出现的负面情绪、信息或事件进行调节和引导。常见的疏导手段和途径包括信息发布和舆情引导、风险评估及危机应对等。信息发布可以及时、准确、全面地发布相关信息，增加透明度，减少谣言和猜测的传播空间。舆情引导是通过媒体、专家和公众人物等渠道，发布权威信息，引导公众理性看待问题，避免恐慌和误解，风险评估及危机应对是对可能产生负面影响的事件进行风险评估，并给出应对的方案、建议和策略等。

9.5.2 机器学习与舆情分析

网络舆情系统设计需要各种复杂框架及技术，机器学习就是核心技术之一，恰当地使用一些机器学习算法可以克服许多问题，准确地理解、分析网络舆情信息。

原始文本数据必须经过清洗、归一化和标准化等过程，通过去除噪声数据、分词、去除停用词等操作，提高数据的质量和可用性。很多自然语言处理(NLP)技术可以用于文本清洗、分词、词性标注等，以提取关键信息供机器学习模型使用。使用无监督学习算法可以识别并去除与主要数据群体显著不同的异常值或噪声点，如 K-means 聚类算法。分词时可以使用条件随机场(CRF)、隐马尔可夫模型(HMM)、循环神经网络(RNN)、基于自注意力机制的神经网络 Transformer 等来进行序列标注，从而实现自动分词、词性标注、命名实体识别等任务。

舆情分析过程中，主要的三项工作：话题识别、话题跟踪及话题评估都需要机器学习算法提供支持。

1. 话题识别

利用有监督学习可以使用标注好的数据集来训练模型，使其能够识别特定的话题。常用的有监督学习算法包括支持向量机(SVM)、朴素贝叶斯分类器(naive Bayes classifier)等。在没有标注数据集时，可以利用无监督学习方法进行聚类，从而形成不同的话题类别，常用的算法包括 K-means 聚类算法等。

2. 话题跟踪

后续文档的文本分类常用的方法有朴素贝叶斯分类器、支持向量机、卷积神经网络(CNN)和递归神经网络，CNN 特别适用于捕捉文本的局部特征，而递归神经网络则能处理序列数据，捕捉文本中的长期依赖关系。

3. 话题评估

作为网络舆情分析的核心环节，话题评估的工作主要是针对收集到的数据样本进行多种分析处理，计算各种评估指标以及进行舆情趋势预测。机器学习算法在话题评估工作中有着举足轻重的作用。

(1) 情感分析：主要工作是数据样本分类，用于判断文本的情感倾向，如积极、消极，或正面、负面及中性。常用的算法有支持向量机、朴素贝叶斯分类器、决策树及随机森林等。

(2) 话题预测：预测话题的热度或趋势，一般采用回归算法，根据输入样本特征预测一个连续的输出值。常用的算法有线性回归、岭回归及套索回归等，另外，决策树和随机森林这类模型也能够处理回归问题，适用于预测离散或连续的热度值。循环神经网络、长短时记忆网络(LSTM)等可以根据历史序列数据来预测未来的结果,在预测某一话题或事件的发展趋势中有不错的效果。

(3) 异常检测:孤立森林、一类支持向量机等算法可以用于识别出与大多数数据显著不同的异常值或异常行为,可以用于发现突发的舆论事件或异常的用户行为。

(4) 观点挖掘:深度学习算法可以用于观点挖掘,即识别和提取舆情文本中的观点、态度和意见等信息,如循环神经网络等算法。

(5) 主题挖掘:是从大量文本数据中提取出潜在主题或概念的过程。常用的主题模型算法包括潜在狄利克雷分布(LDA)和潜在语义分析(LSA)等。这些算法能够识别出文本数据中的主题词和主题分布,帮助分析人员更好地理解和解读舆情数据。

机器学习算法在舆情管理中有着巨大的应用价值。通过在数据预处理、情感分析、主题挖掘和话题预测等环节应用机器学习技术,可以提高舆情分析的效率和准确性。

习 题 九

1. 名词解释

内容保护、内容监管、隐写术、数字水印、鲁棒性、DRM、串匹配

2. 简答题

(1) 内容安全主要包括哪些内容,有什么意义?
(2) DRM 系统包含哪几个组成部分,是如何工作的?
(3) 数字水印应该具有哪些特征?
(4) 网络爬虫是如何工作的?
(5) 与单模式匹配相比,多模式匹配的优点是什么?
(6) 比较安全多方计算与联邦学习的异同。
(7) 简单介绍垃圾邮件系统的处理过程。
(8) 网络舆情管理系统主要包括哪些功能?

3. 辨析题

(1) 有人说"数字水印就是在视频或图像中可见的版权信息标识",你认为正确与否,为什么?

(2) 有人说"内容监管技术与入侵检测技术相同,可以通过简单改造 IDS 实现内容监管功能",你认为正确与否,为什么?

第 10 章 信息安全管理

本章学习要点

◇ 了解信息安全风险管理的概念，重点掌握风险评估和风险控制的理论

◇ 了解有关信息安全的标准规范，重点了解 CC、BS 7799、等保 2.0

◇ 了解信息安全违法犯罪行为特征，重点了解《国家网络空间安全战略》和《中华人民共和国网络安全法》

◇ 了解有关信息安全的其他法律法规以及道德规范

微课视频

10.1 概　　述

当今社会已经全面进入信息化时代，信息安全建立在信息社会的基础设施及信息服务系统之间互联、互通、互操作的安全需求上，安全需求可以分为安全技术需求和安全管理需求两个方面。在信息安全领域的多年研究实践中，人们逐渐认识到管理在信息安全中的重要性高于安全技术层面，"三分技术，七分管理"的理念在业界已经得到共识。信息安全管理所包含的内容很多，除了对人和安全系统的管理之外，也涉及很多安全技术层面的内容。本章主要从管理的角度介绍安全系统的标准规范、风险管理以及法律法规等。

信息安全管理体系(information security management system, ISMS)是从管理学惯用的过程模型 PDCA(plan、do、check、act)发展、演化而来的。PDCA 把相关的资源和活动抽象为过程进行管理，而不是针对单独的管理要素开发单独的管理模式，这样的循环具有广泛的通用性。如图 10.1 所示，信息安全管理是一个持续发展的过程，在其生命周期内遵循一般性的循环模式。为了实现信息安全管理体系，相关组织部门首先提出信息安

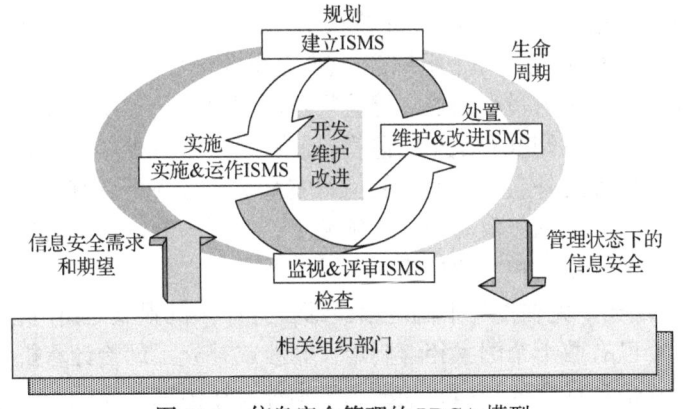

图 10.1 信息安全管理的 PDCA 模型

全需求和期望,并据此进入信息安全管理的生命周期。在规划(plan)阶段通过风险评估来了解安全需求,然后根据需求设计制订相关解决方案;在实施(do)阶段将解决方案付诸实现;解决方案的有效性在检查(check)阶段予以监视和评审;一旦发现问题,需要在处置(act)阶段予以解决,同时依据新的需求再次进入规划阶段。通过这样的过程周期,相关组织部门就能将确切的信息安全需求和期望转化为可管理的信息安全体系。

信息安全管理体系是一个系统化、过程化的管理体系,体系的建立不可能一蹴而就,需要全面、系统、科学的风险评估、制度保证和有效监督机制。信息安全管理体系应该体现预防控制为主的思想,强调遵守国家有关信息安全的法律法规,强调全过程的动态调整,从而确保整个安全体系在有效管理控制下,不断改进完善,以适应新的安全需求。在建立信息安全管理体系的各环节中,安全需求的提出是信息安全管理体系的前提,运作实施、监视评审和维护改进是重要步骤,而可管理的信息安全是最终的目标。在各环节中,风险评估管理、标准规范管理以及制度法规管理这三项工作直接影响到整个信息安全管理体系是否能够有效实行,因此具有非常重要的地位。

风险评估(risk assessment)是指对信息资产所面临的威胁、存在的弱点、可能导致的安全事件以及三者综合作用所带来的风险进行评估。作为风险管理的基础,风险评估是组织确定信息安全需求的一个重要手段。风险评估管理就是指在信息安全管理体系的各环节中,合理地利用风险评估技术对信息系统及资产进行安全性分析及风险管理,为规划设计完善的信息安全解决方案提供基础资料,属于信息安全管理体系的规划环节。

标准规范管理可以理解为在规划实施信息安全解决方案时,各项工作遵循国际或国家相关标准规范,并有完善的检查机制。目前国际上已经制定了大量的有关信息安全的国际标准,可以分为互操作标准、技术与工程标准、信息安全管理与控制标准三类。互操作标准主要是非标准组织研发的算法和协议经过自发的选择过程,成为所谓的"事实标准",如 AES、RSA、SSL 以及通用脆弱性描述标准(CVE)等。技术与工程标准主要指由标准化组织制定的用于规范信息安全产品、技术和工程的标准,如信息产品通用评测准则(ISO/IEC 15408)、安全系统工程能力成熟度模型(SSE-CMM)、TCSEC 等。信息安全管理与控制标准是指由标准化组织制定的用于指导和管理信息安全解决方案实施过程的标准规范,如信息安全管理体系标准(ISO/IEC 27000 系列,它整合了之前的国际标准 BS7799 和 ISO/IEC13335)以及信息和相关技术控制目标(COBIT)等。

制度法规管理是指宣传国家及各部门制定的相关制度法规,并监督有关人员是否遵守这些制度法规。一般来说,每个组织部门(如企事业单位、公司以及各种团体等)都有信息安全规章制度,有关人员严格遵守这些规章制度对于一个组织部门的信息安全来说十分重要,而完善的规章制度和健全的监管机制更是必不可少。除了有关的组织部门自己制定的相关规章制度之外,国家的有关信息安全法律法规更是有关人员需要遵守的。目前在计算机系统、互联网以及其他信息领域中,国家均制定了相关法律法规进行约束管理,如果触犯,势必受到相应的惩罚。

自从 1973 年瑞典率先在世界上制定第一部含有计算机犯罪处罚内容的《瑞典国家数据保护法》,迄今已有数十个国家相继制定、修改或补充了惩治计算机犯罪的法律,其中既包括已经迈入信息社会的美国、欧洲、日本等发达国家和地区,也包括正在迈向信息社会的巴西、印度、马来西亚等发展中国家。根据英国学者尼尔·巴雷特(Neil Barrett)的归纳,各国对计算机犯罪的立法,主要采取了两种方案,一种是制定计算机犯罪的专项立法,如美国、英国等;另一种是通过修订法典,增加规定有关计算机犯罪的内容,如法国、俄罗斯等。我国的信息安全立法工作发展较快,目前我国现行法律法规中,与信息安全有关的已有近百部,它们涉及网络与信息系统安全、信息内容安全、信息安全系统与产品、保密及密码管理、计算机病毒与危害性程序防治、金融等特定领域的信息安全、信息安全犯罪制裁等多个领域,初步形成了我国信息安全的法律体系。

除了有关信息安全法律法规及部门规章制度之外,道德规范也是信息领域从业人员及广大用户应该遵守的。当今社会关于信息的道德规范涉及的内容很多,包括计算机从业人员道德规范、网络用户道德规范以及服务商道德规范等。信息安全道德规范的基本出发点是一切个人信息行为必须服从于信息社会的整体利益,即个体利益服从整体利益;对于运营商来说,信息网络的规划和运行应以服务于社会成员整体为目的,不应以经济、文化、政治和意识形态等方面的差异为借口,把信息系统建设成为满足社会中小部分人需求的工具,使这部分人成为信息网络的统治者和占有者。

信息安全管理是一个十分复杂的综合管理体系,规章制度、法律法规和道德规范是管理的基础,标准规范是信息系统实施和安全运行的保证,风险管理是建设信息安全管理体系的重要手段。

10.2 信息安全风险管理

信息安全风险管理是信息安全管理的重要部分,是规划、建设、实施及完善信息安全管理体系的基础和主要目标,其核心内容包括风险评估和风险控制两个部分。风险管理的概念来源于商业领域,主要指对商业行为的风险进行分析、评估与管理,力求以最小的风险获得最大的收益。与商业风险管理相似,风险的观念及管理应自始至终贯穿在整个信息安全管理体系中,只有这样才能最大限度地减少风险,将可能的损失降到最低。

10.2.1 风险评估

从信息安全管理体系的角度看,风险评估主要包括风险分析和风险评价两个过程,其中风险分析是指全面地识别风险来源及类型;风险评价是指依据风险标准估算风险水平,确定风险的严重性。一般认为,与信息安全风险有关的因素主要包括资产、威胁、脆弱性、安全控制等。

资产(assets)是指对组织具有价值的信息资源,是安全策略保护的对象。根据资产的表现形式,可将资产分为数据、软件、硬件、文档、服务、人员等种类。资产能够以多种形式存在,可以是无形的或有形的,服务、形象也可列入资产范畴等。

威胁(threat)主要指可能导致资产或组织受到损害的安全事件的潜在因素。安全事件可能是蓄意的对信息资产的直接或间接攻击,也可能是偶发事件,如黑客攻击等。

脆弱性(vulnerability)一般指资产中存在的可能被潜在威胁所利用的缺陷或薄弱点,如操作系统漏洞等。

安全控制(security control)是指用于消除或降低安全风险所采取的某种安全行为，包括措施、程序及机制等。

如图 10.2 所示，信息安全中存在的风险因素之间相互作用、相互影响。在信息安全管理过程中，安全风险随各因素的变化呈现动态调整演变趋势，威胁、脆弱性、安全事件及资产等风险因素的增加均会扩大安全风险，只有安全控制的实施才能有效地减少安全风险。

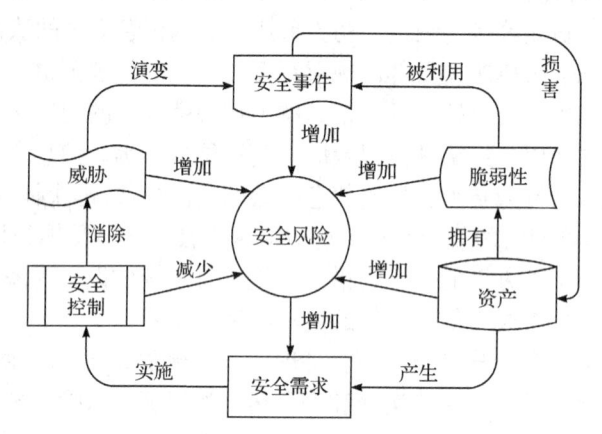

图 10.2　信息安全风险因素及相互关系

风险可以描述成关于威胁发生概率和发生时的破坏程度的函数，用数学符号描述如下：

$$R_i(A_i, T_i, V_i) = P(T_i)F(T_i)$$

其中，A_i 表示资产；V_i 表示 A_i 存在的脆弱性；T_i 表示针对资产 A_i 的脆弱性 V_i 的威胁；$R_i(A_i, T_i, V_i)$ 表示因为存在威胁 T_i 而使资产 A_i 具有的风险；$P(T_i)$ 表示威胁 T_i 发生的概率；$F(T_i)$ 表示威胁 T_i 发生时的破坏程度。由于某组织部门可能存在很多资产和相应的脆弱性，所以该组织的资产总风险可以描述如下：

$$R_{总} = \sum_{i=1}^{n} R_i(A, T, V) = \sum_{i=1}^{n} P(T_i)F(T_i)$$

上述关于风险的数学表达式，只是给出了风险评估的概念性描述，并不是具体的评估计算公式。由于对某个特定组织的信息资产进行的安全风险评估直接服务于安全需求，所以风险评估需要完成以下任务。

(1) 识别组织面临的各种风险，了解总体的安全状况。
(2) 分析计算风险概率，预估它可能带来的负面影响。
(3) 评价组织承受风险的能力，确定各项安全建设的优先等级。
(4) 推荐风险控制策略，为安全需求提供依据。

风险评估的操作范围可以是整个组织，也可以是组织中的某一个部门或者独立的信息系统、特定系统组件和服务等。针对不同的情况，选择适当的风险评估方法对有效地完成评估工作来说十分重要。目前，常见的风险评估方法有基线评估(baseline assessment)方法、详细评估(detailed assessment)方法和组合评估方法等。

(1) 基线评估。基线评估就是有关组织根据其实际情况(所在行业、业务环境与性质等),对信息系统进行安全基线检查(将现有的安全措施与安全基线规定的措施进行比较,计算之间的差距),得出基本的安全需求,给出风险控制方案。所谓的基线就是在诸多标准规范中确定的一组安全控制措施或者惯例,这些措施和惯例可以满足特定环境下的信息系统的基本安全需求,使信息系统达到一定的安全防护水平。组织可以采用国际标准(如 ISO/IEC 27005)、国家标准、行业标准或推荐(如德国联邦的《IT 基线保护手册》)以及来自其他具有相似商务目标和规模的组织的惯例作为安全基线。当然,如果环境和商务目标较为特殊,组织也可以自行建立基线。

基线评估的优点是需要的资源少、周期短、操作简单,对于某些安全需求相近的行业组织,采用基线评估方法统一管理显然是最经济有效的风险评估途径。当然,基线评估也有一些缺点,如基线水准的高低难以设定,如果过高,可能导致资源浪费和限制过度,如果过低,可能难以满足所需的安全要求。

(2) 详细评估。详细评估是指组织对信息资产进行详细识别和评价,对可能引起风险的威胁和脆弱性进行充分评估,根据全面系统的风险评估结果来确定安全需求及控制方案。这种评估途径集中体现了风险管理的思想,全面、系统地评估资产风险,在充分了解信息安全的具体情况下,力争将风险降到可接受的水平。

详细评估的优点在于组织可以通过详细的风险评估对信息安全风险有较全面的认识,能够准确地确定目前的安全水平和安全需求。当然,详细的风险评估可能是一个非常耗费资源的过程,包括时间、精力和技术,因此,组织应该仔细设定待评估的信息资产范围,以减少工作量。

(3) 组合评估。组合评估要求首先对所有的系统进行一次初步的风险评估,依据各信息资产的实际价值和可能面临的风险,划分出不同的评估范围,对于具有较高重要性的资产部分采取详细评估,而其他部分采用基线评估。

组合评估将基线评估和详细评估的优势结合起来,既节省了评估所耗费的资源,又能确保获得一个全面、系统的评估结果,而且组织的资源和资金能够应用到最能发挥作用的地方,具有高风险的信息系统能够被优先关注。组合评估的缺点是如果初步的高级风险评估不够准确,可能导致某些本需要详细评估的系统被忽略。

在进行具体的风险评估过程中,评估技术手段的选择也非常重要,不同的技术各有其优势及特点。常见的技术手段包括基于知识的分析方法、基于模型的分析方法、定性分析方法和定量分析方法等。无论何种技术,共同的目标都是找出组织信息资产面临的风险及其影响,以及目前安全水平与组织安全需求之间的差距。

10.2.2 风险控制

风险控制是信息安全风险管理在风险评估完成之后的另一项重要工作,它的主要任务是对风险评估结论及建议中的各项安全措施进行分析、评估,确定优先级以及具体实施的步骤。风险控制的目标是将安全风险降到一个可接受的范围内,因为消除所有风险往往是不切实际的,甚至是近乎不可能的,所以高级安全管理人员有责任运用最小成本来实现最合适的控制,使潜在安全风险对该组织造成的负面影响最小化。

风险控制通常采用三种手段来降低安全风险,它们分别是风险承受、风险规避和风险转移。风险承受是指运行的信息系统具有良好的健壮性,可以接受潜在的风险并稳定运行,或采取简单的安全措施,就可以把风险降低到一个可接受的级别。风险规避是指通过消除风险出现的必要条件(如识别出风险后,放弃系统某项功能或关闭系统)来规避风险。风险转移是指通过使用其他措施来补偿损失,从而转移风险,如购买保险等。

一般来说,风险控制措施是以消除安全风险产生条件、切断风险形成的路线为基本手段,最终阻止风险的发生或将风险降低到可接受水平。如图10.3所示,判断安全风险是否存在可以通过系统的分析过程得出。可以看出,安全风险产生的必要条件主要包括存在可被利用的脆弱性、威胁源、攻击成本较小以及风险预期损失不可接受等。风险控制就是要消除或减少这些条件,具体的做法如下:

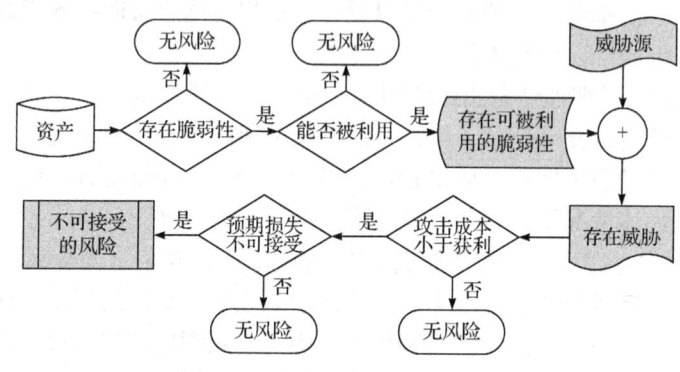

图 10.3 安全风险的分析与判断

(1) 当存在系统脆弱性时,减少或修补系统脆弱性,降低脆弱性被攻击利用的可能性。

(2) 当系统脆弱性可利用时,运用层次化保护、结构化设计以及管理控制等手段,防止脆弱性被利用或降低被利用后的危害程度。

(3) 当攻击成本小于攻击可能的获利时,运用保护措施,通过提高攻击成本来降低攻击者的攻击动机,如加强访问控制,限制系统用户的访问对象和行为,降低攻击获利。

(4) 当风险预期损失较大时,优化系统设计、加强容错容灾以及运用非技术类保护措施来限制攻击的范围,从而将风险降到可接受范围内。

具体的风险控制措施主要分为技术类、运营类、管理类。如表10.1所示,技术类控制措施是指以计算机及网络技术为基础的直接消除或降低安全风险水平的控制措施;运营类控制措施是指以设备管理、容灾及容侵和物理安全为核心的控制措施;管理类控制措施是指以人员管理为核心的控制措施。一般来说,风险控制方案多为这三类控制措施的有机组合,例如,组织计划降低因密码被暴力破解所带来的风险,可分别采用这三类措施来实现风险控制,可采用安全密码软件等技术类控制措施;也可采用员工安全意识培训的管理类控制措施,同时执行定期备份数据等运营类控制措施,显然通过这三类措施均可有效地降低风险水平。对于员工相对较少的小型组织,可采取强制要求员工遵循安全规范、辅以相应的奖惩等管理类控制措施来有效地实现各种风险控制。总之,组织规模、信息安全管理的成熟度以及组织管理层的风险可接受水平等因素决定了组织选择风险控制措施的策略。

表 10.1 风险控制措施分类

类别	措施	属性
技术类	身份认证技术	预防性
	加密技术	预防性
	防火墙技术	预防性
	入侵检测技术	检查性
	系统审计	检查性
	蜜罐、蜜网技术	纠正性
运营类	物理访问控制，如重要设备使用授权等	预防性
	容灾、容侵，如系统备份、数据备份等	预防性
	物理安全检测技术，如防盗技术、防火技术等	检查性
管理类	责任分配	预防性
	权限管理	预防性
	安全培训	预防性
	人员控制	预防性
	定期安全审计	检查性

实施风险控制措施是一个系统化的工程，美国 NIST 制定的 NIST SP800 系列标准中给出了较详细的具体实施流程，具体的七个步骤如下：

(1) 对实施控制措施的优先级进行排序，分配资源时，对标有不可接受的高等级的风险项应该给予较高的优先级。

(2) 评估所建议的安全选项，风险评估结论中建议的控制措施对于具体的单位及其信息系统可能不是最适合或最可行的，因此要对所建议的控制措施的可行性和有效性进行分析，选择出最适当的控制措施。

(3) 进行成本效益分析，为决策管理层提供风险控制措施的成本效益分析报告。

(4) 在成本效益分析的基础上，确定成本有效性最好的安全措施。

(5) 遴选出那些拥有合适的专长和技能，可实现所选控制措施的人员(内部人员或外部合同商)，并赋予相应责任。

(6) 制定控制措施的实现计划，计划内容主要包括风险评估报告给出的风险、风险级别以及所建议的安全措施，以及实施控制的优先级队列、预期安全控制列表、实现预期安全控制时所需的资源、负责人员清单、开始日期、完成日期和维护要求等。

(7) 分析计算出残余风险，风险控制可以降低风险级别，但不会根除风险，因此安全措施实施后仍然存在残余风险。

在风险管理过程中，任何组织在完成风险评估后，实施具体的风险控制措施前需明确两个问题，即"要达到什么"和"要避免什么"。接下来，组织根据自身特点，运用成本效益分析方法来分析风险评估建议的各控制措施选项，同时综合考虑企业文化、时间、资金、技术、法律、环境等可能影响控制措施实施的限制条件，依据分析结果，选择可以将风险降到组织可接受水平的控制措施。最后，实施、监测、改进相关控制措施，确保信息安全管理的有效性和适宜性。

10.3 信息安全标准

随着信息产业的飞速发展以及信息安全问题的日益突出，为了能够更好地解决信息安全产品的互操作性，许多标准化组织制定了有关信息安全的国际标准，这些标准的制定与推广极大地促进了信息安全技术的发展和信息安全产品市场的繁荣。

10.3.1 信息安全标准概述

目前有关信息安全的国际标准很多，在前面提到的互操作、技术与工程、信息安全管理与控制三类标准中，技术与工程标准最多，也最详细，它们有效地推动了信息安全产品的开发及国际化，如 CC、SSE-CMM 等标准。互操作标准多数为所谓的"事实标准"，这些标准对信息安全领域的发展同样做出了巨大的贡献，如 RSA、DES、CVE 等标准。信息安全管理与控制标准的意义在于可以更具体、有效地指导信息安全具体实践，其中 BS 7799 就是这类标准的代表，其卓越成绩也已得到业界共识。

《信息技术安全性通用评估标准》(CC)是在 TCSEC、ITSEC、加拿大《可信计算机产品评估准则》(CTCPEC)、《联邦信息技术安全标准》(FC)等信息安全标准的基础上演变形成的，是由美国、加拿大、英国、法国、德国以及荷兰六个国家于 1996 年 6 月联合提出的。1999 年 10 月，CC v2.0 版被 ISO 采纳为国际标准 ISO/IEC 15408：1999(目前最新版本为 ISO/IEC 15408：2022)，是目前最全面的评价准则。CC 的主要思想和框架都取自 ITSEC 和 FC，并充分突出了"保护轮廓"概念，侧重点放在系统和产品的技术指标评价上，它是信息安全技术发展的一个重要里程碑。

1987 年 ISO 和国际电工委员会(IEC)联合成立了一个联合技术委员会 ISO/IEC JTC1，并于 1996 年推出了 ISO/IEC TR 13335，其目的是为有效实施 IT 安全管理提供建议和支持，是一个信息安全管理方面的指导性标准。早前被称作《IT 安全管理指南》(Guidelines for the Management of IT Security，GMITS)，新版称作《信息和通信技术安全管理》(Management of Information and Communications Technology Security，MICTS)。MICTS 并不是一个特定的国际标准，而是一个通用的术语，通常用于描述与信息和通信技术(ICT)安全管理相关的实践和框架。MICTS 建议参考的是信息安全管理体系(ISMS)的国际标准 ISO/IEC 27000 系列(ISO/IEC 27001：信息安全管理体系的要求；ISO/IEC 27002：信息安全控制实践指南；ISO/IEC 27005：信息安全风险管理指南；ISO/IEC 27017：云计算服务的信息安全控制指南；ISO/IEC 27018：保护云中个人数据的指南)。这份文件适用于各种类型的组织，第一部分明确指出适用于高级管理和信息管理经理，而其他部分则适用于那些对安全规则实施有责任的人，如信息技术经理和信息技术安全人员等。

SSE-CMM 模型是由美国国家安全局领导开发的专门用于系统安全工程的能力成熟度模型。1996 年 10 月发布了第一版，2002 年被 ISO 采纳成为国际标准，即 ISO/IEC 21827：2002(目前最新版本 ISO/IEC 21827：2008)(信息技术系统安全工程-成熟度模型)。SSE-CMM 是 CMM 在系统安全工程领域的具体应用，适合作为评估工程实施组织能力与资质的标准使用。

　　CVE 的英文全称是 Common Vulnerabilities & Exposures，即通用漏洞及暴露，是入侵检测与评估(intrusion detection and assessment，IDnA)的行业标准，它为每个信息安全漏洞或者已经暴露出来的弱点给出了一个通用的名称和标准化的描述，可以成为评价相应入侵检测和漏洞扫描等工具产品和数据库的基准。CVE 就好像是一个字典表，如果在一个漏洞报告中指明的一个漏洞有 CVE 名称，那么就可快速地在任何 CVE 兼容的数据库中找到相应修补的信息，解决安全问题。美国国际互联网安全系统公司(ISS)联合其他几个机构于 1999 年开始建立 CVE 系统，最初只有 321 个条目。在 2000 年 10 月 16 日，CVE 到达了一个重要的节点，正式条目超过了 1000 个，并且已经有超过 28 个漏洞库和工具声明与 CVE 兼容。CVE 的编辑部成员包括安全工具厂商、学术界、研究机构、政府机构以及一些优秀的安全专家，他们通过开放合作式的讨论，决定哪些漏洞和暴露要包含进 CVE 中，并且确定每个条目的公共名称和描述。CVE 这个标准的管理组织和形成机制可以说是国际先进技术标准制定的典范，CVE 标准对信息系统安全做出了很大的贡献。

　　BS 7799 是英国标准协会(British Standards Institute，BSI)针对信息安全管理而制定的一个标准，最早始于 1995 年，后来几经改版，2000 年被采纳为 ISO/IEC 17799，目前其内容被整合到 ISO/IEC 27000 系列标准中，ISO/IEC 27001 和 ISO/IEC 27002 是 BS 7799 的直接继承者，广泛应用于信息安全管理。BS 7799 标准采用层次化结构形式定义描述了安全策略、信息安全的组织结构、资产管理、人力资源安全等 11 个安全管理要素，另外还给出了 39 个主要执行目标和 133 个具体控制措施。BS 7799 明确了组织机构信息安全管理建设的内容，为负责信息安全系统应用和开发的人员提供了较全面的参考规范。

　　COBIT 的英文全称为 Control Objectives for Information and Related Technology，1996 年由国际信息系统审计与控制协会(ISACA)提出，是目前国际上通用的信息系统审计标准。在 COBIT 文档中，提出了七个控制目标，分别是机密性、完整性、可用性、有效性、高效性、可靠性和符合性；归纳了四个控制域，包括规划和组织(plan and organize)、获得和实施(acquire and implement)、交付与支持(deliver and support)以及监视与评价(monitor and evaluate)。在这四个控制域中，包括 34 个控制过程以及 318 个详细控制目标。COBIT 在创建了一个 IT 管理框架的同时，提供了支持工具集，用来帮助管理者弥补控制需求与技术问题、业务风险之间的差距。目前已在世界一百多个国家的重要组织或企业中运用，指导这些组织有效地利用信息资源，有效地管理与信息相关的风险。

10.3.2　信息安全产品标准 CC

　　CC 标准是在美国和欧洲等国家和地区各自推出的测评准则的基础上总结和融合发展起来的。CC 标准的发展演变如图 10.4 所示，1979 年 6 月美国国防部发布了计算机系统安全的军队标准 DoD5200.28-M，在此基础上 1983 年美国国防部公布 TCSEC，被认为是 CC 标准的最初原型。但 CC 标准在多方面对 TCSEC 进行了改进。TCSEC 主要是针对操作系统的评估，提出的是安全功能要求，而 CC 更全面地考虑了与信息技术安全性有关的所有因素，以"安全功能要求"和"安全保证要求"的形式提出了这些因素。CC定义了作为评估信息技术产品和系统安全性的基础准则，提出了目前国际上公认的表述信息技术安全性的结构。

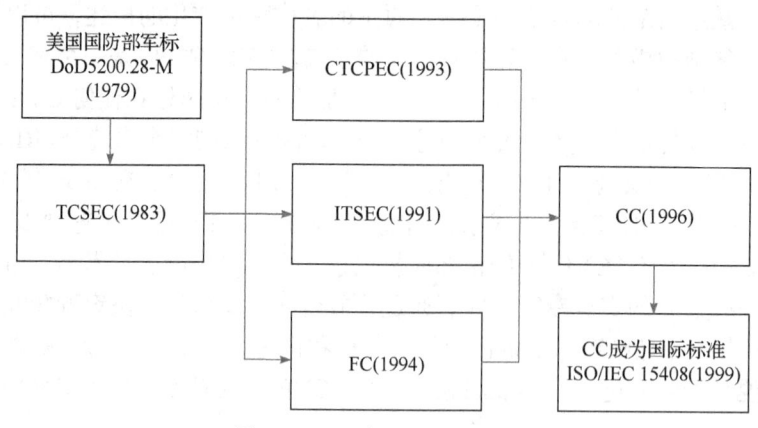

图 10.4 CC 标准的演进历程

CC 标准提倡安全工程的思想，通过信息安全产品的开发、评价、使用全过程的各个环节的综合考虑来确保产品的安全性。CC 文档在结构上分为三个部分，这三个部分相互依存、缺一不可，从不同层面描述了 CC 标准的结构模型。第 1 部分"简介和一般模型"，介绍了 CC 中的有关术语、基本概念和一般模型以及与评估有关的一些框架，附录部分主要介绍"保护轮廓"和"安全目标"的基本内容；第 2 部分"安全功能要求"，这部分以"类、子类、组件"的方式提出安全功能要求，对每一个"类"的具体描述除正文之外，在提示性附录中还有进一步的解释；第 3 部分"安全保证要求"，定义了评估保证级别，介绍了"保护轮廓"和"安全目标"的评估，并同样以"类、子类、组件"的方式提出安全保证要求。

CC 标准的内容主要包括安全需求的定义、需求定义的用法、安全可信度级别、安全产品的开发和产品安全性评价等几个方面。

1) 安全需求的定义

和软件工程的开发过程一样，安全产品的开发也必须从安全需求分析开始。CC 标准对安全需求的表示形式给出了一套定义方法，并将安全需求分成产品安全功能方面的需求和安全保证措施方面的需求两个独立的范畴来定义。产品安全功能方面的需求称为安全功能需求，在标准的第 2 部分中进行了详细的定义和说明，安全功能需求主要用于描述产品应该提供的安全功能。安全保证措施方面的需求又称安全保证需求，在第 3 部分给出了具体定义，安全保证需求主要用于描述产品的安全可信度及为获取一定的可信度应该采取的措施。

在 CC 标准中，安全需求以类、族、组件的形式进行定义，这给出了对安全需求进行分组归类的方法。首先，对全部安全需求进行分析，根据不同的侧重点，划分成若干大组，每个大组就称为一个类；每个类的安全需求，根据不同的安全目标又划分成若干族。每个族的安全需求，根据不同的安全强度或能力进行进一步划分，用组件来表示更小的组。这样,安全需求由类构成,类由族构成,族由组件构成。组件是 CC 标准中最小的可选安全需求集,是安全需求的具体表现形式。表 10.2 给出了安全需求定义部分的安全功能需求类和安全保证需求类。

表 10.2 安全需求类定义

安全功能需求类(共 11 项)	安全保证需求类(共 7 项)
安全审计类 通信类 加密支持类 用户数据保护类 身份识别与认证类 安全管理类 隐私类 安全功能件保护类 资源使用类 安全产品访问类 可信路径/通道类	构造管理类 发行与使用类 开发类 指南文档类 生命周期支持类 测试类 脆弱性评估类

2) 需求定义的用法

安全需求定义中的"类、族、组件"体现的是分类方法,具体的安全需求由组件体现,选择一个需求组件等同于选择一项安全需求。CC 标准鼓励人们尽可能选用该标准中已定义的安全需求组件,也允许人们自行定义其他必要的安全需求组件。通常,一个安全产品多是多项安全需求的集合,需要用多个需求组件以一定的组织方式组合起来进行表示。

CC 标准定义了三种类型的组织结构用于描述产品安全需求,它们分别是安全组件包、保护轮廓定义和安全对象定义。一个安全组件包就是把多个安全需求组件组合在一起所得到的组件集合。保护轮廓定义是一份安全需求说明书,是针对某一类安全环境确立相应的安全目标,进而定义为实现这些安全目标所需要的安全需求,保护轮廓定义的主要内容包括定义简述、产品说明、安全环境、安全目标、安全需求、应用注释和理论依据等。

安全对象定义和保护轮廓定义相似,是一份安全需求与概要设计说明书,不同的是,安全对象定义的安全需求是为某一特定的安全产品而定义的,具体的安全需求可通过引用一个或多个保护轮廓定义来定义,也可从头定义。安全对象定义的组成部分主要包括定义简述、产品说明、安全环境、安全目标、安全需求、产品概要说明、保护轮廓定义的引用声明和理论依据等。

3) 安全可信度级别

CC 标准定义了一套评价保证级别,可记为 EAL,作为描述产品的安全可信度的尺度。CC 标准通过评价产品的设计方法、工程开发、生命周期、测试方案和脆弱性评估等方面所采取的措施来确立产品的安全可信度。如表 10.3 所示,CC 标准按安全可信度由低到高依次定义了七个安全可信度级别,EAL 的各个级别都涉及多个安全保证需求类的内容。EAL 给出了产品获取不同级别安全可信度的可行性及所需付出的相应代价之间的权衡关系。

表 10.3 安全可信度级别

级别	定义	可信度级别描述
EAL1	职能式测试级	表示信息保护问题得到了适当的处理
EAL2	结构式测试级	表示评价时需要得到开发人员的配合,该级提供低中级的独立安全保证
EAL3	基于方法学的测试与检查级	要求在设计阶段实施积极的安全工程思想,提供中级的独立安全保证
EAL4	基于方法学的设计、测试与审查级	要求按照商业化开发惯例实施安全工程思想,提供中高级的独立安全保证
EAL5	半形式化的设计与测试级	要求按照严格的商业化开发惯例,应用专业的安全工程技术及思想,提供高等级的独立安全保证
EAL6	半形式化验证的设计与测试级	通过在严格的开发环境中应用安全工程技术来获取高的安全保证,使产品能在高度危险的环境中使用
EAL7	形式化验证的设计与测试级	目标是使产品能在极端危险的环境中使用。目前只限于可进行形式化分析的安全产品

4) 安全产品的开发

CC 标准体现了软件工程与安全工程相结合的思想。信息安全产品必须按照软件工程和安全工程的方法进行开发才能较好地获得预期的安全可信度。安全产品从需求分析到产品的最终实现,整个开发过程可依次分为应用环境分析、明确产品安全环境、确立安全目标、形成产品安全需求、安全产品概要设计、安全产品实现等几个阶段。一般而言,各个阶段顺序进行,前一个阶段的工作结果是后一个阶段的工作基础。有时前面阶段的工作也需要根据后面阶段工作的反馈内容进行完善拓展,形成循环往复的过程。开发出来的产品经过安全性评价和可用性鉴定后,再投入实际使用。

5) 产品安全性评价

CC 标准在评价安全产品时,把待评价的安全产品及其相关指南文档资料作为评价对象。它定义了三种评价类型,分别为安全功能需求评价、安全保证需求评价和安全产品评价,第一项评价的目的是证明安全功能需求是完全的、一致的和技术良好的,能用作可评价的安全产品的需求表示;第二项评价的目的是证明安全保证需求是完全的、一致的和技术良好的,可作为相应安全产品评价的基础,如果安全保证需求中含有安全功能需求一致性的声明,还要证明安全保证需求能完全满足安全功能需求。最后一项安全产品评价的目的是要证明被评价的安全产品能够满足安全保证的安全需求。

CC 标准的评价框架面向所有信息安全产品,提供安全性评价的基本尺度和指导思想。它不限定哪类产品应该提供哪些安全功能,也不限定哪些安全功能应该具有哪个级别的安全可信度,它强调评价涉及的具体事项应在实际应用中根据实际情况需要来灵活确定。

10.3.3 信息安全管理体系标准 BS 7799

BS 7799 是 BSI 针对信息安全管理而制定的一个标准,共分为两个部分。第一部分 BS 7799-1 是《信息安全管理实施细则》,主要提供给负责信息安全系统开发的人员参考使用,其中分为 11 个标题,定义了 133 项安全控制(最佳惯例)。第二部分 BS 7799-2 是

《信息安全管理体系规范》,其中详细说明了建立、实施和维护信息安全管理体系的要求,其最终目的是建立适合企业所需的信息安全管理体系。BS 7799 是信息安全管理领域的开创性标准,为后续的国际标准(如 ISO/IEC 27000 系列)奠定了基础。尽管它已被整合和扩展,但其设计框架和思想仍然具有重要的历史意义和参考价值,下面简单介绍 BS 7799 的主要内容。

BS 7799-1 标准部分在正文之前设立了"前言"和"介绍",在"介绍"中对"什么是信息安全、为什么需要信息安全、如何确定安全需要、评估安全风险、选择控制措施、信息安全起点、关键的成功因素、制定自己的准则"等内容做了说明。标准中给出了信息安全有关概念的定义,如信息安全、保密性、完整性、可用性等。标准还明确地说明信息、信息处理过程及对信息起支撑作用的信息系统和信息网络都是重要的商务资产。信息的保密性、完整性和可用性对保持竞争优势、资金流动、效益、法律符合性和商业形象都是至关重要的。组织对信息系统和信息服务的依赖意味着更易受到安全威胁的破坏,公共和私人网络的互连及信息资源的共享增大了实现访问控制的难度。许多信息系统本身就不是按照安全系统的要求来设计的,所以仅依靠技术手段来实现信息安全有局限性,信息安全的实现必须得到管理和程序控制的适当支持。

BS 7799-1 从 11 个方面定义了 133 项控制措施,这些安全控制措施用来识别在运作过程中对信息安全有影响的元素,并根据适当的法律法规和章程加以选择和使用,这些内容对信息安全管理体系实施者来说具有较高的参考价值。这 11 个方面分别如下:

(1) 安全策略。
(2) 组织信息安全。
(3) 资产管理。
(4) 人力资源安全。
(5) 物理和环境安全。
(6) 通信和操作管理。
(7) 访问控制。
(8) 信息系统获取、开发和维护。
(9) 信息安全事件管理。
(10) 业务连续性管理。
(11) 符合性。

其中,除了访问控制,信息系统获取、开发和维护,通信和操作管理这几个方面与技术关系紧密之外,其他方面更注重于组织整体的管理和运营操作,在这里较好地体现出了信息安全的"三分靠技术,七分靠管理"的理念。

BS 7799-2 详细说明了建立、实施和维护信息安全管理体系的要求,指出实施机构应该使用某一风险评估标准来鉴定最适宜的控制对象,对自己的需求采取适当的安全控制。建立信息安全管理体系需要六个基本步骤,具体如下:

(1) 定义信息安全策略。信息安全策略是组织信息安全的最高方针,需要根据组织内各个部门的实际情况,分别制定不同的信息安全策略。信息安全策略应该简单明了、通俗易懂,并形成书面文件,发给组织内的所有成员。同时对所有相关人员进行信息安全策略的培训，对信息安全负有特殊责任的人员要进行特殊的培训。

(2) 定义信息安全管理体系的范围。信息安全管理体系的范围描述了需要进行信息安全管理的领域轮廓，组织根据自己的实际情况，在整个范围或个别部门构建信息安全管理体系。在此阶段，应将组织划分成不同的信息安全控制领域，以易于组织对有不同需求的领域进行适当的信息安全管理。

(3) 进行信息安全风险评估。信息安全风险评估的复杂程度取决于风险的复杂程度和受保护资产的敏感程度，所采用的评估措施应该与组织对信息资产风险的保护需求相一致。风险评估主要对信息安全管理体系范围内的信息资产进行鉴定和估价，然后对信息资产面对的各种威胁和脆弱性进行评估，同时对已存在的或规划的安全管制措施进行鉴定。

(4) 信息安全风险管理。根据风险评估的结果进行相应的风险管理。

(5) 确定控制目标和选择控制措施。控制目标的确定和控制措施的选择原则是费用不超过风险所造成的损失。由于信息安全是一个动态的系统工程，组织应实时对选择的控制目标和控制措施加以校验和调整，以适应具体情况的变化。

(6) 准备信息安全适用性声明。信息安全适用性声明记录了组织内相关的风险控制目标和针对每种风险所采取的各种控制措施。信息安全适用性声明一方面是为了向组织内的成员声明对信息安全面对的风险的态度，另一方面是为了向外界表明组织的态度和工作，并表明组织已经全面、系统地审视了组织的信息安全系统，并已将所有潜在的风险控制在能够被接受的范围内。

BS 7799 提供的管理标准是由信息安全最佳控制措施组成的实施规范和管理准则，涵盖了几乎所有的安全议题，非常适合作为各种组织确定其信息系统的安全控制范围及措施的参考基准。

10.3.4　中国的有关信息安全标准

信息安全标准是我国信息安全保障体系的重要组成部分，是政府进行宏观管理的重要依据，也是促进产业发展的重要手段。从 20 世纪 80 年代开始，全国信息技术标准化技术委员会下属的信息安全分技术委员会协同社会各界共同努力，吸收转化了一批国际信息安全基础技术标准，同时也积极制定了具有我国特色的信息安全标准。1985 年发布了第一个标准《信息技术设备的安全》（GB 4943）(现已更新为《音视频、信息技术和通信技术设备　第 1 部分：安全要求》(GB 4943.1—2022))，并于 1994 年发布了第一批信息安全技术标准。公安部、国家保密局、国家密码管理局等相继制定、颁布了一批信息安全的行业标准，为推动信息安全技术在各行业的应用和普及发挥了积极的作用。

1. 我国信息安全标准体系

我国的信息安全标准体系包括六个部分，如图 10.5 所示，分别是基础标准、技术与机制、管理标准、测评标准、密码技术和保密技术。基础标准主要定义或描述信息安全领域的安全术语、体系结构、模型、框架等内容；技术与机制主要包括标识与鉴别、授权与访问控制、实体管理、物理安全等内容；管理标准主要包括管理基础、管理要素、管理支撑技术、工程与服务等内容；测评标准主要分为基础标准、产品标准、系统标准三部分，每一部分均针对其对象提出了安全级别标准及相应的测试方法。密码技术主要包括基础标准、技术标准和管理标准三部分，基础标准描述了密码术语、密钥算法配用和密钥配用，技术标准涉及密码协议、密码管理、密码检测评估、密码算法、密码芯片、密码产品、密码管理应用接口以及密码应用服务系统等内容，管理标准涉及密码产品的开发、生产及使用等内容；保密技术主要分为技术标准和管理标准两部分，技术标准包括电磁泄漏发射防护与检测、涉密信息系统技术要求和测评、保密产品技术要求和测评、涉密信息消除和介质销毁以及其他技术标准等内容，管理标准包括电子文件管理、涉密信息系统管理和实验室要求三部分内容。

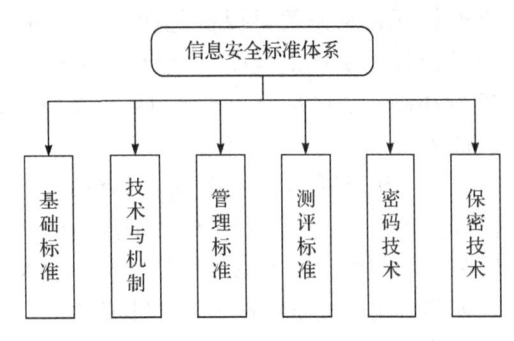

图 10.5 国家信息安全标准体系

2．计算机信息系统安全保护等级划分准则

在我国众多的信息安全标准中，公安部主持制定、国家质量技术监督局发布的中华人民共和国国家标准《计算机信息系统 安全保护等级划分准则》(GB 17859—1999)被认为是我国信息安全标准的奠基石。它将信息系统安全分为五个等级：用户自主保护级、系统审计保护级、安全标记保护级、结构化保护级和访问验证保护级。主要的安全考核指标有身份认证、自主访问控制、数据完整性、审计等，这些指标涵盖了不同级别的安全要求。在该准则中给出了计算机信息系统、可信计算基、主体、客体、敏感标记、安全策略、信道、隐蔽信道、访问监控器等定义，其中计算机信息系统可信计算基(trusted computing base of computer information system)的定义是计算机系统内保护装置的总体，包括硬件、固件、软件和负责执行安全策略的组合体。五个安全等级的描述如下。

第一级 用户自主保护级：本级的计算机信息系统可信计算基通过隔离用户与数据，使用户具备自主安全保护的能力。它具有多种形式的控制能力，对用户实施访问控制，即为用户提供可行的手段，保护用户和用户组信息，避免其他用户对数据的非法读写与破坏。

第二级 系统审计保护级：与用户自主保护级相比，本级的计算机信息系统可信计算基实施了粒度更细的自主访问控制，它通过登录规程、审计安全性相关事件和隔离资源，使用户对自己的行为负责。

第三级 安全标记保护级：本级的计算机信息系统可信计算基具有系统审计保护级所有功能。此外，还提供有关安全策略模型、数据标记以及主体对客体强制访问控制的非形式化描述；具有准确地标记输出信息的能力；消除通过测试发现的任何错误。

第四级 结构化保护级：本级的计算机信息系统可信计算基建立于一个明确定义的形式化安全策略模型之上，它要求将第三级系统中的自主和强制访问控制扩展到所有主体与客体。此外，还要考虑隐蔽通道。本级的计算机信息系统可信计算基必须结构化为关键保护元素和非关键保护元素。计算机信息系统可信计算基的接口也必须明确定义，使其设计与实现能经受更充分的测试和更完整的复审。加强了鉴别机制；支持系统管理员和操作员的职能；提供可信设施管理；增强了配置管理控制。系统具有相当的抗渗透能力。

第五级 访问验证保护级：本级的计算机信息系统可信计算基满足访问监控器需求。访问监控器仲裁主体对客体的全部访问。访问监控器本身是抗篡改的；必须足够小，能够分析和测试。为了满足访问监控器需求，计算机信息系统可信计算基在其构造时，排除那些对实施安全策略来说并非必要的代码；在设计和实现时，从系统工程角度将其复杂性降到最低程度。支持安全管理员职能；扩充审计机制，当发生与安全相关的事件时发出信号；提供系统恢复机制。系统具有很高的抗渗透能力。

除了 GB 17859—1999 标准之外，我国制定的《网络安全技术 信息技术安全评估准则 第 1 部分：简介和一般模型》(GB/T 18336.1—2024)和《信息安全技术 信息系统安全管理要求》(GB/T 20269—2006)等信息安全标准对指导我国信息安全领域的具体实践也起到了重要的作用。

3. 网络安全等级保护制度

2019 年 5 月 10 日，国家标准《信息安全技术 网络安全等级保护基本要求》(GB/T 22239—2019，等保 2.0)由国家市场监督管理总局和国家标准化管理委员会联合发布，并于 2019 年 12 月 1 日正式实施。

《信息安全技术 网络安全等级保护基本要求》是在《信息安全技术 信息系统安全等级保护基本要求》(GB/T 22239—2008，等保 1.0)基础上改进发展而来的，这一标准的实施对我国网络安全建设具有重要的指导意义，标志着我国网络安全等级保护制度进入了新的阶段。

等保 2.0 在继承了等保 1.0 中以资产防护为目标的成功实践的基础上，结合近些年网络与信息技术的新变化，补充提出了对云计算、物联网、移动互联网和工业控制系统的安全防护要求。等保 2.0 扩展安全防护要求的提出，体现了基础设施和业务应用的发展是安全保障体系创新的第一驱动力，也充分反映了我国以基础设施和业务应用为核心的安全保障思想。无论是等保 1.0 还是等保 2.0，监测预警都是安全技术体系的重中之重。等保 2.0 标准对新型攻击分析、网络内部攻击、用户行为分析等高级威胁提出了条款要求。这些未知威胁与潜在威胁监测预警的能力要求，充分体现出等保 2.0 主动防御、动态防御的核心思想。网络安全的本质在于攻防对抗，等保 2.0 所提倡的主动防御、动态防御的思想，目的也是在攻防对抗中能够占得先机。只有有效地融合威胁检测、安全预警、分析研判、追踪溯源能力，使之相辅相成、互为补充，才能构成完整的主动安全防御能力，达到主动安全防御的目的与效果。等保 2.0 中强调了安全管理中心的作用与要求，体现了对较高级别的等级保护对象进行集中安全管理的思想，保证分散于各个层面的安全能力在统一策略的指导下实现，各个安全控制在可控情况下发挥各自的作用，保证等级保护对象的整体能力。

《信息安全技术 网络安全等级保护基本要求》(GB/T 22239—2019)主要内容包括

11 个部分，具体内容如下。

(1) 范围：给出标准的适用范围。第一级至第四级为需要分等级指导的非涉密对象，第五级等级保护对象是非常重要的监督管理对象，具体管理未在标准中进行描述。

(2) 规范性引用文件：列出本标准应用时必不可少的有关技术标准文件。

(3) 术语和定义：列出并解释在标准中使用的专业术语及其定义，以确保准确理解。

(4) 缩略语：列出适用于本文件的缩略语。

(5) 网络安全等级保护概述：概括性地描述等级保护对象种类、不同级别的安全保护能力，以及安全通用要求和安全扩展要求，扩展要求主要面向云计算、移动互联、物联网、工业控制系统。

(6) 第一级安全要求：详细说明第一级安全保护对象应满足的安全要求，包括安全物理环境、安全通信网络、安全区域边界、安全计算环境、安全管理制度、安全管理机构、安全管理人员、安全管理建设、安全运维管理等方面。安全保护对象包括通用、云计算、移动互联、物联网、工业控制系统。

(7) 第二级安全要求：描述第二级安全保护对象在安全管理、安全技术等方面的详细要求。第二级至第四级的安全要求描述中的具体安全保护对象分类和包含的安全需求方面与第一级基本一致。

(8) 第三级安全要求：描述第三级安全保护对象在安全管理制度、安全技术等方面的更为严格的要求。

(9) 第四级安全要求：说明第四级安全保护对象所需满足的极高安全标准。

(10) 第五级安全要求：该等级保护对象是非常重要的监督管理对象，需要特殊的管理模式和安全要求，未在该标准中具体描述。

(11) 附录：
① 附录 A(规范性附录)关于安全通用要求和安全扩展要求的选择和使用。
② 附录 B(规范性附录)关于等级保护对象整体安全保护能力的要求。
③ 附录 C(规范性附录)等级保护安全框架和关键技术使用要求。
④ 附录 D(资料性附录)云计算应用场景说明。
⑤ 附录 E(资料性附录)移动互联应用场景说明。
⑥ 附录 F(资料性附录)物联网应用场景说明。
⑦ 附录 G(资料性附录)工业控制系统应用场景说明。
⑧ 附录 H(资料性附录)大数据应用场景说明。

10.4　信息安全法律法规及道德规范

在高度信息化的今天，信息已深入社会生活的各个方面，信息安全不仅是安全管理人员的责任，同时也需要全社会的共同维护，在我们享受信息化带给我们的优质服务的同时，也需要遵守相关的法律法规以及道德规范。

10.4.1 信息犯罪

信息资源是当今社会的重要资产，围绕信息资源的犯罪已成为影响社会安定的重要因素。目前信息犯罪还没有权威的定义，总结各界对信息犯罪的理解，可以认为信息犯罪是以信息技术为犯罪手段，故意实施的有社会危害性的，依据法律规定，应当予以刑罚处罚的行为。

信息犯罪涵盖的范围很广，计算机犯罪和网络犯罪都应属于信息犯罪的范畴，而且目前多数信息犯罪均属于计算机及网络犯罪。关于计算机犯罪，公安部给出的定义是"所谓计算机犯罪，就是在信息活动领域中，以计算机信息系统或计算机信息知识作为手段，或者针对计算机信息系统，对国家、团体或个人造成危害，依据法律规定，应当予以刑罚处罚的行为。"由于受到计算机犯罪概念的影响，理论界有学者认为"网络犯罪就是行为主体以计算机或计算机网络为犯罪工具或攻击对象，故意实施的危害计算机网络安全的，触犯有关法律规范的行为。"从计算机犯罪和网络犯罪的概念解释可以看出它们之间存在着很多相同之处，一般可以认为网络犯罪应包含计算机犯罪。

从犯罪的侵害对象上来看，信息犯罪一般可以分为两类，一类以信息资源为侵害对象，另一类以非信息资源的主体为侵害对象。在现代社会，信息资源占有极其重要的战略地位，有时甚至比物质和能源更为重要，可以说是重要的资产财富，因而很多犯罪分子将其视为重要的犯罪对象。以信息资源为犯罪对象的犯罪形式是多种多样的，常见的有以下几种。

(1) 信息破坏。犯罪主体出于某种动机，利用非法手段进入未授权的系统或对他人的信息资源进行非法控制，具体行为表现为故意利用损坏、删除、修改、增加、干扰等手段，对信息系统内部的硬件、软件以及传输的信息进行破坏，从而导致网络信息丢失、篡改、更换等，严重的可引起系统或网络的瘫痪。例如，黑客利用不正当的手段取得计算机网络系统的口令和密码，非法进入计算机信息系统，篡改用户数据、搜索和盗取私人文件、攻击整个信息系统等，此类犯罪对用户和社会可能造成极大的危害。

(2) 信息窃取。此类犯罪是指未经信息所有者同意，擅自秘密窃取或非法使用其信息的犯罪行为，如盗窃公司的商业秘密和个人隐私信息，擅自出版、印刷他人的文学作品、软件、音像制品等。

(3) 信息滥用。这类犯罪是指由使用者违规操作，在信息系统中输入或者传播非法数据信息，毁灭、篡改、取代、涂改数据库中存储的信息，给他人造成损害的犯罪行为。

当今社会，信息科学和信息技术以造福人类为目标，代表了新技术革命的主流和方向，其成果有效地改善了人类的认知能力、计算能力和控制能力。然而，信息技术也被犯罪分子所关注，并将其作为重要的犯罪手段，实施对社会、国家、他人等非信息资源主体的侵害行为。这类犯罪形式同样五花八门，其中以下几种犯罪行为具有较大的危害性。

(1) 妨害国家安全和社会稳定的信息犯罪。犯罪主体利用网络信息造谣、诽谤或者发表、传播有害信息，煽动颠覆国家政权、推翻社会制度、分裂国家以及破坏国家统一等，如反动组织利用网络传播有害信息。

(2) 妨害社会秩序和市场秩序的信息犯罪。犯罪主体利用信息网络从事虚假宣传、非法经营及其他非法活动，对社会秩序和正规的市场秩序造成恶劣的影响。例如，一些犯罪分子利用网上购物的无纸化和实物不可见的特点，发布虚假商品出售信息，在骗取购物者钱财之后便销声匿迹，致使许多消费者上当受骗。这种行为严重破坏了市场经济秩序和社会秩序。

(3) 妨害他人人身、财产权利的信息犯罪。犯罪主体利用信息网络侮辱诽谤他人或者骗取他人财产(包含信息财产)。例如，通过信息网络，以窃取及公布他人隐私、编造各种丑闻以及窃取他人信用卡信息等方法为手段，以达到损害他人的隐私权、名誉权和骗取他人财产的目的。

与其他犯罪形式不同，信息犯罪是以使用信息技术为基本特征的，因此，其犯罪行为也具有信息技术的一些显著特点。

(1) 智能化。以计算机及网络犯罪为例，犯罪者大多是掌握计算机和网络技术的专业人才，洞悉信息网络的缺陷与漏洞，运用熟练的信息技术，借助四通八达的信息网络，对信息系统及各种电子数据、资料等信息资源发动攻击。这种鲜明的信息技术特点是此类犯罪智能化的具体表现。

(2) 多样性。信息技术手段的多样性，必然造就信息犯罪行为的多样性。例如，窃取秘密、金融投机、剽窃软件、网络钓鱼、发布虚假信息以及非法入侵等均属于信息犯罪行为，可见信息犯罪形式多种多样。

(3) 隐蔽性强。信息犯罪时，犯罪分子可能只需要向计算机输入错误指令或简单篡改软件程序，作案时间短，甚至可以设计犯罪程序在一段时间后才运行发作，致使一般人很难察觉到。

(4) 侦查取证困难。以计算机犯罪为例，实施犯罪一般为异地作案，而且所有证据均为电子数据，犯罪分子可能在实施犯罪后，直接毁灭电子犯罪现场，致使侦查工作和罪证采集相当困难。

(5) 犯罪后果严重。信息安全专家普遍认为，信息犯罪危害性的大小，取决于信息资源的社会作用，作用越大，信息犯罪的后果越严重。

信息犯罪是社会信息化的必然产物，除了采用信息安全技术手段来防范信息犯罪之外，还必须加强信息安全道德规范的宣传，必要时依靠相关法律予以制裁。

10.4.2 信息安全法律法规

随着信息技术的发展，特别是社会信息化的不断深入，建立并不断完善信息安全法律体系已经成为当今社会的重要课题。一方面，法律法规是震慑和惩罚信息犯罪的重要工具；另一方面，法律法规也是合法实施各项信息安全技术的理论依据。从国家的层面上看，建立信息安全法律法规是保障国家完整、社会稳定的需要，是保障国家经济健康发展的需要，是保障公民权益不受侵犯的需要，是建设社会主义精神文明的需要，同时也是一个法制健全国家的重要标志。

1. 国外网络安全法律法规

国外的信息安全立法活动是从20世纪60年代开始的，1973年瑞典颁布了《瑞典国家数据保护法》，这是世界上首部直接涉及计算机安全问题的法规。随后，丹麦等西欧各国都先后颁布了数据法或数据保护法。美国的计算机犯罪立法最初是从州开始的。1978年，佛罗里达州率先制定了《计算机犯罪法案》，随后其他各州均纷纷起而效之。目前世界多数国家均颁布了有关信息安全的法律法规。美国先后颁布了《信息自由法》、《计算机欺诈和滥用法》、《计算机安全法》、《国家信息基础设施保护法》、《通信净化法》、《个人隐私法》、《儿童网上保护法》、《爱国者法案》、《联邦信息安全管理法案》、《关键基础设施标识、优先级和保护》以及《涉密国家安全信息》等法律法规。国外重要的信息安全法律法规还有德国的《信息和通信服务规范法》、法国的《互联网络宪章》、英国的《三R互联网络安全规则》以及俄罗斯的《联邦信息、信息化和信息保护法》、日本的《电讯事业法》等，欧洲理事会也出台了《网络犯罪公约》。

2. 中国法律法规体系

我国信息安全法律体系建设是从20世纪80年代开始的，1994年2月，国务院颁布的《中华人民共和国计算机信息系统安全保护条例》赋予公安机关行使对计算机信息系统的安全保护工作的监督管理职权。1995年2月全国人大常委会颁布的《中华人民共和国人民警察法》明确了公安机关具有监督管理计算机信息系统安全的职责。《中华人民共和国网络安全法》作为我国首部以法律形式保护网络安全的法律文件，自2017年6月1日起正式执行，是我国网络安全的基本法。后续相继出台了《中华人民共和国数据安全法》《中华人民共和国个人信息保护法》等法律法规，进一步细化了网络安全法律体系的内容，提升了网络安全的保障能力。我国有关信息安全的立法原则是重点保护、预防为主、责任明确、严格管理和促进社会发展。

我国的信息安全法律法规从性质及适用范围上可分为以下几类。

1) 通用性法律法规

通用性法律法规如《中华人民共和国宪法》《中华人民共和国国家安全法》《中华人民共和国保守国家秘密法》等，这些法律法规并没有专门针对信息安全进行规定，但它所规范和约束的对象中包括了危害信息安全的行为。

《中华人民共和国宪法》的第四十条规定："中华人民共和国公民的通信自由和通信秘密受法律的保护。除因国家安全或者追查刑事犯罪的需要，由公安机关或者检察机关依照法律规定的程序对通信进行检查外，任何组织或者个人不得以任何理由侵犯公民的通信自由和通信秘密。"

《中华人民共和国国家安全法》的第二十五条规定："国家建设网络与信息安全保障体系，提升网络与信息安全保护能力，加强网络和信息技术的创新研究和开发应用，实现网络和信息核心技术、关键基础设施和重要领域信息系统及数据的安全可控；加强网络管理，防范、制止和依法惩治网络攻击、网络入侵、网络窃密、散布违法有害信息等网络违法犯罪行为，维护国家网络空间主权、安全和发展利益。"

《中华人民共和国保守国家秘密法》的第五条规定："国家秘密受法律保护。一切国家机关和武装力量、各政党和各人民团体、企业事业组织和其他社会组织以及公民都有保密的义务。任何危害国家秘密安全的行为，都必须受到法律追究。"

2) 惩戒信息犯罪的法律

这类法律包括《中华人民共和国刑法》《全国人大常委会关于维护互联网安全的决定》等。这类法律中的有关法律条文可以作为规范和惩罚网络犯罪的法律规定。

《中华人民共和国刑法》的第二百一十九条给出了侵犯商业秘密罪的惩罚，有下列侵犯商业秘密行为之一，情节严重的，处三年以下有期徒刑，并处或者单处罚金；情节特别严重的，处三年以上十年以下有期徒刑，并处罚金：

(一) 以盗窃、贿赂、欺诈、胁迫、电子侵入或者其他不正当手段获取权利人的商业秘密的；

(二) 披露、使用或者允许他人使用以前项手段获取的权利人的商业秘密的；

(三) 违反保密义务或者违反权利人有关保守商业秘密的要求，披露、使用或者允许他人使用其所掌握的商业秘密的。

明知前款所列行为，获取、披露、使用或者允许他人使用该商业秘密的，以侵犯商业秘密论。本条所称权利人，是指商业秘密的所有人和经商业秘密所有人许可的商业秘密使用人。

3) 针对信息网络安全的特别规定

这类法律规定主要有《中华人民共和国网络安全法》《中华人民共和国数据安全法》《中华人民共和国个人信息保护法》《中华人民共和国计算机信息系统安全保护条例》《中华人民共和国计算机信息网络国际联网管理暂行规定》《中华人民共和国计算机软件保护条例》等。这些法律规定的立法目的是保护信息系统、网络以及软件等信息资源，从法律上明确哪些行为构成违反法律法规，并可能被追究相关民事或刑事责任。

4) 规范信息安全技术及管理方面的规定

这类法律主要有《商用密码管理条例》《计算机信息系统安全专用产品检测和销售许可证管理办法》《计算机病毒防治管理办法》等。

《商用密码管理条例》的第三条规定："坚持中国共产党对商用密码工作的领导，贯彻落实总体国家安全观。国家密码管理部门负责管理全国的商用密码工作。县级以上地方各级密码管理部门负责管理本行政区域的商用密码工作。网信、商务、海关、市场监督管理等有关部门在各自职责范围内负责商用密码有关管理工作。"第四十三条规定："密码管理部门依法组织对商用密码活动进行监督检查,对国家机关和涉及商用密码工作的单位的商用密码相关工作进行指导和监督。"

目前，我国信息安全法律法规体系主要由六个部分组成，分别是法律、行政法规、部门规章和规范性文件、地方性法规、地方政府规章和司法解释，表 10.4 给出了部分内容。

表 10.4　我国信息安全法律法规体系

分类	具体法律法规		
法律	《中华人民共和国宪法》 《中华人民共和国保守国家秘密法》 《中华人民共和国国家安全法》 《中华人民共和国人民警察法》 《中华人民共和国刑法》 《中华人民共和国网络安全法》 《中华人民共和国数据安全法》 《中华人民共和国个人信息保护法》 《全国人民代表大会常务委员会关于维护互联网安全的决定》 《中华人民共和国电子签名法》 《中华人民共和国治安管理处罚法》		
行政法规	《中华人民共和国计算机信息系统安全保护条例》 《中华人民共和国计算机信息网络国际联网管理暂行规定》 《商用密码管理条例》 《互联网信息服务管理办法》 《互联网上网服务营业场所管理条例》 《信息网络传播权保护条例》		
部门规章和规范性文件	公安部	《计算机信息系统安全专用产品检测和销售许可证管理办法》 《计算机信息网络国际联网安全保护管理办法》 《金融机构计算机信息系统安全保护工作暂行规定》 《计算机病毒防治管理办法》 《互联网安全保护技术措施规定》	
	工业和信息化部	《互联网电子公告服务管理规定》 《电信业务经营许可证管理办法》 《计算机信息系统集成资质管理办法(试行)》 《信息系统工程监理暂行规定》 《中国互联网络域名管理办法》 《非经营性互联网信息服务备案管理办法》 《互联网 IP 地址备案管理办法》 《电子认证服务管理办法》 《互联网电子邮件服务管理办法》 《中国互联网络信息中心域名争议解决办法》	
	国家保密局	《科学技术保密规定》 《计算机信息系统保密管理暂行规定》 《计算机信息系统国际联网保密管理规定》 《涉及国家秘密的通信、办公自动化和计算机信息系统审批暂行办法》	
	其他部委	《互联网新闻信息服务管理规定》(国务院新闻办公室) 《电子认证服务密码管理办法》(国家密码管理局) 《商用密码科研管理规定》(国家密码管理局) 其他略	
地方性法规	《辽宁省计算机信息系统安全管理条例》 《湖南省信息化条例》 《重庆市计算机信息系统安全保护条例》 其他略		

续表

分类	具体法律法规
地方政府规章	《四川省计算机信息系统安全保护管理办法》 《山西省计算机安全管理规定》 《黑龙江省计算机信息系统安全管理规定》 《山东省计算机信息系统安全管理办法》 《深圳经济特区计算机信息系统公共安全管理规定》 其他略
司法解释	《关于审理扰乱电信市场管理秩序案件具体应用法律若干问题的解释》 《关于审理涉及计算机网络域名民事纠纷案件适用法律若干问题的解释》 《关于审理涉及计算机网络著作权纠纷案件适用法律若干问题的解释》 《最高人民法院关于审理非法出版物刑事案件具体应用法律若干问题的解释》 其他略

我国信息安全法律法规体系的建立，有效地促进了信息安全工作的有序开展。然而信息安全是一个多层面、极其复杂的问题，不仅涉及技术领域，也深入社会的各个层面，安全技术、安全管理、法律法规以及伦理道德等均与信息安全息息相关。只有信息安全的各个领域、层面不断丰富、完善、发展，才能最大限度地满足人们对信息安全的需求。

10.4.3 国家网络空间安全战略与网络安全法

2016年12月27日，国家互联网信息办公室发布《国家网络空间安全战略》，《国家网络空间安全战略》是国家层面关于网络安全的重要规划和指导，它涵盖了多个方面，包括机遇和挑战、目标、原则、战略任务。

1. 机遇和挑战

今天，互联网等信息网络已经成为信息传播的新渠道、生产生活的新空间、经济发展的新引擎、文化繁荣的新载体、社会治理的新平台、交流合作的新纽带、国家主权的新疆域，这些新领域的拓展为发展带来了重大机遇。随着信息技术的深入发展，网络安全形势日益严峻，网络渗透危害政治安全，网络攻击威胁经济安全，网络有害信息侵蚀文化安全，网络恐怖和违法犯罪破坏社会安全，网络空间的国际竞争方兴未艾，这些安全问题使网络空间面临严峻的挑战。总的来说，网络空间机遇和挑战并存，机遇大于挑战。必须坚持积极利用、科学发展、依法管理、确保安全，坚决维护网络安全，最大限度地利用网络空间发展潜力，造福全人类，维护世界和平。

2. 目标

以总体国家安全观为指导，贯彻落实创新、协调、绿色、开放、共享的发展理念，增强风险意识和危机意识，统筹国内、国际两个大局，统筹发展安全两件大事，积极防御、有效应对，推进网络空间和平、安全、开放、合作、有序，维护国家主权、安全、发展利益，实现建设网络强国的战略目标。

(1) 和平：信息技术滥用得到有效遏制，网络空间军备竞赛等威胁国际和平的活动得到有效控制，网络空间冲突得到有效防范。

(2) 安全：网络安全风险得到有效控制，国家网络安全保障体系健全完善，核心技术装备安全可控，网络和信息系统运行稳定可靠。网络安全人才满足需求，全社会的网络安全意识、基本防护技能和利用网络的信心大幅提升。

(3) 开放：信息技术标准、政策和市场开放、透明，产品流通和信息传播更加顺畅，数字鸿沟日益弥合。不分大小、强弱、贫富，世界各国特别是发展中国家都能分享发展机遇、共享发展成果、公平参与网络空间治理。

(4) 合作：世界各国在技术交流、打击网络恐怖和网络犯罪等领域的合作更加密切，多边、民主、透明的国际互联网治理体系健全完善，以合作共赢为核心的网络空间命运共同体逐步形成。

(5) 有序：公众在网络空间的知情权、参与权、表达权、监督权等合法权益得到充分保障，网络空间个人隐私获得有效保护，人权受到充分尊重。网络空间的国内和国际法律体系、标准规范逐步建立，网络空间实现依法有效治理，网络环境诚信、文明、健康，信息自由流动与维护国家安全、公共利益实现有机统一。

3. 原则

一个安全稳定繁荣的网络空间，对各国乃至世界都具有重大意义。中国愿与各国一道，加强沟通、扩大共识、深化合作，积极推进全球互联网治理体系变革，共同维护网络空间和平安全。

(1) 尊重维护网络空间主权。
(2) 和平利用网络空间。
(3) 依法治理网络空间。
(4) 统筹网络安全与发展。

4. 战略任务

中国的网民数量和网络规模世界第一，维护好中国网络安全，不仅是自身的需要，对于维护全球网络安全乃至世界和平都具有重大意义。中国致力于维护国家网络空间主权、安全，发展利益，推动互联网造福人类，推动网络空间和平利用与共同治理。

(1) 坚定捍卫网络空间主权。
(2) 坚决维护国家安全。
(3) 保护关键信息基础设施。
(4) 加强网络文化建设。
(5) 打击网络恐怖和违法犯罪。
(6) 完善网络治理体系。
(7) 夯实网络安全基础。
(8) 提升网络空间防护能力。
(9) 强化网络空间国际合作。

总的来说，《国家网络空间安全战略》是一个全面而系统的规划，旨在确保国家在网络空间的安全、稳定和发展。通过明确战略目标、坚持战略原则、完成战略任务和采取有效的实施措施，我们能够更好地应对网络安全挑战，保障国家利益和公民权益。

《中华人民共和国网络安全法》由第十二届全国人民代表大会常务委员会第二十四次会议于 2016 年 11 月 7 日通过，于 2017 年 6 月 1 日起施行。《中华人民共和国网络安全法》与《国家网络空间安全战略》相辅相成，共同构成了中国网络安全和信息化建设的政策和法律基础。

《中华人民共和国网络安全法》共 7 章 79 条，具体概述如下：

第一章：总则，共 14 条。首先给出立法目的：为了保障网络安全，维护网络空间主权和国家安全、社会公共利益，保护公民、法人和其他组织的合法权益，促进经济社会信息化健康发展。

第二章：网络安全支持与促进，共 6 条。该章主要规定了国家在网络安全技术研发、网络安全标准制定、网络安全社会化服务体系建设等方面的支持和促进措施。

第三章：网络运行安全，分为一般规定和关键信息基础设施的运行安全，共 19 条。一般规定：涉及网络运行安全的基本要求，如制定内部安全管理制度和操作规程，确定网络安全负责人等；关键信息基础设施的运行安全：对关键信息基础设施的安全保护工作部门、建立健全网络安全检测预警制度和网络安全事件应急预案等进行了规定。

第四章：网络信息安全，共 11 条。该章主要关注网络信息内容的安全，包括用户个人信息的保护，禁止任何个人和组织窃取或者以其他非法方式获取个人信息，以及非法出售或者非法向他人提供个人信息等。

第五章：监测预警与应急处置，共 8 条。监测预警：要求相关部门建立健全网络安全监测预警和信息通报制度，并按要求及时收集、报告网络安全信息。应急处置：对网络安全事件进行及时处置，并按照规定进行报告。

第六章：法律责任，共 17 条。该章规定了违反《中华人民共和国网络安全法》相关规定的法律责任，包括行政处罚、民事责任和刑事责任。

第七章：附则，共 4 条。附则中主要规定了《中华人民共和国网络安全法》的施行日期等相关事宜。

《中华人民共和国网络安全法》的意义不仅在于保障国家网络安全和公民个人信息安全，还在于促进网络经济健康发展、提升全社会网络安全意识、增强国家在全球网络空间的话语权，以及为其他相关法律法规提供基础。

2019 年 10 月 26 日，第十三届全国人民代表大会常务委员会第十四次会议通过《中华人民共和国密码法》，自 2020 年 1 月 1 日起施行。《中华人民共和国密码法》是我国密码领域的第一部法律。该法中所称的密码，是指采用特定变换的方法对信息等进行加密保护、安全认证的技术、产品和服务。旨在规范密码应用和管理，促进密码事业发展，保障网络与信息安全，提升密码管理科学化、规范化、法治化水平。该法中还明确了对违反《中华人民共和国密码法》规定的行为的法律责任。

2021 年 6 月 10 日，第十三届全国人民代表大会常务委员会第二十九次会议通过《中华人民共和国数据安全法》，并于 2021 年 9 月 1 日起施行。《中华人民共和国数据安全法》的立法目的是规范数据处理活动，保障数据安全，促进数据开发利用，保护个人、组织的合法权益，维护国家主权、安全和发展利益。该法对数据安全与发展、数据安全制度、数据安全保护义务以及政务数据安全与开放等方面进行了详细规定，并明确了相关法律责任。

2021 年 8 月 20 日，第十三届全国人民代表大会常务委员会第三十次会议通过《中华人民共和国个人信息保护法》，并于 2021 年 11 月 1 日起实施。《中华人民共和国个人信息保护法》旨在保护个人信息权益，规范个人信息处理活动，促进个人信息合理利用。该法规定了个人信息处理规则、个人信息跨境提供的规则、个人在个人信息处理活动中的权利、个人信息处理者的义务等内容。该法还特别强调，任何组织、个人不得非法收集、使用、加工、传输他人个人信息，不得非法买卖、提供或者公开他人个人信息，并明确了违反规定的法律责任。

随着我国不断颁布各种信息安全的法律法规，目前我国信息安全法律体系日趋完整。我国网络安全法律体系是一个由《中华人民共和国宪法》、《中华人民共和国网络安全法》和其他相关法律法规构成的多层次、全方位的法律规范体系，健全的法律体系为保障我国网络安全、维护国家安全和社会公共利益提供了坚实的法律支撑。

10.4.4 信息安全道德规范

从广义上讲，在信息化社会中，信息资源是整个国家乃至全世界的共同财富，信息安全也是需要世界各国共同面对的问题，信息安全技术不能解决全部问题，信息安全更需要社会全体成员自觉遵守有关的法律法规和道德规范。从管理层面上，道德规范的约束对于信息安全的意义更大。信息安全道德规范涉及的内容范畴很多，不同的应用人群应遵守的道德规范存在着区别。一般来说，信息安全道德规范应该基于三个原则，即整体原则、兼容原则和互惠原则。

(1) 整体原则是指一切信息活动必须服从于社会、国家等团体的整体利益。个体利益服从整体利益，不得以损害团体整体利益为代价谋取个人利益。

(2) 兼容原则是指社会的各主体间的信息活动方式应符合某种公认的规范和标准，个人的具体行为应该被他人及整个社会所接受，最终实现信息活动的规范化和信息交流的无障碍化。

(3) 互惠原则是指任何一个使用者必须认识到，每个个体均是信息资源使用者和享受者，也是信息资源的生产者和提供者，在拥有享用信息资源的权利的同时，也应承担信息社会对其成员所要求的责任。信息交流是双向的，主体间的关系是交互式的，权利和义务是相辅相成的。

在信息安全道德规范中，计算机道德和网络道德是当今信息社会最重要的道德规范。计算机道德是用来约束计算机从业人员的言行，指导其思想的一整套道德规范，涉及思想认识、服务态度、业务钻研、安全意识、待遇得失及公共道德等方面。美国计算机伦理协会(Computer Ethics Institute)为计算机伦理学制定的十条戒律，也可以说就是计算机行为规范，这些规范是一个计算机用户在任何环境中都"应该"遵循的最基本的行为准则，具体内容如下：

(1) 不应用计算机去伤害别人；

(2) 不应干扰别人的计算机工作;
(3) 不应窥探别人的文件;
(4) 不应用计算机进行偷窃;
(5) 不应用计算机作伪证;
(6) 不应使用或复制你没有付钱的软件;
(7) 不应未经许可而使用别人的计算机资源;
(8) 不应盗用别人的智力成果;
(9) 应该考虑你所编的程序的社会后果;
(10) 应该以深思熟虑和慎重的方式来使用计算机。

美国计算机协会(Association of Computing Machinery)是一个全国性的组织,它希望它的成员自觉遵守伦理道德和职业规范,其提倡的行为规范如下:
(1) 为社会和人类作出贡献;
(2) 避免伤害他人;
(3) 要诚实可靠;
(4) 要公正并且不采取歧视性行为;
(5) 尊重包括版权和专利在内的财产权;
(6) 尊重知识产权;
(7) 尊重他人的隐私;
(8) 保守秘密。

另外,国外有些机构还明确划定了那些被禁止的网络违规行为,即从反面界定了违反网络规范的行为类型,如南加利福尼亚大学网络伦理声明指出了六种不道德网络行为,具体内容如下:
(1) 有意地造成网络交通混乱或擅自闯入网络及其相连的系统;
(2) 商业性地或欺骗性地利用大学计算机资源;
(3) 偷窃资料、设备或智力成果;
(4) 未经许可接近他人的文件;
(5) 在公共用户场合做出引起混乱或造成破坏的行动;
(6) 伪造电子函件信息。

我国信息产业发展迅速,特别是互联网行业,目前我国已拥有世界上人数最多的网民群体,有关互联网的道德规范的建立显得尤为重要。从 2002 年起,中国互联网协会先后颁布了一系列行业自律规范,主要包括:
(1) 《中国互联网行业自律公约》(2002 年发布)。
(2) 《互联网新闻信息服务自律公约》(2003 年发布)。
(3) 《互联网站禁止传播淫秽、色情等不良信息自律规范》(2004 年发布)。
(4) 《中国互联网协会互联网公共电子邮件服务规范》(2004 年发布)。
(5) 《搜索引擎服务商抵制违法和不良信息自律规范》(2004 年发布)。
(6) 《中国互联网网络版权自律公约》(2005 年发布)。
(7) 《文明上网自律公约》(2006 年发布)。

(8)《抵制恶意软件自律公约》(2006 年发布)。

(9)《博客服务自律公约》(2007 年发布)。

(10)《反垃圾短信息自律公约》(2008 发布)。

(11)《短信息服务规范(试行)》(2008 年发布)。

其中,2006 年 4 月 19 日发布的《文明上网自律公约》进一步明确了我国网民群体的行为规范,有力地促进了我国互联网的精神文明建设以及网络秩序的良性发展,该公约的自律条文如下:

自觉遵纪守法,倡导社会公德,促进绿色网络建设;
提倡先进文化,摒弃消极颓废,促进网络文明健康;
提倡自主创新,摒弃盗版剽窃,促进网络应用繁荣;
提倡互相尊重,摒弃造谣诽谤,促进网络和谐共处;
提倡诚实守信,摒弃弄虚作假,促进网络安全可信;
提倡社会关爱,摒弃低俗沉迷,促进少年健康成长;
提倡公平竞争,摒弃尔虞我诈,促进网络百花齐放;
提倡人人受益,消除数字鸿沟,促进信息资源共享。

信息安全道德规范的产生是人类全面进入信息社会的重要标志,自觉遵守信息安全道德规范是信息化教育的重要内容。道德规范不是法律法规,上述给出的一些公约条文只是信息安全道德规范的一些表现形式,与人类社会的其他道德规范一样,深入理解道德规范的基本原则最为重要。当人们对基本原则深思熟虑后,就会清晰地知道"应该做什么,不应该做什么"。

习 题 十

1. 名词解释

PDCA、风险评估、风险控制、CVE、CC 标准、BS 7799、信息犯罪

2. 简答题

(1) 如何理解信息安全管理的内涵?
(2) 各信息安全风险因素之间的关系是怎样的?
(3) 风险评估的主要任务有哪些?
(4) 实施风险控制主要包括哪些步骤?
(5) CC 标准与 BS 7799 标准有什么区别?
(6) 等保 2.0 的主要内容及意义是什么?
(7) 简述《国家网络空间安全战略》的主要内容。
(8) 实施《中华人民共和国网络安全法》的意义是什么?
(9) 我国有关信息安全的法律法规有什么特点?

3. 辨析题

(1) 有人说"信息安全风险评估就是对信息系统的安全性进行检查",你认为正确与否,为什么?

(2) 有人说"保守国家秘密是那些涉密人员的事情,与我无关",你认为正确与否,为什么?

参 考 文 献

白洁, 李雪, 胡晓荷, 2007. 直面网络安全最新威胁:网络钓鱼[J]. 信息安全与通信保密(7): 7-14.
白君芬, 2009. 网络钓鱼分析及防范[J]. 甘肃科技, 25(18): 25-27.
鲍刚, 2008. 计算机犯罪与网络犯罪的概念分析[J]. 山西青年管理干部学院学报, 21(3): 62-65.
蔡世水, 2009. 浅谈入侵响应技术[J]. 科教文汇(25): 275-276.
常建平, 靳慧云, 娄梅枝, 2002. 网络安全与计算机犯罪[M]. 北京: 中国人民公安大学出版社.
陈思, 2008. 入侵特征与入侵检测所需规则[J]. 应用能源技术(12): 39-40.
陈幼雷, 王张宜, 张焕国, 2002. 个人防火墙技术的研究与探讨[J]. 计算机工程与应用, 38(8): 136-139.
董华亭, 郑光远, 刘传领, 2003. 由灰鸽子木马看木马技术[J]. 天中学刊, 18(5): 52-53.
董剑安, 王永刚, 吴秋峰, 2003. Iptables 防火墙的研究与实现[J]. 计算机工程与应用, (17): 161-163, 176.
方滨兴, 2017. 论网络空间主权[M]. 北京: 科学出版社.
方勇, 周安民, 刘嘉勇, 等, 2003. Oakley 密钥确定协议[J]. 计算机工程与应用, 39(24): 148-149.
费晓飞, 胡捍英, 2005. IPsec 协议安全性分析[J]. 中国安全生产科学技术, 1(6): 40-42.
高福令, 刘云, 2001. 会话状态重用在铁路电子商务中的应用[J]. 北方交通大学学报, 25(4): 32-34.
国家质量技术监督局, 2001. 计算机信息系统 安全保护等级划分准则: GB 17859—1999[S]. 北京: 中国标准出版社.
郭晓淳, 吴杰宏, 刘放, 2001. 入侵检测综述[J]. 沈阳航空航天大学学报, 18(4): 67-69.
何文, 2004. 网络病毒 Nimda 的特性及防范方法[J]. 重庆工商大学学报(自然科学版), 21(4): 396-398.
贺文华, 陈志刚, 胡玉平, 2008. IPv4、IPv6 和 IPv9 比较研究[J]. 计算机科学, 35(4): 94-96.
胡大辉, 刘乃琦, 2006. 高效的 Snort 规则匹配机制[J]. 微计算机信息, 22 (6): 10-11, 148.
黄建中, 2002. Nimda(尼姆达)的特性分析及防范[J]. 计算机与现代化(11): 32-33, 36.
蒋玉国, 杨明欣, 郭文东, 2009. 关于 Snort 的网络入侵防御功能研究[J]. 商场现代化(2): 25.
孔祥华, 2005. 个人防火墙技术的研究与探讨[J]. 中国科技信息(11): 31, 36.
孔雪辉, 王述洋, 黎粤华, 2009. 面向网络安全的关于僵尸网络的研究[J]. 中国安全科学学报, 19(7): 110-118, 181.
孔政, 姜秀柱, 2010. DNS 欺骗原理及其防御方案[J]. 计算机工程, 36(3): 125-127.
赖祖武, 1993. 电磁干扰防护与电磁兼容[M]. 北京: 原子能出版社.
李剑, 2007. 信息安全导论[M]. 北京: 北京邮电大学出版社.
李晓芳, 姚远, 2006. 入侵检测工具 Snort 的研究与使用[J]. 计算机应用与软件, 23(3): 123-124, 141.
李越, 黄春雷, 2000. CIH 病毒的分析与清除[J]. 计算机科学, 27(5): 104-105.
李遵富, 2009. 网络时代的云安全解析[J]. 内江科技, 30(6): 108-109.
刘昉, 2009. 灰鸽子上线原理及防范技术[J]. 凯里学院学报, 27(6): 96-100.
刘洪霞, 2009. 一次灰鸽子内网入侵实例解析[J]. 电脑知识与技术(学术版), 5 (33): 9392-9393.
刘猛, 王旭, 2002. CIH 病毒原理及发作后修复的方法[J]. 黑河科技(1): 24-25.
陆哲明, 姜守达, 董寒丽, 2003. 基于人类视觉系统的自适应水印嵌入算法[J]. 哈尔滨工业大学学报, 35(2): 138-141.
栾新民, 廖闻剑, 2002. "Nimda" 蠕虫分析与防范[J]. 计算机应用研究, 19(11): 155-158.
罗养霞, 徐昕白, 赵彦锋, 等, 2008. 文本水印在数字版权管理中的应用研究[J]. 微电子学与计算机, 25(9): 115-117.
马社祥, 刘贵忠, 曾召华, 2001. 基于小波变换的数字水印及版权保护[J]. 电子与信息学报, 23(11): 1102-1109.
潘贤, 2008. Linux 内核中 Netfilter/Iptables 防火墙的技术分析[J]. 计算机安全(8): 35-38.

祁明, 2001. 电子商务安全与保密[M]. 北京: 高等教育出版社.
秦科, 张小松, 郝玉洁, 2008. 网络安全协议[M]. 成都: 电子科技大学出版社.
尚月赟, 胡军浩, 2007. 一种基于混沌映射的音视频水印互认证方案[J]. 中南民族大学学报(自然科学版), 26 (3): 77-80.
史艾武, 陈建成, 2006. 应用安全与内容安全综述[J]. 计算机安全(2): 8-12.
石淑华, 2002. 基于拨号虚拟专用网协议的分析与比较[J]. 微型电脑应用, 18(5): 54-55.
石文昌, 孙玉芳, 2001. 信息安全国际标准 CC 的结构模型分析[J]. 计算机科学, 28(1): 8-11.
宋强, 李钢, 2009. 我国互联网违法与不良内容监管效率分析[J]. 北京邮电大学学报(社会科学版), 11(4): 46-50, 55.
宋愈珍, 张婷, 2010. 浅析数字图像水印技术研究[J]. 科技信息(15): 469-470.
苏福根, 赵积春, 金红莉, 2009. 几种安全防范技术在校园网中的应用[J]. 中国教育信息化(2): 49-51.
孙敏, 古晓明, 张志丽, 2009. Snort 规则链表结构的改进与仿真[J]. 计算机工程, 35(11): 120-122.
陶利民, 张基温, 2004. 轻量级网络入侵检测系统——Snort 的研究[J]. 计算机应用研究, 21(4): 106-108, 134.
田关伟, 2010. 基于 windows 平台的 snort 入侵检测系统研究与实现[J]. 信息与电脑(理论版)(3): 4.
王峰, 张骁, 许源, 等, 2016. Web 应用防火墙的国内现状与发展建议[J]. 中国信息安全(12): 80-83.
王海涛, 杜宏伟, 2010. 网站内容安全防护技术浅析[J]. 信息化研究(12): 1-3.
王亨, 常晶晶, 喻星晨, 等, 2010. 数字水印与数字作品版权保护的研究[J]. 信息与电脑(理论版)(12): 32-33.
王淑江, 刘晓辉, 2006. Windows 2000/XP/2003 组策略实战指南[M]. 北京: 人民邮电出版社.
王艳瑞, 2008. 基于 VLAN 技术的网络安全性分析[J]. 网络安全技术与应用(8): 17-18.
伍国良, 2009. 浅谈 VLAN 技术[J]. 今日科苑(4): 197.
吴鸿钟, 罗慧, 张世雄, 等, 2002. 密钥交换与密钥管理协议-IKE 研究[J]. 计算机工程与应用, 38(21): 150-152.
吴小博, 2007. 木马的实现原理、分类和实例分析[J]. 网络安全技术与应用(10): 56-57.
熊富琴, 2010. 多媒体数字水印技术综述[J]. 科技信息(8): 211-212.
徐国爱, 彭俊好, 张淼, 2008. 信息安全管理[M]. 北京: 北京邮电大学出版社.
阎巧, 谢维信, 2002. 异常检测技术的研究与发展[J]. 西安电子科技大学学报(自然科学版), 29(1): 128-132.
杨文清, 2020. 浅谈网络安全系统中的安全设备[J]. 计算机产品与流通(6): 74.
杨新民, 2009. 关于云安全的分析[J]. 信息安全与通信保密(9): 45-47.
杨义先, 2002. 信息安全新技术[M]. 北京: 北京邮电大学出版社.
杨振启, 2003. VLAN 及 VLAN 管理[J]. 计算机与网络(14): 44-45.
余琨, 伍孝金, 2007. Snort 体系结构的研究与分析[J]. 电脑知识与技术, 3(18): 1585-1586.
俞银燕, 汤帜, 2005. 数字版权保护技术研究综述[J]. 计算机学报, 28(12): 1957-1968.
袁春阳, 徐娜, 王明华, 2009. 僵尸网络的类型、危害及防范措施[J]. 现代电信科技, 39(4): 17-24.
袁琦, 2002. IPSec 的安全联盟[J]. 电信工程技术与标准化(3): 56-59.
张建中, 王立新, 2006. 基于内网 DMZ 的 Iptables 防火墙[J]. 软件导刊(5): 30-31.
张小兵, 2002. 尼姆达病毒横向剖析[J]. 程序员(12): 90-92.
张友生, 米安然, 2003. 计算机病毒与木马程序剖析[M]. 北京: 北京科海电子出版社.
赵莉, 范九伦, 2006. 浅论信息安全学科发展现状与人才培养对策[J]. 西安邮电学院学报, 11(2): 119-122.
中华人民共和国国家质量监督检验检疫总局, 中国国家标准化管理委员会, 2016. 信息安全技术 网络和终端隔离产品安全技术要求: GB/T 20279—2015[S]. 北京: 中国标准出版社.

周健, 孙丽艳, 2006. IPv4/IPv6 协议头格式之比较[J]. 电脑知识与技术(学术交流)(10): 64-65.

朱岩, 王巧石, 秦博涵, 等, 2019. 区块链技术及其研究进展[J]. 工程科学学报, 41(11): 1361-1373.

诸葛建伟, 韩心慧, 周勇林, 等, 2008. 僵尸网络研究[J]. 软件学报, 19(3): 702-715.

庄小妹, 2006. 计算机网络攻击技术和防范技术初探[J]. 科技资讯(23): 84.

邹昌新, 2003. Nimda.e 蠕虫病毒的诊治方法[J]. 中南民族大学学报(自然科学版), 22(1): 76-77.

DIFFIE W, HELLMAN M E, 1976. New directions in cryptography[J]. IEEE transactions on information theory, 22(6): 644-654.

STALLINGS W, 2004. 密码编码学与网络安全: 原理与实践[M]. 3 版. 刘玉珍, 王丽娜, 傅建明, 译. 北京: 电子工业出版社.